国家社科基金
GUOJIA SHEKE JIJIN HOUQI ZIZHU XIANGMU
后期资助项目

学术虚拟社区知识交流的效果研究

袁勤俭　王　瑞　张　宁　著

科学出版社
北　京

内 容 简 介

本书以学术虚拟社区为研究主体，以知识交流效果为核心研究内容，以用户感知及行为为研究线索，以用户特征、用户关系、系统功能、激励机制、信息质量等为切入点，对学术虚拟社区知识交流效果展开了深入系统的研究。本书从多个角度剖析了学术虚拟社区知识交流过程与用户感知行为。

本书适用于具备一定信息行为科学研究基础的信息系统领域的研究人员，以及对学术虚拟社区研究感兴趣的管理学、心理学、社会科学等相关专业的学者。

图书在版编目（CIP）数据

学术虚拟社区知识交流的效果研究 / 袁勤俭，王瑞，张宁著. -- 北京：科学出版社，2025. 7. -- ISBN 978-7-03-082830-9

Ⅰ. G321.5

中国国家版本馆 CIP 数据核字第 2025CV6314 号

责任编辑：惠　雪　曾佳佳 / 责任校对：杨　赛
责任印制：张　伟 / 封面设计：许　瑞

科学出版社 出版
北京东黄城根北街 16 号
邮政编码：100717
http://www.sciencep.com
北京中石油彩色印刷有限责任公司印刷
科学出版社发行　各地新华书店经销
*
2025 年 7 月第　一　版　开本：720×1000　1/16
2025 年 7 月第一次印刷　印张：23
字数：400 000

定价：169.00 元

（如有印装质量问题，我社负责调换）

国家社会科学基金后期资助项目
出版说明

后期资助项目是国家社会科学基金设立的一类重要项目，旨在鼓励广大社会科学研究者潜心治学，支持基础研究产出更多的优秀成果。它是经过严格评审，从即将完成的科研成果中遴选立项的。为扩大后期资助项目的影响，更好地推动学术发展，促进成果转化，全国哲学社会科学工作办公室按照“统一设计、统一标识、统一版式、形成系列”的总体要求，组织出版国家社会科学基金后期资助项目成果。

全国哲学社会科学工作办公室

前　　言

学术交流是强化科研力量、推动科技创新的重要基础。在线学术交流平台凭借其交互性、共享性、连接性等特征已成为科研人员进行学术互动和科研成果共享的重要平台，当前国内外已涌现出如 ResearchGate、Academia.edu、小木虫、经管之家等各具特色的学术虚拟社区，跨院校、跨学科的知识交流活动日益频繁。随着学术虚拟社区用户的爆发式增长，信息质量良莠不齐、活跃用户占比低、学术交流不畅等问题也成为学界和业界关注的焦点，挖掘此类问题背后的深层作用机制并提出相应的服务改进策略无疑对提升学术虚拟社区的知识交流效果大有裨益。

当前学术虚拟社区知识交流效果的相关研究主要集中在知识交流效果的影响因素、评价方法和评价指标体系及提升策略三个方面，多以社会认知理论、社会资本理论等为基础，缺乏对更多高价值理论的深度应用。数据收集阶段多采用问卷调查、深度访谈等手段，对用户的实际行为数据挖掘较少。尽管学术虚拟社区的相关研究已积累了丰硕的成果，但目前聚焦于该主题的学术著作并不多见。学术虚拟社区正在成为学术交流活动的主要阵地，以社区知识交流效果为核心内容开展深入系统的研究对于提升在线学术交流平台服务水平、推动科研人员之间高效的知识交流极为重要。

本书以“识别影响因素—探讨作用机制—明晰决策过程—提出服务策略”为研究思路，对学术虚拟社区知识交流效果的影响因素及其作用机制、用户知识交流的决策过程、知识交流效果的提升策略等展开系统研究。在理论层面，引入弱关系理论、信息系统成功模型、感知价值理论等构建用户和平台视角下的知识交流效果影响因素模型，不仅丰富了学术虚拟社区相关研究的理论支撑体系，还为进一步探索用户参与意愿和持续使用模型等提供了丰富的理论依据；在方法层面，使用网络爬虫采集主流学术虚拟社区的真实数据，并通过回归分析、多层线性模型（hierarchical linear model，HLM）、民族志决策树建模、模糊集定性比较分析（fuzzy-set qualitative comparative analysis，fsQCA）等方法展开分析，丰富了学术虚拟社区研究的方法论体系，有助于研究结果的多样化呈现；在实践层面，提出面向用户、平台和信息质量治理的知识交流效果提升策略。本书多管齐下，为我国在线学术交流平台高质量发展建言献策。

本书的主要研究内容及学术观点如下。

（1）将学术虚拟社区用户特征归纳为身份特征、影响力特征、追踪特征、互动特征和项目特征五个方面，探究了各项特征对知识交流效果的影响作用；研究结果表明，ResearchGate 平台上南京大学用户的活跃度、学术影响力和知识交流效果等存在严重的不均衡现象，并且不同学科背景的用户其知识交流效果具有显著差异，影响力特征对其知识交流效果具有最显著的影响作用。

（2）以学术虚拟社区中用户间的关系为出发点，探究了感知互惠性、感知关系持久性、感知连接性、感知平等性、感知相似性等变量对平台知识交流效果的影响。研究结果表明，感知互惠性、感知关系持久性、感知相似性对彼此间的认知信任和情感信任均有正向影响，感知连接性仅对认知信任产生正向影响，感知平等性对认知信任和情感信任均无显著影响。

（3）聚焦于学术虚拟社区系统功能设计，将用户感知到的功能价值划分为感知导航功能价值、感知知识获取功能价值、感知知识分享功能价值、感知交互功能价值、感知个人知识管理功能价值，并探究各类感知功能价值对知识交流效果的影响机制。研究结果表明，感知导航功能价值、感知知识获取功能价值对用户感知学习具有显著正向影响，感知知识分享功能价值对感知贡献具有显著正向影响，感知交互功能价值、感知个人知识管理功能价值对感知学习和感知贡献均具有显著正向影响。

（4）分析了学术虚拟社区的激励机制构成及不同类型的激励对知识交流效果的影响机制。研究结果表明，学术虚拟社区的物质激励、精神激励和环境激励会对用户的感知交互质量产生显著的正向影响，从而通过提升用户的满意度，刺激用户的知识贡献意愿，最终对用户的感知知识贡献效果产生显著的正向影响。

（5）从用户视角切入，剖析了学术虚拟社区信息质量的影响因素，并在此基础上提出了学术虚拟社区信息质量的治理和提升策略。具体地，情感诉求、用户特质及参与动机直接影响其感知信息质量，内容的生产特征和效用特征也是感知信息质量的直接影响因素，而社区治理、社区成效、感知技术和感知易用则通过用户间接影响感知信息质量。提升学术虚拟社区的信息质量可以考虑提高用户间的良性互动频率、加强平台技术监测、设计适宜的奖惩机制、引导信息表达的优化等措施。

（6）探究了学科水平、社区特征对知识交流效果的影响作用。研究结果表明，科研机构的学科水平对该机构所属用户的知识交流效果具有直接影响作用。另外，社区参与限制、举报便利性、感知丰富性、推送及时性、感知交互强度和感知交互实时性均会对用户的感知学习产生积极影响，且审核严格性、举报便利性、感知交互强度、感知交互实时性对感知贡献也产生正向影响。

（7）采用民族志决策树和扎根理论方法探索用户知识贡献决策过程，厘清“影响专业虚拟社区用户知识贡献行为的前因有什么？”“专业虚拟社区的成员是如何做出知识贡献这一行为决策的？”等问题。研究结果表明，学术虚拟社区用户的知识贡献行为主要包括回答问题、上传资料、发布信息三种，其决策过程和发生动机均存在较大差异。

（8）整合前述影响因素，从组态视角出发探析不同维度影响因素如何协同作用于学术虚拟社区知识交流效果，识别出多条等效的产生高水平知识交流效果的组态路径。

（9）拓展研究范围，将研究视野从学术虚拟社区转移至更具有广泛意义的知识交流平台，即知识问答社区，探析了用户个人数字资本和社会资本对知识交流效果的影响机制。

（10）基于上述研究内容提出针对用户维度、平台维度和信息质量治理维度的学术虚拟社区知识交流效果提升策略，以期为学术虚拟社区的服务改进提供参考。

全书由袁勤俭负责拟定大纲，共分为 13 章。第 1 章由王瑞、程豪杰、袁勤俭编写；第 2 章由王瑞、吴若英、岳泉、袁勤俭编写；第 3 章由张桦、岳泉、袁勤俭编写；第 4 章由黄丽佳、袁勤俭编写；第 5 章由秦渴、谭旸、袁勤俭编写；第 6 章由张宁、袁勤俭编写；第 7 章由李思豫、王瑞、袁勤俭编写；第 8 章由毛春蕾、袁勤俭编写；第 9 章由杨欣悦、袁勤俭编写；第 10 章由李沁雨、岳泉、袁勤俭编写；第 11 章由肖雨、袁勤俭编写；第 12 章由张荣华、黄奇、袁勤俭编写；第 13 章由王瑞、袁勤俭编写。最后，本书由袁勤俭、王瑞和张宁统稿和定稿，由袁勤俭、王瑞、类沐艺和李若晗修改校对。

本书是在江苏省社会科学基金项目“学术虚拟社区知识交流的效果评价研究”（项目编号：17TQB003）成果的基础上，在国家社会科学基金后期资助项目“学术虚拟社区的知识交流效果研究”（项目批准号：22FTQA002）的支持下完成的。因此，本书的顺利完成和出版，首先衷心感谢江苏省哲学社会科学规划办公室和全国哲学社会科学工作办公室的资助，以及江苏省社会科学基金图书馆、情报与文献学学科规划评审组的各位专家在项目立项评审过程中的鼎力支持；其次，衷心感谢在项目结项评审过程中给我们提出宝贵意见的鉴定专家；最后，本书在撰写过程中，参阅大量国内外优秀成果，在此向其作者表示感谢。作为本书所依托项目的负责人，在此向所有项目组成员表示衷心感谢。

值得提出的是，学术虚拟社区的研究是一项复杂的系统工程，本书是我们项目组历时五年完成的研究成果。在该项研究中，我们从前人已有的研究中汲取充足的知识并力争有所创新，深入分析学术虚拟社区实践成果，并尽力将其提炼至理论高度，经过对研究成果的多番修改和打磨，最终完成了本书。尽管这一过程中我们竭力追求完美，但由于水平有限，书中难免有不妥和疏漏之处，敬请各位专家和读者批评指正。

作　者

2023 年 12 月于南京大学

目　　录

第1章　绪　　论

1.1　学术虚拟社区相关研究背景

20世纪90年代，虚拟社区悄然兴起，作为一种新兴的社区形态，它打破了时间和空间的限制，将一群志趣相投、具有某种信息需求的人聚集在一起，构建了复杂的交流网络。在人们对知识共享和学术交流的需求日益增长的趋势下，面向科研学者的学术虚拟社区应运而生，该平台营造了更加开放、自由、平等的学术交流氛围，能够弥补传统的学术交流在互动性和时效性上的不足。同时，其交流过程具有主题丰富、内容专业、互动即时、形式多样等特点，能满足科研工作者多样化的学术需求，因此受到越来越多科研人员的重视，并逐渐成为国内外学者的研究重点。早在2000年，SCI-Links、Scientist Solutions等网站就尝试专门为研究人员的在线交流提供基本服务，随着在线知识交流的需求日益旺盛，Twitter、Facebook等面向大众的社交网站也开始尝试为研究人员搭建学术交流平台，但其学术服务的专业性受到不少质疑。直到2008年，以ResearchGate、Mendeley为代表的学术虚拟社区开始出现[①]，使得社交网络的开放性和学术交流的专业性得以有效融合，各领域科研人员的联系日益紧密。目前，国内外已形成一批功能完善且使用广泛的学术虚拟社区，具体包括：用于发布专业领域内学术成果、研究心得并支持观点交流的学术博客，如科学网—博客；提供意见发表、信息获取、问题讨论等功能的学术论坛，如小木虫论坛；以推送学术内容为主要服务形式的微信公众号平台；支持获取免费学术资讯，强调建立人际关系的学术虚拟社区，如ResearchGate。

虽然学术虚拟社区具有独特的优势，但在当前发展过程中也存在一些问题。例如，许多学者分享意愿较低，在社区中只愿充当知识接收者的角色，而不愿贡献自己的学术知识，导致社区内高质量学术成果缺失；也有部分成员参与度较低，因信任问题或社区本身问题（如氛围不足或功能不

---

① 赵杨，李露琪. 国内外学术社交网络研究现状述评与思考[J]. 情报资料工作，2016，37（6）：41-47.

完善等），较少登录或使用社区；成员参与社区交流的门槛较低，导致社区内知识的质量难以保证，长此以往，无法吸引用户持续参与等。上述问题的存在会严重影响社区的知识交流和分享效果，进而影响学术虚拟社区的发展情况。因此，判断哪些因素会对学术虚拟社区的知识交流效果产生影响及其作用机制、探究多个前因条件如何协同作用以及解决用户参与性不足、信息质量差等，从而更好地满足用户的知识交流需求，是社区经营与发展过程中亟待解决的问题。

1.2 学术虚拟社区研究回顾

1.2.1 学术虚拟社区知识交流效果研究进展

学术虚拟社区现已成为科研工作者获取学术资源、进行知识交流的重要平台，其相关研究引起了广泛关注，研究主题主要集中在以下三个方面：第一，用户行为研究，包括学术资源传播和共享行为、平台使用习惯、使用动机及其影响因素研究等[①②③]；第二，学术合作研究，包括学者间的合作网络研究、跨学科的知识推荐研究、学术群组研究等[④⑤⑥]；第三，平台功能设计研究，包括系统功能的类型划分、功能设计对使用行为的影响及平台改进策略等[⑦⑧⑨]。由上述研究可知，当前学术虚拟社区已在用户行为、科研合作和平台自身设计方面积累了丰富的研究成果。相较而言，以知识交流

---

① 孙思阳，张海涛，任亮，等. 虚拟学术社区用户知识交流行为研究综述[J]. 情报科学，2019，37（1）：171-176.

② 徐美凤，叶继元. 学术虚拟社区知识共享研究综述[J]. 图书情报工作，2011，55（13）：67-71，125.

③ 蔡小筱，张敏，郑伟伟. 虚拟学术社区知识共享影响因素研究综述[J]. 图书馆，2016（6）：44-49.

④ 屈宝强. 网络学术论坛中的科研合作行为及其反思——以“小木虫”学术论坛为例[J]. 科技管理研究，2010，30（10）：215-218.

⑤ 谢海涛，肖雯，黄劲松. 科研社交网络中跨学科情报推荐方法研究[J]. 情报杂志，2019，38（5）：186-194.

⑥ 刘晓娟，刘新哲. 虚拟学术群组特征研究——以用户为分析视角[J]. 图书情报工作，2015，59（24）：83-92.

⑦ Bullinger A C，Hallerstede S H，Renken U，et al. Towards research collaboration：A taxonomy of social research network sites[C]. Lima：Proceedings of the Sixteenth Americas Conference on Information Systems，2010.

⑧ 皇甫军. 科研社交网络平台功能因素和用户行为的相关性分析[J]. 情报科学，2017，35（8）：62-67.

⑨ 陈为东，王萍，王美月. 学术虚拟社区用户社会性交互的影响因素模型与优化策略研究[J]. 情报理论与实践，2018，41（6）：117-123.

效果为主题的学术虚拟社区研究正处于初级阶段。知识交流效果不仅影响研究人员当下的平台使用体验，而且对于其未来的持续使用意愿也具有重要意义，因此研究知识交流效果对于提高用户满意度和用户黏性具有重要的推动作用。为全面了解近年来国内外学术虚拟社区知识交流效果的研究动向，本节对相关研究进行梳理总结，并分析当前研究存在的问题及未来可能的研究方向，以期帮助学界同仁全面系统地把握当前的研究进展，为后续研究提供参考。

1. 研究现状分析

1）知识交流效果影响因素研究

学术虚拟社区知识交流效果的影响因素主要包括与知识共享和交流行为有关的影响因素、与科研合作行为有关的影响因素和与平台管理能力及功能设计有关的影响因素。

学术虚拟社区中的知识共享和交流行为对知识交流效果产生最直接的影响。知识需求者在平台上提问，其他用户分享相关经历和科研成果帮助其解决问题，而用户借助学术虚拟社区形成的长期有效互动是保证知识交流效果的重要前提。学者们从不同角度提出了知识共享和交流行为的影响因素：在知识共享研究中，Lee 等①提出由娱乐、声誉、学习、自我效能、互惠、信任等 18 个因素构成的影响因素模型。聚焦到具体方面，张鼐等②从结构资本、关系资本和认知资本三方面构建了基于社会资本的影响因素模型，其中关系资本和认知资本都对知识共享绩效产生正向影响，社会联系对成员的共同语言和共享意愿也具有正面意义。进一步地，蔡小筱③探究了基于熟人关系的知识共享行为，提出认同感、信任和自我效能等个人心理因素产生积极影响，人情互惠规范、个人形象和声誉、风险等外在环境因素则产生阻碍作用。在知识交流行为研究中，Yan 和 Zhang④提出不同学术影响力机构中的用户有不同的表现，高学术影响力机构的用户在交流过程中具备优势且更受欢迎，中等学术影响力机构的用户积极寻求信息，低学

① Lee J，Oh S，Dong H，et al. Motivations for self-archiving on an academic social networking site：A study on ResearchGate[J]. Journal of the Association for Information Science and Technology，2019，70（6）：563-574.

② 张鼐，李英剑，周年喜. 社会资本对虚拟学习社区知识共享绩效的影响研究[J]. 山东图书馆学刊，2017（3）：13-17.

③ 蔡小筱. 基于熟人关系的虚拟学术社区知识共享行为研究[D]. 重庆：西南大学，2015.

④ Yan W W，Zhang Y. User behaviors and network characteristics of US research universities on an academic social networking site[J]. Higher Education，2019，78（2）：221-240.

术影响力机构的用户则相对不活跃。相较而言，周鼎等①构建的多维模型涵盖的影响因素则更加全面，在技术、社交、用户和在线知识交流四维模型中，社区环境、学习环境和社会效用会对知识交流行为产生直接影响。也有学者对影响因素进行了程度划分，如孙富杰②将用户满意度和激励因素视为主要因素，有用性、信任度和愉悦性为次要因素，个人动机、社会影响和易用性则为相关因素。上述研究均从正面探索促进知识共享和交流的因素，而发掘阻碍因素对于提升知识交流效果同样具有重要意义，如张帅等③通过内容分析梳理出学术虚拟社区中用户社交不足的关键影响因素：个体意向因素包括学术资本、主观规范、分享意识和时间精力；平台客观条件包括学术声誉机制和后发劣势；信息因素包括信息效益、隐私信息和专业知识。另外，知识隐藏意愿④、版权问题⑤、信息规避行为⑥等也在一定程度上阻碍知识交流效果的提升。

科研人员在学术虚拟社区的合作成为激发思维、创新研究的重要来源，对提升学术虚拟社区知识交流效果具有重要意义。学者们对科研合作行为的影响因素进行了深入研究，如谭春辉等⑦通过分析质性访谈数据构建影响因素模型，其中自我效能、群体认同、社群影响、互惠均正向影响合作意愿，合作意愿与合作行为正向相关，激励机制和系统易用性对合作行为同样具有显著的正向影响。此外，利用深度访谈数据，王仙雅⑧对影响因素进行了区分，指出社区吸引力是外部驱动因素，求助型互动和研讨型互动是社区互动因素，体验感提升是内部驱动因素。外部驱动因素既可以直接促进合作形成，也可以通过影响社区互动和内部驱动因素间接促进合作形成。

---

① 周鼎，夏立新，秦晓琪，等. 在线学习社区知识交流行为模型构建研究——基于扎根理论的探索[J]. 现代情报，2022，42（1）：54-63.

② 孙富杰. 学术虚拟社区用户知识交流行为影响因素调查研究[D]. 郑州：郑州大学，2018.

③ 张帅，李晶，王文韬. 学术社交网站用户社交不足的影响机理：基于质性方法的探索[J]. 图书情报工作，2018，62（4）：81-88.

④ 张磊，庞建刚，王艳霞. 基于 SVM 的虚拟学术社区科研人员知识隐藏意愿评价研究[J]. 情报探索，2019（10）：9-16.

⑤ Jamali H R. Copyright compliance and infringement in ResearchGate full-text journal articles[J]. Scientometrics，2017，112（1）：241-254.

⑥ 巩洪村，邓三鸿，曹高辉. 科研知识交流情景下信息规避行为的潜在成因分析[J]. 情报杂志，2022，41（6）：189-199，141.

⑦ 谭春辉，朱宸良，苟凡. 虚拟学术社区中科研人员合作行为影响因素研究——基于质性分析法与实证研究法相结合的视角[J]. 情报科学，2020，38（2）：52-58，108.

⑧ 王仙雅. 虚拟学术社区促进科研合作形成的内在机理——一项扎根理论研究[J]. 科技进步与对策，2019，36（21）：19-25.

聚焦于更细致的内容，Rodrigues 等[①]指出研究兴趣的存在和预期生产率的提高是研究人员积极与他人进行科研合作的重要原因，同时学者们通过交流合作习得新技术，合作也使其更易获得基金支持。Mohdeb 等[②]则关注合作者间的连接强度，通过构建并验证连接强度模型得出，合作者间的学术亲密程度和其在合作中的科学贡献都在不同程度上影响其科学协作关系。以上研究忽略了科研人员间合作关系网络的影响作用，王文秀等[③]则利用社会网络分析法深入挖掘用户评论和回复数据，并构建科研人员关系图谱。网络度数、平均路径长度、中心性等指标的分析结果表明：平台关键用户是促进知识流动的重要组成部分，科研人员间强弱关系的合理开发是显性知识和隐性知识相互转化的重要条件，用户关系网络的紧密和完善是知识交流效率得以提升的重要保证。此外，Jiang 等[④]利用 ResearchGate 平台上学者间的关系网络构建了学术虚拟社区信息传播模型，通过分析信息在网络中的流动趋势和传播概率可以充分挖掘平台上的知识交流规律。考虑到科研协作过程中的学科交叉与地域交叉，叶光辉等[⑤]融合了学科交叉和地域交叉测度指标，分析其对科研协作知识交流网络特征形成的复杂影响过程。结果表明，在科研协作知识交流网络中，地域交叉在科研协作早期发挥着关键作用，而在交流网络的发展阶段，学科交叉逐渐成为网络的核心纽带。

学术虚拟社区平台自身的管理能力和功能设计是知识交流服务的重要组成部分，完备易用的功能设计和便捷高效的操作流程不仅为用户的知识交流提供可靠的技术支持，还有利于改善用户知识交流效果和持续使用意愿，因而学者也针对影响知识交流效果的平台管理能力与功能设计进行了研究。皇甫军[⑥]从平台整体功能出发，分析了信息功能、合作功能、凝聚功能和管理功能对知识交流行为（即关注、互动、学术分享和科研合作行为）

---

① Rodrigues M W，Brandão W C，Zárate L E. Recommending scientific collaboration from ResearchGate[C]. Sao Paulo：Brazilian Conference on Intelligent Systems，2018：336-341.

② Mohdeb D，Boubetra A，Charikhi M. Tie persistence in academic social networks[J]. An Informatica Journal of Computing and Informatics，2016，40（3）：353-364.

③ 王文秀，陈果，岑咏华. 面向网络社区知识交流与共享的用户关系图谱构建与可视化研究[J]. 情报科学，2017，35（11）：55-60.

④ Jiang H Q，Pan Y C，Jie X，et al. Academic social network information dissemination model[C]. Macao：Proceedings of the 2013 International Conference on Information Science and Technology Applications，2013：111-113.

⑤ 叶光辉，彭泽，毕崇武，等. “数字人文”领域科研协作知识交流中的学科交叉与地域交叉测度分析[J]. 情报学报，2022，41（5）：512-524.

⑥ 皇甫军. 科研社交网络平台功能因素和用户行为的相关性分析[J]. 情报科学，2017，35（8）：62-67.

的影响，结果表明：信息功能利于增强学术分享，合作功能对各种行为的影响较小，凝聚功能对学术分享与科研合作的作用较大，管理功能同样有助于增强学术交流。更进一步地，Kumar①通过比较分析 ResearchGate、Academia.edu、Mendeley 和 Zotero 四大主流网站的功能，发现服务性能、输出功能、隐私设置、文本显示、书目特征的可用性等均会影响用户的使用体验，进而影响整体知识交流效果。聚焦于平台的激励政策，施涛和姜亦珂②指出外在激励有助于提高知识交流的外在收益，使得复制型知识贡献数量显著增加；内在激励则有利于提高成就感、自主感等内在收益，从而增加创作型知识贡献行为，提升平台知识质量和交流效果。从平台满足科研需求出发，韩文等③将科研活动中的需求归纳为自我推广、学术成果管理、科研人员交互、科研动态实时推送，指出资源聚合能力、交流时效性和推动学术合作的能力、学术资源管理功能、学者能力评价指标等均对知识交流效果具有一定的促进作用。与上述研究不同的是，龚花萍等④从平台的知识交流服务能力评价出发，构建了在线学术社区知识交流服务能力成熟度模型和评价指标体系，该模型囊括了知识检索能力、资源评价能力、知识保护能力和社区运营能力 4 项一级指标和 19 项二级指标，较为全面地纳入影响学术虚拟社区知识交流的各项功能。也有学者针对具体平台进行分析，如许林玉和杨建林⑤分析“经管之家”的用户行为数据后得出，平台用户访问量、论坛币、活跃度以及好友数量对知识共享数量有正向影响，而论坛币、活跃度以及好友数量对知识共享质量具有显著正向影响。另外，ResearchGate 平台自身构建的学术影响力评价指标 RG 指数也受到了关注，学者们针对指标间关系⑥、评价结果准确性⑦等问题进行了探究。结果

① Kumar B R. Academic social networking sites：Comparative analysis of ResearchGate，Academia.edu，Mendeley and Zotero[J]. Information and Learning Science，2017，118：298-316.

② 施涛，姜亦珂. 学术虚拟社区激励政策对用户知识贡献行为的影响研究[J]. 图书馆，2017（4）：82-86.

③ 韩文，刘畅，雷秋雨. 分析学术社交网络对科研活动的辅助作用——以 ResearchGate 和 Academia.edu 为例[J]. 情报理论与实践，2017，40（8）：105-111.

④ 龚花萍，艾承兴，黎文涛，等. 在线学术社区知识交流服务能力成熟度评价与实证研究[J]. 图书馆学研究，2023（3）：9-22.

⑤ 许林玉，杨建林. 基于社会化媒体数据的学术社区知识共享行为影响因素研究——以经管之家平台为例[J]. 现代情报，2019，39（7）：56-65.

⑥ Shrivastava R，Mahajan P. Relationship amongst ResearchGate altmetric indicators and Scopus bibliometric indicators：The case of Panjab University Chandigarh（India）ResearchGate[J]. New Library World，2015，116：564-577.

⑦ Thelwall M，Kousha K. ResearchGate：Disseminating，communicating，and measuring scholarship?[J]. Journal of the Association for Information Science and Technology，2015，66（5）：876-889.

表明，RG 指数可以有效反映用户的参与程度，平台开发合理的指标有利于激励用户上传学术成果、分享学术资源，增加其学术影响力的同时提升知识交流效果。

由上述研究可知，现有文献以用户和平台作为两个不同的切入点来研究知识交流效果的影响因素，用户角度包含知识共享、知识交流和科研合作行为，平台角度涉及社区管理能力和平台功能设计。多角度归因可以细致全面地得出影响学术虚拟社区知识交流效果的各项因素，但现有研究所提出的多是间接影响因素，少有研究揭示专门针对知识交流效果的直接影响因素；在研究方法上，大部分研究运用质性分析方法或调查问卷来获取所需数据，较少研究包含用户的实际行为数据。

2）知识交流效果评价方法和评价指标体系研究

引入当下较为完善成熟的评价方法对学术虚拟社区知识交流效果进行评价是提升评价结果可靠性的重要保证，对于指导学术虚拟社区建设，促进其良性发展具有重要的现实意义。目前已有多种评价方法被验证适用于评价学术虚拟社区知识交流效果。例如，宗乾进等[①]以“科学网”中的博客访问量、分享量、博主量、博文量为指标构建学术博客知识交流效率评价体系，引入数据包络分析（data envelopment analysis，DEA）方法分析该平台的综合效率、技术效率、规模效率、规模报酬等。DEA 利用线性规划对具有可比性的决策单元进行相对有效性评价，适用于学术虚拟社区这种没有绝对评价标准的对象[②]。在他们的基础上，万莉[③]加入 Malmquist 生产率指数比较“人大经济论坛”（现为经管之家）和“小木虫”平台上不同时期知识交流效率和知识生产率的动态变化，结果表明：“人大经济论坛”全要素生产率呈下降状态，学术虚拟社区整体交流效率仍有巨大的改善空间。严炜炜和李蓝青[④]同样采用 DEA 方法计算了学术虚拟社区中不同学科的相对知识交流效率，并进行了跨社区和跨学科的比较分析，结果表明：不同规模的学术虚拟社区，知识交流也存在差异，且不同学科的知识交流效率差距明显。另外，考虑到非参数的 DEA 方法无法对模型中的参数和模

① 宗乾进，吕鑫，袁勤俭，等. 学术博客的知识交流效果评价研究[J]. 情报科学，2014，32（12）：72-76.

② 晋升. 基于 DEA 方法的学术虚拟社区知识交流效率研究[D]. 郑州：郑州大学，2019.

③ 万莉. 学术虚拟社区知识交流效率测度研究[J]. 情报杂志，2015，34（9）：170-173.

④ 严炜炜，李蓝青. 问答交互中的知识交流效率差异：多元虚拟社区的跨学科比较研究[J]. 情报科学，2023，41（4）：149-155.

型本身进行检验，庞建刚和吴佳玲[①]采用随机前沿分析（stochastic frontier analysis，SFA）方法分析“经管之家”平台的知识交流面板数据，得到知识交流效率生产函数模型中各个参数的估计值，并依据模型进行技术效率分析和动态效率演化。由于 SFA 方法将模型中的误差项分解为随机误差和技术无效率项，因此对于跨时期的面板数据，SFA 结果更接近现实。以上研究中的算法在处理高维数据时表现出较差的稳健性，为解决该问题，胡德华等[②]引入遗传投影寻踪算法，将知识交流效率评价体系中的多个指标转化为一个具有代表性的综合指数，测量了不同社区的交流效率，并确定了等级评价。也有学者引入单项度量指标——年度总引文增长率（K）的概念来衡量学术虚拟社区在高被引学者学术传播过程中的作用[③]。同时，ResearchGate 平台独有的 RG 指数也得到学者们的认可[④]，成为该平台评价知识交流效果的又一重要指标。

客观、系统的评价准则和评价体系是准确判断学术虚拟社区知识交流效果的基础和依据。学界首先基于理论分析确立了基本评价准则，如王东等[⑤]借鉴开放存取期刊质量评价研究，结合学术虚拟社区知识交流和学术传播的开放性、便捷性、互动性等特点，以社区编辑、同行专家为评价参与主体阐述了各自的评价侧重点和评价依据，同时制定了学术性、规范性、创新性、效率性等评价准则。屈宝强[⑥]则更关注学者间的科研合作，在深入分析学术合作诉求、合作规范、合作保障机制等要素后，提出评价科研交流效果主要从资源利用和参与者满足两方面入手。资源利用包含知识的获取与互动、学术资源的质量、学术交流的聚类和累积效果等；参与者满足主要指参与者问题的解决、知识的延伸及心理的满足。随后，学者们从用户视角出发，通过分析调查问卷形成基于用户感知的效果评价体系，如杨

① 庞建刚，吴佳玲. 基于 SFA 方法的虚拟学术社区知识交流效率研究[J]. 情报科学，2018，36（5）：104-109.

② 胡德华，张又月，罗爱静. 基于遗传投影寻踪算法的学术虚拟社区知识交流效率研究[J]. 图书馆论坛，2019，39（4）：67-73，83.

③ Ye Q，Hong H M. ResearchGate，an effective way to improve the academic dissemination for highly cited researchers？[J]. Journal of Zhejiang University Science A，2019，20（5）：375-379.

④ Shrivastava R，Mahajan P. An altmetric analysis of ResearchGate profiles of physics researchers：A study of University of Delhi（India）[J]. Performance Measurement and Metrics，2017，18（1）：52-66.

⑤ 王东，曲久龙，刘国亮. 虚拟学术社区的学术质量评价流程与模式研究[J]. 情报理论与实践，2012，35（5）：94-98.

⑥ 屈宝强. 网络学术论坛中的科研合作行为及其反思——以“小木虫”学术论坛为例[J]. 科技管理研究，2010，30（10）：215-218.

瑞仙等[①]构建了投入/产出和精神/物质两个维度的学术虚拟社区知识交流效率评价指标体系，包含知识投入、非知识投入、知识产出、个体价值、经济报酬、社会价值 6 项二级指标，采用熵值赋权法确定各项指标的权重。通过问卷反馈得出，用户的感知有用性和感知易用性是评价结果的重要影响因素。另外，胥伟岚[②]构建基于粗糙集条件信息熵的层次式评价体系，通过 10 个平台用户的问卷调查，获取感知数据，分析不同平台的综合值验证评价体系的有效性。为避免问卷数据的主观随意性，也有学者通过分析用户的实际行为数据进一步完善原有评价体系，如晋升[③]将“小木虫”网站 6 个学术主题分区的活跃用户作为研究对象，以用户数量、发帖数量、讨论时间作为投入指标，浏览数量、回帖数量和再回复数量作为产出指标，构建了学术虚拟社区知识交流效率的评价体系。此外，吴佳玲和庞建刚[④]采集“小木虫”用户真实的知识交流投入和产出数据，基于松弛变量的评价方法构建了知识交流效率投入产出指标体系，并从静态效率和动态演变两个方面测算平台知识交流整体效果，在一定程度上提升了评价体系的可靠性。

由上述研究可知，学界已将多种绩效评测方法引入知识交流效果的评价中，且逐步完善了评价体系，但不同学者对知识交流效果的理解不同，导致不同研究将知识交流效果、交流绩效、交流效率三个不同的概念混为一谈。另外，在构建指标体系的过程中，当前的研究大多从投入产出角度考虑，缺乏新视角下的探索，且不同评价体系的指标重合度较高。

3）知识交流效果提升策略研究

学术虚拟社区的平台运营机制和服务策略是促使学者间积极主动地进行知识交流的助推剂，也是保证良好知识交流效果的必备条件，因此完善平台自身建设对改善知识交流效果尤为重要。学者们从激励制度、资源质量、数据安全性等不同角度出发提出了平台改善策略。为鼓励成员积极进行知识贡献和社区参与，平台可以设立完善的激励机制，如给予话题参与者一定数量的虚拟币或平台积分，贡献达到一定程度后还可赋予其一些特殊权限[⑤]；可让知识受益者赠送礼物表达感谢，或授予主要知识贡献者一定

---

① 杨瑞仙，权明喆，武亚倩，等. 学术虚拟社区科研人员知识交流效率感知调查研究[J]. 图书与情报，2018（6）：72-83.

② 胥伟岚. 学术社交网络知识交流绩效研究[D]. 武汉：华中师范大学，2018.

③ 晋升. 基于 DEA 方法的学术虚拟社区知识交流效率研究[D]. 郑州：郑州大学，2019.

④ 吴佳玲，庞建刚. 基于 SBM 模型的虚拟学术社区知识交流效率评价[J]. 情报科学，2017，35(9)：125-130.

⑤ 王仙雅. 虚拟学术社区中科研合作的形成与激励：互惠视角[J]. 情报探索，2019（10）：24-29.

的荣誉称号①，以满足贡献者的成就感和实现知识感知价值。同时，需不断完善平台的技术支持，如增加移动端的访问渠道②，支持多种格式信息的浏览与流通，利用智能化搜索算法帮助用户快速查找和吸收利用平台上已有的知识③，或提高问题的清晰度、避免发生识题混乱④。为提高社区资源质量，平台应主动去了解用户信息质量感知过程及其影响因素⑤，同时可利用元数据对成员所贡献的知识进行识别、描述和定位，依据知识属性和特征对其进行整理，使呈现给用户的知识更加标准化、规范化③。采用知识融合技术定位采集分散异构的信息资源对象，对信息资源进行细粒度划分、转换、匹配、集成、挖掘等，降低冗余性和不完全性，优化知识结构、内涵和置信度，为用户提供多层面的精确决策知识或知识地图⑥。为保障学术虚拟社区的安全性，可对社区中的学术话题设置安全等级，并赋予话题发起者一定权限，使其可以辨别参与研讨人员的身份，或设置话题公开级别⑤。同时，完善平台各类规章制度及奖惩制度，及时处理平台各类违规行为和垃圾信息，建立垃圾及虚假信息甄别机制，增强对用户身份的识别，用户注册采取后台实名认证、前台匿名等形式，增加用户对平台的信任感⑦。为提升社区信息运动效率，设计信息通道时需充分考虑拥挤状况下的信息速度和数量，避免其超过信道容量，阻塞平台内的信息运动，同时应减少广告信息、冗余信息对信道容量的挤占，对无效信息实施控制和管理，避免分散用户精力，降低信息运动效率⑧。

学术虚拟社区服务于用户并由用户主导，用户的持续使用是平台上知识不断丰富并源源流通的重要保障，而用户持续使用意愿受到感知有用性、感知易用性、信任度、满意度等多种因素的影响②，因此从服务接触

---

① 王伟军，甘春梅. 学术博客持续使用意愿的影响因素研究[J]. 科研管理，2014，35（10）：121-127.

② 李曼静. 学术虚拟社区用户持续使用意愿研究[D]. 武汉：华中师范大学，2015.

③ 方婷. 基于SNS的网络虚拟学术社区知识共享模型构建研究[J]. 农业图书情报学刊，2017，29（8）：47-51.

④ Jeng W，DesAutels S，He D Q，et al. Information exchange on an academic social networking site：A multidiscipline comparison on ResearchGate Q&A[J]. Journal of the Association for Information Science and Technology，2017，68（3）：638-652.

⑤ Zhang N，Yuan Q J. The means-end cognitions of perceived information quality in academic social networking sites[J]. Journal of Librarianship and Information Science，2020，52（3）：781-791.

⑥ 陈为东，王萍，王美月. 学术虚拟社区用户社会性交互的影响因素模型与优化策略研究[J]. 情报理论与实践，2018，41（6）：117-123.

⑦ 钟玲玲，王战平，谭春辉. 虚拟学术社区用户知识交流影响因素研究[J]. 情报科学，2020，38（3）：137-144.

⑧ 毕强，王福，贯君. 提升虚拟社区信息运动效率的策略研究[J]. 图书情报工作，2015，59（20）：119-125.

过程中的用户感知出发，实施改进策略对于增强用户持续使用意愿、提升平台知识交流效果具有重要意义。第一，从满足用户需求出发，可依据用户基本信息、知识交流行为数据等构建用户画像，识别不同群体的知识需求特征，及时准确地推荐其需要的内容①，具体可提供学术出版物推荐②、科研合作者推荐③等精准化服务；第二，从提升用户信任感和参与感出发，平台需准确检测出学科领导者，并充分发挥其带头作用，提升用户对知识质量的感知信任度④；第三，可定期调查用户在平台使用过程中的满意度，积极采纳用户提供的宝贵建议，让用户为社区的建设和发展建言献策，提升其作为社区成员的参与感和使命感；第四，可采用精细化分区方法聚集具有相同爱好和需求的用户，使得话题趋同用户具有共同的区域空间进一步开展学术互动，实现多元话题的群体参与；第五，从增强社区归属感出发，平台可积极进行品牌建设，形成社区独有的文化氛围，使用户能够快速融入社区，积极主动地与其他用户进行知识互动，从而增强平台内部的亲切感和认同感⑤；第六，可引入情感化设计帮助用户与平台建立情感联结，既可以在平台界面、图标等视觉设计上打造高层次的感官体验，又可以在内容互动、成员沟通方面建立用户间的情感纽带⑥；第七，为用户间的线下联系创造条件也能增强用户的互动频率和成员间的关系强度，有利于知识交流效果的提升。

由上述知识交流效果提升策略可知，学者们从平台和用户两个角度提出了知识交流效果提升策略，内容涉及激励机制、信息质量、用户感知等多个方面，但现有研究大多以平台作为策略实施者提出建议，鲜有针对用户的操作建议。

2. 研究述评

通过对现有文献进行梳理和总结可以发现，目前我国学术虚拟社区知

---

① 王美月，王萍，贾琼，等. 基于动态用户画像的学术虚拟社区粘性驱动机制研究[J]. 现代情报，2019，39（7）：9-17.

② Zhao P F，Ma J，Hua Z S，et al. Academic social network-based recommendation approach for knowledge sharing[J]. Data Base for Advances in Information Systems，2018，49（4）：78-91.

③ Hoang D T，Nguyen N T，Tran V C，et al. Research collaboration model in academic social networks[J]. Enterprise Information Systems，2019，13：1023-1045.

④ Ben Ahmed E. Detection of leading experts from ResearchGate[J]. International Journal of Business Analytics，2018，5（3）：67-86.

⑤ 庞建刚，吴佳玲. 基于 SFA 方法的虚拟学术社区知识交流效率研究[J]. 情报科学，2018，36（5）：104-109.

⑥ 陈为东，王萍，王美月. 学术虚拟社区用户社会性交互的影响因素模型与优化策略研究[J]. 情报理论与实践，2018，41（6）：117-123.

识交流效果的相关研究已经积累了一定成果，研究内容主要集中在知识交流效果的影响因素研究、效果评价方法和评价指标体系研究、效果提升策略研究三个方面。

现有研究依然存在以下几点不足。

（1）在知识交流效果影响因素的研究中，学者们偏向于问卷调查、深度访谈等主观数据来源，对于平台上用户的实际行为数据采集较少，用户感知数据与其行为数据的偏差在一定程度上影响研究结果的客观性，且采纳主观数据进行分析会不可避免地遗漏一些影响因素。

（2）尽管用户知识共享、知识交流行为和科研合作行为的影响因素以及平台管理能力、功能设计等相关因素均会对知识交流效果产生重要影响，但现有研究中的各个影响因素只是被作为间接影响因素，知识交流效果的直接影响因素尚不明晰。

（3）在效果评价研究中，学者们无意识地将“效率”“效果”“绩效”三个不同的概念混为一谈，但不同的概念具有不同的侧重点，选取正确的表述对于把握研究关注点具有重要意义。

（4）在构建评价指标体系时，由于所选评价方法的限制，学者们大多从投入产出角度计算不同平台的知识投入和绩效产出，导致不同学者构建的评价体系很相似，且由于缺乏新视角的探索，评价指标的全面性还需进一步提高。

（5）在提升策略研究中，学者们大多关注平台方的改进策略，忽视了从用户角度考虑提升知识交流效果的建议。当前我国学术虚拟社区普遍存在利用不足、学术互动不活跃的现象①，仅平台单方面改进还不足以充分利用学术虚拟社区的知识交流价值。

（6）学术虚拟社区知识交流效果的相关研究大多关注前因变量与知识交流效果间的线性影响关系，忽视了变量间非对称的因果复杂性。学术虚拟社区中的知识交流和互动是一个复杂且动态的过程，在研究中应当给予更多的关注。

针对上述不足，未来可从以下几个方面出发，进一步开展学术虚拟社区知识交流效果研究。

（1）收集不同平台上的用户实际行为数据，以便客观反映用户真实的知识交流情况，或将主客观数据相结合，利用客观数据检验基于主观数据构建的模型，以增强研究结果的说服力。

---

① 周庆山，杨志维. 学术社交网络用户行为研究进展[J]. 图书情报工作，2017，61（16）：38-47.

（2）将学术虚拟社区知识交流效果作为因变量，构建知识交流效果的直接影响因素模型，探究知识共享意愿、科研合作需求、平台系统功能等因素如何影响知识交流效果，同时也需识别调节变量和中介变量的影响作用，进一步明晰不同因素之间的相互作用关系。

（3）明确管理学意义上"效率""效果""绩效"三者的区别与联系，依据自身的研究主题选取合适的表述词汇和研究侧重点，增强学术研究的严谨性。

（4）构建知识交流效果评价体系时，从不同的范畴出发选取指标，除了学者的提问量、回答量、浏览量、互动频率等显性数据指标项，还可考虑学者社会关系网络的扩展、隐性知识的增加、自我效能的提升等不易察觉的产出指标。

（5）考虑面向用户实施的知识交流效果提升策略，调查当前学术虚拟社区用户信息搜寻、信息辨别、信息吸收等不同维度的信息素养水平，有针对性地开展用户知识表达能力的培训，挖掘用户的交流主动性等，从而使用户自我提高与平台改进双管齐下，共同提升学术虚拟社区知识交流效果。

（6）关注知识交流效果的复杂性，从组态视角分析知识交流效果前因条件间的协同作用，识别产生高水平知识交流效果的组合路径。

1.2.2 虚拟社区的系统功能设计相关研究进展

系统功能作为虚拟社区重要的组成部分，在为用户间的知识交流提供技术支持的同时，也影响着用户的使用意愿和行为。学界已就系统功能的相关研究形成了大量成果，却少有学者对其进行系统梳理。综观国内外，只见 Sato 等[①]基于社区活动的分类，从个人参与、同步交互、异步交互、发布和社区培养五个方面分别阐述了虚拟社区的支持系统，但该研究仅是对支持系统的梳理，没有包括其他方面，尤其是系统功能作为重要的影响因素对用户意愿和行为的影响研究。因此，为了帮助学界同仁系统地了解现有虚拟社区系统功能设计的相关研究进展，本节拟对国内外虚拟社区的系统功能设计相关研究进行梳理，并在此基础上，指出研究存在的问题或值得关注的潜在研究方向。

---

① Sato G Y，De Azevedo H J S，Barthès J P A. Agent and multi-agent applications to support distributed communities of practice：A short review[J]. Autonomous Agents and Multi-Agent Systems，2012，25（1）：87-129.

1. 研究现状分析

当前，关于虚拟社区的系统功能设计研究主要集中在虚拟社区形成系统功能设计研究、虚拟社区交互系统功能设计研究、虚拟社区资源管理相关系统功能设计研究、虚拟社区个人信息管理系统功能设计研究和系统功能对用户使用意愿的影响因素研究 5 个方面。

1）虚拟社区形成系统功能设计研究

虚拟社区可以被视为具有生命周期的客观实体，它们经历形成、成长、成熟和衰退。虚拟社区的形成系统是将具有相同兴趣的人聚集在一起形成虚拟社区的工具，是虚拟社区得以形成和存在的基础。因此，虚拟社区形成系统功能设计研究引起了早期学者的关注，探讨如何借助网络帮助用户彼此之间建立联系、进行交流。

Shine 是用于开发虚拟社区通信系统的底层框架，此框架由 Pearson 数据库、计划执行模块和通信模块三个核心模块组成，用以支持 Community Organizer 和 Gleams of People 两个应用程序的开发。其中，Community Organizer 通过提供空间表现形式帮助用户找到网络上具有类似兴趣的其他用户，并鼓励他们建立新社区进行交流[①②③]。systemsnet.org 基于控制论原理和可行性系统模型设计而来，用户不仅可以根据任何标准（如主题、位置、方法等）创建网络，还可以发出申请加入感兴趣的网络[④]。多代理决策模型作为社区形成的基本架构具有如下特点：利用用户档案数据对隐式初始组形成进行协同过滤；通过在代理之间交换消息共享组信息；调整用户偏好数据，形成更完整、更满意的社区；向用户推荐明确的社区，以协助用户之间建立联系[⑤]。此外，ESENCe 和 InterNano 代表了学术虚拟社区的两种典型构建方法。ESENCe 采用低投资的托管方式，存储库是集成社交

---

① Yoshida S，Kamei K，Ohguro T，et al. Shine：A peer-to-peer based framework of network community support systems[J]. Computer Communications，2003，26（11）：1199-1209.

② Kamei K，Fujita K，Jettmar E，et al. Effectiveness of spatial representation in the formation of network communities：Experimental study on community organizer[J]. Interacting with Computers，2002，14（6）：739-759.

③ Hattori F，Ohguro T，Yokoo M，et al. Socialware：Multiagent systems for supporting network communities[J]. Communications of the ACM，1999，42（3）：55.

④ Pérez Ríos J. A self-organizing network for the systems community[J]. Kybernetes，2004，33（3/4）：590-606.

⑤ Sawamoto J，Mutoh K，Tsuji H，et al. Evaluation of multi-agent model for community formation in network society[C]. Fukuoka：18th International Conference on Advanced Information Networking and Applications，2004.

组件的主要平台，开发者在平台上开发小的应用程序；InterNano 则采用高度定制的集成系统方法，集数字图书馆、动态内容管理系统和自定义数据库于一体①。

由上述研究发现，生命周期理论为虚拟社区的研究提供了新的视角，它可以指导虚拟社区的系统功能、用户特征、社区运营等多个细分领域的纵向研究。在同一个虚拟社区生命周期的不同阶段发现不同的特征，或是在生命周期的同一阶段比较不同虚拟社区的特征，都可作为研究主题。

2）虚拟社区交互系统功能设计研究

交互系统是实现用户之间交流和协作的应用程序，现有研究成果主要集中在同步交互系统和异步交互系统两个方面。

虚拟社区中的同步交互通常发生在视频会议、聊天或即时消息中。Gleams of People 便是一个允许用户与其他社区成员分享在线状态和情绪状态指标的同步交互系统，当用户选择一种颜色来表示自己的情绪时，系统会向其他成员的个人代理系统发送消息，以表明他的存在和情绪，每个个人代理都会响应，并返回自己的存在和情绪指标②③。Zhu 等④则将文本聊天和语音聊天应用到协同网购环境，确保用户可以在购物过程中进行实时交流，分享他们的兴趣和建议，同时发现同步交互系统显著增强用户从网上购物体验中获得的社交存在感。此外，在 Yang 和 Chen⑤创建的基于社交网络的交互式协作系统架构中，第三层便是实现实时协作的即时通信系统，它不仅可以显示有多少人在线，还可以支持用户间交流、讨论和交换想法，从而获得隐性知识。在学习型虚拟社区中，Wei 和 Liu⑥将同步交互应用于虚拟语言学习社区，辅助学习者通过与系统的交互进行自主语言学习。

---

① Reznik-Zellen R，Adamick J. Supporting virtual communities through disciplinary repository development[J]. Library Hi Tech，2012，30（2）：275-290.

② Sato G Y，De Azevedo H J S，Barthès J A. Agent and multi-agent applications to support distributed communities of practice：A short review[J]. Autonomous Agents and Multi-Agent Systems，2012，25（1）：87-129.

③ Yoshida S，Kamei K，Ohguro T，et al. Shine：A peer-to-peer based framework of network community support systems[J]. Computer Communications，2003，26（11）：1199-1209.

④ Zhu L，Benbasat I，Jiang Z H. Let's shop online together：An empirical investigation of collaborative online shopping support[J]. Information Systems Research，2010，21（4）：872-891.

⑤ Yang S J H，Chen I Y L. A social network-based system for supporting interactive collaboration in knowledge sharing over peer-to-peer network[J]. International Journal of Human-Computer Studies，2008，66（1）：36-50.

⑥ Wei L，Liu B Q. Smart classroom college English listening teaching system based on virtual environment technology[J]. Journal of Cases on Information Technology，2022，24（5）：1-18.

虚拟社区中的异步交互通常通过电子邮件、讨论板、维基百科和博客进行。在 systemsnet.org 社区系统中，用户可以创建论坛来讨论感兴趣的主题、计划工作和事件，与此同时，交互系统包含的调度功能将帮助用户组织和跟进在网络中执行的活动[①]。基于电子邮件的 E-Logbook 协作系统，为用户提供了直接向 E-Logbook 发送电子邮件和接收请求信息来管理自己的活动、资产和感知的服务，同时还为用户提供了通过接收通知邮件来跟踪发生的事件的服务[②]。移动社区学习系统平台 MediaWiki，为学生的协作编辑提供了系统支持，导师在移动社区学习系统上创建一个特定的网页，然后为每个学生分配一个特定的时间段，在该时间段内，学生可以通过简单的超文本标记语言（HTML）将多形式的内容发布到特定网页。网站的内容因学生的协作贡献而逐渐增加，并且学生还能对现有页面的内容进行编辑，以不断完善现有内容的不足[③]。网络学术论坛系统是一种电子信息服务系统，它为用户提供一块公共电子白板，用以发布信息或提出想法。在系统功能中，主题管理模块提供了对主题的管理界面，实现了用户发布、主题修改等功能；回复管理模块提供了回复管理界面，实现了用户对主题的回复，通过发布与回复实现知识的异步交流[④]。

3）虚拟社区资源管理相关系统功能设计研究

虚拟社区资源管理相关系统功能设计研究主要集中在资源分配系统、知识管理系统和知识共享系统三类。

虚拟社区中的任务日益复杂，确定任务的优先级和资源的合理分配对减少社区成本具有重要意义。有学者设计了资源分配系统以最大化社区的整体利益。基于蚂蚁灵感的小型社区视频共享解决方案（AMCV）将具有相同请求的视频片段节点分组到社区中，并使用基于蚁群优化的社区通信

① Pérez Ríos J. A self-organizing network for the systems community[J]. Kybernetes，2004，33（3/4）：590-606.

② Yu C M，Gillet D，El Helou S，et al. Tackling acceptability issues in communities of practice by providing a lightweight email-based interface to social software[M]//Web-Based Learning Solutions for Communities of Practice：Developing Virtual Environments for Social and Pedagogical Advancement. Pennsylvania：IGI Global Scientific Publishing，2010：26-37.

③ Chen S Y，Lai Y X，Huang Y M，et al. Establishment and application for a mobile learning communities system：A case study of digital archives resource into outdoor environmental education[C]. Chengdu：2012 IEEE 12th International Conference on Computer & Information Technology，2012：129-134.

④ 薛娟. 高校网络学术论坛系统的设计与实现——以南京邮电大学图书馆为例[J]. 情报探索，2013（10）：89-92.

策略，根据节点兴趣的变化动态建立社区之间的联系，以便支持资源的快速查找[①]。在 AMCV 系统架构的基础上，Jia 等[②]根据节点状态（暂停、等待、回放）变化构建了社区资源分配模型，通过允许社区成员参与可用资源的分配来改善社区之间的沟通，并根据贡献的上传带宽设计基于服务优先级的激励机制，实现资源的最优分配。Wang 和 Jiang[③]则利用启发式算法设计了一种新颖的社区感知任务分配模型，该模型由三个阶段组成：一是任务选择，选择要优先分配的理想任务；二是对社区的分配，基于重要的任务即第一启发式方法将所选任务分配给社区；三是对代理的分配，基于非重叠代理优先和广度优先资源协商机制协商所选任务的资源，最大化系统整体利益、最小化系统通信成本。

知识作为虚拟社区重要的资源之一，其数量日益庞大、种类日益繁多，因此帮助用户在海量数据中快速获取知识的知识管理系统也愈加重要，吸引了许多学者进行虚拟社区知识管理系统的设计。Lin F 和 Lin S[④]在智能创意教师网络社区 SCTNet 中构建了一个带有知识地图和社交网络的事务性记忆系统，使其具有文本索引、关键词的确定和提取、文档聚类、知识地图可视化的知识处理功能，以及知识分配功能和协同知识检索功能。De Liddo 和 Concilio[⑤]讨论了将支持协作论证的网络实践社区学习工具 CoPe_it！与知识管理的超媒体和意义制作工具 Compendium 整合形成集成系统的可行性，并证实了该方案在支持混合虚拟社区的知识管理和交换过程中发挥的重要作用。Soto 等[⑥]基于信任模型构建的虚拟实践社区多代理系统架构包含反应层和协商社会层两层模型。其中，反应层是系统

---

① Xu C Q，Jia S J，Zhong L J，et al. Ant-inspired Mini-Community-based solution for video-on-demand services in wireless mobile networks[J]. IEEE Transactions on Broadcasting，2014，60（2）：322-335.

② Jia S J，Ma Y Z，Zhang Y X，et al. Modelling of P2P-based video sharing performance for content-oriented community-based VoD systems in wireless mobile networks[J]. Mobile Information Systems，2016（1）：1319497.

③ Wang W Y，Jiang Y C. Community-aware task allocation for social networked multiagent systems[J]. IEEE Transactions on Cybernetics，2014，44（9）：1529-1543.

④ Lin F R，Lin S C. A conceptual model for virtual organizational learning[J]. Journal of Organizational Computing and Electronic Commerce，2001，11（3）：155-178.

⑤ De Liddo A，Concilio G. Supporting communities of practice by advancing knowledge management between hybrid collaborative environments[M]//Organizational Learning and Knowledge：Concepts，Methodologies，Tools and Applications. Hershey，Pennsylvania，USA：IGI Global Scientific Publishing，2010：38-54.

⑥ Soto J P，Vizcaino A，Portillo-Rodríguez J，et al. An agent system to manage knowledge in CoPs [J]. International Journal of Cognitive Informatics and Natural Intelligence，3（1）：75-94.

感知环境变化并在这些变化发生的精确时刻做出反应的能力；协商社会层则指系统试图通过调度计划来实现已经定义的目标。此架构可用于计算哪些知识更值得信赖，促进信息的重用。

此外，基于本体的知识管理系统被认为是虚拟社区知识分类、结构化和共享的基础，学者们对其进行了开发。Davies 等[①]设计一个基于语义 Web 的实践社区系统 OntoShare，该系统能够从用户共享的 Web 页面和其他信息源中总结和提取关键词，然后自动将这些信息与实践社区中的其他用户共享。它以用户配置文件的形式为每个用户的兴趣建模，根据配置文件进行知识推荐。Eri 等[②]设计的基于本体的知识模型，按照知识处理流程进行功能设计，在知识获取阶段，划分了“专家”“研究领域”“研究题目”“研究组”四个类别；在信息共享阶段，用户可以通过发布和查看来访问所有信息；在知识传播和知识应用阶段，通过“访问配置文件”“注册配置文件”“更新配置文件”“搜索配置文件”“通知”功能实现；在知识组织阶段，提供基于本体的虚拟社区概要和知识库的知识。

与上述系统的实际设计开发研究不同，部分学者从概念上探讨了虚拟社区中知识管理系统的功能设计。Goel 和 Mousavidin[③]通过对相关文献的分析研究，总结了可持续社区知识管理系统的设计建议，其中包括每个社区都应有一个站点地图，指示知识的存在位置和访问路径；社区中的所有帖子都应根据站点地图进行分类；系统应具有维护成员配置文件的功能，以指示成员的帖子数量、其他成员连接、回复和使用历史记录等 8 条设计准则。Griffith 和 Sawyer[④]则从三个维度（即内容输入、内容形式和内容整合）描述了信息系统如何支持虚拟环境中的知识获取，从而建议为虚拟社区中的知识管理开发相应技术。

促进虚拟社区知识共享的系统功能主要有知识搜索和知识推荐两类。虚拟社区为用户提供的知识搜索服务，是虚拟社区中一种被动等待知识被

---

① Davies J, Duke A, Sure Y. OntoShare: A knowledge management environment for virtual communities of practice[C]. Sanibel Island: Proceedings of the 2nd International Conference on Knowledge Capture, 2003: 20-27.

② Eri Z D, Abdullah R, Jabar M A, et al. Ontology-based knowledge model for virtual communities profile[C]. Johor Bahru: 2011 Malaysian Conference in Software Engineering, 2011: 508-511.

③ Goel L, Mousavidin E. A proposed framework for designing sustainable communities for knowledge management systems[J]. International Journal of Knowledge Management, 2008, 4 (3): 82-100.

④ Griffith T L, Sawyer J E. Supporting technologies and organizational practices for the transfer of knowledge in virtual environments[J]. Group Decision and Negotiation, 2006, 15 (4): 407-423.

利用的系统功能。Lei 等[①]提出了支持虚拟社区知识共享的系统框架，该架构由管理虚拟社区知识的资源模块和处理用户搜索请求的搜索模块组成，帮助成员寻找合适的知识资源和合适的资源贡献者进行交互，通过对知识接收者和知识贡献者的自动匹配，提高知识共享的交互效率。类似地，Yang 和 Chen[②]在设计基于社交网络的知识共享系统时，也构建了资源模块和搜索模块。资源模块旨在准确描述对等网络中包含的资源，搜索模块负责生成用户的搜索查询并处理其搜索请求，对等网络提供了基本关键词搜索、关键词词库和基于概念图的搜索功能。这种基于社交网络的协作支持应用于知识共享有助于人们找到愿意分享知识的相关内容和知识渊博的合作者。

虚拟社区为用户提供的知识推荐服务，则是虚拟社区主动向用户推荐相关知识，促进知识获取和共享的系统功能。Kim 等[③]设计 GRec OC 群组推荐系统，它由推荐集生成的两个阶段组成：第一阶段，通过合并个人成员的个人资料来建立组配置文件，然后使用相似性度量来查找目标组的邻居组，最后将从邻居组中获得的前 n 本书作为候选推荐集；第二阶段，评估候选推荐书籍与目标组成员之间的相关性，微调之后进行推荐，以增加信息共享，并提高团队成员的满意度。Wang 和 Chang[④]提出了个性化知识推荐（PKR）模型，该模型基于内容和协同过滤的方法，为注册用户提供了类别审查、关键字搜索、阈值设置、论文推荐和类似研究者推荐 5 种功能，旨在推荐有用的期刊文献（显性知识）和能够在线实时讨论信息（隐性知识）的社区成员。Zheng 等[⑤]则设计了一种基于信任的在线社区推荐系统，它可以促进个性化学习社区的形成，在大型虚拟社区中，每个热门话题通常都包含许多学习者，但并不一定会产生很好的知识交流效果。推荐系统可以进一步将较大的热门话题社区分成较小的组，维持学习者的动机和参与水平，加强学习者在研究组内的关系，从而提升知识交流效果。聚

① Lei J，Zhang X X，Yang B A. A system framework for supporting knowledge sharing in virtual communities[C]. Yantai：2008 Chinese Control & Decision Conference，2008：3988-3993.

② Yang S J H，Chen I Y L. A social network-based system for supporting interactive collaboration in knowledge sharing over peer-to-peer network[J]. International Journal of Human-Computer Studies，2008，66（1）：36-50.

③ Kim J K，Kim H K，Oh H Y，et al. A group recommendation system for online communities[J]. International Journal of Information Management，2010，30（3）：212-219.

④ Wang H C，Chang Y L. PKR：A personalized knowledge recommendation system for virtual research communities[J]. Journal of Computer Information Systems，2007，48（1）：31-41.

⑤ Zheng X L，Chen C C，Hung J L，et al. A hybrid trust-based recommender system for online communities of practice[J]. IEEE Transactions on Learning Technologies，2015，8（4）：345-356.

焦于学术虚拟社区，顾佳云等[①]将用户兴趣和社交关系作为推荐依据，构建了综合学者兴趣和社交关系的学者推荐模型，有效提高了学术虚拟社区学者推荐的质量。

通过对虚拟社区资源管理相关系统功能设计的研究进行梳理发现，虚拟社区的知识管理系统已经取得了较丰富的研究成果。然而，随着问答式论坛社区、阅读式学习社区、资源共享式社区、聊天交友式社区等各种类型社区的大量涌现和快速发展，知识管理系统的适用性可能并不完美。因此，不同类型社区的知识管理系统是否应差异化设计、不同类型社区的知识管理系统的功能特点怎样以及如何实现特定类型社区的资源分配、知识管理和知识共享系统的完美组合等都有待进一步研究。

4）虚拟社区个人信息管理系统功能设计研究

个人信息管理系统，是以用户为单位，为每个用户生成其档案，如在虚拟社区中允许用户创建和编辑个人资料、记录用户发布/回复的帖子等，让用户方便管理自己的信息。在实际的系统功能设计中，Fahad 等[②]设计了多代理的智能移动虚拟社区管理系统，其中包含创建个人资料和兴趣、展示个人资料和兴趣的功能；周胜[③]设计了知识型博客系统，其中包含我的主页、我的收藏、我的好友、留言板等功能；宁玉文[④]设计了虚拟学习社区，其中包含记录（记录心得体会、摘录学习信息）、日志（以博客的形式提供博文空间）、相册（记录和存储图片信息）等个人菜单栏目；卢嘉[⑤]设计了虚拟学习社区，其中包含个人知识管理、个人资料、个人标签、关注数、微博数、指定个人信息的公开性等多种功能。

文献研究发现，相较于国外，国内虚拟社区更注重提供个人信息的管理，功能趋同，类似 QQ 空间。本书认为，在以用户为本的当下，学术虚拟社区提供个人信息管理服务是必不可少的，但是哪些功能是必需的、哪些功能很少被使用、功能是不是越多社区运转越好，以及哪些功能在促进知识交流时发挥了巨大作用等问题还未找到答案。

5）系统功能对用户使用意愿的影响因素研究

许多学者以信息系统成功模型为指导，从系统质量的不同维度，研

---

① 顾佳云，熊回香，肖兵. 虚拟学术社区中融合用户动态兴趣与社交关系的学者推荐研究[J]. 图书情报工作，2022，66（11）：110-120.

② Fahad M, Boissier O, Maret P, et al. Smart places: Multi-agent based smart mobile virtual community management system[J]. Applied Intelligence，2014，41（4）：1024-1042.

③ 周胜. 基于 Yii 框架的知识型博客系统的设计与实现[D]. 武汉：华中科技大学，2016.

④ 宁玉文. 基于 Web 2.0 的医学虚拟学习社区门户设计与实现研究[D]. 西安：西北大学，2010.

⑤ 卢嘉. 针对教育视频的虚拟学习社区设计与实现[D]. 武汉：华中科技大学，2011.

究了用户参与意愿的影响因素。Chen①将系统质量分为访问性、响应性两个测量维度进行研究发现，良好的技术会提高用户的持续使用意愿。Zheng 等②将系统质量划分为导航、可访问性、外观、安全性、交互性五个维度，结果发现导航是最重要的维度，可以减轻信息超载，方便用户识别信息；安全性是系统质量第二个重要的维度，虚拟社区应具有控制机制来保护个人信息，使用户在与他人交流时感到舒适；而交互性是最不重要的维度，这可能与模型权重有关，同时用户加入虚拟社区主要是为了通过阅读和撰写帖子来消费和提供信息，因此他们在线互动的可能性是有限的。Gharib 等③在系统质量的测量项中研究了系统可用性、易用性、可靠性、响应性、信息可访问性、导航性 6 个方面，研究发现系统质量对用户积极参与有直接影响，并能通过提高信任度，间接提高用户的参与度。然而，Chang 等④在研究虚拟社区感知价值的影响因素时发现，经验会调节技术基础设施与感知价值之间的联系。由于缺乏经验的成员不能广泛理解系统功能，一个高质量并且使他们能够轻松地探索虚拟社区的系统显得必不可少；相反，由于具有丰富经验的成员可以毫不费力地探索虚拟社区，他们可能会认为高质量的系统是理所当然的，从而导致对技术的感知降低，成为影响感知价值的一个不重要因素。

除上述研究之外，Zhao 和 Bishop⑤开展了德尔菲（Delphi）研究，探索维基百科专家认为支持社区发展的重要因素，其中重要的功能包括易于执行的编辑工具和流程，促进用户沟通协作、提高社区意识的通信/协作工具和流程。Bajwa 等⑥以创新扩散理论为基础，研究了美国、澳大利亚和中国对 7 个信息协作技术的使用意愿，研究发现电子邮件和音频电话会议是普

① Chen I Y L. The factors influencing members' continuance intentions in professional virtual communities-A longitudinal study[J]. Journal of Information Science，2007，33（4）：451-467.

② Zheng Y M，Zhao K X，Stylianou A. The impacts of information quality and system quality on users' continuance intention in information-exchange virtual communities：An empirical investigation[J]. Decision Support Systems，2013，56：513-524.

③ Gharib R K，Philpott E，Duan Y Q. Factors affecting active participation in B2B online communities：An empirical investigation[J]. Information & Management，2017，54（4）：516-530.

④ Chang C M，Hsu M H，Hsu C S，et al. Examining the role of perceived value in virtual communities continuance：Its antecedents and the influence of experience[J]. Behaviour & Information Technology，2014，33（5）：502-521.

⑤ Zhao X L，Bishop M J. Understanding and supporting online communities of practice：Lessons learned from Wikipedia[J]. Educational Technology Research and Development，2011，59（5）：711-735.

⑥ Bajwa D S，Lewis L F，Pervan G，et al. The adoption and use of collaboration information technologies：International comparisons[J]. Journal of Information Technology，2005，20（2）：130-140.

遍使用的通信技术，其次是视频会议、专有群件、数据会议、基于 Web 的工具，最后是电子会议系统，同时不同国家的使用程度存在差异。考虑到虚拟社区的社交属性，Jia 等[①]的研究强调了问答社区中付费形式的社交功能和免费的社交功能在培育用户间长期关系与短期关系中的不同作用，进而对用户知识分享意愿产生差异化的影响。

总体来看，目前多是从系统性能层面上展开影响因素的研究，相对较少地从具体功能的使用层面上研究虚拟社区使用意愿的影响因素，也未见有关系统功能设计在支持虚拟社区知识交流过程或知识交流效果方面的作用研究。然而，开展这些研究不仅可以更明确、深入地了解用户对系统功能的使用偏好，还可以通过关注用户在长期使用过程中获得的知识交流效果，改善系统功能，从而为用户提供更优质的服务。

2. 研究述评

通过对文献进行梳理可以发现，学者已就虚拟社区形成系统、交互系统、资源管理相关系统、个人信息管理系统的功能进行了设计，其中关于知识管理和知识共享系统功能的设计成果较为丰富。同时，基于实证研究得出的系统性能对用户使用意愿的影响这一结论颇具指导意义。然而，目前虚拟社区系统功能设计的相关研究还存在以下有待扩展的研究空间。

（1）现有的系统功能设计多注重系统实现，而较少注重用户使用体验。学者们多是基于自己的认知和理念进行系统开发和设计，但由于设计者的偏好和关注点、采取的技术不同，最终系统实现的功能及其性能也存在差异。那么设计出的系统功能是否是用户喜欢的？是否满足用户的需求？是不是系统功能越全、越先进，用户体验越好？这些问题都亟待关注。

（2）现有研究未见从人机交互的角度去探究影响知识交流效果的社区系统功能设计。首先，目前的研究主要探讨了系统功能设计对用户使用意愿的影响，鲜有研究系统功能设计对行为效果的影响；其次，多数研究基于信息系统成功模型，从系统性能角度展开，未见从人机交互理论视角研究具体功能。

因此，未来在虚拟社区系统功能方面的研究中需要注意以下问题。

---

① Jia L，Lin C，Qin Y R，et al. Impact of monetary and non-monetary social functions on users' knowledge-sharing intentions in online social Q&A communities[J]. Internet Research，2023，33(4)：1422-1445.

（1）基于用户的使用体验设计开发系统功能。首先，从系统功能出发，探究用户对虚拟社区现有系统功能的满意程度、使用偏好，发掘用户的真实需求。系统功能并非越多越好，而是要依据虚拟社区类型、用户特征和需求等因素进行合理设计和优化。例如，视频和语音聊天虽然时效性较高，但在学术虚拟社区中用户的使用偏好较低，而对于社交虚拟社区来说，这两个功能缺一不可，因此，每一个虚拟社区的系统功能设计都应物有所用、物尽其用。其次，探讨同一系统在不同类型社区的功能差异化设计，如知识管理系统在不同类型社区中功能需求的差异和适用程度；研究如何实现特定类型社区的资源分配、知识管理和知识共享系统的完美组合等。此外，可利用生命周期理论指导虚拟社区的系统功能、用户特征、社区运营等多个细分领域的纵向研究，发现虚拟社区不断演进的规律以及用户的行为特征，用以指导实践。

（2）关注系统功能对行为效果的影响。虚拟社区不应只关注系统功能对短期的用户使用意愿和行为的影响，还应关注使用过程中系统功能的影响。例如，学术虚拟社区必定是满足了用户长期的知识交流需求，并帮助其在学术水平或专业研究上获得一定的效果后，才能留住用户，而系统功能在此过程中是否发挥着重要作用、哪些功能起到重要的影响作用等都是值得关注的问题。通过实证研究，我们可以为系统功能的完善提出更具有参考价值的建议。

1.3 本书内容架构

1.3.1 总体内容框架

本书以学术虚拟社区为研究对象，围绕学术虚拟社区知识交流效果的影响因素这一命题展开，在研究现状分析的基础上，从用户、平台、信息和其他因素四个方面分析当前学术虚拟社区的知识交流效果。其中，在用户角度方面，主要从用户特征和用户关系出发探讨其对知识交流效果的影响作用。在平台角度方面，主要从系统功能、激励机制入手探讨其对知识交流效果的影响。在信息角度方面，则重点关注了信息质量的影响因素及社区信息质量的治理和提升。其他因素主要包括学科水平、社区特征和用户的知识贡献决策过程。其中，学科水平是指学术虚拟社区科研人员所属组织的学科发展质量，组织的学科水平不同，其成员所处的科研环境和能获取的学术资源也存在差异，进而可能对在线知识交流效果产生影响，因此本书将其纳入研究范畴，作为用户角度的补充。由于学科水平聚焦于用户所处的科研环境而非用户自身，因而将其作为补充研究而非主体研究。社区类型的相关研究主要涉及学术论坛、学术博客、学术社交网络、学术类微信公众号和学术类微博账号 5 种学术虚拟社区的对比分析，不同类型学术虚拟社区的功能特性、互动规范、社区定位等均存在差异，其知识交流效果可能也有所不同，因此本书将其纳入研究范畴，作为平台角度的补充。由于涉及多种平台的对比分析且未聚焦于平台的某一特定方面，因而将其作为补充研究而非主体研究。知识贡献决策过程的相关研究则阐述了学术虚拟社区用户在回答问题、上传资料、发布信息等不同知识贡献行为过程中产生差异化的影响因素和决策路径，是对用户知识贡献过程进行更深入的探索，本书将其纳入研究范畴作为用户角度的补充。由于聚焦于用户知识贡献决策的行为过程而非对知识交流效果的主观感知，因而将其作为补充研究而非主体研究。另外，考虑到不同维度前因条件并非相互独立，各个因素间或许存在复杂的交互作用，本书采用组态视角分析引起高/低水平知识交流效果的前因组合。最后，基于上述研究，提出提升学术虚拟社区知识交流效果的有效策略。本书聚焦于以学术知识为交流内容的虚拟社区，但难以保证研究结论在其他平台同样有效。为增强结论的普适性，本书还探究了个人资本视角下知识问答社区中知识交流效果的影响因素及其作用机制。本书总体内容框架如图 1.1 所示。

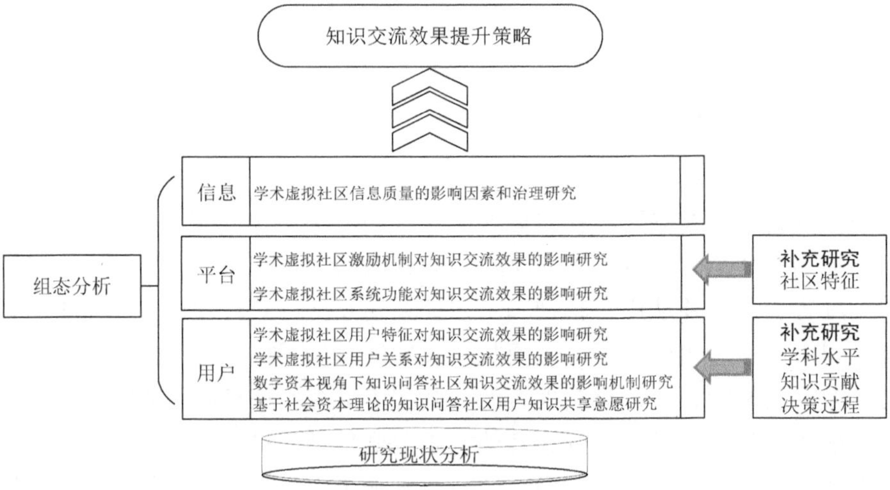

图 1.1 总体内容框架图

1.3.2 具体研究内容

本书研究的具体内容主要包括八个部分。

第一部分包括第 1 章，该部分首先介绍研究背景，接着评述国内外有关学术虚拟社区知识交流效果的研究成果，同时梳理虚拟社区系统功能设计的相关研究进展，在此基础上提出本书的总体内容框架和具体研究内容，最后给出研究思路、技术路线、研究方法。

第二部分包括第 2 章和第 3 章，主要内容为学术虚拟社区用户特征和用户关系对知识交流效果的影响研究。该部分从用户角度出发，首先将用户视为独立体，探索用户的各项特征对知识交流效果不同的影响作用，随后聚焦于平台上用户间的关系，从关系资本和关系网络结构出发，深入分析用户关系对知识交流效果的影响。另外，考虑到知识付费逐渐流行，本书第 2 章特别关注了在线付费讲座背景下，主讲者和消费者特征对用户购买行为的影响。

第三部分包括第 4 章和第 5 章，主要内容为学术虚拟社区系统功能对知识交流效果的影响研究和激励机制对知识贡献效果的影响研究。该部分从平台角度出发，首先关注学术虚拟社区的导航功能、知识获取功能、知识分享功能、交互功能、个人知识管理功能等多方面的设计，通过分析各个功能对用户感知知识学习和感知知识贡献的影响作用提出平台功能改进策略。另外，从环境激励、物质激励、精神激励三个维度探讨了激励机制对知识贡献效果的影响作用。

第四部分包括第 6 章，主要内容为学术虚拟社区信息质量的影响因素和治理研究。该部分从信息角度出发，利用扎根理论方法归纳出用户视角下学术虚拟社区信息质量的影响因素，以此为基础构建信息质量治理框架，并采用决策试验和评价试验（decision-making trial and evaluation laboratory，DEMATEL）方法分析治理策略，提出学术虚拟社区信息质量提升策略。

第五部分包括第 7～9 章，该部分补充了用户和平台维度的影响因素，包括学科水平、社区特征对知识交流效果的影响研究和专业虚拟社区用户知识贡献决策过程研究，该部分的研究内容不仅拓展了研究广度，还从用户的决策过程出发延伸了研究深度。

第六部分包括第 10 章，该部分在前面章节研究的基础上采用组态视角分析用户维度、平台维度和信息质量维度共 8 个前因条件对知识交流效果的组合作用；使用模糊集定性比较分析方法识别了产生高/低水平知识交流效果的组态路径，跳脱了传统量化方法的因果对称性框架，为学术虚拟社区知识交流效果的相关研究提供了新的思路。

第七部分包括第 11 章和第 12 章，在个人资本视角下研究知识问答社区知识交流效果的影响因素和知识问答社区用户知识共享意愿。为确保上述研究结论的可推广性，该部分将研究视野延伸至更泛化的知识交流平台（即知识问答社区），探究个人数字资本、社会资本、文化资本和经济资本等如何协同作用于知识交流效果。研究不仅有助于拓展本书主要研究结论的适用范围，个人资本概念的引入也为知识交流效果研究注入新的内容。

第八部分包括第 13 章，研究学术虚拟社区知识交流效果提升策略。该部分基于前述研究结果和分析论证，提出用户特征相关和用户关系相关的知识交流效果提升策略、平台系统功能相关的改进策略和平台激励机制相关的改进策略，并就不同类型学术虚拟社区提出了差异化策略。其中，依据组态分析结果穿插了以单一维度因素为主，其他因素为辅的多维度因素融合策略，为推动学术虚拟社区高质量的知识交流建言献策。

1.4 本书研究思路和技术路线

本书的研究思路是，首先从用户、平台、信息三个角度入手，分别探索各项因素对学术虚拟社区知识交流效果的影响作用。另外，从学科水平、社区特征等其他角度入手辅助补充上述三方面的主体研究。随后，运用组态视角探究各个前因条件间的复杂交互作用。最后，汇总后整合出全面的学术虚拟社区知识交流效果提升策略。考虑到用户在知识交流过程中发挥的主体作用，同时为拓展研究范围，在前述研究的基础上补充从个人资本视角出发的知识问答社区知识交流效果影响因素研究，具体技术路线如图 1.2 所示。

本书将综合运用定性和定量方法对学术虚拟社区知识交流效果及其相关因素展开分析，具体包括文献分析法、扎根理论方法、情景式问卷调查、结构方程模型、因子分析、回归分析、模糊集定性比较分析（fsQCA）等多种研究方法。

研究步骤如下。

（1）研究开始于对当前已有理论研究的学习和总结，利用各类文献数据库和信息检索工具，系统查阅与学术虚拟社区相关的国内外最新文献资料和研究数据，了解国内外相关领域的最新状况、进展和经验，在总结的基础上，找到理论支持。

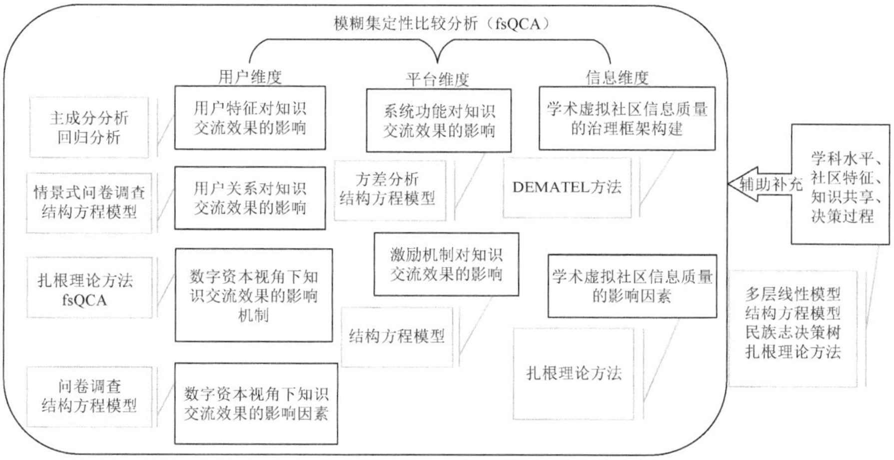

图 1.2 技术路线图

（2）调研国内外主流的且具有较大影响力的学术虚拟社区平台，研究不同平台的界面和功能设计、用户特点及其知识交流行为等，进一步细分不同元素的微观构成，采集具体平台数据和用户感知数据，深入分析各个数据项，为本书的研究找到具体的实践切入点。

（3）深入研究用户特征、用户关系、系统功能、激励机制、信息质量等对学术虚拟社区的影响作用，分析其相互作用关系，并采用结构方程模型、扎根理论方法、民族志决策树建模理论、模糊集定性比较分析等方法对变量及变量间的关系进行建模，构建具有一定意义的数学描述和实际应用模型。

（4）在上述调研和分析的基础上，结合学术虚拟社区的已有研究和实践结果，从用户、平台、信息质量等其他角度整合出从多视角切入的学术虚拟社区知识交流效果提升策略。

（5）对本书中各项研究进行系统总结和理论归纳，在阶段性成果的基础上形成系列研究论文、研究报告。

第 2 章　学术虚拟社区用户特征对知识交流效果的影响研究

2.1　用户整体特征对知识交流效果的影响研究

用户是学术交流的主体，其科研身份、平台使用行为、学术影响力等可能会对学术虚拟社区知识交流效果和用户持续参与交流的态度及意愿产生一定影响，因此研究学术虚拟社区中的用户特征，把握各项特征与知识交流效果的关系，对于完善平台服务、提高知识交流效果、提升平台用户黏性具有重要意义。为此，本节以 ResearchGate 平台上的南京大学用户为例，通过对用户特征数据的采集分析，从用户身份、学术影响力、互动行为等不同维度阐释了用户特征对知识交流效果的影响，以期为提升学术虚拟社区知识交流效果提供参考。

2.1.1　数据获取与处理

1. 数据获取

ResearchGate 平台是全球最成功的学术虚拟社区之一①，目前使用该平台进行知识交流的科研人员已超过 1500 万。平台用户通过完善个人信息、发布研究成果、与其他用户互动等获取知识和传播知识，用户的高注册量和持续使用率使得该平台上获取的用户数据更具代表性和可用性。另外，南京大学作为一所综合性科研院校，在该平台上拥有大量注册用户，且其研究成果、影响力等均处于前列。因此，本书选用 ResearchGate 平台上的南京大学用户为研究对象，分析用户特征对知识交流效果的影响。RG 指数是 ResearchGate 平台依据用户的研究影响力及互动行为综合得出的用户评价指标，主要构成为：Publications 表示用户发布的出版物情况，Questions 和 Answers 表示用户的提问和回答情况，Followers 表示用户获得的关注者情况。RG 指数的算法不仅依赖用户创建内容的数量，还与内容质量即同

① 耿斌，孙建军. 在线学术社交平台的用户行为研究——以 ResearchGate 平台南京大学用户为例[J]. 图书与情报，2017（5）：47-53.

行对内容的评价密切相关①，该指标可较全面地衡量用户在平台的知识学习和知识贡献，因此本书使用 RG 指数来表示用户整体的知识交流效果。

本节编写 Python 爬虫获取 ResearchGate 平台上南京大学的用户数据，截至 2019 年 9 月 14 日，共得到 8943 条原始数据，剔除无法评估其知识交流效果（RG 指数为 0）的"僵尸用户"，共得到 3147 条可分析数据，数据项及描述如表 2.1 所示。

表 2.1　ResearchGate 平台用户特征数据项及描述

数据类别	数据项	描述
身份特征	姓名	用户注册时填写的用户名
	院系/学科	用户设置的所属院系或学科背景
	学历	用户设置的学历信息
影响力特征	总体研究兴趣指数	社区中其他用户对该用户项目和研究资料的感兴趣程度
	被引量	用户的研究资料被引用的次数
	被推荐量	用户的项目或研究被推荐的次数
	被阅读量	用户的项目或研究在平台上被阅读的次数
	发布成果数	用户在社区中发布的科研成果数量
	h 指数	基于用户发表论文数量和被引数量的学术影响力指数
互动特征	提问数	用户在社区的提问数量
	回答数	用户回答其他用户提问的次数
追踪特征	关注数	用户追踪其他用户的数量
	被关注数	社区中追踪该用户的人数
项目特征	发布项目数	用户在社区中记录的科研项目数量
知识交流效果	RG 指数	用户在社区中的综合知识交流效果

2. 数据处理

为将用户属性进行准确的特征归类，减少人为划分的主观随意性，方便后续相关性分析，本书对表 2.1 中定量数据项进行主成分分析，首先进行 KMO（Kaiser-Meyer-Olkin）和巴特利特（Bartlett）球形度检验，得到 KMO 值为 0.663，大于 0.6 的可接受水平，且显著性（Sig.）小于 0.001，表明数据项适用于主成分分析。提取特征值大于 1 的因素作为主成分，共

① 韩文，刘畅，雷秋雨. 分析学术社交网络对科研活动的辅助作用——以 ResearchGate 和 Academia.edu 为例[J]. 情报理论与实践，2017，40（8）：105-111.

得到 4 个主成分，累计贡献率达 80.117%，表明主成分保留了原始数据的大部分信息，具有较强的解释性。为使每一个主成分含义更加明确清晰，采用最大方差法对因子载荷矩阵实施正交旋转，使每个主成分上具有最高载荷的变量数最小，旋转因子载荷矩阵如表 2.2 所示，可以发现主成分 1 中旋转因子载荷较大的为总体研究兴趣指数、被引量、被推荐量、被阅读量、发布成果数和 h 指数，主要反映用户在学术虚拟社区中的影响力，可解释为影响力特征；主成分 2 中旋转因子载荷较大的为提问数和回答数，反映用户在学术虚拟社区中的互动行为，可解释为互动特征；主成分 3 中旋转因子载荷较大的为关注数和被关注数，反映用户在学术虚拟社区中的动态持续追踪状况，可解释为追踪特征；主成分 4 中发布项目数具有最大载荷，反映用户在平台上发布项目的状况，可解释为项目特征。综合用户身份特征可得表 2.1 左侧列所示的用户特征分类，本研究基于此分析不同用户特征对知识交流效果的影响。

表 2.2　旋转因子载荷矩阵

数据项	主成分 1	主成分 2	主成分 3	主成分 4
总体研究兴趣指数	0.956	–0.033	0.079	0.073
被引量	0.941	–0.039	0.027	0.096
被推荐量	0.580	0.154	0.281	–0.218
被阅读量	0.671	0.176	–0.026	–0.176
关注数	–0.006	0.129	0.909	–0.004
被关注数	0.521	–0.021	0.690	0.034
发布成果数	0.883	–0.050	0.136	0.108
提问数	0.009	0.971	0.067	0.029
发布项目数	0.074	0.039	0.007	0.942
回答数	0.019	0.971	0.070	0.000
h 指数	0.849	–0.078	0.187	0.184

2.1.2　数据分析与结果讨论

1. 用户基本情况分析

本研究以 ResearchGate 平台上南京大学为例分析用户特征对知识交流效果的影响。在 8943 个注册用户中，仅 3147 人的 RG 指数不为空，超过 60%的用户处于低活跃状态。表 2.3 为获得 RG 指数评分的用户各数据项统计结果。由表2.3可知，用户人均发布成果数为29.367篇，人均发布项目数不足1个，可见平台上项目合作与共享并不活跃；在影响力特征方面，尽管人均被阅读量、被引量、被推荐量、总体研究兴趣指数整体呈现较高水平，但部分数据项显示出较大的标准差、偏度和峰度，表明数据分布严重不均衡，存在明显的长尾现象；在互动特征方面，人均回答数和提问数均不足0.5个，二者偏度和峰度值较大，表明学者间互动不频繁，只有少数人参与互动；在追踪特征方面，用户人均关注数为35人，被约41人关注，表明用户持续追踪意愿强烈，平台具有良好的社交氛围；从知识交流效果来看，南京大学人均RG指数为16.427，最大值为52.39，分布较为对称。为评估整体知识交流效果，绘制图2.1所示的RG指数分布图，由图可知，超过半数的用户RG指数在0～20，并且随着RG指数的增大，相应区间的人数呈递减趋势，知识交流效果佳的用户占比较少，知识交流效果具有较大的提升空间。

表2.3　数据项统计

数据项	平均值	中位数	最大值	标准差	偏度	峰度
发布成果数/篇	29.367	10	990	59.076	6.564	69.368
发布项目数/个	0.934	0	505	10.711	38.845	1683.624
被阅读量/次	2586.705	680	665288	14084.560	36.992	1636.039
被引量/次	488.231	67	25934	1557.884	9.308	117.784
被推荐量/次	5.462	1	971	22.218	28.343	1153.817
总体研究兴趣指数	285.223	51.3	14375	846.909	9.083	114.567
*h*指数	7.242	4	80	8.523	2.684	10.914
提问数/个	0.123	0	100	1.916	45.747	2351.121
回答数/个	0.289	0	235	4.915	39.361	69.368
关注数/人	35	22	901	50.722	5.632	54.867
被关注数/人	40.953	18	801	67.045	3.915	21.765
RG指数	16.427	14.66	52.39	11.230	0.607	−0.503

注：最后两列的偏度和峰度无单位。

2. 相关性分析

1）身份特征分析

本次研究共采集3147条用户数据，从用户学历构成来看，在具有学历信息的用户中，博士（含在读）占82.92%，硕士（含在读）占7.23%。由于学历信息存在大量缺失且现有数据未及时更新，本研究不考虑其对知识

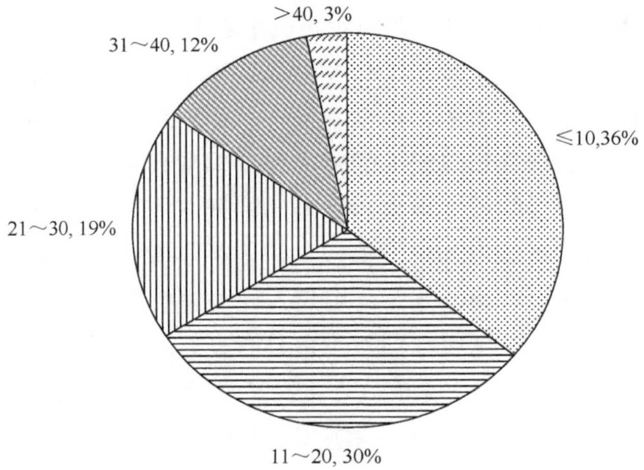

图 2.1 RG 指数分布图

交流效果的影响。为研究用户学科背景对知识交流效果的影响，综合用户填写的学科及院系信息，并参照南京大学学科设置，将学科背景划分为人文社科、经济管理、数理科学、电子信息、环化地农、生物医药、综合交叉共七大类。其中，人文社科类包括文学、历史学、语言学、社会科学、心理学等，经济管理类包括经济学、管理学等，数理科学类包括数学、物理学、天文与空间科学等，电子信息类包括电子工程、计算机科学、信息科学等，环化地农类包括环境科学、化学、地理科学、农业学与生态学等，生物医药类包括生命科学、医学、药学等，综合交叉类包括材料科学、建筑工程、大气科学等跨学科，各学科人数分布情况及平均 RG 指数如表 2.4 所示。

表 2.4 各学科人数分布情况及平均 RG 指数

学科背景	人数总量/人	人数占比/%	平均 RG 指数
人文社科	131	4.16	9.490
经济管理	122	3.88	9.315
数理科学	510	16.20	17.163
电子信息	373	11.85	13.542
环化地农	1180	37.50	17.159
生物医药	584	18.56	18.088
综合交叉	247	7.85	19.032

由表 2.4 可知，环化地农类的研究人员占比最多，但综合交叉类具有

最高的平均 RG 指数，人文社科和经济管理类占比较少且平均 RG 指数较低。为进一步探究用户学科背景对知识交流效果的影响，对二者进行了独立样本的非参数检验，假设检验显著性水平小于 0.01，表明各学科的 RG 指数分布具有显著差异。由图 2.2 箱线图可知，综合交叉类学科的 RG 指数具有较高的中位数，生物医药类次之，人文社科和经济管理类处于较低水平；从最大值来看，数理科学和环化地农类的 RG 指数最大值达到 50 以上。

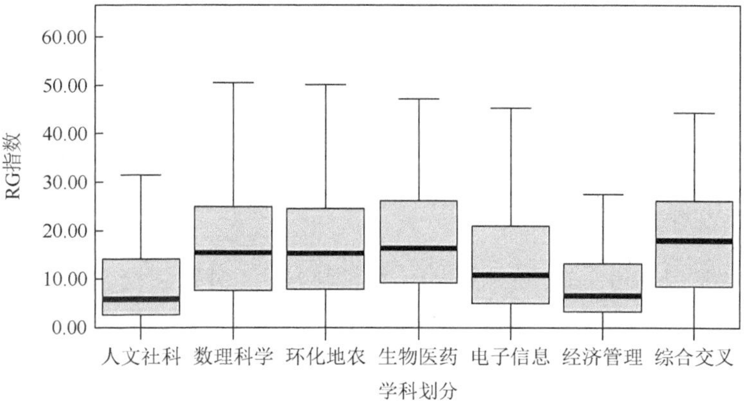

图 2.2　各学科 RG 指数分布箱线图

2）主成分分析

为明确不同特征对知识交流效果的影响，采用 Pearson 相关系数（P）探究各个主成分与 RG 指数的相关性，结果如表 2.5 所示。$P \leqslant 0.1$ 表明两指标不相关，$0.1 < P \leqslant 0.3$ 为弱相关，$0.3 < P \leqslant 0.5$ 为中度相关，$0.5 < P \leqslant 0.8$ 为强相关[①]。由表 2.5 可知，影响力特征与 RG 指数呈强相关，互动特征与 RG 指数不相关，追踪特征和项目特征与 RG 指数均呈弱相关。另外，考虑到被关注数在主成分 1 和主成分 3 上均具有较高载荷，因此单独探究关注数和被关注数与 RG 指数的相关性，结果如表 2.6 所示。关注数与 RG 指数呈弱相关，被关注数与 RG 指数呈强相关。

表 2.5　主成分与 RG 指数的相关性分析

主成分	相关系数	显著性（双侧）
影响力特征	0.626	0.000

① 皇甫军. 科研社交网络平台功能因素和用户行为的相关性分析[J]. 情报科学，2017，35（8）：62-67.

续表

主成分	相关系数	显著性（双侧）
互动特征	–0.045	0.011
追踪特征	0.266	0.000
项目特征	0.158	0.000

表 2.6　追踪特征与 RG 指数的相关性分析

追踪特征	相关系数	显著性（双侧）
关注数	0.183	0.000
被关注数	0.546	0.000

3. 回归分析

为进一步探究与 RG 指数相关的用户特征对知识交流效果的综合影响，利用回归分析探讨各个数据项对 RG 指数的影响，在进行共线性诊断后，发现总体研究兴趣指数和被引量之间存在共线性问题。由于总体研究兴趣指数是依据用户项目或资料被其他用户阅读、引用、推荐等计算得出的综合指标，故将该变量剔除。剔除后各个变量间的方差膨胀因子（variance inflation factor，VIF）如表 2.7 所示，各个变量间不存在共线性问题。调整后的 R^2 为 0.823，模型具有较高拟合度，德宾-沃森（Durbin-Watson）检验值为 1.973，表明通过残差独立性检验；显著性小于 0.01，表明变量间存在显著线性关系。由表 2.7 可知，除了被阅读量和发布项目数的显著性大于 0.05，其他数据项均显著对 RG 指数产生影响，其中 h 指数影响最强。

表 2.7　回归分析

数据项	标准系数	t	显著性	共线性统计量	
				容差	VIF
常量	—	42.568	0.000	—	—
被引量	–0.592	–38.559	0.000	0.239	4.188
被推荐量	0.097	10.307	0.000	0.629	1.589
被阅读量	0.011	1.144	0.253	0.605	1.653

续表

数据项	标准系数	t	显著性	共线性统计量	
				容差	VIF
发布成果数	0.119	7.857	0.000	0.243	4.115
h 指数	1.244	75.648	0.000	0.208	4.811
关注数	0.069	7.938	0.000	0.747	1.339
被关注数	−0.081	−7.137	0.000	0.434	2.305
发布项目数	−0.002	−0.306	0.760	0.977	1.023

4. 结果讨论

1）用户身份特征对知识交流效果的影响

由身份特征分析可知，不同学科背景的南京大学用户知识交流效果具有显著差异，环化地农类人数占比最多，具有强烈的知识交流需求，综合交叉类平均 RG 指数最高，具有较好的知识交流效果，人文社科和经济管理类人数占比较少且平均 RG 指数较低，具有更大的提升空间。

前人在学科背景的研究中，大多对不同院系用户数、项目数、被阅读数等指标进行了描述性统计[①②]，或分析了理学、工学、医学和其他四类不同学科间注册人数的差异[③]，严炜炜[④]聚焦于图情领域比较了中美 iSchool 成员学术社区利用行为的差异。本书不仅对学术虚拟社区上用户的学科背景进行了更细致的划分，而且将学科背景与用户的知识交流效果联系起来，分析了不同学科间知识交流效果的差异。结合前人研究发现，其他学术机构不同学科背景的学者在注册量、话题选择、内容发布等方面呈现出学科间差异。屈宝强[⑤]指出评价知识交流效果可以从知识的获取与互动、问题的解决、心理需求的满足、学术交流的聚类等方面入手，因此我们有理由相

① 耿斌，孙建军. 在线学术社交平台的用户行为研究——以 ResearchGate 平台南京大学用户为例[J]. 图书与情报，2017（5）：47-53.

② 刘雯. 学者在线科研交流行为研究——以 ResearchGate 平台东北大学用户为例[J]. 图书馆学刊，2019，41（3）：118-125.

③ 张耀坤，张维嘉，胡方丹. 中国高影响力学者对学术社交网站的使用行为调查——以教育部长江学者为例[J]. 情报资料工作，2017，38（3）：96-101.

④ 严炜炜. 中美 iSchool 院校学术社区利用行为比较研究——以 ResearchGate 为例[J]. 情报科学，2019，37（2）：9-13.

⑤ 屈宝强. 网络学术论坛中的科研合作行为及其反思——以“小木虫”学术论坛为例[J]. 科技管理研究，2010，30（10）：215-218.

信不同学科背景的用户在人数占比、RG 指数分布等方面的差异会导致其知识交流效果的差异显著。

2）用户影响力特征对知识交流效果的影响

由主成分分析可知，南京大学用户影响力特征与 RG 指数呈强相关[相关系数 = 0.626，显著性（双侧）= 0.000]。由进一步回归分析可知，h 指数作为学术影响力的重要衡量指标，与知识交流效果呈强正相关（$t = 75.648$，显著性 = 0.000）；被阅读量具有较大随机性且通过单纯的阅读行为难以全面考察用户知识交流效果，因此与知识交流效果无关（$t = 1.144$，显著性 = 0.253）；被引量与知识交流效果呈负相关（$t = -38.559$，显著性 = 0.000），由于 RG 指数评分不仅关注引用数量，更看重引用者的学术影响力①，因此被引量与知识交流效果呈负相关可能是由引用者的 RG 指数较低造成的。

前人研究表明，高学术影响力的学者在网络节点中占据更重要位置②。刘雨农和刘敏榕③以知乎网为例分析了社会化问答平台意见领袖特征及其在话题网络中的关键角色；在学术虚拟社区研究背景下，严炜炜等④指出在学术虚拟社区中，学术影响力和层级领先的机构表现出更大的学术影响；张耀坤等⑤得出高影响力学者的信息共享行为与影响力之间具有较强的相关性。以上研究均支持了高影响力用户在学术传播过程中扮演的关键角色，本书利用 h 指数、被引量等指标进一步深入细化了影响力特征，探究了各个指标与 RG 指数的相关关系。知识交流的本质即学术传播，因此前人提出的高影响力学者对于学术传播的促进作用结合本书所得出的正相关关系，即可以表明用户影响力特征对知识交流效果具有正向影响作用。

3）用户互动特征对知识交流效果的影响

由主成分分析可知，互动特征与 RG 指数不相关，但在 RG 指数构成中，提问数和回答数均占有一定比重。为探明原因，汇总提问数和回答数均为 0 的用户，总计达 2960 人，占比约 94%，由此可知南京大学用户的互动特征与 RG 指数不相关是由提问与回答的不积极、不活跃造成的。

① 刘雯. 学者在线科研交流行为研究——以 ResearchGate 平台东北大学用户为例[J]. 图书馆学刊，2019，41（3）：118-125.

② 张耀坤，张维嘉，胡方丹. 中国高影响力学者对学术社交网站的使用行为调查——以教育部长江学者为例[J]. 情报资料工作，2017，38（3）：96-101.

③ 刘雨农，刘敏榕. 社会化问答平台的社区网络形态与意见领袖特征——以知乎网为例[J]. 情报资料工作，2017（2）：106-112.

④ 严炜炜，温馨，刘倩，等. 学术社交网络中 iSchool 成员用户结构与利用差异分析[J]. 现代情报，2019，39（8）：66-72.

⑤ 张耀坤，牛艳霞，汪朝州. 高影响力学者学术社交网络平台使用行为研究——以 ResearchGate 为例[J]. 图书馆研究，2018，48（6）：1-8.

前人研究分析了社会化问答社区中用户提问和回答对知识贡献行为的影响[①]，张鹏翼和张璐[②]以知乎为例分析了社会资本视角下的用户社交问答行为。在学术虚拟社区的使用行为研究中，学者大多将用户行为作为因变量，关注社会资本[③]、感知信任[④]等对行为的影响，而本书将知识交流效果作为因变量，关注了学术虚拟社区背景下用户问答行为对知识交流效果的影响。结果表明，用户互动特征对知识交流效果无影响，这似乎与社会化问答社区背景下得出的结论不一致，一方面可能是由于 ResearchGate 平台不单单通过问答获得信息，也可经项目、论文浏览、私信等方式获取知识；另一方面可能是由于平台上用户提问与回答不活跃，平台可通过增强用户互动的活跃度提升知识交流效果。

4）用户追踪特征和项目特征对知识交流效果的影响

由主成分分析可知，用户追踪特征和项目特征与 RG 指数均呈弱相关，其中关注数与 RG 指数呈弱相关（相关系数 = 0.183，显著性 = 0.000），被关注数与 RG 指数呈强相关（相关系数 = 0.546，显著性 = 0.000），发布项目数与 RG 指数呈弱相关（相关系数 = 0.158，显著性 = 0.000）。

前人关于用户间关注与被关注的研究多集中于社交媒体的粉丝现象和粉丝文化，重点探讨了意见领袖的内容推广作用及粉丝的传播作用[⑤⑥⑦]，在学术虚拟社区背景下，有学者利用用户间的追踪关系构建了研究人员合作网络[⑧⑨]。本书通过相关性分析探究了用户关注数、被关注数与知识交流效果的相关关系，由于学术虚拟社区与大众社交媒体同样具有社交属性和传播作用，因此结合上述社交媒体平台意见领袖和粉丝文化的研究，我们可以认为学术虚拟社区上，被高度关注的学者对于其粉丝的学术成果共享和

---

① 张宝生，张庆普. 基于扎根理论的社会化问答社区用户知识贡献行为意向影响因素研究[J]. 情报学报，2018，37（10）：1034-1045.

② 张鹏翼，张璐. 社会资本视角下的用户社交问答行为研究——以知乎为例[J]. 情报杂志，2015，34（12）：186-191，199.

③ 陈明红. 学术虚拟社区用户持续知识共享的意愿研究[J]. 情报资料工作，2015，36（1）：41-47.

④ 石婷婷. 学术社交网站用户使用行为影响因素研究[D]. 沈阳：辽宁大学，2019.

⑤ 刘玮. 视频类在线社交网络中“粉丝”文化的研究[D]. 北京：北京邮电大学，2016.

⑥ 董兰军，彭中云. 意见领袖在图书馆新媒体营销中的应用研究[J]. 图书馆工作与研究，2017（6）：105-108.

⑦ 郭勇，高歌，王天勇，等. 社交网络舆情意见领袖研究：蝴蝶图示、甄别及影响力评价[J]. 图书情报工作，2019，63（14）：62-73.

⑧ 宋钰，王锦明. 基于科研社交网络平台关注情况的分析与思考——以 ResearchGate 平台东南大学用户为例[J]. 新世纪图书馆，2018（4）：46-50.

⑨ 耿斌，孙建军. 在线学术社交平台的用户行为研究——以 ResearchGate 平台南京大学用户为例[J]. 图书与情报，2017（5）：47-53.

交流互动等行为也具有一定的影响作用，即南京大学用户关注数、被关注数在一定程度上影响其知识交流效果。

2.2 主讲者特征对在线付费讲座购买的影响研究

在移动互联网日趋成熟的背景下，移动支付的成熟、版权环境的改善、消费者付费意识的提升、知识分享平台等的出现，为新的内容付费平台的产生提供了条件，一些学术交流平台纷纷推出自己的知识付费产品，吸引众多用户。目前，知识付费产业已经具有一定规模，并被认为具有广阔的发展前景。《2017 年中国知识付费市场研究报告》显示，2017 年各平台知识付费用户累计达 1.88 亿人，2018 年用户规模预计达 2.92 亿人[①]。相关研究显示，截至 2017 年 3 月，知识付费行业的总体经济规模估计为 100 亿～150 亿元[②]。

在线问答讲座作为一种全新的在线学习形式，采用当下最流行的共享经济的理念，通过知识付费的形式激励各个行业的专家充分利用各自的认知盈余参与到全新的知识分享服务中，因而该形式一推出就获得了业界的广泛关注和消费者的认可。在这种背景下，许多值得研究的问题也因此出现。究竟有哪些用户成为知识付费的内容贡献者和消费者？这些用户又具备怎样的特征？这些特征对于在线付费讲座的购买有何影响？本节将以知乎 Live 为例对这些问题展开研究。

2.2.1 研究假设

1. 主讲者参与知乎 Live 的活跃度特征

根据顾客感知价值理论，消费者在购买在线付费讲座时，会对其获得的收益和将要付出的时间及金钱成本进行综合比较，由此产生的感知价值即是对在线付费讲座产品的综合评价，对其购买决策产生重要影响。Kim 等[③]将感知价值划分为功能价值、情感价值和社会价值。其中，功能价值指消费者对于产品功能效用的感知价值；情感价值指产品在引发消费者情感

① 艾媒咨询．2017 年中国知识付费市场研究报告[EB/OL].（2017-12-05）[2018-03-20]. http://www.iimedia.cn/59925.html.

② 智研咨询．2017 年我国知识付费行业市场现状分析[EB/OL].（2017-10-13）[2018-03-20]. https://www.chyxx.com/industry/201710/571986.html.

③ Kim H W，Gupta S，Koh J. Investigating the intention to purchase digital items in social networking communities：A customer value perspective[J]. Information & Management，2011，48（6）：228-234.

效用方面的感知价值；社会价值指产品在提升顾客社会存在效用方面的感知价值。此外，感知质量也是影响消费者价值判断的重要因素，Cheung①研究发现，信息披露的及时、详尽、相关以及消费者对卖家的信任都会显著影响消费者的感知有用性，进而影响消费者的购买意愿。

目前，知乎 Live（以下简称 Live）的主讲者有两种参与方式——向知乎官方申请就某个话题举办 Live，以及购买其他用户举办或自己感兴趣的 Live。因此，Live 主讲者举办 Live 的次数及其参加他人举办的 Live 的次数可反映主讲者参与 Live 的活跃度特征。主讲者自己举办和购买的 Live 都会在其个人主页公开显示出来，在相应的二级页面还包括 Live 的标题、类型、评分、销量等信息。依据顾客感知价值理论，这些内容的公开一方面有助于潜在的 Live 购买者更准确地了解主讲者的专业能力、社区认可度和讲座质量，提高对 Live 产品有用性、质量的感知和主讲者的信任；另一方面，知乎官方也会根据主讲者参与 Live 的活跃度、所举办 Live 的评价和销量进行综合排序，同时主讲者通过提升自己参与 Live 的活跃度，也可以获得知乎的流量补贴，提高自己举办的 Live 在知乎平台的曝光度，从而获得更多潜在消费者的关注。

具体来看，主讲者举办 Live 的次数越多，其专业能力和个人能力的展示也就越彻底。在 Live 需要付费参与的情况下，主讲者举办的 Live 在超过一定限度后，反而容易招致潜在消费者的不信任，对其个人口碑造成影响，进而损害其社会资本，最终损害其 Live 的累计购买量。而主讲者自己购买 Live 的次数越多，反映出他们对 Live 产品的了解越透彻，以及对 Live 产品的认可。基于此，本研究提出以下假设。

H1：Live 的累计购买量与主讲者举办 Live 数呈负相关。

H2：Live 的累计购买量与主讲者购买 Live 数呈正相关。

2. 主讲者的社区影响力特征

社会资本理论认为，社会关系是一种无形资产，可以帮助人们通过协作获得集体收益②。社会资本包含结构资本、关系资本和认知资本三个层面。结构资本指社区客观存在的社会结构，社会交往、关系强度、交互频率是其具体体现；关系资本描述的是社交网络成员通过交互创造和发展的资源，

① Cheung R. The influence of electronic word-of-mouth on information adoption in online customer communities[J]. Global Economic Review，2014，43（1）：42-57.

② Coleman J S. Social capital in the creation of human capital[J]. American Journal of Sociology，1988，94（2）：S95-S120.

包括认同、信任、互惠等因素；认知资本则是指社交关系网络中形成的特定的语言或表达方式，如共同语言、共同愿景等①。这些特定的语言或表达方式可以提高成员交流的效率，进而强化对彼此的认同。

现有的研究发现，社会资本对消费者的购买意愿存在显著影响。Chen 等②在对网站质量的研究中发现，结构资本、关系资本和认知资本存在中介作用，社区中的共同语言和频繁的交流有助于增进消费者和卖家的信任、互惠和尊重，形成一致的行为规范，从而建立更为稳固的关系。Jin 等③在对大型网游的研究中也发现，社交关系和社区认同可以提高玩家对社区的信任和情感依赖，使他们自愿为社区做出贡献，进而提高玩家对游戏中虚拟道具的购买意愿。

知乎作为一个社会化在线问答社区，用户可以通过社区内的知识分享行为积累关系资本，得到其他用户的关注，进而获得更多社区成员的关注、信任与依赖。因此，本研究选取粉丝数这一变量反映主讲者的社区影响力特征。随着社会化信任的建立和互惠机制的形成，Live 的潜在购买者会更倾向购买具有更多结构资本，即更多粉丝的主讲者所举办的 Live。基于此，本研究提出以下假设。

H3：Live 的累计购买量与主讲者的粉丝数呈正相关。

3. 主讲者的社区活跃度特征

作为一个社会化问答平台，知乎通过多种知识分享方式帮助社区成员建立更紧密的社会关系和互惠机制。例如，一名知乎用户可以通过提出和回答问题的形式，分享他们对一些话题的认识、经验和见解，这些行为数据都展现在用户的个人主页，反映了用户的社区活跃度特征，当这些具有较高认知资本的用户举办 Live 时，也更容易获得同社区用户的认可与支持。

而依据学界现有的社会资本方面的研究，结构资本、关系资本和认知资本会对在线社区成员间的社会化信任和互惠产生重要影响。较高的社区活跃度有利于提高用户的认知资本，同时也反映了该用户自身对社

---

① Nahapiet J，Ghoshal S. Social capital，intellectual capital，and the organizational advantage[J]. The Academy of Management Review，1998，23（2）：242-266.

② Chen X Y，Huang Q，Davison R M. The role of website quality and social capital in building buyers' loyalty[J]. International Journal of Information Management，2017，37（1）：1563-1574.

③ Jin W，Sun Y Q，Wang N，et al. Why users purchase virtual products in MMORPG？An integrative perspective of social presence and user engagement[J]. Internet Research，2017，27（2）：408-427.

区的认可和贡献。具体来讲，主讲者的提问数越多，说明其知识需求越旺盛，同时无形中也在消耗他们所积累的社会资本。回答数越多，说明主讲者在社区有较多的知识分享行为，其结构资本相对较高。基于此，本研究提出以下假设。

H4：Live 的累计购买量与主讲者的提问数呈负相关。

H5：Live 的累计购买量与主讲者的回答数呈正相关。

4. 主讲者的专业度特征

社会认同是群体成员自我认知和自我构成的重要途径，包括成员的自我分类和对群体的情感归属。Wu 等①发现，社会认同可以显著影响社区成员的情感、信任和购买意愿。McLure Wasko 和 Faraj②在其研究中指出，信誉是一种重要的社会认同，良好的信誉反映了社区其他成员对个体的认可，能够帮助该个体获得更高的社会地位。此外，许多研究者还发现，信誉可以通过信任影响消费者的购买决策③④。

由此可知，信誉是一种重要的社会认同指标，反映了成员在社区中的地位，也是消费者感知价值判断的重要依据。知乎平台的用户信誉认证机制包括优秀回答者认证和个人身份认证。优秀回答者是在社区贡献了大量专业内容的用户，知乎通过算法将这些优秀回答者识别出来，并在个人主页和用户名旁附上橙色标识。优秀回答者的认证主要参考用户在特定话题下的活跃情况、回答内容的质量和其他用户的认可程度，这也能反映出主讲者的专业度。个人身份认证则是知乎对身份真实性的确认。通过此认证的用户，姓名旁附有蓝色认证标识。目前知乎对用户个人身份的认证，已经从早期的邀请制发展到申请制为主、邀请制为辅，可接受认证的用户包括公众人物、法律服务业从业人员、医疗行业专业人员、工程师等。相对于优秀回答者认证，个人身份认证更多地属于对主讲者社区外身份专业度的认可。本研究认为，优秀回答者认证和个人身份认证的存在，可以帮助潜在消费者降低筛选和识别成本，同时也提供更多

① Wu J J，Chien S H，Liu K P. Why should I pay？Exploring the determinants influencing smartphone users' intentions to download paid app[J]. Telematics and Informatics，2017，34（5）：645-654.

② McLure Wasko M，Faraj S. Why should I share？Examining social capital and knowledge contribution in electronic networks of practice[J]. MIS Quarterly，2005，29（1）：35-57.

③ Li Z Y，Cheng Y. From free to fee：Exploring the antecedents of consumer intention to switch to paid online content[J]. Journal of Electronic Commerce Research，2014，15（4）：281.

④ Zhang J，Liu H X，Sayogo D S，et al. Strengthening institutional-based trust for sustainable consumption：Lessons for smart disclosure[J]. Government Information Quarterly，2016，33（3）：552-561.

信息帮助大家对 Live 内容的可参考性进行综合判断。基于此，本研究提出以下假设。

H6：相比未获得优秀回答者认证的主讲者，获得优秀回答者认证的主讲者所举办的 Live 的累计购买量更高。

H7：相比未获得个人身份认证的主讲者，获得个人身份认证的主讲者所举办的 Live 的累计购买量更高。

5. 控制变量的说明

价格是消费者为获得产品或服务所付出的货币价值，是衡量消费者感知成本的重要指标。Kim 等①提出价格效用源于消费者对有效使用货币的感知，产品的价格越优惠，消费者感知到的价格效用越大，其购买意愿也就越高。King 等②也发现，产品价格、类型和质量会通过产品吸引力影响消费者的再次购买意愿。Kim 等③研究发现，感知费用对用户使用移动数据服务具有显著影响，对那些有更多使用经验的用户来说，感知费用的影响系数更大。因此我们认为，在线付费讲座的定价会对消费者购买产生影响。Live 由主讲人自主定价，官方限定价格最少为 9.9 元。因此，将 Live 的定价作为控制变量，对定价的作用进行控制，以排除其干扰。

产品类型是产品最重要的属性之一，表明产品的不同特征，因而也会对消费者的购买意愿产生不同的影响。Park 和 Lee④研究发现，在互联网的环境下，相对于体验型产品，在线消费者对于搜索型产品具有更强的购买意愿。在移动消费领域，Roma 和 Ragaglia⑤研究移动应用在应用市场的收益影响时也发现，不同类别对应用的收益和排名也都具有显著影响。由于 Live 目前并没有一个很成熟的分类体系，因此使用"实用品和享乐品"的概念⑥对

---

① Kim H W，Gupta S，Koh J. Investigating the intention to purchase digital items in social networking communities：A customer value perspective[J]. Information & Management，2011，48（6）：228-234.

② King R C，Schilhavy R A M，Chowa C，et al. Do customers identify with our website？The effects of website identification on repeat purchase intention[J]. International Journal of Electronic Commerce，2016，20（3）：319-354.

③ Kim B，Choi M，Han I. User behaviors toward mobile data services：The role of perceived fee and prior experience[J]. Expert Systems with Applications，2009，36（4）：8528-8536.

④ Park C，Lee T M. Information direction，website reputation and eWOM effect：A moderating role of product type[J]. Journal of Business Research，2009，62（1）：61-67.

⑤ Roma P，Ragaglia D. Revenue models，in-app purchase，and the app performance：Evidence from Apple's App Store and Google Play[J]. Electronic Commerce Research and Applications，2016，17（4）：173-190.

⑥ Batra R，Ahtola O T. Measuring the hedonic and utilitarian sources of consumer attitudes[J]. Marketing Letters，1991，2（2）：159-170.

其进行分类。对 Live 类型的分类采用人工编码的方式，根据其标题、描述和标签信息分为实用品类与享乐品类，并将其作为控制变量纳入回归方程中。

目前，知乎平台已经支持消费者在 Live 的直播结束以后对其进行购买。Live 的创建时间也可能对其销量产生影响。具体来说，越早推出的 Live，在知乎平台曝光的时间就越长，获得潜在消费者购买的概率也会越高。因此，将 Live 的创建时间也作为控制变量加以控制。

此外，根据前人的研究，在网络环境下，产品评论是消费者了解产品性能和质量的重要渠道，因而也会对产品销量产生影响。Chevalier 和 Mayzlin①通过对亚马逊和巴诺书店进行研究发现，用户对书籍的打分越高，其销量也就越高。卢向华和冯越②结合网络客观数据的实证分析也发现，点评数量、评分、负面点评率三个维度对产品销售收入具有显著影响，价格对网络口碑价值有调节作用。目前知乎官方会从内容专业性、内容信息量和使用体验三个维度出发，根据 Live 现有的评分汇总形成一个总评分，显示在 Live 的页面。研究中抓取了平台计算得出的这一综合评分，作为控制变量纳入研究模型中。

2.2.2　研究方法

1. 数据收集

本研究使用 Python 语言编写爬虫获取了 2018 年 3 月 2 日前结束的所有音频类的 Live 数据，并在 MongoDB 数据库中完成了对原始数据的存储和清洗，最后获得了 3696 条数据。数据涉及 Live 本身的信息及主讲人的信息，Live 本身的信息包括 Live 的标题、价格、创建时间和评分，主讲人的信息则包括主讲者举办和购买 Live 的次数、粉丝数、提问数、回答数和用户标识信息。

2. 变量说明

通过使用 Python 编写的脚本和 MongoDB 数据库，对获取的数据进行了清洗，共计 3696 条数据。主讲者特征影响的变量说明如表 2.8 所示。

---

① Chevalier J A，Mayzlin D. The effect of word of mouth on sales：Online book reviews[J]. Journal of Marketing Research，2006，43（3）：345-354.

② 卢向华，冯越. 网络口碑的价值——基于在线餐馆点评的实证研究[J]. 管理世界，2009（7）：126-132，171.

表 2.8 主讲者特征影响的变量说明

变量名称	变量说明
Lid	Live 的 id 号
Sales	Live 的累计购买量
Hosted_Lives	主讲者举办的 Live 数
Purchased_Lives	主讲者购买的 Live 数
Followers	主讲者的粉丝数
Questions	主讲者的提问数
Answers	主讲者的回答数
Is_good_answerer	主讲者是否获得优秀回答者认证（虚拟变量）
Is_Identity	主讲者是否获得个人身份认证（虚拟变量）
Price	Live 的价格（控制变量）
Type	Live 的类型（控制变量）
Create_time	Live 的创建时间（控制变量）
Evaluation	Live 的评价（控制变量）

3. 分析方法

为探究主讲者特征对消费者购买在线付费讲座的影响，将 Live 的累计购买量作为因变量展开研究。如前文所述，该因变量的取值是非零正值，且方差均高于其均值，所以研究采用负二项回归对模型进行拟合。负二项分布的公式如下：

$$\Pr\left(Y=y_i|\lambda,\theta\right)=\frac{\Gamma(y_i+\theta)}{\Gamma(y_i+1)\Gamma(\theta)}\left(\frac{\theta}{\theta+\lambda}\right)\left(\frac{\lambda}{\theta+\lambda}\right)^{y_i}$$

式中，θ 为聚集指数，表示因变量分布的离散程度；λ 为因变量分布的期望值。

根据前文所述的主讲者特征对消费者购买在线付费讲座的影响因素的探讨以及相关变量的定义，定义以下模型：

$$\text{Sales}_i=\beta_0+\beta_1\times\text{Hosted\_Lives}_i+\beta_2\times\text{Purchased\_Lives}_i+\beta_3\times\text{Followers}_i+\beta_4\times\text{Questions}+\beta_5\times\text{Answers}_i+\beta_6\times\text{Is\_good\_answerer}_i+\beta_7\times\text{Is\_Identity}+\beta_8\times\text{Price}+\beta_9\times\text{Type}_i+\beta_{10}\times\text{Create\_time}+\beta_{11}\times\text{Evaluation}+\varepsilon_i$$

式中，β 为变量的系数；i 为 Live 的个体；ε_i 为个体层面上的随机干扰项。

2.2.3　数据分析

1. 描述性统计

本研究共获得 3696 条 Live 数据，包括 1596 条主讲者信息。其中，女性 383 人，占主讲者数据的 24%；男性 1213 人，占主讲者数据的 76%。统计回答者的用户标识信息发现，获得个人身份认证的主讲者有 225 人，占主讲者数据的 14.1%，获得优秀回答者认证的主讲者有 316 人，占主讲者数据的 19.8%。

由表 2.9 可知，累计购买量、购买 Live 数、粉丝数、回答数、价格的标准差均高于其平均值，表明 Live 的累计购买量及主讲者的相关数据存在一定的差异。累计购买量作为因变量数据，也表明其作为计数变量需要采用负二项分布进行回归。

表 2.9　主讲者特征影响的描述性统计

变量名称	最小值	最大值	平均值	标准差
累计购买量/场	29	9975	814.30	1201.75
举办 Live 数/场	1	33	6.03	5.72
购买 Live 数/场	0	375	17.92	29.92
粉丝数/人	9	1581771	50527.18	121539.05
回答数/个	0	1782	11.77	61.72
价格/元	9.90	598	22.53	23.79
创建时间/月	0	21	9.42	5.04
评价/个	3.33	5	4.49	0.35

主讲者粉丝数的平均值和标准差相对其他变量有较大差异，由此可以发现，主讲者通过参与问答形式的知识分享，积累了大量社会资本和社会认同。然而，根据边际效用递减原理，社会资本和社会认同对于在线付费讲座销量的影响可能并非简单的线性关系，而是随着累计数量的增加而呈现效应的递减。因此，接下来的研究将使用主讲者粉丝数的自然对数作为自变量进行数据处理。

在对 Live 存在时间的处理方面，由于 Live 从 2016 年 5 月 14 日推出，因此设定 2016 年 5 月 14 日推出的 Live 的存在时间为 0，每隔 1 个月加 1。

为明确 Live 的类型，本研究采用人工编码的方式依据标题、描述和标签信息对 3696 条 Live 数据进行分类。将每条 Live 作为内容分析的一个编码单位，使用“实用品和享乐品”的概念构建编码类目。结果显示，实用类 Live 为 2556 场，占 69.16%；享乐类 Live 为 1140 场，占 30.84%。该部分由三位受过规则培训的编码员实施，经交叉信度检验，一致性为 87.6%，分类结果可靠。

2. 相关性分析

在回归分析之前，本研究先对影响消费者购买在线付费讲座的自变量进行相关性分析，结果如表 2.10 所示，自变量间的相关系数均小于 0.5，可以进行回归分析。

表 2.10 关于主讲者特征的各个自变量的相关性分析

项目	举办 Live 数	购买 Live 数	粉丝数	提问数	回答数	是否获得优秀回答者认证	是否获得个人身份认证
举办 Live 数	1.0000						
购买 Live 数	0.237**	1.0000					
粉丝数	0.182**	0.188**	1.0000				
提问数	0.053**	0.103**	0.260**	1.0000			
回答数	0.201**	0.062**	0.459**	0.293**	1.0000		
是否获得优秀回答者认证	0.220**	0.205**	0.316**	0.072**	0.203**	1.0000	
是否获得个人身份认证	0.097**	0.057**	0.089**	0.044**	0.065**	0.169**	1.0000

$^{**}P<0.005$。

3. 多重共线性检验

容差值和方差膨胀因子（VIF）是检验多重共线性的两个常见指标。容差值的取值在 0～1，数值越逼近 1 代表共线性越微弱，它虽然简洁，但缺乏明显边界，因此用作共线性测试的参考指标。VIF 是容差值的倒数，它是检测多重共线性的常规方法之一，其值越小表示共线性越弱，当值大于 10 时，模型多重共线性较严重。由表 2.11 可知，本模型不存在多重共线性问题。

表 2.11 关于主讲者特征的多重共线性检验

项目	VIF	1/VIF
举办 Live 数	0.7930	1.2610
购买 Live 数	0.8941	1.1185

续表

项目	VIF	1/VIF
粉丝数	0.6688	1.4952
提问数	0.8349	1.1977
回答数	0.6951	1.4387
是否获得优秀回答者认证	0.8359	1.1963
是否获得个人身份认证	0.9609	1.0407

4. 异方差的检验及处理

在经典线性回归模型的假设条件中，回归方程的随机扰动项 ε_i 具有相同的方差是一个关键的假设，而这类假设在现实生活中通常不成立，即 ε_i 的方差可能会随着观察值的变动而改变，也就是所谓的异方差性。一般而言，存在异方差会导致如下危害：①普通最小二乘法（OLS）估计量依然是无偏的，但不再具有有效性；②t 检验、F 检验失效；③置信区间不可信。也就是说，OLS 回归线在自变量取值 x_i 较小时可以较精确地估计，但在 x_i 较大时难以精确估计。方差较大的数据包含的信息量较小，但 OLS 却对所有的数据等量齐观地加以处理，因而使 OLS 的效率降低。

一般来讲，截面数据较容易产生异方差现象，因此使用多种方法对其进行检验。首先，对图 2.3 与图 2.4 的残差图进行比较发现，两图的大致轮廓基本一致，表明很可能存在异方差，即扰动项的方差随观测值而变化。

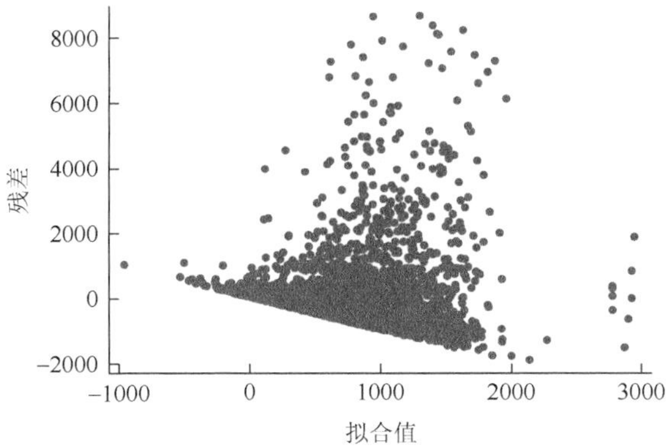

图 2.3　残差与拟合值的散点图

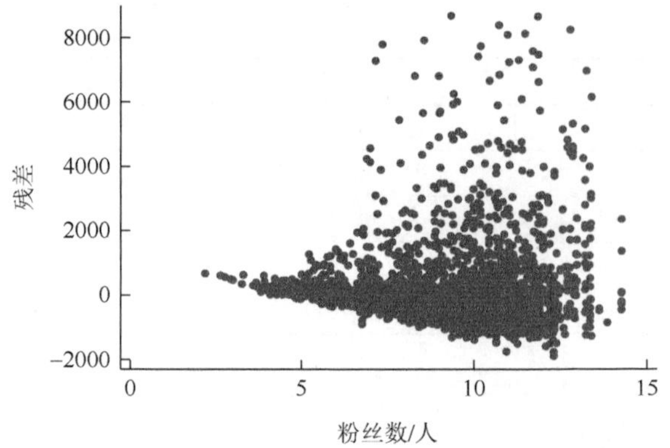

图 2.4　残差与自变量粉丝数的散点图

随后，使用 Stata 软件对数据进行了怀特检验。怀特检验的基本思想是，既然在条件同方差的情况下，稳健标准误还原为普通标准误，那么这两者的差别就可以用来度量条件异方差。表 2.12 怀特检验的结果显示，$P=0.0000$，故强烈拒绝同方差的原假设，数据存在异方差。这个检验结果证实了上文根据残差图所做出的大致判断。

表 2.12　对主讲者特征相关变量的怀特检验结果

项目	卡方	自由度	P 值
异方差	293.17	87	0.0000
偏度	136.29	12	0.0000
峰度	41.04	1	0.0000
总计	470.50	100	0.0000

最后，进行 BP 检验，P 值同样为 0.0000，与怀特检验结果一致。

一般来讲，在存在异方差的情况下，有以下处理方法：①使用稳健标准误；②使用广义最小二乘法（GLS）；③使用加权最小二乘法（WLS）；④使用可行广义最小二乘法（FGLS）。根据伍德里奇在《计量经济学导论：现代观点》一书中的论述，稳健标准误不需要同方差假设去估计标准误，所以没有同方差假设的条件。稳健标准误与 OLS 相比，只是计算系数的方差不同，估计系数的方法还是一样的，因而也不会修正异方差。是否需要在使用稳健标准误的基础上，再使用 GLS、WLS 或 FGLS，还需根据稳健标准误和 OLS 标准误的差异判断。

5. 负二项回归分析结果

研究采用了负二项回归的方法，探究主讲者特征对消费者购买在线付费讲座的影响。与普通线性回归相同，自变量系数的正负号反映了该自变量对因变量影响的方向。受边际效用递减规律的影响，研究选取粉丝数的自然对数作为自变量，其系数可以解释为自变量每增加 1%所引起的因变量的变化。

表 2.13 和表 2.14 分别展示使用标准误和稳健标准误的负二项回归模型结果。比较表 2.13 和表 2.14 可以发现，各个自变量的显著性是基本一致的。因此，使用稳健标准误就可以对数据中的异方差进行处理。本部分研究的结果报告也将基于表 2.14 进行。我们的研究结果显示，回归模型的对数似然（Log likelihood）值为–27960.321，卡方值为 874.42，达到显著性水平。虽然伪 R^2（pseudo R^2）为 0.0374 并不大，但多数解释变量都很显著。并且前文经过相关分析和多重共线性检验，已经确定模型不存在多重共线性的可能，因此可以认为该模型回归分析的结果是无偏、有效的。

表 2.13　使用标准误的负二项回归模型结果

变量	系数	标准误	z 值	P 值>|z|	95%置信区间	
举办 Live 数	–0.0296	0.0030	–9.7300	0.0000	–0.0355	–0.0236
购买 Live 数	0.0340	0.0067	5.1100	0.0000	0.0209	0.0470
粉丝数	0.2713	0.0108	25.0500	0.0000	0.2501	0.2925
提问数	–0.0070	0.0030	–2.3400	0.0190	–0.0128	–0.0011
回答数	0.0031	0.0004	8.6300	0.0000	0.0024	0.0038
是否获得优秀回答者认证	0.4658	0.0422	11.0300	0.0000	0.3831	0.5486
是否获得个人身份认证	0.0760	0.0418	1.8200	0.0690	–0.0060	0.1581
价格	–0.0025	0.0006	–3.9300	0.0000	–0.0038	–0.0013
类型	0.1872	0.0346	5.4100	0.0000	0.1193	0.2551
创建时间	–0.0358	0.0041	–8.7800	0.0000	–0.0437	–0.0278
评价	–0.0822	0.0538	–1.5300	0.1270	–0.1876	0.0233
常数项	4.9830	0.2395	20.8100	0.0000	4.5135	5.4524

注：z 值是一个标准化的统计量，它表示样本统计量与总体参数之间差异的大小，z 值的绝对值越大，对应的 P 值越小，表明效应越显著，下同。

表 2.14 使用稳健标准误的负二项回归模型结果

变量	系数	异方差稳健标准误	z 值	P 值>|z|	95%置信区间	
举办 Live 数	−0.0296	0.0040	−7.4600	0.0000	−0.0374	−0.0218
购买 Live 数	0.0340	0.0076	4.4700	0.0000	0.0191	0.0489
粉丝数	0.2713	0.0126	21.4900	0.0000	0.2466	0.2960
提问数	−0.0070	0.0041	−1.6900	0.0910	−0.0151	0.0011
回答数	0.0031	0.0005	5.6100	0.0000	0.0020	0.0041
是否获得优秀回答者认证	0.4658	0.0513	9.0800	0.0000	0.3652	0.5664
是否获得个人身份认证	0.0760	0.0597	1.2700	0.2030	−0.0409	0.1930
价格	−0.0025	0.0011	−2.2800	0.0230	−0.0047	−0.0004
类型	0.1872	0.0458	4.0900	0.0000	0.0975	0.2769
创建时间	−0.0358	0.0051	−6.9500	0.0000	−0.0458	−0.0257
评价	−0.0822	0.0721	−1.1400	0.2540	−0.2234	0.0591
常数项	4.9830	0.3168	15.7300	0.0000	4.3620	5.6039

H1 和 H2 调查了主讲者参与 Live 的活跃度特征对于在线付费讲座销量的影响。研究结果显示，主讲者的举办 Live 数显著负向影响在线付费讲座销量，而主讲者的购买 Live 数显著正向影响在线付费讲座销量。因此，H1、H2 得到支持。

H3 调查了主讲者的社区影响力特征对在线付费讲座销量的影响。知乎作为一个社会化在线问答社区，用户可以通过社区内的知识分享行为积累关系资本，获得其他用户的关注，进而获得更多社区成员的关注、信任与依赖。研究采用粉丝数的自然对数作为社会资本变量，反映主讲者的社区影响力特征。研究结果显示，主讲者的粉丝数正向影响在线付费讲座销量。因此，H3 得到了支持。

H4 和 H5 调查了主讲者的社区活跃度特征对在线付费讲座销量的影响。根据社会资本理论，结构资本、关系资本和认知资本会对在线社区成员间的社会化信任和互惠产生重要影响，拥有较高社会资本的用户举办 Live 时，也更容易获得同社区用户的认可与支持。本研究采用主讲者的提问数和回答数作为社会资本变量，反映其社区活跃度特征。研究结果显示，主讲者的提问数对在线付费讲座销量的影响系数为负数，但结果不显著，而主讲者的回答数正向影响在线付费讲座销量。因此，H4 不支持，而 H5 得到了支持。

H6 和 H7 调查了主讲者的专业度特征对在线付费讲座销量的影响。根据社会认同理论，信誉是一种重要的社会认同指标，反映了成员在社区中的地位，也是消费者感知价值判断的重要依据。知乎平台的用户信誉认证机制——用户标识系统，可以帮助用户在寻找和关注感兴趣的对象时，降低筛选和识别的成本，同时也提供更多信息帮助大家对内容的可参考性进行综合判断。研究结果显示，优秀回答者认证这一变量的影响显著，相较于未获得优秀回答者认证的主讲者，获得优秀回答者认证的主讲者所举办的 Live 销量更高。而个人身份认证对于在线付费讲座销量影响不显著。因此，H6 得到了支持，H7 不支持。

2.2.4　结果讨论

1. 主讲者参与 Live 的活跃度特征对消费者购买在线付费讲座的影响

由前述分析结果可知，主讲者的举办 Live 数显著负向影响在线付费讲座销量，而主讲者的购买 Live 数显著正向影响在线付费讲座销量。

考虑到 Live 作为一款在线学习产品所具有的付费特性，本研究认为，主讲者在消费者购买环节中，实际上相当于一个可售商品有限且产量增加有限的卖家，主讲者不顾自身知识储备举办过多 Live 的行为，与在线旅游领域酒店、机票的“超售”现象有相似之处。Noone 和 Lee①指出，酒店容客能力过剩与运营成本的存在对其收益管理能力提出了更高要求，在这种情况下，客房超订成为酒店实现自身收益最大化的有效途径之一。Lee 等②则指出，酒店客房和机票之所以会超售，是因为客房和机票都具有时效性，若当天卖不出去，其价值将永远消失。类似地，目前 Live 仅有 App 首页和 Live 版块两个曝光渠道，App 首页是流量的主要来源。为鼓励 Live 创作，知乎平台往往会给新创建的 Live 一定的流量倾斜，而已结束的 Live 却缺乏相应的曝光渠道，在这种情况下，部分追求自身现金收益的主讲者利用平台的流量补贴机制不断举办新的 Live，影响其自身的感知信任及后续 Live 的销量。

为进一步验证该结论，对 5 位 Live 的主讲者进行访谈。这些主讲者在访谈中均表示，由于流量策略的原因，已结束的 Live 尽管依然可以购买，但缺乏相应的曝光渠道。若主讲者通过回答、专栏撰写文章等形式进行宣

---

① Noone B M，Lee C H. Hotel overbooking：The effect of overcompensation on customers' reactions to denied service[J]. Journal of Hospitality & Tourism Research，2011，35（3）：334-357.

② Lee H A，Guillet B D，Law R. An examination of the relationship between online travel agents and hotels：A case study of choice hotels international and expedia.com[J]. Cornell Hospitality Quarterly，2013，54（1）：95-107.

传，那么在 Live 结束 1~2 个月内，主讲者还可能获得结束前收入的 10%～20%，若主讲者自己不宣传，那么很少有人购买。

主讲者的购买 Live 数显著正向影响在线付费讲座销量。一方面，主讲者购买 Live 的次数越多，他们对 Live 产品了解越透彻，表明其对产品越认可，有利于提升潜在参与者对 Live 产品有用性、质量的感知和对主讲者的信任。另一方面，主讲者购买的 Live 数越多，实际也反映了这些主讲者对于知乎社区以及 Live 的认可信任，这种信任可能源于他们对 Live 产品价值的判断，也可能源于他们对平台的信任，这无疑对其举办 Live 具有正向影响。

2. 主讲者的社区影响力特征对消费者购买在线付费讲座的影响

根据社会资本理论，主讲者的粉丝数代表了一种关系资本，更多的粉丝数可以提高潜在 Live 的参与者对他们的信任。本研究的实证研究结果也验证了粉丝数对于在线付费讲座销量的促进作用。

根据知乎目前的平台设计机制，用户只有在社区实名回答问题时，所获得的赞同数、感谢数、收藏数才会被纳入个人中心的统计。因此，用户个人中心界面的获得赞同数、获得感谢数和获得收藏数可以反映他们在社区回答问题时获得的认同。回溯数据，本研究对主讲者的此类数据进行了相关分析，结果如表 2.15 所示。可以发现，指标间具有较强的相关性，粉丝数多的主讲者普遍具有较多的回答数，其获得的赞同数、感谢数和收藏数也较多，反映了社区用户对他们的普遍认可。在消费者计划购买在线付费讲座时，这些因素无疑都会产生影响。

表 2.15 主讲者的粉丝数与获得赞同数、获得感谢数、获得收藏数的相关分析

变量	粉丝数	获得赞同数	获得感谢数	获得收藏数
粉丝数	1			
获得赞同数	0.830**	1		
获得感谢数	0.870**	0.980**	1	
获得收藏数	0.796**	0.760**	0.820**	1

**$P<0.005$，下同。

值得注意的是，主讲者的社区影响力对消费者购买在线付费讲座的影响越大，平台层面对消费者所能产生的影响会越弱。从信息传播的角度来看，以在线付费讲座为代表的知识付费显然是一种高度依赖高影响力者进行流量分发的信息传播形式，主讲者的影响力会在粉丝注意力的加持下进一步增强。在这种情况下，具有较多粉丝的高影响力者逐渐发展成个人独特的文化符号，成为信息传播过程中的关键入口和出口，平台在知识传播过程中仅能发挥“管道”的作用。

3. 主讲者的社区活跃度特征对消费者购买在线付费讲座的影响

由上文实证分析可知，主讲者的提问数对消费者购买在线付费讲座的影响不显著，而主讲者的回答数则正向影响在线付费讲座销量。

提问数影响不显著的原因可能是：①从社区参与来看，普通用户在日常使用知乎社区平台的过程中，是以阅读答案而非参与回答为主，对于这些用户来讲，主讲者的回答而非提问行为更容易对他们产生影响。②从信息类型和质量来看，相对于主讲者的社区活跃度特征，消费者可能更看重信息的多样性和丰富性。肖邦明等[①]研究发现，交易型社区中的用户更看重社区的信息性和功能性，并会在使用过程中着力避免信息的冗余重复。由于主讲者的提问行为可能不会给消费者带来更多的价值，因而也不会对其购买 Live 产生显著影响。③从统计上看，主讲者的提问数可能会对消费者购买在线付费讲座产生一定的影响，但其影响相对其他因素过于微弱，因此在研究结果中不够显著。实际上，在表 2.13 中，主讲者提问数的 P 值为 0.0190、系数为–0.0070，该数据也有一定的参考意义。

从主讲者的回答数来看，其系数为 0.0031，尽管结果显著，但是系数明显不够大，表明尽管主讲者的回答数会对潜在消费者产生影响，但是影响程度较弱。原因可能如前文所述，即相对主讲者的活跃程度，用户更关注其活跃质量。主讲者较高的社区活跃度的确有利于提高用户的认知资本，但实际上对赢取其他人的关注和认同影响较为有限。

4. 主讲者的专业度特征对消费者购买在线付费讲座的影响

实证研究结果表明，主讲者的优秀回答者认证对消费者购买在线付费讲座影响显著，个人身份认证对消费者购买在线付费讲座的影响不显著。且在所有自变量中，优秀回答者认证的影响最大，系数达 0.4658。

本研究认为，主讲者的专业度特征有利于增强潜在消费者对主讲者的信任，对消费者购买在线付费讲座产生影响，实证研究部分支持了该假设。前人的多项研究中，已证实了信任的积极作用。例如，Ba 和 Pavlou[②]发现，

① 肖邦明，黄敏学，孙培翔. 交易型社区中买家与卖家之间的网络闭包机制研究[J]. 管理学报，2015，12（8）：1191-1203.

② Ba S L，Pavlou P A. Evidence of the effect of trust building technology in electronic markets：Price premiums and buyer behavior[J]. MIS Quarterly，2002，26（3）：243.

信任有助于降低交易成本，对买卖双方均有利。王有为等[①]也证实了关系资本对消费者购买行为的积极影响，值得注意的是，该研究还发现卖家是否实名认证对增加潜在的商业机会没有显著影响，这与本研究的结果一致。

两种认证标识产生不同影响的原因可能为：①从产生来源来看，优秀回答者是知乎官方认定的贡献了大量专业内容的用户，可以反映出主讲者通过知识分享获得的信誉；而个人身份认证主要依据其在平台外的真实身份，消费者对此可能缺乏相应的感知，因而也难以产生信任。②从社区参与度来看，由表 2.16 可知，这两类用户的社区参与行为存在显著差异，相比获得个人身份认证的主讲者，获得优秀回答者认证的主讲者在社区的提问数和回答数都更高，粉丝数和获得赞同数也相对更高。③虽然并非所有的主讲者都经过个人身份认证，但是他们在 Live 的个人描述中也透露了一定的真实身份，使消费者对其专业背景有一定的了解和掌握，因而个人身份认证对于增强主讲者举办的 Live 的竞争力并不能起到决定性作用。

表 2.16　获得不同认证的主讲者关键变量秩的对比

变量	组别	个案数	秩平均值	秩的总和
粉丝数	0	316	244.03	59299.5
	1	225	175.71	32506.5
获得赞同数	0	316	239.91	58298
	1	225	181.12	33508
提问数	0	316	233.97	56853.5
	1	225	188.93	34952.5
回答数	0	316	233.07	56635.5
	1	225	190.11	35170.5

注：0 组指获得优秀回答者认证的主讲者；1 组指获得个人身份认证的主讲者。

2.3　消费者特征对在线付费讲座购买的影响研究

2.3.1　研究假设

1. 消费者的社区活跃度特征

根据社会资本理论，在基于互利互惠、信任理念建立的社交网络社区

① 王有为，徐云杰，彭志伟，等. 社会资本、网络口碑和网商绩效——基于面板数据的实证研究[J]. 研究与发展管理，2010，22（5）：31-38.

中，成员活跃度不仅是其社会资本的重要考量指标，更对社区的良性发展产生重要影响。Friedkin[①]的研究表明，网络社区中丰富的连接有助于增进相互理解、确立行为规范、建立信任，进而促进成员间的合作和群体行动[②]。对于知乎这样的社会化问答社区来说，成员的社会资本不仅影响其知识共享行为[③]，更会对成员间的社会化信任和互惠产生重要影响[④]。

在线问答社区中，知识共享的各方以提问、回答和讨论等方式进行的对话和联系是一种社会交互联结，社会联结越强，社区用户交换知识资源的频率越高，数量越多。这在已有研究中得到证实，如 Chiu 等[⑤]指出虚拟社区的社会互动关系能够增加知识交互的强度、频率和广度；Liao 和 Chou[⑥]提出社会交互联结对虚拟社区中用户的知识共享采纳态度具有重要影响。具体来讲，用户提问表明其具有强烈的知识需求，因而会更有可能购买在线付费讲座。用户回答表明其更多地在扮演知识贡献者而非需求者的角色。因此，相比购买在线付费讲座，用户可能更愿意举办在线付费讲座。基于此，提出以下假设。

H1：消费者的提问数与其购买 Live 的次数呈正相关。

H2：消费者的回答数与其购买 Live 的次数呈负相关。

2. 消费者的社区影响力特征

Live 作为一款知识付费产品，是知乎社区众多高影响力者的影响力变现的重要途径，也是知乎社区维系其内容贡献者活跃度的重要措施之一。根据社会资本理论，由关系资本、结构资本、认知资本构成的社会资本对消费者的信任、忠诚和购买意愿具有显著正向影响[⑦]。在线问答

---

① Friedkin N E. Information flow through strong and weak ties in intraorganizational social networks[J]. Social Networks，1982，3（4）：273-285.

② Granovetter M. The impact of social structure on economic outcomes[J]. Journal of Economic Perspectives，2005，19（1）：33-50.

③ Nahapiet J，Ghoshal S. Social capital，intellectual capital，and the organizational advantage[J]. The Academy of Management Review，1998，23（2）：119-157.

④ Chen X Y，Huang Q，Davison R M. The role of website quality and social capital in building buyers' loyalty[J]. International Journal of Information Management，2017，37（1）：1563-1574.

⑤ Chiu C M，Hsu M H，Wang E T G. Understanding knowledge sharing in virtual communities：An integration of social capital and social cognitive theories[J]. Decision Support Systems，2006，42（3）：1872-1888.

⑥ Liao S L，Chou E Y. Intention to adopt knowledge through virtual communities：Posters vs lurkers[J]. Online Information Review，2012，36（3）：442-461.

⑦ Liu L B，Cheung C M K，Lee M K O. An empirical investigation of information sharing behavior on social commerce sites[J]. International Journal of Information Management，2016，36（5）：686-699.

社区的知识贡献者通过他们的知识分享行为，可以获得其他用户的赞同、感谢、收藏和关注，进而获得更多社区成员的关注、信任与依赖。Portes[①]也提出，个人拥有的关系网络越多，社会资本量就越大。因此，随着社会化信任的建立和互惠机制的形成，拥有较多粉丝的用户更有动力购买 Live，从而实现知识的积累，进而将自己固有和隐性的知识转化为显性的收益，由普通用户转变为 Live 主讲者。基于此，提出以下假设。

H3：消费者的粉丝数与其购买 Live 的次数呈正相关。

3. 消费者的兴趣特征

在使用知乎平台的过程中，用户会关注自己感兴趣的用户和话题，相关用户的个人动态、所关注问题的新回答、与话题相关的新问题都会展示在该用户首页。用户的关注数据，一方面是其社区活跃度的体现，另一方面体现出用户对知乎平台的认可和投入程度，表现出用户的兴趣特征。

前人研究表明，消费者会由于信任平台而间接地对平台上的卖家产生信任[②]。而 Live 的潜在消费者关注的用户越多，其所关注的用户感兴趣、购买或举办的 Live 就更有可能出现前者的个人首页上。由于关系资本如认同、信任等因素的影响，这位潜在消费者也就更有可能去购买这些 Live。Live 的潜在消费者关注的问题数越多，说明其在平台投入的时间越多，同时表明其兴趣较为广泛的特征，因此更有可能购买 Live。相对于关注用户数、关注问题数这两个数据，关注话题数具有其他维度的特征。陈娟等[③]发现知乎用户的关注话题数与其回答数具有很强的相关关系，用户的关注话题数越多，表明其在社区越有可能扮演的是一个知识贡献者而非知识吸收者的角色。因此，关注话题数较多的用户可能不会采取购买 Live 的方式去吸收知识。基于此，提出以下假设。

H4：消费者的关注用户数与其购买 Live 的次数呈正相关。

H5：消费者的关注问题数与其购买 Live 的次数呈正相关。

H6：消费者的关注话题数与其购买 Live 的次数呈负相关。

---

① Portes A. Social capital：Its origins and applications in modern sociology[J]. Annual Review of Sociology，1998，24：1-24.

② Gefen D，Karahanna E，Straub D W. Trust and TAM in online shopping：An integrated model[J]. MIS Quarterly，2003，27（1）：51-90.

③ 陈娟，高杉，邓胜利. 社会化问答用户特征识别与行为动机分析——以“知乎”为例[J]. 情报科学，2017，35（5）：69-74，80.

2.3.2　研究方法

1. 数据收集

本研究使用 Python 语言编写爬虫抓取 2018 年 3 月 2 日前所有参与 Live 的用户信息。在具体的抓取实践中，基于上述研究中 3696 条 Live 数据，抓取了每条 Live 参与者的用户 ID 号，去重后共获得 484836 条 ID 号数据。

知乎平台获取同一用户的不同字段信息都需要向服务器发送一次请求，即使以多进程抓取，获取全量数据耗时也较长。为节约时间成本，利用简单随机抽样方法，从 484836 条用户 ID 号抽出 50000 条 ID 号，再利用查询取回的方式获取研究所需要的各个字段的数据，经数据清洗后，共获得 49767 位 Live 消费者的用户数据。所抓取的用户信息包括消费者购买 Live 的次数、粉丝数、提问数、回答数、关注用户数、关注问题数、关注话题数和人口统计特征等方面的信息。相关信息在知乎平台的展示情况如图 2.5 所示。

图 2.5　Live 消费者个人中心页面信息

2. 变量说明

数据清洗后共计获得 49767 条数据，变量说明如表 2.17 所示。

表 2.17 消费者特征的相关变量说明

变量名称	变量说明
Pid	用户的 ID 号
Purchased_Lives	购买 Live 的次数
Followers	粉丝数
Questions	提问数
Answers	回答数
Followings	关注用户数
Following_questions	关注问题数
Following_topics	关注话题数

3. 分析方法

作为本部分研究因变量的 Live 的累计购买量的取值是非零正值，且标准差均高于其平均值，所以研究采用负二项分布进行回归。根据前文对在线付费讲座销量影响因素的探讨以及相关变量的研究，定义以下模型：

$$\text{Participated\_Lives}_i = \beta_0 + \beta_1 \times \text{Followers}_i + \beta_2 \times \text{Questions}_i + \beta_3 \times \text{Answers}_i + \beta_4 \times \text{Followings}_i + \beta_5 \times \text{Following\_questions}_i + \beta_6 \times \text{Following\_topics}_i + \varepsilon_i$$

式中，β 为变量的系数；i 为 Live 的个体；ε_i 为个体层面上的随机干扰项。

2.3.3 数据分析

1. 描述性统计

本研究共获得了 49767 条 Live 消费者的信息。对于各个变量的描述性统计见表 2.18。由该表可知，消费者的粉丝数、关注用户数、关注问题数和关注话题数的标准差相对较大，表明不同 Live 消费者的相关数据存在较大的差异，在后续的研究中将对其进行取对数处理。而作为因变量的 Live 的累计购买量的标准差大于平均值，表明本研究同样需要采用负二项分布进行回归。

表 2.18 对消费者特征的描述性统计

变量	最小值	最大值	平均值	标准差
购买 Live 的次数	0	797	5.83	13.68
粉丝数/人	0	827012	235.21	6241.08
提问数/个	0	1783	1.17	11.07
回答数/个	0	3561	9.47	53.43

续表

变量	最小值	最大值	平均数	标准差
关注用户数/人	0	16117	70.18	195.71
关注问题数/个	0	37214	126.85	524.53
关注话题数/个	0	3005	35.65	72.81

2. 相关性分析

在进行回归分析之前，本研究首先对影响消费者购买在线付费讲座的自变量进行了相关性分析，结果如表 2.19 所示。这些自变量间的相关系数均小于 0.5，可以进行回归分析。

表 2.19　消费者特征的各个自变量的相关性分析

变量	提问数	回答数	粉丝数	关注用户数	关注问题数	关注话题数
提问数	1					
回答数	0.322**	1				
粉丝数	0.184**	0.415**	1			
关注用户数	0.146**	0.285**	0.393**	1		
关注问题数	0.206**	0.262**	0.326**	0.489**	1	
关注话题数	0.061**	0.114**	0.229**	0.365**	0.396**	1

3. 多重共线性检验

为防止自变量间可能存在共线性问题，本研究进行了多重共线性检验。由表 2.20 可知，方差膨胀因子（VIF）远小于 10，模型不存在多重共线性问题。

表 2.20　消费者特征的各个自变量的多重共线性检验

变量	VIF	容差
提问数	1.138	0.879
回答数	1.336	0.748
粉丝数	1.371	0.729
关注用户数	1.499	0.667
关注问题数	1.485	0.673
关注话题数	1.251	0.799

4. 异方差的检验及处理

为检验截面数据是否存在异方差问题，使用 Stata 软件进行了怀特检验。由表 2.21 可知，P 值等于 0.0000，即数据存在异方差。

表 2.21 关于消费者特征的各个自变量的怀特检验结果

项目	卡方	自由度	P 值
异方差	312.38	27	0.0000
偏度	464.72	6	0.0000
峰度	171.99	1	0.0000
总计	949.09	34	0.0000

5. 负二项回归分析结果

比较使用标准误和稳健标准误的负二项回归模型结果可以发现，各个自变量的显著性基本一致。因此，使用稳健标准误就可以对数据中的异方差进行处理，具体结果可见表 2.22。

表 2.22 对消费者特征使用稳健标准误的负二项回归模型结果

消费者特征	系数	异方差稳健标准误	z 值	P 值>|z|	95%置信区间	
提问数	0.009	0.004	2.3400	0.0190	0.001	0.016
回答数	−0.0012	0.0002	−7.1500	0.0000	−0.0016	−0.0009
粉丝数	0.0909	0.0070	12.9800	0.0000	0.0772	0.1046
关注用户数	0.2549	0.0089	28.5400	0.0000	0.2374	0.2724
关注问题数	0.0708	0.0086	8.2400	0.0000	0.0540	0.0876
关注话题数	−0.0254	0.0068	−3.7200	0.0000	−0.0389	−0.0120
常数项	0.5870	0.0166	35.3000	0.0000	0.5544	0.6196

负二项回归分析结果显示，回归模型的对数似然值为−132894.91，卡方值为 7211.82，达到了显著性水平。虽然伪 R^2 并不大（0.0587），但所有解释变量都显著。并且模型不存在多重共线性的可能，因此可以认为该模型回归分析的结果是无偏、有效的。

H1 和 H2 调查了消费者的社区活跃度特征对购买在线付费讲座的影响。研究结果显示，消费者的提问数显著正向影响其购买 Live 的次数，而消费者的回答数显著负向影响其购买 Live 的次数。因此，H1、H2 得到支持。

H3 调查了消费者的社区影响力特征对购买在线付费讲座的影响。研究结果显示，消费者的粉丝数显著正向影响其购买 Live 的次数，H3 得到了支持。

H4、H5 和 H6 调查了消费者的兴趣特征对购买在线付费讲座的影响。研究结果显示，消费者的关注用户数和关注问题数都显著正向影响其购买 Live 的次数，而消费者的关注话题数则显著负向影响其购买 Live 的次数，H4、H5 和 H6 都得到了支持。

2.3.4　结果讨论

1. 消费者的社区活跃度特征对在线付费讲座购买的影响

由上文的实证研究结果可知，消费者的提问数对其购买在线付费讲座具有显著正向影响，而消费者的回答数则显著负向影响其购买在线付费讲座。

消费者的提问数和回答数从不同维度反映了其社区活跃度特征，研究结果也表明不同的社区参与行为对购买知识付费产品具有不同的影响。提问数一方面反映消费者具有强烈的知识需求，另一方面也反映其对平台的认可。因此，消费者的提问数越多，就越有可能使用知乎社区的在线付费讲座产品。

消费者在社区的回答数表明其在社区已不仅仅是一个知识使用者，同时也扮演知识贡献者的角色。就知乎社区的使用而言，回答者本身需要一定的知识经验储备和信息检索能力，能够相对独立地解决提问者所遇到的问题。消费者的回答数越多，表明其解决问题的能力越强，因而对在线付费讲座的需求并没有普通用户那么高，再加上目前 Live 还是以入门知识为主，消费者的回答数会显著负向影响其购买 Live 的次数这一结果也是可以理解的。而就具体的影响系数来看，由表 2.22 可知，消费者的回答数对于其购买在线付费讲座的影响系数仅有–0.0012，而提问数的影响系数则为 0.009，这在一定程度上说明消费者的回答行为对其购买在线付费讲座的影响并不大。本研究认为，这可能是目前知乎社区相对较低的回答质量所致。2017 年 9 月，知乎宣称注册用户数突破了 1 亿人，但代表其核心的知识贡献群体的 Live 主讲者截至 2018 年 3 月还不到 2000 人，反映出平台核心知识贡献者数量之少。这也在一定程度上说明，用户的回答数量并不能反映其回答质量，更难以反映其社区影响力。不过，尽管消费者的回答数对其购买在线付费讲座具有显著负向影响，但影响并不大。

2. 消费者的社区影响力特征对在线付费讲座购买的影响

由上文分析可知，消费者的粉丝数对其购买在线付费讲座具有显著正向影响。

从社区使用角度来看，用户的回答行为与其影响力具有一定相关性。按常识推断，用户在知乎社区的回答数越多，其在社区的曝光率和影响力相应也就越大，粉丝数也就越多，即消费者的回答数与粉丝数应呈正相关。然而，由表 2.22 可知，消费者的回答数对其购买在线付费讲座具有显著负向影响，而粉丝数则具有显著正向影响，本研究认为有如下可能的原因：首先，相对于回答数，粉丝数更多地受回答质量的影响，因而两者本身相关性不强。其次，粉丝数更多地反映消费者的社区影响力，实际也就是社会资本的体现。消费者的社区影响力越大，也就越可能受到社会化问答平台互惠因素的影响，即其他在线付费讲座的主讲者可能会邀请其参加自己举办的在线付费讲座以增加影响力。最后，一般来讲，用户的粉丝数与其知识贡献行为呈显著正相关，用户粉丝数越多，表明其在社区获得的认可越多，越有可能扮演知识贡献者的角色。考虑到在线付费讲座偏入门的定位，可以认为这类用户实际上是作为潜在的主讲者了解和认识 Live。

3. 消费者的兴趣特征对在线付费讲座购买的影响

由上述分析结果可知，消费者的关注用户数、关注问题数对其购买在线付费讲座具有显著正向影响，而关注话题数则显著负向影响其购买在线付费讲座。

就消费者的关注用户数和关注问题数来看，研究结果显示，前者对消费者购买在线付费讲座的影响更强，表明知乎作为一个社会化问答社区，相对于社区中沉淀的内容，既有的关注关系对消费者的购买行为具有更强的影响。通过关注用户数与粉丝数的对比，本研究进一步发现，消费者的关注用户数对其购买在线付费讲座具有更强的影响。

消费者的关注话题数对消费者购买在线付费讲座具有显著负向影响，可能是以下原因所致：一方面，用户关注话题数多，从横向上看表明其兴趣较为广泛，从纵向上看表明其具有相对较强的钻研精神，因而不太需要通过购买在线付费讲座解决自己的难题。另一方面，知乎的问答以话题树为组织形式，相比于在首页呈现形式较为明显的问题和回答，话题入口隐藏较深，用户一般是通过主动搜索的操作对话题进行关注，这在一定程度上反映了用户的资历。

第3章 学术虚拟社区用户关系对知识交流效果的影响研究

3.1 用户关系对知识交流效果影响的研究假设与研究模型

3.1.1 用户关系对知识交流效果影响的研究假设

（1）感知互惠性对认知信任和情感信任的影响。

基于社会交换理论，学术虚拟社区中的互惠是指用户之间进行知识资源的交换以达到彼此互帮互助的目的，而互惠关系的建立或互惠行为的发生往往基于用户对他人帮助行为的回报或者用户期待他人回报自己的帮助。互惠关系的存在促使用户之间倾向于合作和理解，而不是将其他用户视作陌生人、竞争对手或者潜在的敌人。现有研究也已证实互惠关系会增强用户间的认知信任，而互惠的不足甚至缺失会增加用户间的猜疑和不信任[①②]。此外，Xu 等[③]发现当虚拟社区用户之间存在较高水平的互惠关系时，用户会倾向于将彼此视为可靠的伙伴，从而更有可能建立起良好的情感信任。基于此，提出以下假设。

H1-1：感知互惠性对认知信任有正向影响。

H1-2：感知互惠性对情感信任有正向影响。

（2）感知关系持久性对认知信任和情感信任的影响。

关系持久性是衡量关系网络稳定程度的重要指标。有学者发现持久关系有助于用户间充分地分享信息，降低交流环境中的不确定性和风险，提高双方的信任程度；同时，关系持久性的预期和维护关系的努力有利于化

---

① Sánchez-Franco M J，Roldán J L. The influence of familiarity，trust and norms of reciprocity on an experienced sense of community：An empirical analysis based on social online services[J]. Behaviour & Information Technology，2015，34（4）：392-412.

② Lin M J，Hung S W，Chen C J. Fostering the determinants of knowledge sharing in professional virtual communities[J]. Computers in Human Behavior，2009，25（4）：929-939.

③ Xu B，Li D H，Shao B J. Knowledge sharing in virtual communities：A study of citizenship behavior and its social-relational antecedents[J]. International Journal of Human-Computer Interaction，2012，28（5）：347-359.

解双方的矛盾，避免有损关系持续的行为发生[①②]。学术虚拟社区的用户具有较高流动性和非实名制的特点，用户间的熟悉度较低、交互过程的风险较高，而持久的用户关系有助于充分的知识交流和信息交换，用户能够了解交流方的能力水平和可靠性，从而提高用户间的认知信任水平。此外，较高的持久性也意味着双方长期的互动，容易形成一种亲密关系，进而表露自我情感，提高彼此之间的情感强度[③④]。有学者发现，用户间较高的关系持久性有助于建立友谊、尊重、依恋等亲密的社会关系，进而增强用户间的情感信任[⑤]。基于此，提出以下假设。

H2-1：感知关系持久性对认知信任有正向影响。

H2-2：感知关系持久性对情感信任有正向影响。

（3）感知连接性对认知信任的影响。

关系连接反映了处于同一关系网络中的成员之间的连接结构，如能与多少人发生联系、联系的频率以及强度等。个体在关系网络中的连接程度可通过与他人发生交互的次数和范围判断，高连接程度表明其处于较为中心的地位，意味着该个体对社区资源有较高的处理和控制能力[⑥]。有学者指出，学术虚拟社区用户间较高的连接程度会导致他们更有可能采取集体行动，也会促使关系双方遵守社区规范和准则，进而提高对彼此的信任程度[⑦⑧]。因此，当学术虚拟社区用户有着较高的感知连接性时，用户往往相信自己拥有较强的知识贡献和获取能力，并且也更倾向于相信其他用户会遵守相应的社区规范、交互准则等。基于此，提出以下假设。

---

① 邬爱其. 集群企业网络化成长机制研究——对浙江三个产业集群的实证研究[D]. 杭州：浙江大学，2004.

② Cronin J J，Baker T L. The effects of a distributor's attribution of manufacturer influence on the distributor's perceptions of conflict，performance and satisfaction[J]. Journal of Marketing Channels，1993，3（2）：83-110.

③ Wellman B，Wortley S. Different strokes from different folks：Community ties and social support[J]. American Journal of Sociology，1990，96（3）：558-588.

④ Walker M E，Wasserman S，Wellman B. Statistical models for social support networks[J]. Sociological Methods & Research，1993，22（1）：71-98.

⑤ Semin G R，Smith E R. Interfaces of social psychology with situated and embodied cognition[J]. Cognitive Systems Research，2002，3（3）：385-396.

⑥ Ahuja M K，Galletta D F，Carley K M. Individual centrality and performance in virtual R&D groups：An empirical study[J]. Management Science，2003，49（1）：21-38.

⑦ Marwell G，Oliver P E，Prahl R. Social networks and collective action：A theory of the critical mass. III[J]. American Journal of Sociology，1988，94（3）：502-534.

⑧ Kang K，Kwak M，Shin S K. A calculus of virtual community knowledge intentions：Anonymity and perceived network-structure[J]. Journal of Computer Information Systems，2018，58（2）：110-121.

H3：感知连接性对认知信任有正向影响。

（4）感知平等性对认知信任的影响。

学术虚拟社区用户的平等性是指用户在社区中感觉到彼此地位的平等，如社区用户能够平等地交流互动、对社区提供的服务有相同的使用权限、能够共同参与社区活动等[①]。平等的关系有利于用户更好地进行交流，能够减少用户间的冲突。此外，涂科[②]发现用户间较高的感知平等性会使他们产生较强的责任心和义务感。学术虚拟社区中的知识交流是虚拟社区用户互动所形成的结果，是双方以协作和沟通的方式所完成的知识资源的整合与交换。根据社会交换理论的观点，若交换双方能以一种平等的方式进行沟通、合作，那么他们会相信对方能够认真地履行相应的责任或义务，这有利于双方认知信任关系的建立[③]。基于此，提出以下假设。

H4：感知平等性对认知信任有正向影响。

（5）感知相似性对认知信任和情感信任的影响。

相似性来自彼此之间共同拥有的属性或者特征，如兴趣、背景、价值观等方面[④]，社会认同理论认为相似性会从认知和情感两个维度影响个体认同，进而影响认知信任和情感信任。Ziegler 和 Golbeck[⑤]调查了用户产品推荐系统，发现当推荐者和被推荐者的相似度高时，被推荐者有更高概率采用所推荐产品。考虑到学术虚拟社区中的用户通常具有相近的学历背景和学术兴趣，当社区用户讨论同一学术话题时，相似度高的用户通常共同掌握部分知识，这使得其能够更好地理解对方分享的知识，并且相信对方的知识水平和分享的观点。此外，具有共同话题和相似兴趣的用户心理距离越近，越能够产生紧密的情感纽带，正向影响用户间的情感信任[①⑥]。因此，学术虚拟社区用户较高的相似程度也能够增加彼此间的亲切感和依恋程

---

① 于若男. 虚拟学习社区交互行为对成员线下学习的影响研究[D]. 曲阜：曲阜师范大学，2016.

② 涂科. 共享经济模式下的价值共创机理研究[D]. 北京：北京邮电大学，2019.

③ 武志伟，陈莹，吴宜真. 联盟企业间关系公平性对关系承诺的影响——企业间信任的中介作用[J]. 科研管理，2013，34（11）：69-77.

④ Lu Y B，Zhao L，Wang B. From virtual community members to C2C E-commerce buyers：Trust in virtual communities and its effect on consumers' purchase intention[J]. Electronic Commerce Research and Applications，2010，9（4）：346-360.

⑤ Ziegler C N，Golbeck J. Investigating interactions of trust and interest similarity[J]. Decision Support Systems，2007，43（2）：460-475.

⑥ Edwards S M，Lee J K，La Ferle C. Does place matter when shopping online? Perceptions of similarity and familiarity as indicators of psychological distance[J]. Journal of Interactive Advertising，2009，10（1）：35-50.

度，从而有助于情感信任关系的建立。基于此，提出以下假设。

H5-1：感知相似性对认知信任有正向影响。

H5-2：感知相似性对情感信任有正向影响。

（6）认知信任对感知学习和感知贡献的影响。

认知信任是指个体对他人能力、可靠性以及遵循相应交互规则等的理性预期。在知识交流过程中，内容质量很大程度上取决于知识提供者的能力和专业知识储备，而认知信任的存在使用户相信知识提供者能在特定的专业领域提供帮助，因此更有可能听取、吸收和利用这些知识，从而提高感知学习程度[①]。同时，提供者的可信度和内容真实性也在一定程度上影响着接收者的感知学习效果，当用户相信提供者所提供的内容是真实可靠的，则会有更高的利用率和吸收程度。此外，用户获取知识的目的是解决问题，认知信任的存在将知识求助对象限制在能解决相关问题的用户群体中，这使得用户能够高效、迅速地从专业人士处获取知识，从而提高知识的学习效果[②]。

此外，当社区用户间缺乏认知信任时，知识提供者会担忧所分享的知识被他人滥用或误用，这无疑会提高分享成本，进而阻碍用户贡献知识[③④]。而当认知信任存在时，提供者相信对方能够遵循相应的社区规范和交流准则，从而向接收者提供高质量的知识[⑤⑥]。值得指出的是，当知识提供者相信接收者有一定的接收和运用能力时，其往往相信自己提供的知识能够被接收者有效利用。基于此，提出以下假设。

H6-1：认知信任对感知学习有正向影响。

H6-2：认知信任对感知贡献有正向影响。

（7）情感信任对感知学习的影响。

情感信任建立于关系双方的情感基础之上，包括人与人之间的关心、关怀等主观情感，使得关系双方形成一种基于共同价值观和感情的情感纽

---

① Rulke D L，Rau D. Investigating the encoding process of transactive memory development in group training[J]. Group & Organization Management，2000，25（4）：373-396.

② Levin D Z，Cross R. The strength of weak ties you can trust：The mediating role of trust in effective knowledge transfer[J]. Management Science，2004，50（11）：1477-1490.

③ Kim D J，Ferrin D L，Rao H R. Trust and satisfaction，two stepping stones for successful E-commerce relationships：A longitudinal exploration[J]. Information Systems Research，2009，20（2）：237-257.

④ Kankanhalli A，Tan B C Y，Wei K K. Contributing knowledge to electronic knowledge repositories：An empirical investigation[J]. MIS Quarterly，2005，29（1）：113.

⑤ McAllister D J. Affect-and cognition-based trust as foundations for interpersonal cooperation in organizations[J]. The Academy of Management Journal，1995，38（1）：24-59.

⑥ 谢荷锋. 企业员工知识分享中的信任问题实证研究[D]. 杭州：浙江大学，2007.

带[①]。用户间情感信任的存在能够消除彼此的怀疑和猜忌，使得关系中的一方相信对方愿意为其提供相关的信息、知识和观点等[②]。同时，情感信任增进了用户间的情谊，使得用户相信对方会在自己需要时提供相应的帮助，并且认为对方提供的帮助是真诚、善意的，进而有助于提升自己的知识学习程度[③]。基于此，提出以下假设。

H7：情感信任对感知学习有正向影响。

3.1.2　用户关系对知识交流效果影响的研究模型

基于承诺-信任理论中关系营销的关键调节变量模型和上述研究假设，构建研究模型如图 3.1 所示。其中，用户关系的交互维度、结构维度和认知维度为研究自变量，知识交流效果为因变量，认知信任和情感信任为中介变量。

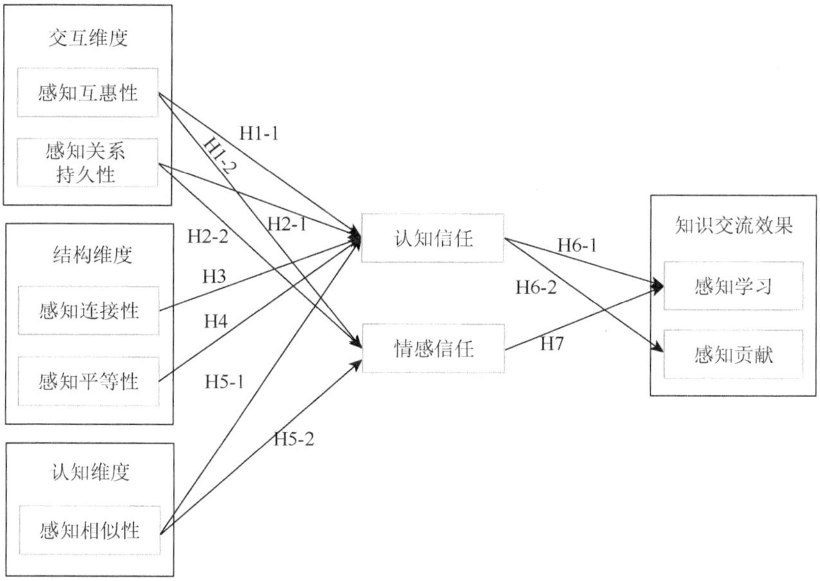

图 3.1　用户关系对知识交流效果影响的研究模型

① 罗婷，何会涛，彭纪生. 认知、情感信任对不同知识共享行为的影响研究[J]. 科技管理研究，2009（12）：381-383.

② Sanjib C. The role of affect-and cognition-based trust in complex knowledge sharing[J]. Journal of Managerial Issues，2020，32（1）：43-59.

③ Inkpen A C，Tsang E W K. Social capital，networks，and knowledge transfer[J]. Academy of Management Review，2005，30（1）：146-165.

3.2 用户关系对知识交流效果影响研究的问卷编制与样本收集

3.2.1 情景设计

1. 情景分组设计

情景式问卷由 5 个情景变量组成，每个情景变量包括高低两种水平，不同高低的情景变量共计可组合成 32（$2^5=32$）种实验场景。考虑到若对 32 种实验场景进行全面调查，极大的调查规模将会导致调查难以实施，为此，通过 SPSS 软件进行正交实验设计后得到 8 种组合，具体情景分组设计如表 3.1 所示。而在高低情景的设计过程中，由于上述 5 类用户关系的情景变量的高低水平并没有客观的标准，因此本书根据过往的经验对高低水平进行划分。同时，为了判断上述高低情景划分的合理性，本书开展了小范围的访谈调查，发现绝大部分访谈对象均能清晰地区分出高情景组和低情景组。

表 3.1 情景分组设计

情景	感知互惠性	感知关系持久性	感知连接性	感知平等性	感知相似性
1	高	高	高	高	高
2	低	低	高	低	低
3	高	低	高	高	低
4	低	低	低	高	高
5	低	高	高	低	高
6	高	低	低	低	高
7	高	高	低	低	低
8	低	高	低	高	低

2. 情景材料设计

针对上述 8 种情景组合，基于现有研究中有关用户关系测量的题项设计和用户参与知识交流活动的真实过程，通过文字、图片等形式设计了 8 组阅读材料。同时，为了避免被调查者对学术虚拟社区的偏好干扰调查结果，将问卷中的学术虚拟社区设定为 A 社区。具体的情景描述如表 3.2 所示。

表 3.2　各个变量高低水平的情景描述

用户关系	水平	情景描述
感知互惠性	高	A 社区设有专门的“学术答疑”和“资源求助”版块，当社区用户有学术问题或者资源求助时，即可在上述版块发帖。假设你是小 A，主修专业为经济学，你和其他用户的部分学术交流内容如下图所示（详见附录 1 中的附图 1.1）
	低	A 社区设有专门的“学术答疑”和“资源求助”版块，当社区用户有学术问题或者资源求助时，即可在上述版块发帖。假设你是小 A，主修专业为经济学，你和其他用户的部分学术交流内容如下图所示（详见附录 1 中的附图 1.1）
感知关系持久性	高	在某权威学术机构发布的“2019 年学术虚拟社区调查报告”中，A 社区的注册用户数量和平均每月新增用户数量分别约为 2500 万人和 40 万人，其他社区平均为 500 万人和 10 万人，具体数据如附图 1.2 所示
	低	在某权威学术机构发布的“2019 年学术虚拟社区调查报告”中，A 社区的注册用户数量和平均每月新增用户数量分别约为 9 万人和 1000 人，其他社区平均为 500 万人和 10 万人
感知连接性	高	当你在浏览 A 社区时，你可以在版块导航功能中选择感兴趣的学术群组或学术话题。你可以通过在主版块和子版块对用户或者话题进行搜索，并且可以选择不同的版块或者不同的发帖时间进行搜索。小 B 是 A 社区用户，当你想与他交流时，A 社区提供了收听、加好友、留言以及打招呼等方式；当你想对他的评论进行回复时，A 社区提供了点赞、回复和私信等功能。A 社区为每个用户提供 100GB 的资源存储空间和 5MB/s 的上传下载网速，其他社区提供的存储空间和上传下载速度普遍在 10GB 和 1MB/s 左右。此外，A 社区的资源总量超过 23 万个，其他社区平均资源数约为 5 万个
	低	当你在浏览 A 社区时，你可以在版块导航功能中选择感兴趣的学术群组或学术话题。A 社区开设有环境科学 1 个学术群组以及教师之家和基金申请 2 个学术话题。你可以使用 A 社区提供的搜索框搜索话题和用户，其他社区大多数提供了子版块搜索和按照发帖时间进行搜索。小 B 是 A 社区用户，当你想与他交流时，A 社区提供了“关注 TA”这 1 种方式，其他社区大多数提供了关注、发送私信、加好友以及留言等方式；当你想对他的评论进行回复时，A 社区提供了“支持”和“反对”这 2 种方式，其他社区大多数提供了点赞、反对、回复以及加好友等方式。A 社区为每个用户提供了 200MB 的资源存储空间和 30KB/s 的上传下载网速，其他社区提供的存储空间和上传下载速度普遍在 10GB 和 1MB/s 左右。此外，A 社区的资源总量为 365 个，其他社区平均资源数约为 5 万个
感知平等性	高	A 社区在用户服务条款中有如附图 1.7 所示的规定
	低	A 社区在用户服务条款中有如附图 1.7 所示的规定
感知相似性	高	作为经济学专业的学生，你在这学期选修了博弈论的课程，希望能够在 A 社区浏览关于博弈论的学科话题以及下载相应的学术资料。你使用“博弈论”这一关键词在 A 社区的话题区和资源库中进行了搜索，发现了 38759 个博弈论话题数量和 15984 个博弈论学术资源，如附图 1.8 所示
	低	作为经济学专业的学生，你在这学期选修了博弈论的课程，希望能够在 A 社区浏览关于博弈论的学科话题以及下载相应的学术资料。你使用“博弈论”这一关键词在 A 社区的话题区和资源库中进行了搜索，但没有发现任何关于博弈论的学术话题或者学术资源

3.2.2　问卷设计

研究将通过设计包含 5 个情景变量的情景式问卷来获取实验数据，情景式问卷设计能够通过文字、图片等设计使得被调查者置身于调查者所构建的场景中，这能够在较大程度上消除被调查者过往经验和个人偏好等引起的偏差，从而提高调查数据的真实性。

调查问卷主要包括 3 个部分：第 1 部分为感知互惠性、感知关系持久性、感知连接性、感知平等性和感知相似性这 5 类用户关系所构成的不同高低组合的情景和测量题项；第 2 部分为认知信任、情感信任、感知学习和感知贡献的测量题项；第 3 部分为被调查者的个人信息调查（问卷详情可见附录 1）。第 1 部分和第 2 部分总计 9 个变量，每个变量有 3～8 个测量题项，并通过利克特量表进行测量，态度从“非常不同意”到“非常同意”。问卷测量题项和参考文献来源如表 3.3 所示。

表 3.3　问卷测量题项和参考文献来源

因素	测量题项	参考文献
感知互惠性	当我回答 A 社区其他用户的学术问题时，我认为今后我的学术疑问也会得到他们的解答	Sánchez-Franco 和 Roldán①、Chang 和 Chuang②
	当我向 A 社区其他用户分享学术资源时，我认为今后他们也会分享我需要的学术资源	
	我感觉 A 社区用户之间能够互相提供学术上的帮助	
感知关系持久性	根据 A 社区的注册用户数量，我认为用户之间可以长期相互解答学术疑问	武志伟和陈莹③、Hsu④
	根据 A 社区的注册用户数量，我认为用户之间可以长期相互分享学术资源	
	根据 A 社区的新增用户数量，我认为该社区在用户之间相互解答学术疑问上的影响会越来越大	
	根据 A 社区的新增用户数量，我认为该社区在用户之间相互分享学术资源上的影响会越来越大	
	根据 A 社区的注册用户数量，我认为 A 社区可以长期为用户之间学术交流提供帮助	
	根据 A 社区的新增用户数量，我认为 A 社区在为用户之间学术交流提供帮助上具有良好的发展前景	
	我感觉 A 社区能够长久地为用户之间的学术交流提供帮助	

① Sánchez-Franco M J，Roldán J L. The influence of familiarity，trust and norms of reciprocity on an experienced sense of community：An empirical analysis based on social online services[J]. Behaviour & Information Technology，2015，34（4）：392-412.

② Chang H H，Chuang S S. Social capital and individual motivations on knowledge sharing：Participant involvement as a moderator[J]. Information & Management，2011，48（1）：9-18.

③ 武志伟，陈莹. 企业间关系质量的测度与绩效分析——基于近关系理论的研究[J]. 预测，2007（2）：8-13.

④ Hsu C P. Effects of social capital on online knowledge sharing：Positive and negative perspectives[J]. Online Information Review，2015，39（4）：466-484.

续表

因素	测量题项	参考文献
感知连接性	根据 A 社区提供的学术群组，我能够找到感兴趣的学术版块	Kang 等[①]、Hsu[②]
	根据 A 社区提供的学术话题，我能够找到感兴趣的学术话题	
	根据 A 社区提供的搜索功能，我能够便捷地搜索到学术同行	
	根据 A 社区提供的搜索功能，我能够便捷地搜索到感兴趣的学术话题	
	根据 A 社区提供的交流工具，我能够方便地与同行之间相互解答学术疑问	
	根据 A 社区提供的上传下载网速和存储空间，我能够方便地与学术同行分享学术资源	
	根据 A 社区中的学术资源数量，我能够找到自己所需要的学术资源	
	我感觉通过 A 社区可以方便地与同行进行学术交流	
感知平等性	依据 A 社区的规范，我认为 A 社区的每个用户都能够提出自己的学术问题	武志伟和陈莹[③]
	依据 A 社区的规范，我认为 A 社区的每个用户都能够对其他用户提出的学术问题进行回复	
	依据 A 社区的规范，我认为 A 社区的每个用户都能够分享自己的学术资源	
	依据 A 社区的规范，我认为 A 社区的每个用户都能够下载其他用户分享的学术资源	
	依据 A 社区的规范，我感觉 A 社区的每个用户都能够使用该社区提供的知识交流服务	
感知相似性	A 社区里有我感兴趣的学术话题	Zhao 等[④]
	A 社区里有我所需要的学术资源	
	我感觉 A 社区有我的学术同行	
	我感觉 A 社区与我的专业是相关的	

① Kang K，Kwak M，Shin S K. A calculus of virtual community knowledge intentions：Anonymity and perceived network-structure[J]. Journal of Computer Information Systems，2018，58（2）：110-121.

② Hsu C P. Effects of social capital on online knowledge sharing：Positive and negative perspectives[J]. Online Information Review，2015，39（4）：466-484.

③ 武志伟，陈莹. 企业间关系质量的测度与绩效分析——基于近关系理论的研究[J]. 预测，2007（2）：8-13.

④ Zhao L，Lu Y B，Wang B，et al. Cultivating the sense of belonging and motivating user participation in virtual communities：A social capital perspective[J]. International Journal of Information Management，2012，32（6）：574-588.

续表

因素	测量题项	参考文献
认知信任	当我在A社区提出学术问题时，我相信A社区其他用户有能力解答我的问题	Tsai和Hung①、Sánchez-Franco和Roldán②、郑伟伟③
	当我向A社区求助专业的学术资源时，我相信他们有能力提供这些学术资源	
	当我在A社区解答其他用户的学术问题时，我相信他们有能力理解我提供的答案	
	当我在A社区分享专业的学术资源时，我相信他们有能力利用这些学术资源	
	A社区是专业的学术社区，我相信A社区用户之间有能力提供彼此需要的学术帮助	
情感信任	当A社区其他用户有能力解答我的学术问题时，我相信他们会回答我的问题	Tsai和Hung①、Xu等④
	当A社区其他用户有优质的学术资源时，我相信他们会在A社区分享这些资源	
	当A社区其他用户有能力在学术上帮助别人时，我相信他们会提供帮助	
感知学习	我认为在A社区我的学术问题得到了专业的解答	Halic等⑤、Barzilai和Blau⑥
	我认为在A社区我获得了我所需要的学术资源	
	我认为A社区在学术上给我提供了有价值的帮助	
感知贡献	我感觉我对A社区其他用户的学术问题给出了专业的解答	Liu和Li⑦、Lou等⑧
	我感觉我向A社区其他用户分享了专业的学术资源	
	我感觉在学术上我给A社区其他用户提供了有价值的帮助	

① Tsai J C，Hung S Y. Examination of community identification and interpersonal trust on continuous use intention：Evidence from experienced online community members[J]. Information & Management，2019，56（4）：552-569.

② Sánchez-Franco M J，Roldán J L. The influence of familiarity，trust and norms of reciprocity on an experienced sense of community：An empirical analysis based on social online services[J]. Behaviour & Information Technology，2015，34（4）：392-412.

③ 郑伟伟. 基于信任关系的虚拟学术社区知识共享研究[D]. 重庆：西南大学，2015.

④ Xu B，Li D H，Shao B J. Knowledge sharing in virtual communities：A study of citizenship behavior and its social-relational antecedents[J]. International Journal of Human-Computer Interaction，2012，28（5）：347-359.

⑤ Halic O，Lee D，Paulus T，et al. To blog or not to blog：Student perceptions of blog effectiveness for learning in a college-level course[J]. The Internet and Higher Education，2010，13（4）：206-213.

⑥ Barzilai S，Blau I. Scaffolding game-based learning：Impact on learning achievements，perceived learning，and game experiences[J]. Computers & Education，2014，70（1）：65-79.

⑦ Liu H X，Li G Q. To gain or not to lose？The effect of monetary reward on motivation and knowledge contribution[J]. Journal of Knowledge Management，2017，21（2）：397-415.

⑧ Lou J，Fang Y L，Lim K H，et al. Contributing high quantity and quality knowledge to online Q&A communities[J]. Journal of the American Society for Information Science and Technology，2013，64（2）：356-371.

3.2.3　问卷预调研

开展正式问卷调查之前，对初始问卷进行小范围预调研，目的是进一步修正和完善问卷设计，以提高问卷情景设计的合理性，保证问题描述能够被调查对象清晰、无误地理解以及题项设计的有效性等。预调研的具体工作如下。

1. 问卷情景和题项的修改

对部分被调查者进行访谈后，发现情景设计中存在图片不够清晰、缺少必要的文字说明以及“感知关系持久性”和“感知连接性”的部分题项存在歧义等问题，因此重新制作了情景中的图片，并且针对每张图片附上了一定的文字说明，同时对上述变量题项中的歧义部分做出了修改。此外，考虑到部分情景变量的题项数量较多，为了便于被调查者能够更好地理解情景所传达的信息，将问卷中的部分文字加红标注。

2. 信度检验

预调查共回收有效问卷 45 份。一般而言，克龙巴赫 α 系数（Cronbach's α coefficient）大于或等于 0.7 表示问卷具有良好的信度，通过对各个变量进行信度检验后发现，每个变量的克龙巴赫 α 系数均大于 0.8，说明题项通过了信度检验，因此研究问卷具有良好的信度水平。

3.2.4　样本收集

本研究通过问卷星网站制作了 8 份情景式问卷，并通过微信、QQ 等社交平台发布，回收问卷总数为 282 份。为了保证问卷质量，剔除了未通过反向测量题项和答题时间小于 120s 的问卷，共计 73 份，最终获得有效问卷 209 份，问卷有效率为 74.11%。一般而言，结构方程模型要求问卷样本数量为测量题项数量的 5 倍以上，本问卷包括 41 个测量题项（去除反向测量项），所需样本量至少为 205 份。本研究收集到有效样本 209 份，满足结构方程模型要求。

3.3　用户关系对知识交流效果影响研究的数据分析

3.3.1　样本描述性统计

通过对问卷样本的个人信息进行统计后发现，被调查者中男女占比分别为 47.8%和 52.2%，总体较为均衡。从年龄分布和受教育程度来看，18～35 岁的被调查者占比高达 95.7%，本科和硕士的占比也接近 90%。考虑到学术虚拟社区主要面向有学术交流需求的群体，而这部分群体以 18～35 岁的拥有较高学历的人群为主，因此问卷所调查的对象比较符合学术虚拟社区的目标用户。此外，67.5%的被调查者有过 1～5 年的学术虚拟社区的使用经历，69.9%的被调查者较为频繁地使用学术虚拟社区（排除几乎不使用和使用频率为一个月 1 次的调查对象）。综上所述，样本绝大部分为学术虚拟社区的目标用户，且大部分被调查者曾使用过学术虚拟社区，因此样本具有较好的代表性。个人信息的描述性统计如表 3.4 所示。

表 3.4 个人信息的描述性统计

人口统计特征	分类	样本数	占比/%	累计百分比/%
性别	男	100	47.8	47.8
	女	109	52.2	100.0
年龄	18 岁以下	4	1.9	1.9
	18～25 岁	153	73.2	75.1
	26～35 岁	47	22.5	97.6
	36～45 岁	3	1.4	99.0
	45 岁以上	2	1.0	100.0
受教育程度	大专及以下	10	4.8	4.8
	本科	83	39.7	44.5
	硕士	105	50.2	94.7
	博士（含在读）	11	5.3	100.0
使用学术虚拟社区的年限	1 年以下	23	11.0	11.0
	1～3 年	75	35.9	46.9
	3～5 年	66	31.6	78.5
	5 年以上	45	21.5	100.0
使用学术虚拟社区的频率	几乎每天使用	17	8.1	8.1
	一周 3～5 次	43	20.6	28.7
	一周 1 次	29	13.9	42.6
	一个月 3～5 次	57	27.3	69.9
	一个月 1 次	37	17.7	87.6
	几乎不使用	26	12.4	100.0

3.3.2 测量题项的描述性统计

为了确定后续的分析方法，对样本数据进行正态分布检验。选择两种检验正态分布的方法：①计算样本数据的偏度和峰度，若二者接近 0，则样本数据符合正态分布，反之，则不符合；②对样本数据进行科尔莫戈罗夫-斯米尔诺夫（Kolmogorov-Smirnov，K-S）检验，若 P 值大于 0.05，则样本数据符合正态分布，反之，则不符合。结果显示，41 个题项的偏度和峰度均不接近 0、K-S 检验的 P 值均小于 0.05（具体结果如表 3.5 所示），即样本数据不符合正态分布，因此使用 SmartPLS 3.2 软件对样本数据进行偏最小二乘法的结构方程模型分析。

表 3.5　测量题项的描述性统计结果

变量	题项	平均值	标准差	偏度	峰度	K-S 检验统计	P 值
感知互惠性	PR1	3.15	1.133	−0.165	−1.205	0.275	0.000
	PR2	3.20	1.120	−0.208	−1.146	0.275	0.000
	PR3	3.55	0.999	−0.840	−0.173	0.367	0.000
感知关系持久性	PP1	3.24	0.957	−0.241	−0.729	0.245	0.000
	PP2	3.21	0.982	−0.250	−0.848	0.253	0.000
	PP3	3.25	1.055	−0.176	−1.008	0.253	0.000
	PP4	3.22	1.048	−0.209	−0.986	0.258	0.000
	PP5	3.26	0.995	−0.272	−0.796	0.255	0.000
	PP6	3.27	0.999	−0.307	−0.805	0.264	0.000
	PP7	3.29	0.973	−0.287	−0.867	0.271	0.000
感知连接性	PCY1	3.43	0.928	−0.451	−0.836	0.319	0.000
	PCY2	3.40	0.951	−0.328	−0.948	0.297	0.000
	PCY3	3.36	0.962	−0.327	−1.060	0.306	0.000
	PCY4	3.36	0.995	−0.446	−0.885	0.314	0.000
	PCY5	3.31	0.996	−0.322	−1.072	0.302	0.000
	PCY6	3.41	1.098	−0.389	−1.054	0.312	0.000
	PCY7	3.33	0.965	−0.304	−0.880	0.279	0.000
	PCY8	3.35	0.990	−0.429	−1.111	0.336	0.000
感知平等性	PE1	3.14	1.037	−0.239	−1.231	0.293	0.000
	PE2	2.99	1.033	0.046	−1.087	0.233	0.000
	PE3	3.19	1.046	−0.254	−1.046	0.274	0.000
	PE4	3.13	1.104	−0.215	−1.130	0.273	0.000
	PE5	3.22	1.083	−0.288	−1.154	0.300	0.000
感知相似性	PS1	3.03	1.381	−0.050	−1.377	0.227	0.000
	PS2	3.02	1.374	−0.055	−1.348	0.221	0.000
	PS3	3.14	1.269	−0.207	−0.959	0.177	0.000
	PS4	3.04	1.320	−0.130	−1.231	0.220	0.000

续表

变量	题项	平均值	标准差	偏度	峰度	K-S 检验统计	*P* 值
认知信任	CT1	3.29	0.851	–0.541	–0.190	0.263	0.000
	CT2	3.28	0.898	–0.497	–0.161	0.249	0.000
	CT3	3.33	0.889	–0.492	–0.256	0.267	0.000
	CT4	3.34	0.896	–0.481	–0.265	0.267	0.000
	CT5	3.32	0.891	–0.378	–0.606	0.272	0.000
情感信任	AT1	3.23	1.023	–0.511	–0.499	0.261	0.000
	AT2	3.15	1.015	–0.330	–0.562	0.220	0.000
	AT3	3.23	0.970	–0.550	–0.363	0.259	0.000
感知学习	PL1	3.10	0.933	–0.346	–0.667	0.230	0.000
	PL2	3.11	0.902	–0.388	–0.581	0.229	0.000
	PL3	3.16	0.955	–0.288	–0.362	0.203	0.000
感知贡献	PC1	3.23	0.831	–0.259	–0.385	0.228	0.000
	PC2	3.25	0.852	–0.408	–0.653	0.266	0.000
	PC3	3.25	0.848	–0.272	–0.449	0.236	0.000

3.3.3 情景分组有效性检验

本研究共涉及 8 组情景，每组情景的样本量在 22～32 份，整体上分布较为均衡，具体分布情况如表 3.6 所示。

表 3.6 各组情景的样本分布情况

情景	样本数	样本占比/%	情景	样本数	样本占比/%
1	32	15.31	5	27	12.92
2	31	14.83	6	27	12.92
3	25	11.96	7	22	10.53
4	23	11.00	8	22	10.53

此外，为了检验每个情景组的人口特征是否存在差异，利用 SPSS 软件对性别、年龄、受教育程度、使用学术虚拟社区的年限以及使用学术虚拟社区的频率等变量进行了单因素方差分析。如表 3.7 所示，所有人口特征信息的 P 值均大于 0.05，说明每个情景组的人口特征信息不存在显著的差异。

表 3.7　各情景组人口特征信息的单因素方差分析结果

人口特征信息	单因素方差 F 值	单因素方差 P 值
性别	0.656	0.709
年龄	0.443	0.874
受教育程度	0.986	0.442
使用学术虚拟社区的年限	0.366	0.921
使用学术虚拟社区的频率	1.146	0.336

3.3.4　探索性因子分析

探索性因子分析法是一项用于找出多元观测变量的本质结构并进行降维处理的方法，其目的在于对各个构念下的题项进行检验。进行探索性因子分析前，需要先进行 KMO 检验和 Bartlett 球形度检验，本研究使用 SPSS 软件对样本数据进行了上述检验。结果显示，本书的 KMO 值为 0.885（大于 0.5），Bartlett 球形度检验的 P 值为 0.000（小于 0.05），满足探索性因子分析的条件。

随后，利用 SPSS 软件对样本数据进行探索性因子分析，结果显示，探索性因子分析所提取的 5 个因子的累计解释总方差为 87.6%，主成分保留了原始数据的大部分信息，具有较强的解释性。采用最大方差法对因子载荷矩阵实施正交旋转，使每个主成分上具有最高载荷的变量数最小，旋转后的成分矩阵如表 3.8 所示。由表 3.8 可知，各因子载荷值均大于 0.69，且在最高成分外的载荷值小于 0.39（一般取舍标准为 0.45），证明题项具有良好的结构效度。

表 3.8　旋转后的成分矩阵

测量题项	成分				
	1	2	3	4	5
PCY1	0.922	0.005	0.003	0.072	0.004
PCY2	0.906	0.057	0.070	0.061	0.026
PCY3	0.926	0.060	0.015	0.015	0.026
PCY4	0.922	0.067	−0.019	−0.010	0.056
PCY5	0.908	0.036	0.027	0.059	0.064
PCY6	0.928	0.064	0.039	0.031	0.021
PCY7	0.929	−0.005	0.057	0.091	0.004
PCY8	0.931	0.065	0.004	0.073	0.028
PP1	0.014	0.826	0.148	0.032	0.079

续表

测量题项	成分				
	1	2	3	4	5
PP2	0.041	0.930	0.104	0.015	0.104
PP3	0.077	0.921	0.035	0.074	0.050
PP4	0.086	0.920	0.010	0.086	0.066
PP5	0.040	0.938	0.071	0.070	0.076
PP6	0.054	0.933	0.083	0.077	0.047
PP7	0.018	0.833	0.081	0.072	0.036
PE1	0.027	0.064	0.912	0.081	0.081
PE2	0.023	0.161	0.883	0.007	0.036
PE3	0.028	0.029	0.936	0.054	0.081
PE4	0.041	0.073	0.915	0.079	0.048
PE5	0.060	0.102	0.916	0.126	0.038
PR1	0.062	0.099	0.084	0.961	0.085
PR2	0.068	0.102	0.063	0.961	0.077
PR3	0.087	0.069	0.086	0.928	0.143
PS1	0.149	0.112	0.018	0.166	0.932
PS2	0.169	0.089	–0.004	0.142	0.939
PS3	–0.276	0.256	0.380	0.103	0.679

3.3.5 共同方法偏差检验

共同方法偏差是指由相同的数据来源或评分者、相同的测量环境、项目语境以及项目本身特征所造成的预测变量与效标变量之间人为的共变①。根据上述探索性因子分析的结果，提取出的第一个因子的累计方差解释率为30.1%，小于 40%的临界值，说明不存在显著的共同方法偏差，即不会对研究结果的有效性造成影响。

3.3.6 信度和效度检验

1. 信度检验

信度是反映问卷测量结果一致性、稳定性以及可靠性的指标，其通常分为外在信度和内在信度两个部分。外在信度是指同一测量题项在不同时间对同一被调查对象所测得的结果的一致性，内在信度是指测量同一变量

① 周浩，龙立荣. 共同方法偏差的统计检验与控制方法[J]. 心理科学进展，2004，12（6）：942-950.

的相关题项的内在一致性。由于本研究结构方程模型分析结果的质量依赖内在信度的一致性，因此使用 SPSS 中的克龙巴赫 α 系数来检验问卷的内在信度。一般而言，当该系数大于 0.7 时，表示信度是可接受的；当该系数大于 0.9 时，表示信度是十分理想的。本研究各个变量的克龙巴赫 α 系数均大于 0.8，表明本问卷使用的测量题项具有良好的内在一致性。

2. 效度检验

效度反映了测量题项能够准确测出所要测量变量的程度，较高的效度意味着问卷题项能够获得有效的测量结果。通常而言，效度分为内容效度和结构效度两个方面。内容效度是指测量题项能够有效测量相关变量的程度，而结构效度是指测量题项能够反映所测变量的特征或相关概念的能力。本研究问卷题项设计借鉴了国内外相关领域学者使用过的成熟量表，并且得到了本领域专家的指导和修正，因此具有良好的内容效度。基于此，本研究重点关注问卷的结构效度，并使用了聚合效度和区分效度两种方法进行检验。

聚合效度是指运用不同测量方法测量同一变量时所得结果的相似程度，聚合效度越高，则该变量的测量题项的内部一致性就越高。本研究使用组合信度（CR）和平均方差抽取值（AVE）这两个指标测量问卷的聚合效度。一般而言，CR 值大于 0.6，AVE 值大于 0.5，则认为具有良好的聚合效度，使用 SmartPLS 3.2 软件测得各个变量的 CR 值均大于 0.9，AVE 值均大于 0.8，因此测量题项具有良好的聚合效度。

区分效度是指当使用不同方法测量不同变量时，所测得的数值之间能够加以区分的程度。一般而言，变量间区分效度的测量是通过对每个变量的 AVE 进行平方，若所得的值大于该变量与其他变量的相关系数，则认为问卷具有良好的区分效度。本研究使用 SmartPLS 3.2 软件测量了每个变量的 AVE 的平方值以及该变量与其他变量的相关系数，发现每个变量的 AVE 的平方值均大于该变量与其他变量的相关系数，表明本问卷具有良好的区分效度。

3.3.7 模型与假设检验

1. 模型拟合评估

使用 SmartPLS 3.2 软件进行的结构方程模型分析，一般将 R^2 作为衡量模型解释力度的指标。当 $R^2 \geqslant 0.67$ 时，表示模型有较强的解释力；当 $0.33 < R^2 < 0.67$ 时，表示模型有中度的解释力。本研究 4 个内生潜变量

的 R^2 值均位于 0.5～0.61，表明该模型具有中度的解释力。此外，本研究 4 个内生潜变量的 R^2 值均大于 0.4，说明该模型具有良好的预测能力。

2. 路径检验

由于偏最小二乘法假设样本数据不符合正态分布，无法进行参数估计的路径系数检验，因此，本研究使用 Bootstrapping 方法测定模型的路径系数，结果如图 3.2 所示。由此可知，本研究除 H4 不成立，其余 10 条假设全部成立。

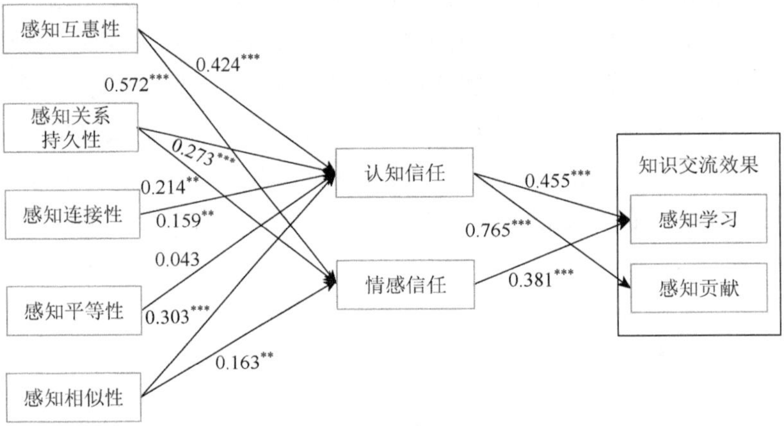

图 3.2 路径分析结果

*表示显著性水平<0.05，**表示显著性水平<0.01，***表示显著性水平<0.001

3. 信任的中介效应检验

利用 SmartPLS 3.2 软件检验用户关系对认知信任、情感信任及其对知识交流效果的直接效应以及上述变量之间的特定间接效应，具体数值见表 3.9 和表 3.10。

表 3.9 认知信任的中介效应结果

项目	路径	标准差	t	P 值
自变量对中介变量和中介变量对因变量的直接效应	感知互惠性->认知信任	0.047	9.368	0.000
	感知关系持久性->认知信任	0.048	5.720	0.000
	感知连接性->认知信任	0.053	2.045	0.041
	感知平等性->认知信任	0.045	1.692	0.091
	感知相似性->认知信任	0.045	7.576	0.000
	认知信任->感知学习	0.076	6.049	0.000
	认知信任->感知贡献	0.032	24.341	0.000

续表

项目	路径	标准差	t	P 值
特定的间接效应	感知互惠性->认知信任->感知学习	0.040	4.983	0.000
	感知互惠性->认知信任->感知贡献	0.044	7.941	0.000
	感知关系持久性->认知信任->感知学习	0.031	4.124	0.000
	感知关系持久性->认知信任->感知贡献	0.041	5.296	0.000
	感知连接性->认知信任->感知学习	0.024	2.071	0.040
	感知连接性->认知信任->感知贡献	0.037	2.277	0.024
	感知平等性->认知信任->感知学习	0.022	1.556	0.121
	感知平等性->认知信任->感知贡献	0.039	1.551	0.122
	感知相似性->认知信任->感知学习	0.032	4.778	0.000
	感知相似性->认知信任->感知贡献	0.034	7.761	0.000

表 3.10　情感信任的中介效应结果

项目	路径	标准差	t	P 值
自变量对中介变量和中介变量对因变量的直接效应	感知互惠性->情感信任	0.043	13.312	0.000
	感知关系持久性->情感信任	0.054	4.177	0.000
	感知相似性->情感信任	0.047	4.519	0.000
	情感信任->感知学习	0.078	5.229	0.000
特定的间接效应	感知互惠性->情感信任->感知学习	0.047	4.906	0.000
	感知关系持久性->情感信任->感知学习	0.029	3.121	0.002
	感知相似性->情感信任->感知学习	0.087	3.558	0.000

3.4　用户关系对知识交流效果影响研究的结果讨论

3.4.1　感知互惠性对认知信任和情感信任的影响

感知互惠性对认知信任有显著的正向影响（路径系数为 0.424，$P=0.000$），并且对情感信任有显著的正向影响（路径系数为 0.572，$P=0.000$），即学术虚拟社区用户的互惠程度越高，他们之间认知信任和情感信任的程度也越高，从而说明良好的互惠关系有助于提高用户间的认知信任和情感信任。

学术虚拟社区中的用户互惠是指用户间主动分享信息、观点和资源等满足彼此需求，根据社会交换理论，用户间的互惠关系与双方对彼此能力和可依赖性的信任有正向关系。Xu 等[①]调查了新浪和 Facebook 等社区中的用户互惠对认知信任的影响，发现当用户间存在知识互助行为时，他们相信对方会在自己有需要时提供相应帮助，并且有能力解决自己遇到的难题。Lin 等[②]发现当专业虚拟社区中用户间存在较好的互惠关系时，知识提供者会更加相信他们的知识贡献能够在未来得到其他用户的回报。值得指出的是，Lin 等的研究虽然实际上探究了互惠对用户间认知信任的影响，但未对信任这一变量做出明确的维度划分。本研究将学术虚拟社区用户间的互惠关系划分为社区用户之间互相分享学术资源、解答彼此的学科疑问以及讨论相关的专业问题等几个方面，并且明确提取了信任变量中的认知信任维度，进一步证实了用户间的互惠关系能够提高他们之间的认知信任程度。

此外，在关于互惠关系对情感信任的影响研究中，已有学者证实了虚拟社区中（专业虚拟社区、社交网站等）用户之间的互惠关系能够增进彼此的情感，从而提高他们的情感信任水平[①③]。本研究将前人的研究对象扩展到学术虚拟社区，并证实了学术虚拟社区用户间的互惠关系（如学术问题的答疑解惑和学术资源的共享）能够使关系一方相信对方会在自己需要时提供帮助，从而显著地提升彼此的情感信任程度。

3.4.2 感知关系持久性对认知信任和情感信任的影响

感知关系持久性对认知信任有显著的正向影响（路径系数为 0.273，$P = 0.000$），并且对情感信任也有显著的正向影响（路径系数为 0.214，$P = 0.001$），即学术虚拟社区用户的关系持久性越高，其认知信任和情感信任的程度就越高，从而说明较高程度的关系持久性有利于提高用户间的认知信任和情感信任程度。

前人关于关系持久性对关系双方信任的影响研究已经发现，较高程度的关系持久性能够提高双方的认知信任和情感信任。在关系持久性对认知

---

① Xu B，Li D H，Shao B J. Knowledge sharing in virtual communities：A study of citizenship behavior and its social-relational antecedents[J]. International Journal of Human-Computer Interaction，2012，28（5）：347-359.

② Lin M J，Hung S W，Chen C J. Fostering the determinants of knowledge sharing in professional virtual communities[J]. Computers in Human Behavior，2009，25（4）：929-939.

③ Sánchez-Franco M J，Roldán J L. The influence of familiarity，trust and norms of reciprocity on an experienced sense of community：An empirical analysis based on social online services[J]. Behaviour & Information Technology，2015，34（4）：392-412.

信任的影响研究中，Cronin 和 Baker[①]发现长久的关系使得双方能够充分地共享信息，降低双方在交互过程中的不确定性，进而提高彼此的认知信任。本研究将学术虚拟社区中的感知关系持久性的衡量指标定义为用户能否长期保持互相学术答疑、资源共享以及学术交流等方面，并且证实了持久的关系有助于提升用户间的信任程度。

而在关于关系持久性对情感信任的影响研究中，Wellman 和 Wortley[②]指出关系的持久性能够使关系双方保持长期的交互，这种长期的交互容易增强关系双方的依恋程度，从而使他们相信对方是真诚、友善的。Huang 和 Sun[③]认为在虚拟社区中，用户关系较高的持久性也能够使用户之间建立较为亲密的情感纽带，如依恋、友谊等，这种情感纽带有助于用户间情感信任的建立。本研究的结果也证实了学术虚拟社区中用户间关系的持久性会使他们相信对方会在自己有学术需要时为自己提供帮助。

3.4.3　感知连接性对认知信任的影响

感知连接性对认知信任有显著的正向影响（路径系数为 0.159，$P = 0.007$），即学术虚拟社区用户间的连接程度越高，其认知信任程度也越高，从而说明高水平的连接性有助于提高用户间的认知信任程度。

依据弱关系理论，学术虚拟社区用户的流动性较大，人际关系较为松散，因此其用户关系属于弱关系范畴。Ahuja 等[④]发现当弱关系中的个体与该关系网络中的其他个体有较高的连接程度时，那么该个体对社区中的资源会有着较高的控制和吸收能力。同样，学术虚拟社区中的用户也处于弱关系网络中，因此我们有理由推测前人研究中关于用户连接性的研究结论很可能也适用于学术虚拟社区。同时，考虑到不同社区类型中用户连接程度的测量指标可能存在差异，本研究基于现实中的用户参与学术虚拟社区知识交流的过程，将连接程度的测量指标划分为用户对社区资源的可达性、用户之间学术互助的便利性以及交流工具的丰富性等几个方面，并最终证

---

① Cronin J J，Baker T L. The effects of a distributor' s attribution of manufacturer influence on the distributor's perceptions of conflict，performance and satisfaction[J]. Journal of Marketing Channels，1993，3（2）：83-110.

② Wellman B，Wortley S. Different Strokes from different Folks：Community ties and social support[J]. American Journal of Sociology，1990，96（3）：558-588.

③ Huang E，Sun S Y. Intellectual capitals' impact on participants' reshare knowledge intention in virtual communities[C]. Venice：The 6th WSEAS International Conference on E-Activities，2007.

④ Ahuja M K，Galletta D F，Carley K M. Individual centrality and performance in virtual R&D groups：An empirical study[J]. Management Science，2003，49（1）：21-38.

明了当学术虚拟社区中的用户处于较高的连接状态时，他们往往会产生较高的认知信任水平。

3.4.4 感知平等性对认知信任的影响

感知平等性对认知信任没有显著的影响（路径系数为0.043，$P=0.329$）。

本研究对部分被调查者就感知平等性对认知信任的影响进行了访谈，发现被调查者通常将学术虚拟社区中的用户平等地看作每个用户都能够使用社区提供的知识交流服务，但这种平等关系只是基于社区功能和服务的使用权限的高低，因此这并不会使他们相信对方有能力提供自己所需的学术知识或者有能力理解自己分享的知识内容。通过比较本研究和其他研究中关于平等关系测量题项的差异后发现，其他研究中对平等关系的测量更倾向于用户在现实交流场景下的交流状态。例如，涂科[①]将优步平台中乘客和司机的平等关系的测量题项设计为“我与优步司机有着平等的地位”“我和优步司机在交流过程中的地位是平等的”；于若男[②]也将平等关系的测量题项设计为“在虚拟学术社区中，我觉得我们是平等的关系”等。而本研究设计的题项更多的是基于学术虚拟社区这一特定的平台，因此将社区用户平等性的测量指标划分为每个用户是否都能够发帖、回复、下载社区资源以及使用其他社区功能等指标，在此基础上证明了学术虚拟社区中用户的平等关系不会影响他们之间的认知信任程度。

3.4.5 感知相似性对认知信任和情感信任的影响

感知相似性对认知信任有显著的正向影响（路径系数为 0.303，$P=0.000$），并且对情感信任也有显著的正向影响（路径系数为 0.163，$P=0.002$），即学术虚拟社区用户的相似性越高，其认知信任和情感信任的程度也越高，从而说明较高程度的感知相似性有利于提高用户间的认知信任和情感信任程度。

学术虚拟社区中的用户往往为了共同的兴趣或目标相聚在一起，彼此分享自己的经验和观点，导致用户之间拥有许多共同特征，如兴趣、价值观或目标等[③]。因此，本研究从学科背景、教育经历以及专业兴趣等方面对学

---

① 涂科. 共享经济模式下的价值共创机理研究[D]. 北京：北京邮电大学，2019.

② 于若男. 虚拟学习社区交互行为对成员线下学习的影响研究[D]. 曲阜：曲阜师范大学，2016.

③ Lu Y B，Zhao L，Wang B. From virtual community members to C2C E-commerce buyers：Trust in virtual communities and its effect on consumers’ purchase intention[J]. Electronic Commerce Research and Applications，2010，9（4）：346-360.

术虚拟社区用户的相似性进行了测量，结果证实当用户之间有着较高的相似性时，他们之间比较容易产生认知信任和情感信任。这一发现在相似性对认知信任的研究中也得到了证实[①②③]。结合上述研究成果和本研究结论可以发现，不论是在电商和消费者社区，还是在学术虚拟社区，用户间的相似性均会正向影响他们的认知信任和情感信任。

3.4.6　认知信任对感知学习和感知贡献的影响

认知信任对感知学习有显著的正向影响（路径系数为 0.455，$P=0.000$），并且对感知贡献也有显著的正向影响（路径系数为 0.765，$P=0.000$），即学术虚拟社区用户的认知信任程度越高，其感知学习和感知贡献的程度就越高，从而说明高水平的认知信任强度有助于提高知识交流的效果。

认知信任反映了信任方对被信任方的可依赖程度和能力大小的理性判断，认知信任程度越高，意味着信任方越相信被信任方是可靠的，并且拥有向其提供帮助的能力[④]。已有学者发现学术虚拟社区用户的认知信任会正向影响他们的学习效果[⑤⑥]。基于用户在学术虚拟社区中的知识学习过程，本研究将感知学习的测量指标设计为用户的学术问题能够得到专业解答及能够获得所需的学术资源等，发现用户间的认知信任会对他们的知识学习效果起到重要的影响作用。也有学者证实了认知信任对个体知识贡献有着正向的影响[⑦]。基于此，我们有理由推断，在关系强度较弱的学术虚拟社区中，用户间的认知信任也会对他们的知识贡献效果起到重要的影响。本研究证明当学术虚拟社区中的用户之间存在较高程度的认知信任时，他们通常会更愿意帮助他人获得知识上的增长，如向对方分享相关的专业知识、学术资源等，从而提高了自己的知识贡献水平。

---

① Ziegler C N，Golbeck J. Investigating interactions of trust and interest similarity[J]. Decision Support Systems，2007，43（2）：460-475.

② Ren Y Q，Harper F M，Drenner S，et al. Building member attachment in online communities：Applying theories of group identity and interpersonal bonds[J]. MIS Quarterly，2012，36（3）：841.

③ Chen Y H，Lu Y B，Wang B，et al. How do product recommendations affect impulse buying？An empirical study on WeChat social commerce[J]. Information and Management，2019，56（2）：236-248.

④ McAllister D J. Affect-and cognition-based trust as foundations for interpersonal cooperation in organizations[J]. The Academy of Management Journal，1995，38（1）：24-59.

⑤ Levin D Z，Cross R. The strength of weak ties you can trust：The mediating role of trust in effective knowledge transfer[J]. Management Science，2004，50（11）：1477-1490.

⑥ Walker G. Network position and cognition in a computer software firm[J]. Administrative Science Quarterly，1985，30（1）：103.

⑦ 胡远华，董相苗. 员工信任关系对知识转移促进作用的实证研究[J]. 情报科学，2015，33（9）：81-87.

3.4.7 情感信任对感知学习的影响

情感信任对感知学习有显著的正向影响（路径系数为 0.381，$P=0.000$），即学术虚拟社区用户的情感信任程度越强，其感知学习的程度越高，从而说明高水平的情感信任强度有助于提高知识学习的效果。

在关于情感信任对知识交流影响的研究中，Sanjib①发现处于高情感信任关系中的个体往往更易于相互理解和关心，这使得个体能获得自己所需要的信息、知识和观点等。此外，Sánchez-Franco 和 Roldán②指出情感信任的缺失会增强用户间的怀疑和不确定性，从而阻碍用户间互助行为的发生；相反，情感信任的存在会增加亲近感和义务感，使求助者能得到帮助。本研究也发现情感信任的存在会导致关系的一方相信对方愿意为自己提供学术上的帮助，如解答相关的专业问题、分享学术资源等，从而相信自己能够获得学术上的进步。

3.4.8 认知信任在用户关系与知识交流效果之间的中介作用

由上述认知信任的中介作用检验可知，认知信任在感知互惠性、感知关系持久性、感知相似性与感知学习和感知贡献之间均具有中介作用（$P=0.000$），在感知连接性与感知学习和感知贡献之间均具有中介作用（$P=0.040$ 和 $P=0.024$）。本研究证实了认知信任在上述 4 类用户关系和知识交流效果之间存在中介作用。在前人的研究中，Lin 等③发现专业虚拟社区用户的认知信任在互惠关系和知识贡献之间具有中介作用。Xu 等④也在国内主流的门户网站中进一步证实了认知信任的中介作用。同时，Chen 等⑤发现了认知信任在用户相似性与用户产品知识的理解和吸收能力之间存在中介作用。

---

① Sanjib C. The role of affect-and cognition-based trust in complex knowledge sharing[J]. Journal of Managerial Issues，2020，32（1）：43-59.

② Sánchez-Franco M J，Roldán J L. The influence of familiarity，trust and norms of reciprocity on an experienced sense of community：An empirical analysis based on social online services[J]. Behaviour and Information Technology，2015，34（4）：392-412.

③ Lin M J，Hung S W，Chen C J. Fostering the determinants of knowledge sharing in professional virtual communities[J]. Computers in Human Behavior，2009，25（4）：929-939.

④ Xu B，Li D H，Shao B J. Knowledge sharing in virtual communities：A study of citizenship behavior and its social-relational antecedents[J]. International Journal of Human-Computer Interaction，2012，28（5）：347-359.

⑤ Chen Y H，Lu Y B，Wang B，et al. How do product recommendations affect impulse buying？An empirical study on WeChat social commerce[J]. Information and Management，2019，56（2）：236-248.

3.4.9　情感信任在用户关系与知识交流效果之间的中介作用

由上述情感信任的中介作用检验可知，情感信任在感知互惠性与感知学习之间具有中介作用（$P = 0.000$），在感知关系持久性与感知学习之间具有中介作用（$P = 0.002$），在感知相似性与感知学习之间具有中介作用（$P = 0.000$）。在现有研究中，Xu 等[①]发现了情感信任在互惠和知识学习之间的中介作用，Chen 等[②]则证实了情感信任能够在用户相似性与用户对产品知识的理解能力之间存在中介作用。本研究以学术虚拟社区中的用户关系作为研究对象，再一次肯定了用户间的情感信任在上述 3 类用户关系和感知学习之间具有中介作用。

---

① Xu B，Li D H，Shao B J. Knowledge sharing in virtual communities：A study of citizenship behavior and its social-relational antecedents[J]. International Journal of Human-Computer Interaction，2012，28（5）：347-359.

② Chen Y H，Lu Y B，Wang B，et al. How do product recommendations affect impulse buying？An empirical study on WeChat social commerce[J]. Information and Management，2019，56（2）：236-248.

第4章　学术虚拟社区系统功能对知识交流效果的影响研究

4.1　系统功能对知识交流效果影响的研究假设

4.1.1　感知导航功能价值与感知学习

导航是指通过一连串的动作来完成工作或得到乐趣，它可充分发挥用户的能力，以便快速浏览多个选项，找到相关的选项并选择所需的信息，进而实现用户意图[①]。Radosevich 认为构建可用网站的关键挑战之一便是创建良好的导航机制[②]。许多学者也都将导航性作为系统可用性和系统质量的重要考核指标[③④⑤]。

在学术虚拟社区中，菜单导航可以为用户获取所需知识提供极大便利，同时菜单的不同展示形式也为快速定位和获取知识贡献不同的价值[①]。导航结构代表着内容布局，它概述着网站中所有知识的组织和分类[⑥]。导航通过在特定知识结构（范围）内为用户呈现信息资源来更有效地连接用户和资源[⑦]，当用户对导航结构的使用感到清晰易用时，他们更有可能沉浸其中寻找知识[⑧]。因

---

① Shneiderman B，Plaisant C. 用户界面设计——有效的人机交互策略[M]. 张国印，李健利，汪滨琦，等译. 北京：电子工业出版社，2011.

② Radosevich R. 1995. A model for entrepreneurial spin-offs from public technology sources[J]. International Journal of Technology Management，10（7-8）：879-893.

③ Gharib R K，Philpott E，Duan Y Q. Factors affecting active participation in B2B online communities：An empirical investigation[J]. Information & Management，2017，54（4）：516-530.

④ Zheng Y M，Zhao K X，Stylianou A. The impacts of information quality and system quality on users' continuance intention in information-exchange virtual communities：An empirical investigation[J]. Decision Support Systems，2013，56：513-524.

⑤ Kim K，Trimi S，Park H，et al. The impact of CMS quality on the outcomes of E-learning systems in higher education：An empirical study[J]. Decision Sciences Journal of Innovative Education，2012，10（4）：575-587.

⑥ Palmer J W. Web site usability，design，and performance metrics[J]. Information Systems Research，2002，13（2）：151-167.

⑦ Huang T C，Chen C C. Animating civic education：Developing a knowledge navigation system using blogging and topic map technology[J]. Journal of Educational Technology & Society，2013，16（1）：79-92.

⑧ Choi D H，Kim J，Kim S H. ERP training with a web-based electronic learning system：The flow theory perspective[J]. International Journal of Human-Computer Studies，2007，65（3）：223-243.

此，本研究认为由菜单导航和导航结构两个维度组成的导航功能越完善，用户对导航功能的功能价值感知越高，在使用导航功能时越能提高用户的知识获取效率，从而提高知识的学习效果，感知到良好的学习价值。基于此，提出如下假设。

H1：感知导航功能价值对用户的感知学习有正向影响。

4.1.2　感知知识获取功能价值与感知学习

知识获取是知识交流的基本过程之一，用户获取知识的效率越高、获取的内容越能满足需求，且知识获取的效果越好。在学术虚拟社区中，用户需要借助信息检索、个性化知识推荐等系统功能，帮助其在海量的知识中获得所需。其中，检索功能犹如知识获取过程的开端，可以帮助用户准确、迅速而又比较全面地检索到所需知识[①]，提高用户获取知识的效率，从而让用户分配更多的时间进行深度学习和知识创造。个性化知识推荐系统是解决信息超载问题的另外一个非常有潜力的办法。基于知识和学习者的兴趣、专业建立起来的个性化知识推荐系统，将知识集合中的特定知识主动推送给特定的学习者，方便知识学习者获得所需知识、节省搜索成本、提高决策质量，由此建立良好的互动关系[②③]。因此，由上述功能维度组成的知识获取功能越完善，用户对知识获取功能的感知功能价值越高，用户在使用时获取知识的效果也就越好，从而让用户感知到良好的学习价值。基于此，提出如下假设。

H2：感知知识获取功能价值对用户的感知学习有正向影响。

4.1.3　感知知识分享功能价值与感知贡献

知识的力量只有在流动和使用中才能得到体现，而这都离不开知识的分享。当一个科学家将自己所创造的新知识与他人分享时，他也能通过同样的分享渠道得到别人的新知识，对他人知识的引用也构成了对他人分享行为的回报之一，由此，知识交流也就相应产生[④]。换言之，知识分享作为知识交流的基本过程，是知识得以存在和发展的基础，并且当他人因自己的分享而获得提升时，分享就变得更有价值和吸引力。在学术虚拟社区中，知识提供者可借助上传、编辑和转发等知识分享的基础功能，将知识分享给他人，也可借助文章查看、回复和点赞等知识分享的反馈功能，了解知

① 余少云. 如何利用搜索引擎获取信息资源[J]. 网络安全技术与应用，2005（11）：52-55.

② 牛意熹. 基于知识情境的数字图书馆个性化推荐系统的研究[D]. 南昌：南昌大学，2014.

③ 王国霞，刘贺平. 个性化推荐系统综述[J]. 计算机工程与应用，2012，48（7）：66-76.

④ 林慧岳，李林芳. 论知识分享[J]. 自然辩证法研究，2002，18（8）：43-46，55.

识分享的效果，这些功能越齐全、质量越好，越容易让用户感知到良好的知识分享功能价值。并且根据晕轮效应，这种积极反应会增大知识提供者的分享频率，甚至可能促进整个知识交流过程①，从而感知到巨大的贡献价值。基于此，提出如下假设。

H3：感知知识分享功能价值对用户的感知贡献有正向影响。

4.1.4 感知交互功能价值与感知学习和感知贡献

知识交流中涉及知识学习者和知识提供者两类主体，他们既可以是个人也可以是群体，两种角色并非固定不变，获得新知识的人都可被称作知识学习者，贡献知识的人都可被称作知识提供者。在一次交谈中，一个用户可只担任一种角色，也可同时身兼两种角色。知识学习者更注重感知学习，知识提供者则更关注感知贡献。

本研究中的交互系统特指为实现知识学习者和知识提供者之间的交流互动而提供的系统。在学术虚拟社区中，异步交互与同步交互功能为知识学习者和知识提供者提供了直接交流的工具；好友推荐功能可以进行好友匹配，好友推荐的质量越高，用户与好友之间就相关专业进行交流的概率也会越高，交流内容会越深入，给对方提供的观点和帮助也会越有价值。因此，知识学习者和知识提供者都能满足所需。

综上，当知识学习者与知识提供者意识到异步交互与同步交互功能、好友推荐功能可以帮助其有效地建立联系并进行知识交流时，他们便会感知到交互功能的良好功能价值②，并且获得较高的知识交流效果，使得知识学习者感知到较高的学习价值、知识提供者感知到较高的贡献价值。基于此，提出如下假设。

H4-1：感知交互功能价值对用户的感知学习有正向影响。

H4-2：感知交互功能价值对用户的感知贡献有正向影响。

考虑到学术虚拟社区中的交流互动多发生在陌生人之间，在此类弱关系中，用户多会选择异步交互功能进行知识交流，以便塑造礼貌的形象，故而有如下推测。

Ha：相较于同步交互功能，用户更偏向于使用异步交互功能。

4.1.5 感知个人知识管理功能价值与感知学习和感知贡献

网络学习和知识管理的有机结合，是培养学习者信息素养和知识创

---

① 赵书松. 360 度绩效反馈对个体知识共享的作用机制[J]. 情报杂志，2012，31（6）：116-124.

② Pituch K A，Lee Y K. The influence of system characteristics on e-learning use[J]. Computers & Education，2006，47（2）：222-244.

新能力的重要途径，也是学习者获取竞争优势的重要手段，因此个人知识管理在网络学习中具有重要意义。本研究所指的个人知识管理功能，主要是为了满足用户关于知识积累、组织和多次利用的需求，依赖智能化的主题分类功能（能够对获取和分享的知识主题进行自动分类或允许人工对收藏的知识进行整理分类、删除和修改[①②]），以及个性化和高可用性的主题地图功能（根据每个用户的知识获取和分享情况生成专属的个人主题地图[③④]，并能方便知识的查找和再次使用[⑤⑥]）。当这些功能的智能化、个性化和有用性越高，用户越会感知到个人知识管理功能的良好功能价值，在使用中用户对自己已有的知识越可控，从而可以清楚地了解自己的学习和贡献情况，获得满足感并激发知识学习和分享的动力。基于此，提出如下假设。

H5-1：感知个人知识管理功能价值对用户的感知学习有正向影响。

H5-2：感知个人知识管理功能价值对用户的感知贡献有正向影响。

4.2　系统功能对知识交流效果影响的研究模型

基于示能性理论框架和上述研究假设，构建如图4.1所示的研究模型。

4.3　系统功能对知识交流效果影响研究的问卷设计与样本收集

4.3.1　情景设计

情景分组设计综合运用析因设计和正交设计两种实验设计方法，将实验中涉及的5种情景变量的高vs低水平相互组合成不同的实验条件，总共有$2^5=32$种实验情景，借助SPSS软件正交降维后生成8种组合，并向不同的被试者随机分配组合结果，具体情景分组设计如表4.1所示。

① 汤欢. 基于社会化问答平台的个人知识管理研究——以知乎为例[D]. 武汉：华中师范大学，2017.

② 李亚芳. 网络学习者个人知识管理系统的研究[D]. 济南：山东师范大学，2010.

③ Huang T C，Chen C C. Animating civic education：Developing a knowledge navigation system using blogging and topic map technology[J]. Journal of Educational Technology & Society，2013，16：79-92.

④ 宋丽梅. 主题地图在个人知识管理中的应用[D]. 长春：东北师范大学，2010.

⑤ 李亚芳. 网络学习者个人知识管理系统的研究[D]. 济南：山东师范大学，2010.

⑥ 阳欣辰. 基于碎片化学习的个人知识管理研究[D]. 成都：四川师范大学，2016.

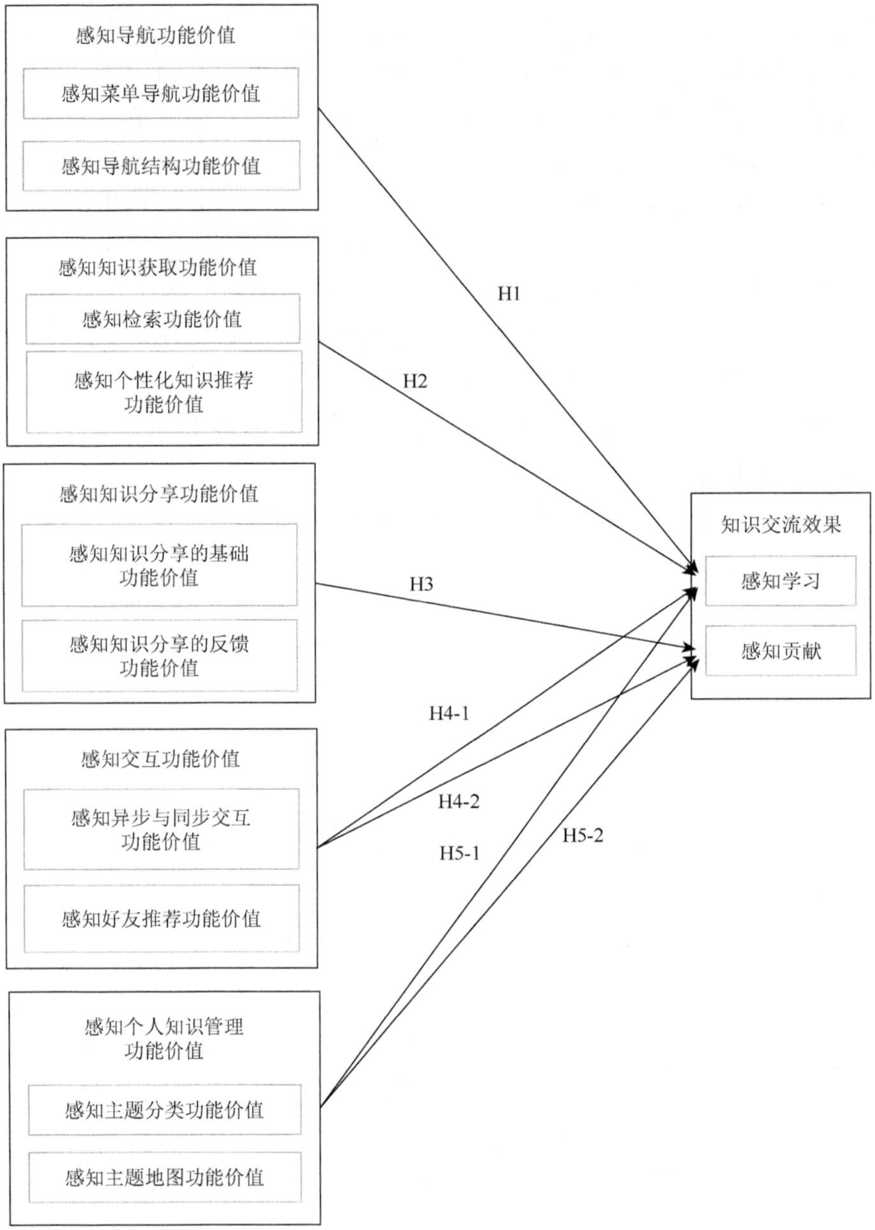

图 4.1　系统功能对知识交流效果影响的研究模型

表 4.1　系统功能情景分组设计

情景	感知导航功能价值	感知知识获取功能价值	感知知识分享功能价值	感知交互功能价值	感知个人知识管理功能价值
1	低	低	高	高	低
2	高	低	低	高	低

续表

情景	感知导航功能价值	感知知识获取功能价值	感知知识分享功能价值	感知交互功能价值	感知个人知识管理功能价值
3	高	高	高	高	高
4	高	高	低	低	低
5	高	低	高	低	高
6	低	高	低	高	高
7	低	低	低	低	高
8	低	高	高	低	低

本研究分别对学术虚拟社区 5 类功能的情景材料进行了设计，以图片材料加文字叙述的形式展示，具体情景的文字描述如表 4.2 所示。在情景中，为了避免被试者对学术虚拟社区平台产生偏好，将学术虚拟社区作为 A 社区。

表 4.2 情景在不同水平下的文字描述

因素	水平	情景描述
感知导航功能价值	高	①菜单导航功能如附图 2.1 所示，菜单导航包括主导航、辅助导航和地图导航。主导航下分四级菜单，点击上级菜单，从属的下级菜单随即展开；辅助导航位于三、四级菜单下的内容页面，可精选主题类别；地图导航全面地展示了整个社区的功能和内容。 ②导航结构功能如附图 2.2 所示，版块主题按照主导航中的菜单分类设置，即与主导航中的菜单分类相同，版块主题之间纵向排列，每一版块单独占据一块页面，且版块中每一行排列两个二级主题，主题和注释均用不同的字体呈现
	低	①菜单导航只有主导航（无辅助导航或标签导航），主导航由两行一级菜单组成，一级菜单下没有二级菜单，因此无法知道每个一级菜单下的知识是如何被分类组织的，也无法得知上下两行一级菜单所包含的知识是否存在交叉。 ②导航结构功能的版块主题与主导航中的菜单分类不同，版块主题之间存在交叉（如“资讯”和“新闻”属同类），细分主题存在重复（如“新闻”和“专题”版块下同时有“论文”）。此外，在导航结构中“国际”是作为“新闻”版块的子类，而在主导航中“国际”却是单独的一类
感知知识获取功能价值	高	①检索功能如附图 2.3 所示，一个页面有三处检索框，分别是位于网页首部的主搜索、位于网页中部的副搜索和位于底部的副搜索，不同的检索框随页面拉动位置展现，同时还支持主题词检索、全文检索、词条检索等多种形式的检索。 您想学习博弈论相关的知识，于是在主搜索框内输入检索词“博弈论”，检索结果如附图 2.4 所示，可按照帖子、附件、文献、问答、用户名的形式分成 5 类，分类别单独展示对应结果，其中相关的帖子就有 1000 +（不包括其他类别），帖子可按照回复时间和热度降序排列。 点击附件，跳转到附件结果页（附图 2.5），页面中展示的均是其他用户分享的文件，可直接查看和下载。 ②个性化知识推荐功能：由于您在 2019 年 1 月 25 日浏览并搜索了关于博弈论和 SPSS 数据分析相关的知识，于是在第二天，A 社区就根据您的历史行为，向您推荐了相关的文章和帖子。如附图 2.6 所示，左侧一栏是推荐的时间，这些时间恰好是每次您使用该社区的第二天，灰色的字体代表已经查看，黑色的字体代表还未查看；右侧是不同时间内推荐的您未曾阅读过的具体知识，可点击查看、收藏或删除，每次推荐的知识也会根据这些行为的反馈调整，同一文章和帖子不会重复推荐

续表

因素	水平	情景描述
感知知识获取功能价值	低	①在页面顶部有一个小检索框，您想学习博弈论相关的知识，于是在检索框中输入检索词“博弈论”，随后页面跳出社区的自有页面，转到百度页面，页面中还穿插着广告。 ②A 社区无法根据用户的历史行为和注册时填写的兴趣专业，向用户主动推荐知识，用户只能主动查找感兴趣的知识和最新的知识
感知知识分享功能价值	高	①知识分享的基础功能：附图 2.7 为编辑和附件上传功能，顶部为工具栏，中部为内容模板，格式可直接嵌套，底部有附件上传部分，不仅可以添加多个附件，也可将附件以超链接形式插入原文，还能删除已添加附件；附图 2.8 为转发功能，支持转发平台 100＋，也支持“一键转发”（即同时转发到绑定的多个平台），还支持邮件转发。 ②知识分享的反馈功能如附图 2.9 所示，您分享的每篇文章，标题旁都有查看数、回复数、点赞数、收藏数、分享数
	低	①知识分享的基础功能展示了操作步骤以及撰写完成后的具体内容，其中要先点击工具栏再插入文字，进行格式编辑，内容中的代码表示此行字体具有特殊格式。图片只能作为附件单独添加，无法与内容融为一体，而且附件添加完成后无法删除。此外，A 社区没有外部转发功能，无法将好的知识分享到朋友圈、微博、QQ 空间等其他平台。 ②知识分享的反馈功能：分享文章之后，无法得知文章的被查看数、回复数、点赞数、收藏数、分享数
感知交互功能价值	高	①异步与同步交互功能如附图 2.10 所示，异步交互功能为“加为好友”、“给我留言”、“发送邮件”和帖子下的“回帖”；同步交互功能为“发送消息”“语音聊天”“视频聊天”。您目前有学习博弈论相关知识的需求，便使用这些功能与好友进行交流，在其他社区中平均 3 天才能得到结果反馈，在 A 社区只需 1 天便收到了结果反馈。您的好友通过邮件发给您几本博弈论相关的书籍，您也分享了自己的学习经验和曾经发表过的文章。 ②好友推荐功能如附图 2.11 所示，在“好友”版块，设有“好友推荐”功能，由于最近您一直在社区内学习博弈论相关的知识，此功能为您推荐了社区内就博弈论相关知识曾发表过许多内容的中高级用户
	低	①异步交互功能为“给我留言”，同步交互功能为“发送站内消息”，您在 A 社区看到一篇博弈论相关的书籍分享帖，想要获取原文，由于没有“回帖”的功能，您无法在帖子下回帖请求原文，于是使用其他功能与楼主交流，在其他社区平均 3 天能得到答复，在 A 社区 5 天才收到答复。在就博弈论相关知识进行讨论的过程中，由于发送内容只支持文字和图片，不支持文件，楼主没有办法直接发给您此书籍，您也没有办法发送曾经发表过的相关文章给对方。 ②在“好友”版块，设有“好友推荐”功能，列表展示了当前在线的所有用户名，没有用户的相关介绍，无法获知其专业、兴趣以及资历情况
感知个人知识管理功能价值	高	在“个人空间”中设有“知识管理”版块，该版块由主题分类和主题地图两个功能组成。 ①主题分类功能如附图 2.12 所示，社区系统自动将主题按照学科类别进行分类，同时允许用户按照个人习惯自定义主题名称和类别，一旦用户设置完成，系统将不再自动分类，用以全面且系统地展示个人在社区中阅读和分享过的所有主题。 ②主题地图功能可以可视化展示每位用户学习过的主题（包括自定义主题），当用户点击主题地图中的某一主题，下方分别呈现用户在此主题下分享过和阅读过的知识，点击标题名即可浏览具体内容
	低	①在“个人空间”中设有“主题”版块，主题分类按照文章的性质分成科学文章、日志、动态和问答 4 类，每一类中不同学科的文章混杂在一起，如在“问答”分类下，上百篇文章按照时间顺序降序排列，没有按照主题的学科类别查看，用户也无法按照个人喜好管理自己的知识类别。 ②主题地图功能：A 社区没有可视化展示所有主题的功能，也无法按照主题的学科类别展示个人阅读和分享过的知识

4.3.2　量表设计

本研究以国内外相关研究所使用的量表题项为基础，结合研究内容进行了调整，同时针对新增加的功能维度，参考了功能的相关评价标准之后，设计了新题项。5 类感知功能价值共细分出 10 个子维度，知识交流效果有感知学习和感知贡献两个维度，每个维度有 4～6 个题项，问卷测量题项设计和参考文献来源详见表 4.3。本研究将采用利克特量表测量各个潜变量，态度从“非常不同意”到“非常同意”。为了确保样本数据的有效性，防止被试者随意作答，采取反义测量项和情景问题检测的双重检验方式：第一，测量“感知学习”时，设置了反义测量项，即“我无法在 A 社区积累知识”，若被试者对正反测量项的态度倾向一致，则认为问卷回答质量存在问题，将予以剔除；第二，通过情景问题检测，问卷会在感知交互功能价值的情景中列举 A 社区提供的异步与同步交互功能，并在题项中提问“根据以上材料回答以下哪些异步与同步交互功能是 A 社区提供的”，如果被试者答错，证明其没有认真浏览情景资料，该被试者的问卷质量存在问题，将予以剔除。

表 4.3　问卷测量题项设计和参考文献来源

因素	维度	测量题项	参考文献
感知导航功能价值（PNFV）	感知菜单导航功能价值	该菜单导航是容易使用的	Zheng 等①，Kim 等②
		该菜单类目的分类是完整详尽的	
		我可以快速定位到所需知识	
		总的来说，该菜单导航具有较高使用价值	
	感知导航结构功能价值	该导航结构的主题描述是清晰的	Palmer③，Gharib 等④
		有利于我了解 A 社区的知识分类体系	
		可以引导我快速找到所需知识	
		总的来说，该导航结构具有较高的使用价值	

① Zheng Y M，Zhao K X，Stylianou A. The impacts of information quality and system quality on users' continuance intention in information-exchange virtual communities：An empirical investigation[J]. Decision Support Systems，2013，56：513-524.

② Kim K，Trimi S，Park H，et al. The impact of CMS quality on the outcomes of E-learning systems in higher education：An empirical study[J]. Decision Sciences Journal of Innovative Education，2012，10（4）：575-587.

③ Palmer J W. Web site usability，design，and performance metrics[J]. Information Systems Research，2002，13（2）：151-167.

④ Gharib R K，Philpott E，Duan Y Q. Factors affecting active participation in B2B online communities：An empirical investigation[J]. Information and Management，2017，54（4）：516-530.

续表

因素	维度	测量题项	参考文献
感知知识获取功能价值（PKAFV）	感知检索功能价值	搜索功能是多样的	费巍[①]
		检索结果页面是友好的	
		检索结果能满足我的知识需求	
		检索结果的排序满足我的知识需求	
		总的来说，该检索功能具有较高的使用价值	
	感知个性化知识推荐功能价值	我能及时收到社区发布的与我兴趣相关的内容	刘建国等[②]
		推荐的知识是新颖的	
		推荐的知识对我是有帮助的	
		总的来说，该个性化知识推荐功能具有较高的使用价值	
感知知识分享功能价值（PKSFV）	感知知识分享的基础功能价值	附件上传功能是使用灵活的	无
		编辑功能的交互是友好的	
		转发功能是完善的	
		该知识分享的基础功能可以让我非常方便地分享知识	
		总的来说，该知识分享的基础功能具有较高的使用价值	
	感知知识分享的反馈功能价值	我能够了解知识的受欢迎程度	无
		我能够了解他人对我分享的知识的观点	
		提高了我在 A 社区中分享知识的积极性	
		总的来说，该知识分享的反馈功能具有较高的使用价值	
感知交互功能价值（PIFV）	感知异步与同步交互功能价值	该异步交互功能的多样性能够满足我的使用需求	Zheng 等[③]
		该同步交互功能的多样性能够满足我的使用需求	
		交互的时效性是较高的	
		A 社区提供的交互功能有利于我获得知识帮助	
		A 社区提供的交互功能方便我为他人提供知识帮助	
		总的来说，该交互功能具有较高的使用价值	

① 费巍. 搜索引擎检索功能的性能评价研究[D]. 武汉：武汉大学，2010.

② 刘建国，周涛，郭强，等. 个性化推荐系统评价方法综述[J]. 复杂系统与复杂性科学，2009，6（3）：1-10.

③ Zheng Y M，Zhao K X，Stylianou A. The impacts of information quality and system quality on users' continuance intention in information-exchange virtual communities：An empirical investigation[J]. Decision Support Systems，2013，56：513-524.

续表

因素	维度	测量题项	参考文献
感知交互功能价值（PIFV）	感知好友推荐功能价值	为我推荐了很多兴趣相同的朋友	张红[①]
		推荐的朋友是可靠的	
		我愿意向推荐的好友请教知识	
		我愿意向推荐的好友分享有价值的知识	
		总的来说，该好友推荐功能具有较高的使用价值	
感知个人知识管理功能价值（PIKMFV）	感知主题分类功能价值	该主题分类功能能够使我清晰地了解自己涉猎的知识类别	无
		该主题分类功能使得已有知识的查找更容易	
		该主题分类功能满足我知识分类的需求	
		该主题分类功能可以提供个性化服务	
		总的来说，该主题分类功能具有较高的使用价值	
	感知主题地图功能价值	该主题的展示形式使我清楚地了解自己涉猎的所有主题	无
		该主题的展示形式方便我查看每个主题下阅读和分享过的具体知识	
		该主题的展示形式符合我的知识使用需求	
		总的来说，该主题的展示形式具有较高的使用价值	
感知学习（PL）	无	我可以在 A 社区积累知识	Asoodar 等[②]
		使用 A 社区可以促进我学习	
		使用 A 社区我的专业问题能够得到解决	
		使用 A 社区我能获得知识上的帮助	
		我无法在 A 社区积累知识	
		总的来说，在 A 社区我能获得良好的知识学习效果	
感知贡献（PC）	无	在 A 社区我的知识可以被更多的人了解	Qin 等[③]
		在 A 社区我的知识对他人是有帮助的	
		在 A 社区我可以为他人提供学术上的支持	
		在 A 社区中我是个有用的人	
		总的来说，在 A 社区我能获得良好的知识贡献效果	

① 张红. 基于用户认知的电子商务网站知识推荐服务接受模型研究[D]. 南京：南京理工大学，2013.

② Asoodar M，Atai M R，Vaezi S，et al. Examining effectiveness of communities of practice in online English for academic purposes（EAP）assessment in virtual classes[J]. Computers & Education，2014，70：291-300.

③ Qin L J，Li N，Zha S H，et al. Research on factors influencing perceived usefulness of a virtual teacher community：A case study of rural teachers in Inner Mongolia，China[J]. Telematics and Informatics，2017，34（5）：463-471.

4.3.3 问卷预调查与改进

正式发放问卷之前，对降维后的 8 个情景组问卷进行了小范围的预调查工作。预调查的目的包括：一是确保情景描述简洁易读、避免被试者难以感知；二是确保题目描述准确，没有令人误解的题项，必要情况下会剔除部分无效题项。根据预调查对象的反馈，主要对问卷的情景材料和个别题项的表述进行修改：①完善导航功能和个人知识管理功能的图片以及文本材料的描述，使情景表述更加简单易懂；②精练知识获取功能、知识分享功能和交互功能的文字描述；③减少用红色字体突出强调的文字内容，让被试者更加客观地感知功能价值；④对个别存在歧义或难以理解的题项进行表述上的修正。最终问卷详见附录 2。

4.3.4 样本收集

本研究采用网络问卷的形式收集所需研究数据，使用问卷星网站制作问卷后，主要通过微信、QQ 线上链接分享和线下扫二维码的形式，随机发放 8 个情景组问卷，最终回收问卷 385 份，为了保证样本数据的质量，删除无效问卷：①将 A 社区提供的异步和同步交互功能填写错误的问卷；②对正反测量项的态度倾向一致的问卷；③总作答时间小于 300s 的问卷；④所有答案全部一致的问卷。总共无效问卷为 98 份，最终剩余有效问卷为 287 份，有效率为 74.55%。一般而言，结构方程模型要求样本量需要超过测量题项数量的 5 倍或超过 200 份，以保证分析的准确性。问卷共包含 56 个测量题项，样本至少需要 280 份，获得的 287 份有效问卷满足了结构方程模型分析的样本量要求。

4.4 系统功能对知识交流效果影响研究的数据分析

4.4.1 人口统计特征描述

按照人口统计学特征对有效问卷进行描述性统计（表 4.4）。在 287 名被试者中，男性占 45.64%，女性占 54.36%，总体来看基本均衡；受教育程度以本科和硕士为主，由于学术虚拟社区本身具有学术性特征，使用者大多是有专业学习和学术交流需求的高学历人群，因此本书的被试者是学术虚拟社区的目标人群，从而得出的调查结果也具有一定的说服力；年龄集中在 18～35 岁，其中 18～25 岁占 60.98%，26～35 岁占 34.15%，这一数据受到了互联网网民的年龄结构[①]以及被试者学历的双重影响，但可以代表学术虚拟社区的目标用户；57.14%的被试者使用过 3 个及以上的学术虚拟社区，65.51%的被试者使用学术虚拟社区的年限超过了 2 年，44.95%的被试者频繁地使用（包括一周 3~5 次和每天都在使用）学术虚拟社区。综上所述，研究样本拥有对学术虚拟社区的丰富的使用经验，以及对互联网功能的较高的使用体验，作为学术虚拟社区的重要用户群体，具有较高的代表性。

表 4.4　样本的人口统计特征

人口统计特征	分类	样本数	占比/%
性别	男	131	45.64
	女	156	54.36
年龄	18 岁以下	2	0.70
	18～25 岁	175	60.98
	26～35 岁	98	34.15
	36 岁及以上	12	4.18
受教育程度	大专及以下	7	2.44
	本科	84	29.27
	硕士	178	62.02
	博士（含在读）	18	6.27
使用学术虚拟社区的数量	1 个及以下	54	18.82
	2 个	69	24.04
	3 个	43	14.98
	4 个及以上	121	42.16
使用学术虚拟社区的年限	2 年以下	99	34.49
	2～3 年	60	20.91
	3～5 年	82	28.57
	5 年以上	46	16.03
使用学术虚拟社区的频率	几乎不使用	27	9.41
	一个月 1 次	60	20.91
	一周 1 次	71	24.74
	一周 3～5 次	105	36.59
	每天都在使用	24	8.36

① 中华人民共和国国家互联网信息办公室. 第 43 次《中国互联网络发展状况统计报告》（全文）[EB/OL].（2019-02-28）[2019-03-05]. https://www.cac.gov.cn/2019-02/28/c_1124175677.htm.

4.4.2 样本分组有效性检验

研究共 8 个情景组，每个情景组至少有 33 个样本，分布较为均衡，整体符合数据分析要求。此外，为了检验各个情景分组样本间的人口统计特征是否存在差异，对性别、年龄、受教育程度、使用学术虚拟社区的数量、使用学术虚拟社区的年限、使用学术虚拟社区的频率进行了单因素方差分析，结果如表 4.5 所示。首先需要进行方差同质性检验，所有人口统计特征的 P 值均大于 0.05，说明方差齐性，可以使用单因素方差分析法。其次根据单因素方差分析可知，所有人口统计特征的 P 值均大于 0.05，因此各情景分组的样本人口统计特征均不存在显著差异。

表 4.5 各情景组的人口统计特征单因素方差分析结果

人口统计特征	方差同质性 P 值	单因素方差 F 值	单因素方差 P 值
性别	0.345	0.793	0.374
年龄	0.183	1.430	0.224
受教育程度	0.735	0.788	0.501
使用学术虚拟社区的数量	0.166	1.515	0.134
使用学术虚拟社区的年限	0.484	1.102	0.361
使用学术虚拟社区的频率	0.799	0.718	0.580

4.4.3 测量指标的描述性统计

研究为感知导航功能价值（由感知菜单导航功能价值、感知导航结构功能价值组成）、感知知识获取功能价值（由感知检索功能价值、感知个性化知识推荐功能价值组成）、感知知识分享功能价值（由感知知识分享的基础功能价值、感知知识分享的反馈功能价值组成）、感知交互功能价值（由感知异步与同步交互功能价值、感知好友推荐功能价值组成）、感知个人知识管理功能价值（由感知主题分类功能价值、感知主题地图功能价值组成）5 类，设计 56 个测量题项，利用 SPSS 对题项进行描述性统计分析和 K-S 检验，结果如表 4.6 所示。由于数据不符合正态分布，因此选择偏最小二乘法的结构方程模型，并运用 SmartPLS 3.0 进行后续的模型分析。

表 4.6 测量题项的描述性统计结果

变量	题项	平均值	标准差	偏度	峰度	K-S 检验	显著性
感知菜单导航功能价值	MN1	3.56	1.029	−0.689	−0.293	5.426	0.000
	MN2	3.36	1.122	−0.346	−0.803	4.182	0.000

续表

变量	题项	平均值	标准差	偏度	峰度	K-S 检验	显著性
感知菜单导航功能价值	MN3	3.34	1.072	−0.320	−0.615	3.817	0.000
	MN4	3.53	1.020	−0.638	−0.158	4.849	0.000
感知导航结构功能价值	NS1	3.42	1.090	−0.458	−0.779	4.929	0.000
	NS2	3.50	1.096	−0.598	−0.532	5.065	0.000
	NS3	3.41	1.010	−0.320	−0.646	4.231	0.000
	NS4	3.50	1.010	−0.620	−0.090	4.650	0.000
感知检索功能价值	IR1	3.56	1.045	−0.644	−0.386	5.245	0.000
	IR2	3.31	1.093	−0.373	−0.834	4.600	0.000
	IR3	3.39	1.021	−0.464	−0.334	4.191	0.000
	IR4	3.21	1.087	−0.234	−0.835	3.938	0.000
	IR5	3.41	1.017	−0.560	−0.436	4.955	0.000
感知个性化知识推荐功能价值	PKR1	3.34	1.186	−0.490	−0.820	4.796	0.000
	PKR2	3.22	1.072	−0.268	−0.450	3.163	0.000
	PKR3	3.31	1.037	−0.411	−0.173	3.369	0.000
	PKR4	3.36	1.134	−0.537	−0.541	4.423	0.000
感知知识分享的基础功能价值	KSBF1	3.33	1.114	−0.491	−0.923	5.467	0.000
	KSBF2	3.31	1.122	−0.462	−0.817	4.925	0.000
	KSBF3	3.21	1.242	−0.370	−1.068	4.708	0.000
	KSBF4	3.32	1.183	−0.592	−0.830	5.537	0.000
	KSBF5	3.32	1.169	−0.501	−0.873	5.165	0.000
感知知识分享的反馈功能价值	KSFF1	3.25	1.303	−0.382	−1.162	4.908	0.000
	KSFF2	3.18	1.266	−0.397	−1.127	4.999	0.000
	KSFF3	3.24	1.263	−0.318	−1.079	4.292	0.000
	KSFF4	3.26	1.290	−0.426	−1.091	4.922	0.000
感知异步与同步交互功能价值	IF1	3.38	1.090	−0.709	−0.431	5.430	0.000
	IF2	3.46	1.086	−0.737	−0.359	5.579	0.000
	IF3	3.27	1.147	−0.554	−0.714	4.892	0.000
	IF4	3.48	1.070	−0.932	0.060	5.840	0.000
	IF5	3.48	1.087	−0.840	−0.104	5.600	0.000
	IF6	3.44	1.101	−0.778	−0.222	5.337	0.000
感知好友推荐功能价值	RF1	3.33	1.076	−0.615	−0.544	5.115	0.000
	RF2	3.14	0.989	−0.276	−0.317	3.472	0.000
	RF3	3.30	1.028	−0.569	−0.496	4.833	0.000
	RF4	3.32	1.032	−0.616	−0.481	5.063	0.000
	RF5	3.30	1.054	−0.616	−0.510	4.995	0.000

续表

变量	题项	平均值	标准差	偏度	峰度	K-S 检验	显著性
感知主题分类功能价值	TC1	3.39	1.101	−0.575	−0.763	5.579	0.000
	TC2	3.40	1.114	−0.620	−0.706	5.662	0.000
	TC3	3.32	1.104	−0.410	−0.837	4.767	0.000
	TC4	3.33	1.097	−0.582	−0.688	5.310	0.000
	TC5	3.44	1.098	−0.546	−0.745	5.365	0.000
感知主题地图功能价值	TM1	3.31	1.127	−0.434	−1.004	5.357	0.000
	TM2	3.36	1.138	−0.531	−0.856	5.457	0.000
	TM3	3.27	1.122	−0.365	−0.987	4.909	0.000
	TM4	3.32	1.129	−0.436	−0.872	4.927	0.000
感知学习	PL1	3.86	0.692	−1.202	2.765	6.667	0.000
	PL2	3.67	0.747	−0.796	0.892	5.881	0.000
	PL3	3.55	0.769	−0.532	0.272	5.159	0.000
	PL4	3.78	0.703	−1.127	2.128	6.593	0.000
	PL5	3.65	0.732	−0.914	1.032	6.140	0.000
感知贡献	PC1	3.57	0.849	−0.961	0.879	5.756	0.000
	PC2	3.67	0.751	−0.978	1.856	5.779	0.000
	PC3	3.67	0.784	−0.955	1.230	5.956	0.000
	PC4	3.60	0.764	−0.729	0.996	5.332	0.000
	PC5	3.65	0.827	−0.911	1.155	5.596	0.000

4.4.4 信度与效度检验

采用克龙巴赫 α 系数进行内在信度检验，并采用验证性因子分析（CFA）法评估量表的内部结构，使用 SmartPLS 3.0 软件计算 5 类功能情景变量和感知学习、感知贡献的克龙巴赫 α 系数，以及 56 个测量题项的因子载荷。结果表明，除了题项 RF2 因子载荷为 0.7，其他题项均超过了 0.7，所有变量的克龙巴赫 α 系数均超过 0.89，表明指标有很高的内部一致性，问卷的测量质量较高。

聚合信度是指一个由多个变量的总和组合成的新变量的信度，平均方差抽取值（AVE）衡量收敛效度，本研究利用 CR 和 AVE 来衡量聚合效度。结果表明，各个潜变量的 CR 均超过了 0.89（一般要求 0.6 以上），AVE 均超过了 0.62（一般要求 0.5 以上），表明测量指标具有较好的聚合效度。

区分效度指在应用不同测量项来测量不同潜变量时，测量结果应当得以区分的程度。一般检验特定潜变量区分效度的方式是将其 AVE 进行开方，并计算该潜变量与其他潜变量间的相关系数，若该潜变量 AVE 的开方值大于其与其他潜变量的相关系数，则通过区分效度检验。依据 SmartPLS 3.0 软件计算结果，本研究中各个潜变量间的相关系数均小于潜变量的平均方差根，说明具有较好的区分效度。

综上所述，调查问卷通过了信度和效度检验，可以作为后续假设检验依据。

4.4.5 共同方法偏差检验

共同方法偏差指由同样的数据来源或评分者、同样的测量环境、项目语境以及项目本身特征所造成的预测变量与效标变量之间人为的共变，这种人为的共变可能会对研究结果产生混淆，是一种系统误差①。为了评估共变是否会影响研究结果的有效性，采用探索性因子分析法进行验证。KMO 和 Bartlett 球形度检验结果表明，本研究适合做探索性因子分析，结果如表 4.7 所示。

表 4.7　解释的总差异

成分	初始特征值			提取平方和载入			旋转平方和载入		
	合计	方差/%	累计/%	合计	方差%	累计/%	合计	方差/%	累计/%
1	19.280	34.428	34.428	19.280	34.428	34.428	8.692	15.521	15.521
2	6.047	10.799	45.227	6.047	10.799	45.227	8.040	14.357	29.878
3	5.564	9.935	55.162	5.564	9.935	55.162	7.721	13.787	43.665
4	4.803	8.577	63.739	4.803	8.577	63.739	6.519	11.642	55.307
5	4.130	7.375	71.114	4.130	7.375	71.114	6.138	10.960	66.267
6	2.052	3.665	74.779	2.052	3.665	74.779	3.150	5.625	71.892
7	1.206	2.153	76.932	1.206	2.153	76.932	2.778	4.961	76.853
8	1.051	1.877	78.809	1.051	1.877	78.809	1.096	1.956	78.809
…	…	…	…	…	…	…	…	…	…

4.4.6 模型与假设检验

SmartPLS 结构方程模型中一般用 R^2 和 Q^2（反映模型是否有良好的预测效度）等指标进行模型评估。R^2 是内生潜变量和对应的解释变量之间的因子载荷与相关系数的乘积之和，用以衡量内生潜变量能被结构模型解释的程度。本研究中感知学习和感知贡献的 R^2 均在 0.33 和 0.67 之间，说明模型具有中度解释能力。此外，本研究中的 $Q^2>0$，说明模型具有良好的预测效度。

① 周浩，龙立荣. 共同方法偏差的统计检验与控制方法[J]. 心理科学进展，2004（6）：942-950.

利用 SmartPLS 3.0 的 Bootstrapping 方法（$N=1000$）进行路径检验，结果显示，本研究的假设均通过检验（图 4.2）。

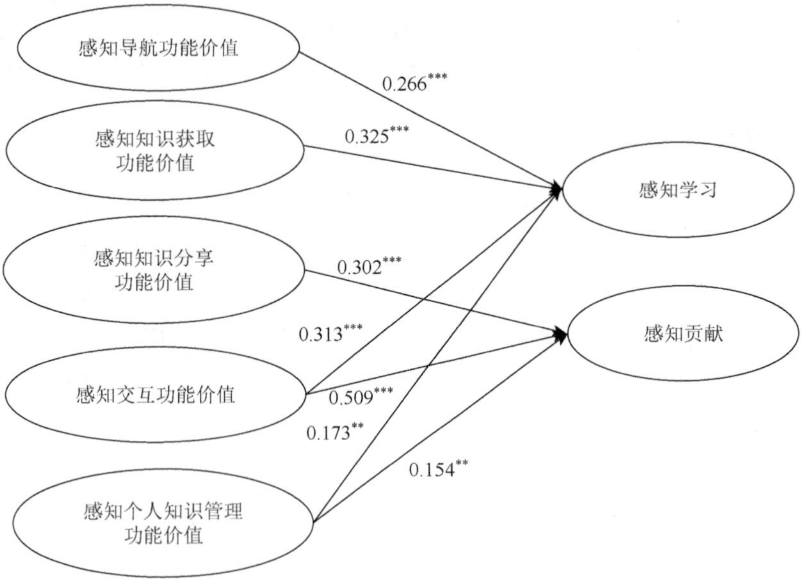

图 4.2 路径分析结果

*表示显著性水平＜0.05，**表示显著性水平＜0.01，***表示显著性水平＜0.001

4.4.7 多群组分析

本章第二个研究问题是探究在学术虚拟社区使用经验低 vs 经验高的用户群体之间，感知功能价值对知识交流效果的正向影响是否存在显著性差异。使用 SmartPLS 3.0 软件进行多群组分析，分组标准是将学术虚拟社区的使用数量达到 3 个及以上且使用年限超过 1 年、使用频率大于每周 3 次的被试者作为经验高的用户群体，一共 128 人，其余的 159 人为经验低的被试者，具体结果如表 4.8 所示。

表 4.8 不同使用经验的路径检验结果

路径	路径系数（低）	*P* 值（低）	路径系数（高）	*P* 值（高）	*t* 值 低 vs 高	*P* 值 低 vs 高	检验结果
感知导航功能价值->感知学习	0.296	0.000	0.214	0.014	0.713	0.476	不显著
感知知识获取功能价值->感知学习	0.316	0.000	0.280	0.004	0.313	0.754	不显著
感知知识分享功能价值->感知贡献	0.348	0.000	0.260	0.000	0.869	0.386	不显著

续表

路径	路径系数（低）	P 值（低）	路径系数（高）	P 值（高）	t 值 低 vs 高	P 值 低 vs 高	检验结果
感知交互功能价值->感知学习	0.234	0.002	0.363	0.000	1.104	0.270	不显著
感知交互功能价值->感知贡献	0.441	0.000	0.507	0.000	0.602	0.548	不显著
感知个人知识管理功能价值->感知学习	0.172	0.015	0.155	0.131	0.139	0.890	不显著
感知个人知识管理功能价值->感知贡献	0.268	0.000	0.020	0.816	2.305	0.022	显著

依据多群组分析的结果可知，在感知个人知识管理功能价值->感知学习和感知个人知识管理功能价值->感知贡献的路径中，经验低的路径均具有较高显著性，而经验高的路径不具有显著性，而其余路径在两个组别间没有显著差异。

4.5　系统功能对知识交流效果影响研究的结果讨论

4.5.1　感知导航功能价值对感知学习的影响

感知导航功能价值对感知学习具有显著的正向影响（路径系数为 0.266，$P=0.000<0.001$），即用户对导航功能价值的感知越高，其感知学习的程度越高，说明良好的导航功能有利于提高知识学习效果。

面对海量的网络信息，一个良好的导航系统可以帮助用户快速了解社区的知识范围和主题类目、迅速识别是否有自己需要或感兴趣的专业类别以及迅速定位所需知识的类目，从而提高知识学习的效果。

在信息系统研究中，许多学者将导航性作为系统可用性和系统质量的考核指标，并通过实证研究发现，方便用户浏览网站的高导航性有利于用户产生对系统质量的良好感知[①②③]，但在其研究中没有细化导航功能的具体

① Gharib R K，Philpott E，Duan Y Q. Factors affecting active participation in B2B online communities：An empirical investigation[J]. Information & Management，2017，54（4）：516-530.

② Zheng Y M，Zhao K X，Stylianou A. The impacts of information quality and system quality on users' continuance intention in information-exchange virtual communities：An empirical investigation[J]. Decision Support Systems，2013，56：513-524.

③ Kim K，Trimi S，Park H，et al. The impact of CMS quality on the outcomes of e-learning systems in higher education：An empirical study[J]. Decision Sciences Journal of Innovative Education，2012，10（4）：575-587.

测量维度，也未量化导航性的评价依据。本研究则细分了菜单导航和导航结构两个子功能，并且利用情景问卷，从菜单导航的多样性、菜单类目分类的清晰程度、导航结构与菜单导航的一致性、导航结构中版块主题描述的清晰度、导航结构与社区知识分类体系的一致性等维度进行评价，可以使被试者对导航功能价值的感知更加明确，导航功能对感知学习效果存在正向影响的结论也更加具有说服力。

此外，根据多群组分析结果，在学术虚拟社区使用经验低和经验高的用户群体中，感知导航功能价值正向影响感知学习的关系均显著（经验低的路径系数为0.296，$P=0.000$；经验高的路径系数为0.214，$P=0.014$）。因此，无论学术虚拟社区的使用经验如何，用户均认为良好的导航功能会提高知识学习的效果，并且不同经验的用户在导航功能的价值感知上也并未存在差异。

4.5.2 感知知识获取功能价值对感知学习的影响

感知知识获取功能价值对用户的感知学习具有显著的正向影响（路径系数为0.325，$P=0.000<0.001$），即用户对知识获取功能价值的感知越高，越会感知到良好的学习效果，从而说明良好的知识获取功能有利于提高知识学习效果。

知识获取功能由检索功能和个性化知识推荐功能组成。综合前人的研究成果①，从检索工具的多样性、结果的相关性以及结果排序等多方面衡量了检索功能价值。结果发现，提供主题词检索、词条检索、全文检索等多样化的检索工具，使得用户输入简单的关键词就能获得大量知识，同时借助计算机的精准算法，得到按照相关性或热度排序的准确度较高的检索结果。高质量的检索功能获得了较高的感知功能价值。检索功能的功能价值也得到了其他学者的研究证实②③。

个性化知识推荐功能与检索功能形成了互补，系统及时向用户推荐高质量的、新颖的知识，能够优化信息源，提高学习质量和效率。已有研究发现，推荐的信息质量会影响用户的感知有用性，并且对推荐采纳意愿的

① 费巍. 搜索引擎检索功能的性能评价研究[D]. 武汉：武汉大学，2010.

② Nelson R R，Todd P A，Wixom B H. Antecedents of information and system quality：An empirical examination within the context of data warehousing[J]. Journal of Management Information Systems，2005，21（4）：199-235.

③ Cao M，Zhang Q Y，Seydel J. B2C E-commerce web site quality：An empirical examination[J]. Industrial Management & Data Systems，2005，105（5）：645-661.

总效应强于网站服务质量和系统质量①。本研究的调查数据也显示，推荐知识是否有用影响了用户对推荐功能的整体价值感知；在便捷功能和新功能改进方面，有超过半数的被试者提出了“推送”功能，即希望系统能够分析用户存入的知识，并在此基础上进行知识推送②。由此可见，个性化知识推荐功能在用户的知识获取中发挥了重要的作用。

综上，本研究证实了由高质量的检索功能和个性化知识推荐功能组成的知识获取功能，有利于帮助用户高效获取高质量、强相关的知识，从而提高学习效果。同时，利用多群组分析进一步发现，在学术虚拟社区使用经验低和经验高的用户群体中，感知知识获取功能价值正向影响感知学习的关系均显著（经验低的路径系数为 0.316，$P=0.000$；经验高的路径系数为 0.280，$P=0.004$），即无论使用经验如何，用户均认为良好的知识获取功能会提高知识学习的效果。

4.5.3　感知知识分享功能价值对感知贡献的影响

感知知识分享功能价值对用户的感知贡献具有显著的正向影响（路径系数为 0.302，$P=0.000<0.001$），即用户对知识分享功能价值的感知越高，其感知贡献的程度越高，说明良好的知识分享功能有利于提高知识分享的效果。

本研究的知识分享功能由基础功能和反馈功能组成。基础功能包括内容编辑、文件上传、转发等功能，Zhao 和 Bishop③曾指出，易于执行的编辑工具和流程是支持社区发展的重要功能。本研究也证实，文件上传和修改的灵活程度、上传与编辑内容的融合程度、编辑工具的多寡、编辑的方便程度、排版格式的友好程度、转发功能的易用性、转发渠道的多样性等均会影响用户对知识分享功能价值的感知。研究发现，基础功能的可用性程度以及反馈功能的有无均会影响知识分享功能价值的感知，从而影响知识分享效率和感知贡献价值。

值得注意的是，仅感知知识分享的反馈功能价值就可对感知贡献产生显著的正向影响（路径系数为 0.317，$P=0.003<0.01$），这一结果证实了知识分享的反馈功能在帮助用户了解其他学习者对知识的评价、感知知识对他人

① 杨一翁，孙国辉，王毅. 消费者愿意采纳推荐吗？——基于信息系统成功-技术接受模型[J]. 中央财经大学学报，2016（7）：109-117.

② 王赟芝，黄玉婧. 科研用户个人知识管理工具采纳影响因素研究[J]. 图书馆学研究，2018（18）：91-98.

③ Zhao X L，Bishop M J. Understanding and supporting online communities of practice：Lessons learned from Wikipedia[J]. Educational Technology Research and Development，2011，59（5）：711-735.

的帮助价值、提高用户分享知识的积极性上发挥着重要作用。赵欣等[①]发现互惠规范正向调节专业知识水平与知识贡献行为间的关系，本研究的结果也证实了反馈功能作为互惠规范的具体表现，影响着用户分享意愿；在电子政务领域，史志慧等[②]也发现评论响应量积极影响着用户的活跃度。显然，这些研究结果都肯定了反馈功能对知识提供者感知知识贡献价值的重要作用。

此外，多群组分析结果显示，学术虚拟社区使用经验低和经验高的用户群体中，感知知识分享功能价值正向影响感知贡献的关系均显著（经验低的路径系数为0.348，$P=0.000$；经验高的路径系数为0.260，$P=0.000$），即无论使用经验如何，用户均认为良好的知识分享功能可以帮助其获得良好的知识贡献效果。

4.5.4 感知交互功能价值对感知学习和感知贡献的影响

感知交互功能价值对用户的感知学习（路径系数为 0.313，$P=0.000<0.001$）和感知贡献（路径系数为 0.509，$P=0.000<0.001$）均具有显著的正向影响，即用户对交互功能价值的感知越高，越会获得良好的知识学习和贡献效果的感知，从而说明良好的交互功能有利于提高知识交流的效果。

前人研究发现，沟通质量对虚拟开源软件团队的知识分享具有积极影响[③]，在关系强度紧密的虚拟组织内部尚且存在这样的影响，我们有理由推断，在弱关系的学术虚拟社区中，沟通质量也影响着知识交流效果，而交互功能的完善正有助于提高沟通质量，许多研究也都指出了其在知识交流过程中发挥的重要作用[④⑤]。本研究所指的交互功能是学术虚拟社区为了实现用户之间的社会交互而提供的功能，包括异步与同步交互功能和好友推荐功能。异步与同步交互功能是用户之间进行直接交流的工具；好友推荐

---

① 赵欣，王倩雯，张长征. 从知识搜寻者到知识贡献者——专业虚拟社区用户角色转变的机理研究[J]. 情报科学，2017，35（10）：18-22.

② 史志慧，方佳明，胡丽雪. 公众参与政务微信活跃度的影响机制研究[J]. 电子科技大学学报（社科版），2018，20（4）：13-18.

③ 陈晓刚，李雪，崔颖安. 交互记忆系统对知识分享的影响机制研究——基于开源软件团队的检验[J]. 科研管理，2014，35（6）：145-153.

④ Leimeister J M，Krcmar H. Acceptance and utility of a systematically designed virtual community for cancer patients[M]//Communities and Technologies 2005. Dordrecht：Springer Netherlands，2005：129-148.

⑤ Zheng Y M，Zhao K X，Stylianou A. The impacts of information quality and system quality on users' continuance intention in information-exchange virtual communities：An empirical investigation[J]. Decision Support Systems，2013，56：513-524.

功能则是帮助用户之间建立联系的工具，它根据用户的历史行为和专业兴趣，向用户推荐可进行知识交流的用户。本研究发现，异步与同步交互功能可选择的多样性、交互的时效性、知识交流过程的方便性、推荐好友的可靠性、推荐好友的专业兴趣拟合度，均正向影响知识学习者对交互功能的价值感知，从而影响其学习过程和学习效果。

在知识交流过程中，当用户借助多样的异步与同步交互功能分享自己的知识和经验、方便地传递各类文件时，知识分享会更高效，交流内容也更具深度和广度。好友推荐功能则有针对性地为学习者提供熟悉的专业知识和经验，提供的专业帮助也更有价值，从而获得满足感和成就感，这一结论的得出也源于此实证结果，即感知好友推荐功能价值对感知贡献具有显著的正向影响（路径系数为 0.365，$P=0.001$），当提供者与相同领域的学习者分享知识时，感知的贡献价值更高。

此外，在学术虚拟社区使用经验低和经验高的用户中，感知交互功能价值正向影响感知学习的关系均显著（经验低的路径系数为 0.234，$P=0.002$；经验高的路径系数为 0.363，$P=0.000$），同时感知交互功能价值正向影响感知贡献的关系均显著（经验低的路径系数为 0.441，$P=0.000$；经验高的路径系数为 0.507，$P=0.000$）。这说明无论使用经验如何，用户均认为由异步与同步交互功能和好友推荐功能所组成的完善的交互功能有助于获得良好的知识交流效果。

考虑到学术虚拟社区的现实情景，交流互动多发生在陌生人之间，前文曾提出了假设 Ha：相较于同步交互功能，用户更偏向于使用异步交互功能。在问卷题项中，有一个题项询问被试者首选的是异步交互功能还是同步交互功能。结果表明，选取异步交互功能的人数总占比为 56.1%，略高于同步交互功能，并且接近 50%的用户喜欢使用回帖和给我留言的功能，因此证实了在弱关系中用户大多会选择异步交互功能进行知识交流。然而，就单个交互功能而言，用户对发送消息的偏好远高于其他交互功能，说明用户希望在弱关系中保持一定的距离感，但又力求交互的时效性。

4.5.5 感知个人知识管理功能价值对感知学习和感知贡献的影响

感知个人知识管理功能价值对用户的感知学习（路径系数为 0.173，$P=0.008<0.01$）和感知贡献（路径系数为 0.154，$P=0.007<0.01$）均具有显著的正向影响，即用户对个人知识管理功能价值的感知越高，越能感知到良好的知识学习和贡献效果，从而说明良好的个人知识管理功能有利于提高知识交流效果。

本研究设计的个人知识管理功能主要包括主题分类和主题地图两个子功能，主题分类指根据知识的主题类别进行分类和组织；主题地图指可视化展示知识结构的功能。当个人知识管理系统能够自动帮助用户进行主题分类，并且允许用户构建自己的主题分类体系，实现对知识的高度可控性时，用户可以清楚地了解自己涉猎的知识类别和曾经学习过的专业知识，感知其在专业学习上取得效果。本研究的实证结果也佐证了 Huang 和 Chen①在研究中的发现，即个人主题地图对学习效率的影响具有较高的感知有效性。

高有用性的主题分类和主题地图在帮助用户系统地、可视化地展示个人知识体系时，也帮助用户分类管理单一主题下阅读过和分享过的文章。用户可以直接点击查看，并且在文章标题旁均展示着评论数、点赞数等反馈信息，如此一来，用户可以清晰地了解到自己在哪个专业上更有建树、为别人提供了多少学习价值，从而感知到巨大的贡献价值。值得注意的是，仅感知主题地图功能价值就可正向影响感知贡献（路径系数为 0.347，$P=0.023$），这主要源于主题地图功能可以将用户的知识按照阅读和分享两类单独展示，方便用户清楚地查看分享过的文章，了解自己的贡献，进而感知到良好的知识贡献效果。

多群组分析结果显示，在学术虚拟社区使用经验低的用户群体中，感知个人知识管理功能价值正向影响感知学习和感知贡献（感知个人知识管理功能价值对感知学习经验低的路径系数为 0.172，$P=0.015$，对感知贡献经验低的路径系数为 0.268，$P=0.000$）；在经验高的用户群体中关系均不显著（感知个人知识管理功能价值对感知学习经验高的路径系数为 0.155，$P=0.131$；对感知贡献经验高的路径系数为 0.020，$P=0.816$）。换言之，经验低的用户认为个人知识管理功能有利于提高知识交流的效果，而经验高的用户则认为没有显著关系。

就此问题，我们访谈了使用经验高的被试者。结果发现，依据情景问卷中关于个人知识管理功能水平较低的情景描述，个人的知识会按照发表的文章、回复的文章、关注的帖子等进行简单分类，虽然无法按照主题类别进行查看，但由于经验高的用户习惯了现有个人知识管理功能，并且还未深入发觉自身潜在的知识管理需求，因此他们认为现有功能也能帮助其大致了解知识学习和分享的整体效果。相比之下，经验高的用户对个人知识管理功能的要求略低于经验低的用户。

---

① Huang T C，Chen C C. Animating civic education：Developing a knowledge navigation system using blogging and topic map technology[J]. Journal of Educational Technology & Society，2013，16：79-92.

第5章 学术虚拟社区激励机制对知识贡献效果的影响研究

5.1 激励机制对知识贡献效果影响的研究假设

5.1.1 激励机制与用户感知交互质量

物质激励是指通过发放奖金、奖品等方式满足个人的物质需求，以此激发其努力工作的激励方式[①]。学术虚拟社区的物质激励是一种对用户的知识贡献行为进行反馈的直接手段，主要包括虚拟货币奖励和金钱奖励。其中，虚拟货币奖励来自论坛官方的奖励和求助用户的回报等，可用于用户的知识交流活动（如提问、下载资料等）；金钱奖励来自论坛官方的奖励和知识付费活动等。过去的研究已经证明，一定程度的物质激励能够对用户产生积极的影响，如 Porter 和 Lawler[②]的综合激励理论提出，以物质为表现的外生激励能够使个体获得独立于行为之外的满足和愉悦感；Zhang 等[③]进一步以虚拟社区为研究背景，发现物质奖励能够让用户感受到社区对自己贡献知识的价值认可和鼓励，从而倾向于在该社区有更多类似的互惠行为。因此，一定程度的物质激励能够影响用户的情感和对社区的认知。因此，本研究提出如下假设。

H1：物质激励对用户感知愉悦（H1a）、感知认同（H1b）有正向影响。

学术虚拟社区的精神激励主要包括社区认同（如其他用户的点赞、感谢等）和社区荣誉（如头衔、成就等）。易明等[④]的研究显示，虚拟社区中的用户具有尊重和自我实现的较高需求。学术虚拟社区的精神激励是指通过荣誉、成就、赞美等认可用户的知识行为，用户能够从社区的尊重中建

---

① Berger M，Wagner T H，Baker L C .Internet use and stigmatized illness[J]. Social Science & Medicine，2005，61（8）：1821-1827.

② Porter L W，Lawler E E. Managerial Attitudes and Performance [M]. Homewood：Richard D. Irwin，Inc.，1968.

③ Zhang D P，Zhang F L，Lin M F，et al. Knowledge sharing among innovative customers in a virtual innovation community：The roles of psychological capital，material reward and reciprocal relationship[J]. Online Information Review，2017，41：691-709.

④ 易明，宋景璟，杨斌，等. 网络知识社区用户需求层次研究[J]. 情报科学，2017，35（2）：22-26.

立起专业自信，获得愉悦感和归属感，同时可通过社区的认可和所获荣誉感受到自己的价值。因此，本研究提出如下假设。

H2：精神激励对用户感知愉悦（H2a）、感知认同（H2b）、感知利他（H2c）有正向影响。

学术虚拟社区的环境激励指社区的互惠氛围，表现为社区中的活跃度和互惠规范。活跃度是互惠氛围的基础，用户间活跃的互动会给其带来愉悦感，如果互动水平较低，则社区的互惠氛围也会降低。互惠规范指为保证用户进行"贡献—回报"双向知识交流互动而制定的一系列社区规范①。具有良好互惠氛围的虚拟社区，用户会自觉帮助其他用户，也能够很快得到其他用户的帮助②。此外，过去的研究也证明社区规范会影响用户对社区的认同，如周涛和鲁耀斌③在研究知识贡献行为时指出，社区规范对用户的社区认可有显著正向影响，一旦用户了解和接受虚拟社区的规范，他们将对该社区具有更强的认同感。因此，本研究提出如下假设。

H3：环境激励对用户感知愉悦（H3a）、感知认同（H3b）、感知利他（H3c）有正向影响。

5.1.2 用户感知交互质量与用户知识贡献意愿

积极情绪理论认为，积极的情感会增加个体持续使用技术的意愿④。愉悦感是用户进行知识贡献后获得的积极情绪之一。Kang 等⑤指出助人的愉悦感能提升个体的知识贡献意愿，即在学术虚拟社区中，用户进行知识贡献后，获得的愉悦感会刺激用户持续地进行知识贡献。因此，本研究提出如下假设。

H4：用户感知愉悦对知识贡献意愿有正向影响。

社区用户的感知认同代表了用户对社区的氛围、制度、成员和社区活动等因素的认可。以往的研究表明，当用户认为自己是社区的一分子时，

① 赵欣，黄思萌. 专业虚拟社区知识搜寻与知识贡献的前因机制比较[J]. 情报杂志，2017（12）：180-185，137.

② Bock G W，Zmud R W，Kim Y G，et al. Behavioral intention formation in knowledge sharing：Examining the roles of extrinsic motivators，social-psychological forces，and organizational climate[J]. MIS Quarterly，2005，29（1）：87-111.

③ 周涛，鲁耀斌. 基于社会影响理论的虚拟社区用户知识共享行为研究[J]. 研究与发展管理，2009，21（4）：78-83.

④ Forgas J P. Affective influences on partner choice：Role of mood in social decisions[J]. Journal of Personality and Social Psychology，1991，61（5）：708-720.

⑤ Kang M，Kim Y G，Bock G W. Identifying different antecedents for closed vs open knowledge transfer[J]. Journal of Information Science，2010，36（5）：585-602.

更愿意与其他成员一起参与社区的建设和活动[①]，即用户对学术虚拟社区的认同越高，其参与社区知识交流活动的意愿就越高。因此，本研究提出如下假设。

H5：用户感知认同对知识贡献意愿有正向影响。

学术虚拟社区的成员基于满足知识需求的共同目的或相似的兴趣爱好集合在同一个社区中，通过相互的知识贡献得到自身知识需求的满足，即“互惠利他主义”而非“纯粹利他主义”[②]。因此，对社区的利他主义感知更高的用户会更倾向于主动进行知识贡献。因此，本研究提出如下假设。

H6：用户感知利他对知识贡献意愿有正向影响。

5.1.3 用户感知交互质量与满意度

用户在知识贡献行为中获得的愉悦感能够提升用户在社区中的活动体验，如王哲[③]在研究社会化问答社区的持续使用时，发现用户的感知愉悦正向影响用户对信息系统的满意度。认同感表明用户在一定程度上满意社区的功能、成员、内容或规范，如罗嘉颖等[④]在研究互动问答虚拟社区的知识共享影响因素时发现，认同是影响满意度的最大因素。因此，本研究提出如下假设。

H7：用户感知愉悦对满意度有正向影响。

H8：用户感知认同对满意度有正向影响。

5.1.4 满意度与知识贡献意愿

以往针对问答虚拟社区的用户研究表明，用户的满意度正向影响继续使用意愿[⑤]。问答虚拟社区是学术虚拟社区的一种特殊类型，对其进行研究的结论在一定程度上应当适用于学术虚拟社区，即如果用户对学术虚拟社区不满意，则不会认真投入学术虚拟社区的活动中进行下一次知识贡献。因此，本研究提出如下假设。

H9：用户的满意度正向影响知识贡献意愿。

---

① Bagozzi R P，Dholakia U M. Antecedents and purchase consequences of customer participation in small group brand communities[J]. International Journal of Research in Marketing，2006，23（1）：45-61.

② Edward O W. Sociology：The New Synthesis[M]. Cambridge：Harvard University Press，1976.

③ 王哲. 社会化问答社区知乎的用户持续使用行为影响因素研究[J]. 情报科学，2017（1）：78-83，143.

④ 罗嘉颖，胡家琦，全玉娟，等. 互动问答虚拟社区持续知识共享影响因素[J]. 电子测试，2018（20）：118-119，139.

⑤ Forgas J P. Affective influences on partner choice：Role of mood in social decisions[J]. Journal of Personality and Social Psychology，1991，61（5）：708-720.

5.1.5 满意度与感知知识贡献效果

用户对学术虚拟社区的满意度较低，说明用户的知识贡献行为没有获得足够的正向反馈，那么学术虚拟社区中知识贡献的效果因而降低，而用户满意度越高，则说明感知知识贡献效果越好。因此，本研究提出如下假设。

H10：用户的满意度正向影响感知知识贡献效果。

5.1.6 知识贡献意愿与感知知识贡献效果

当学术虚拟社区中用户的知识贡献意愿增强时，一方面，吸引更多的用户参与到学术虚拟社区的知识交流活动中；另一方面，有更多用户受益于其他用户的知识贡献，进而提升感知知识贡献效果。因此，本研究提出如下假设。

H11：用户的知识贡献意愿正向影响感知知识贡献效果。

5.2 激励机制对知识贡献效果影响的研究模型

基于对以上研究假设的分析，构建如图 5.1 所示的研究模型。

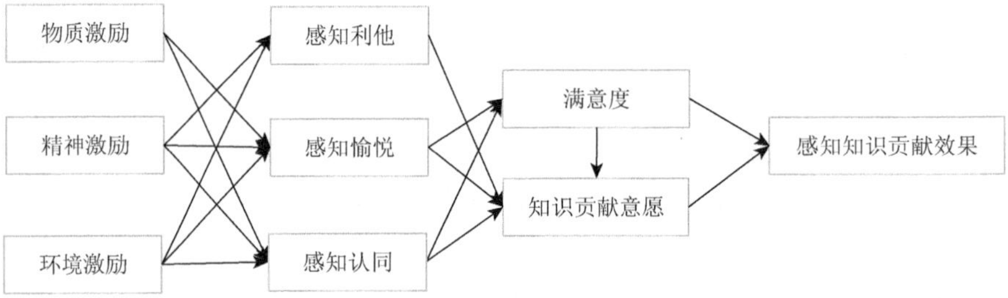

图 5.1 激励机制对知识贡献交流效果影响的研究模型

5.3 激励机制对知识贡献效果影响研究的问卷设计与样本收集

5.3.1 情景设计

为了避免被试者对不同的学术虚拟社区有所偏好而影响研究结果，情景中将学术虚拟社区设为“A 社区”，并将物质激励、精神激励和环境激励分别设置“高”“低”两个水平，组合为 8 种不同的情景。在每个情景中，以“虚拟货币奖励”和“金钱奖励”测量物质激励，以“社区认同”和“社区荣誉”测量精神激励，以“互惠规范”和“活跃度”测量环境激励。具体情景分组设计如表 5.1 所示。

表 5.1　情景分组设计

情景	物质激励	精神激励	环境激励
1	高	高	高
2	低	高	高
3	低	低	高
4	低	低	低
5	高	低	高
6	高	低	低
7	高	高	低
8	低	高	低

本研究对学术虚拟社区三种激励机制的情景材料分别进行了设计，并以图片材料加文字叙述的形式展示，具体情景的描述如表 5.2 所示。

表 5.2　不同水平下的情景描述

因素	水平	情景描述
物质激励	高	①虚拟货币奖励：A 社区设置了社区金币，用户可通过回答问题、上传资源等方式获得。社区金币可用于求助悬赏和下载资源等。其中，问题求助悬赏初始金币不少于 1 个，用户可根据问题难易程度以及紧急程度自行调整。 你在悬赏区看到一名用户的求助（悬赏金为 20 个论坛币），问题正好涉及你的专业领域，于是你在评论区给予了解答。四天后，该用户采纳了你的回答，向你发放了悬赏金（25 个论坛币）。 ②金钱奖励：该论坛开设了“大咖讲座”的活动，由活动主办人主讲，其他用户参与听讲和问答，并向活动参与者收取一定的金钱作为入场费。你根据自己的专业知识，举办了一场面向专业新人的经验分享会，并在活动结束后收到了来自参与者入场费的 90%作为知识贡献的奖励
	低	①虚拟货币奖励：你在 A 社区的问答区看到一名用户的求助，问题正好涉及你的专业领域，于是你在评论区给予了解答。四天后，该用户采纳了你的回答，你没有因此获得虚拟货币奖励。 ②该论坛开设了“大咖讲座”的活动，由活动主办人主讲，其他用户参与听讲和问答，用户参与完全是免费的。你根据自己的专业知识，举办了一场面向专业新人的经验分享会，也没有因此获得金钱收入
精神激励	高	①社区认同：在用户采纳了你的回答后，论坛管理员认为你的回答十分有价值，因此将你的回复设为“精彩帖子”，并为你增加了“学术水平”“信用等级”“热心指数”的分数。同时，你收获了其他用户的 25 个点赞。 ②社区荣誉：A 社区中，学术水平较高、热心帮助其他用户、信用水平较高等的用户，可以按规则在勋章中心领取对应等级的勋章。你因为经常帮助解决其他用户的问题，领取了“初级热心勋章”

续表

因素	水平	情景描述
精神激励	低	①社区认同：在用户采纳了你的回答后，论坛管理员和其他用户没有对你的回答做出任何嘉奖、点赞等行为。 ②社区荣誉：在A社区，所有用户一视同仁，积极进行知识贡献、热心帮助人的用户和其他用户没有差别
环境激励	高	①互惠规范：你在A社区看到"30天热门"的版面中列出了近一个月内论坛讨论的热点，每个帖子都有几十到几百的不同回复量。你打开一篇经验分享的帖子，这篇帖子共有68个回复、59次收藏、50次点赞、13人为它评分和为作者增加积分，而该帖子的评论也有多人点赞。你查看了其他热门帖子，发现情况相似。 ②活跃度：A社区设有活跃度等级，用户的发帖、回帖、点赞、分享、签到等社区活跃行为能够获得积分，根据积分排名，用户有不同的附件下载次数上限
	低	①互惠规范：你在A社区看到"30天热门"的版面中列出了近一个月内论坛讨论的热点，每个帖子都少有人回复。你打开一篇经验分享的帖子，这篇帖子共有2个回复、0次收藏、0次点赞、0人为它评分和为作者增加积分，而该帖子的评论也无人点赞。你查看了其他热门帖子，发现情况相似。 ②活跃度：A社区对用户的活跃度没有要求，活跃在社区中的用户和不活跃的用户没有区别，有相同的社区功能权限

5.3.2 量表设计

参考了前人在相关领域内的研究，结合学术虚拟社区的现实情况后，针对物质激励、精神激励、环境激励、感知利他、感知愉悦、感知认同、满意度、知识贡献意愿和感知知识贡献效果等构建了测量量表，并在正式发放问卷和收集数据前进行预调查，根据预调查的反馈意见对问卷进行改进。

5.3.3 样本收集

本研究通过两种方式进行了问卷收集，一是在经管之家、小木虫等学术虚拟社区中邀请用户填写问卷，二是邀请大学教师、学生、科研人员等经常使用学术虚拟社区的人群进行问卷填写。问卷共收集182份，其中无效问卷18份，有效问卷164份（大于测量题项的5倍），有效回收率为90.1%。

5.4 激励机制对知识贡献效果影响研究的数据分析

5.4.1 人口统计特征描述

样本的统计信息如表5.3所示。由统计结果可知，参与问卷调查的女性和男性数量比例基本相同；被调查者的年龄集中在18～30岁，以年轻的学生和科研人员为主；学术虚拟社区的用户主要是包括本科生到博士研究生（含在读）的群体；参与调查的既有刚使用学术虚拟社区不久的用户，也有较多的使用了 5 年以上的学术虚拟社区老用户；在目前存在的学术虚拟社区中，知乎、豆瓣和经管之家拥有较多的用户。

表 5.3　样本的统计信息

人口统计特征	分类	样本数	占比/%
性别	男	78	47.6
	女	86	52.4
年龄	18 岁以下	3	1.8
	18～25 岁	109	66.5
	26～30 岁	30	18.3
	31～40 岁	14	8.5
	40 岁以上	8	4.9
受教育程度	大专及以下	1	0.6
	本科	71	43.3
	硕士	58	35.4
	博士（含在读）	34	20.7
使用学术虚拟社区的年限	1 年及以下	28	17.1
	2～3 年	54	32.9
	4～5 年	26	15.9
	5 年以上	56	34.1
曾使用过的学术虚拟社区	知乎	156	95.1
	豆瓣	100	61.0
	简书	37	22.6
	果壳网	25	15.2
	小木虫	43	26.2
	科学网	28	17.1
	零点花园	9	5.5
	经管之家	88	53.7
	其他	13	7.9

5.4.2　样本分组有效性检验

为了避免 8 种不同情景间的差异对研究结果造成影响，本研究对样本分组的有效性进行了检验。首先，8 个情景组的有效样本数量都在 20 个左右，分布较为均衡，达到了数据分析的要求。为了检验样本的人口统计特征是否受情景分组的影响，本研究采用单因素方差分析对样本数据进行分析。分析结果显示，性别、年龄、受教育程度等的显著性均大于 0.05，即本研究的人口统计特征在 8 个情景分组之间没有显著性差异。

5.4.3　共同方法偏差检验

由于本研究采用问卷调查法，因此采用 Harman 单因素方法检验是否存在共同方法偏差。在探索性因子分析的结果中，KMO＞0.7，Bartlett 球形度检验的显著性水平小于 0.05，说明可进行探索性因子分析。进一步地，采取主成分分析方法选取特征根值大于 1 的特征根，共提取 6 个公共因子，累计方差贡献率为 71%（＞60%）。其中，第一个因子的累计方差贡献率仅为 37%（＜50%），由此结果显示，未旋转时得到的第一主成分在可接受范围以内，样本数据不存在共同方法偏差问题。

5.4.4　信度与效度检验

信度检验采用克龙巴赫 α 系数作为指标，结果表明，大部分变量的克龙巴赫 α 系数均达到了 0.8 以上，感知愉悦、满意度的克龙巴赫 α 系数为 0.7 以上，说明该问卷具有较好的内在信度，适合进行下一步的研究。为了保证量表内部结构的有效性，使用 SmartPLS 3.0 对各个题项进行验证性因子分析，大部分因子载荷均大于 0.7，仅 1 个题项的因子载荷在 0.6～0.7，说明该问卷各个潜变量所采用的测量题项内部一致性良好。信度检验结果如表 5.4 所示。

使用组合信度和平均方差抽取值两个指标来衡量问卷的聚合效度，各个潜变量的组合信度均超过了 0.8，平均方差抽取值均超过 0.5，表明测量指标具有良好的聚合效度。分析结果表明，所有变量平均方差抽取值的平方根均大于相关变量之间的相关系数，可知测量指标具有较好的区分效度。

表 5.4　信度检验结果

潜变量	题项编号	题项	因子载荷	克龙巴赫 α 系数
物质激励（MI）	MI1	我在 A 社区得到的虚拟货币奖励很多	0.859	0.896
	MI2	我在 A 社区得到的金钱奖励很多	0.835	

续表

潜变量	题项编号	题项	因子载荷	克龙巴赫 α 系数
物质激励（MI）	MI3	A 社区对知识贡献的金钱奖励力度很大	0.911	0.896
	MI4	A 社区对知识贡献的物质奖励很丰厚	0.869	
精神激励（SI）	SI1	我在 A 社区感受到了他人的称赞	0.916	0.937
	SI2	我在 A 社区的知识贡献得到了尊重	0.952	
	SI3	我在 A 社区的知识贡献得到了认可	0.911	
	SI4	我在精神上得到了很大的鼓励	0.894	
环境激励（EI）	EI1	我觉得 A 社区的用户互动氛围很好	0.921	0.942
	EI2	我觉得用户愿意分享自己的见解	0.916	
	EI3	我觉得用户反馈比较积极	0.918	
	EI4	我觉得该社区的互惠氛围不错	0.936	
感知利他（PA）	PA1	我觉得在 A 社区上传专业资料会对他人有用	0.900	0.879
	PA2	我觉得在 A 社区的专业性回答会帮助到他人	0.897	
	PA3	我觉得在 A 社区真实详细的经验分享会为他人提供指导	0.897	
感知愉悦（PP）	PP1	我觉得在 A 社区解决别人的问题求助会很有成就感	0.906	0.763
	PP2	我觉得在 A 社区回答问题获得奖励会很开心	0.897	
感知认同（PI）	PI1	成为 A 社区的一分子，我很开心	0.888	0.819
	PI2	当有人评价 A 社区不错时，我会很开心	0.835	
	PI3	当有人求助专业问题时，我会向他推荐 A 社区	0.848	
知识贡献意愿（WKC）	WKC1	我愿意在 A 社区上传专业资料来帮助他人	0.887	0.826
	WKC2	当 A 社区成员有我熟悉的专业问题求助时，我愿意提供帮助	0.829	
	WKC3	我愿意在 A 社区分享我的经验	0.867	
满意度（SAT）	SAT1	我对在 A 社区贡献知识后的物质回报感到满意	0.642	0.777
	SAT2	我对在 A 社区贡献知识后被赞同/感谢/认可感到满意	0.790	
	SAT3	我对在 A 社区贡献知识后其他用户也积极贡献知识感到满意	0.815	
	SAT4	我对在 A 社区贡献知识的经历感到满意	0.857	
感知知识贡献效果（PEKC）	PEKC1	在 A 社区我的知识对他人是有帮助的	0.729	0.828
	PEKC2	在 A 社区我可以为他人提供专业上的支持	0.802	
	PEKC3	在 A 社区我的知识可以被更多人了解	0.790	
	PEKC4	在 A 社区我是个有用的人	0.754	
	PEKC5	在 A 社区我能获得良好的知识贡献效果	0.773	

注：此表删去了因子载荷小于 0.5 的题项。

5.4.5 模型与假设检验

根据 K-S 检验的结果，所有题项的显著性均小于 0.05，即数据不符合正态分布，因此采用偏最小二乘法进行结构方程模型建模。进行路径分析之前，首先用 R^2 和 Q^2 进行模型检验与评价。根据检验结果，感知知识交流效果的 $R^2=0.572$，说明模型整体的解释力度良好。内生潜变量的 $Q^2>0$，说明模型的预测能力较强。其次，利用 SmartPLS 3.0 的 Bootstrapping 方法（$N=500$）对模型进行了路径检验，结果如表 5.5 所示。由检验结果可知，本研究中激励机制对用户知识交流意愿影响的 16 个假设中，除假设 H4 不成立，其余假设均成立。

表 5.5 路径检验结果

路径	路径系数（O）	样本均值（M）	标准差（STDEV）	t 值	P 值
感知利他->知识贡献意愿	0.409	0.413	0.087	4.678	0.000
感知愉悦->满意度	0.389	0.389	0.081	4.802	0.000
感知愉悦->知识贡献意愿	−0.010	−0.020	0.107	0.092	0.927
感知认同->满意度	0.418	0.422	0.087	4.799	0.000
感知认同->知识贡献意愿	0.301	0.301	0.081	3.729	0.000
满意度->感知知识贡献效果	0.428	0.430	0.071	6.025	0.000
满意度->知识贡献意愿	0.185	0.191	0.080	2.304	0.022
物质激励->感知愉悦	0.149	0.149	0.073	2.053	0.041
物质激励->感知认同	0.192	0.201	0.065	2.954	0.003
环境激励->感知利他	0.378	0.373	0.085	4.446	0.000
环境激励->感知愉悦	0.270	0.269	0.081	3.349	0.001
环境激励->感知认同	0.447	0.448	0.072	6.226	0.000
知识贡献意愿->感知知识贡献效果	0.377	0.373	0.076	4.952	0.000
精神激励->感知利他	0.229	0.239	0.091	2.519	0.012
精神激励->感知愉悦	0.356	0.362	0.081	4.407	0.000
精神激励->感知认同	0.164	0.159	0.079	2.076	0.038

5.5 激励机制对知识贡献效果影响研究的结果讨论

5.5.1 激励机制对用户感知交互质量的影响

学术虚拟社区的物质激励会显著地正向影响用户的感知愉悦（路径系

数 = 0.149，$P = 0.041$）和感知认同（路径系数 = 0.192，$P = 0.003$）；精神激励和环境激励正向影响用户的感知愉悦（前者的路径系数 = 0.356，$P = 0.000$；后者的路径系数 = 0.270，$P = 0.001$）、感知认同（前者的路径系数 = 0.164，$P = 0.038$；后者的路径系数 = 0.447，$P = 0.000$）和感知利他（前者的路径系数 = 0.229，$P = 0.012$；后者的路径系数 = 0.378，$P = 0.000$）。

前人在研究学术虚拟社区中的激励机制时，大多从用户的感知收益、自我效能等角度展开研究，如施涛和姜亦珂[①]分析了激励政策给用户带来的金钱、礼物等外收益以及胜任感、自主感和归属感等内收益；赵琴琴等[②]通过对旅游虚拟社区的研究发现，物质奖励和精神奖励的交互作用正向影响知识贡献用户的自我效能。而本研究从感知愉悦、感知认同和感知利他三个维度，将激励机制与用户的感知交互质量相关联，在考虑了对用户的内在和外在影响之外，还将学术虚拟社区的互惠性质考虑在内，为学术虚拟社区激励机制的构建和优化提供了更具体的分析视角。结合本研究和前人的研究，更有理由认为学术虚拟社区的激励机制对用户的感知交互质量有显著的正向影响。

5.5.2 用户感知交互质量对用户知识贡献意愿的影响

用户的感知认同和感知利他会对用户的知识贡献意愿产生显著的正向影响（前者的路径系数 = 0.301，$P = 0.000$；后者的路径系数 = 0.409，$P = 0.000$）。用户的感知愉悦对知识贡献意愿的影响不显著（路径系数 = −0.010，$P = 0.927$）。

前人的研究已经从动机和用户使用等角度肯定了感知认同和感知利他在影响知识贡献意愿中的作用，如赵越岷等[③]根据电子口碑和信息共享动机相关理论，验证了利他主义会正向影响消费者在虚拟社区中的消费信息共享意愿；吴士健等[④]利用 UTAUT 模型从用户使用的角度验证了增强社区成员的归属感和自我身份认同有助于提升虚拟社区知识共享行为。本研究从社区的管理制度所引发的用户感知交互质量出发，进一步证实了用户对学

① 施涛，姜亦珂. 学术虚拟社区激励政策对用户知识贡献行为的影响研究[J]. 图书馆，2017（4）：82-86.

② 赵琴琴，张梦，付晓蓉. 物质奖励对旅游虚拟社区再分享意愿影响研究[J]. 旅游学刊，2018，33（3）：39-49.

③ 赵越岷，李梦俊，陈华平. 虚拟社区中消费者信息共享行为影响因素的实证研究[J].管理学报，2010，7（10）：1490-1494，1501.

④ 吴士健，刘国欣，权英. 基于 UTAUT 模型的学术虚拟社区知识共享行为研究——感知知识优势的调节作用[J]. 现代情报，2019，39（6）：48-58.

术虚拟社区的认同感，以及感知为他人提供帮助能够提高用户再次进行知识贡献的意愿。

在以往的研究中，助人愉悦感能提升个体的知识贡献意愿，促使成员积极进行知识贡献。张敏等①在研究科研团队成员的助人愉悦感与知识共享意愿的关系时，实证检验了相对于显性知识共享意愿（共享文献等），助人愉悦感对隐性知识共享意愿（团队成员进行直接而深入的交流）具有更强的正向影响。McLure Wasko 和 Faraj②在对三个技术开放社区的用户参与情况的调查研究中发现，用户愿意参与社区交流是因为他们享受在感兴趣的主题下进行辩论和讨论的愉悦感。本研究得出了似乎与之相悖的结论。究其原因，以往的研究关注组织之间的知识交流过程，而在学术虚拟社区中，由于社区功能和用户的活动时间差异，用户之间的交流以异步交流为主，同步交流较少，从而用户的愉悦感相比同步交流较弱。此外，学术虚拟社区是由旨在满足知识需求的用户构成，相比助人愉悦感，互惠的利他主义更能满足用户需求。因此，感知愉悦难以对知识贡献意愿产生显著影响。

5.5.3 用户感知交互质量对满意度的影响

用户的感知愉悦和感知认同对用户的满意度有显著的正向影响（前者的路径系数＝0.389，$P=0.000$；后者的路径系数＝0.418，$P=0.000$）。

用户在虚拟社区中获得的愉悦感越高，对该虚拟社区认同越高，则对该虚拟社区越满意。过去的研究已经从知识交流的角度反复证明了这一点，如李曼静③基于感知愉悦性理论，通过对主流学术虚拟社区的用户进行调查研究发现，参与知识交流时的感知愉悦和用户满意度之间呈现正相关关系。本研究以做出知识贡献的用户为研究对象，进一步从更细化的角色分类的角度证实了用户的感知愉悦和感知认同能正向影响用户对社区的满意度。

5.5.4 满意度对知识贡献意愿的影响

用户对学术虚拟社区的满意度会显著正向影响用户的知识贡献意愿（路径系数＝0.185，$P=0.022$）。

---

① 张敏，唐国庆，张磊. 虚拟学习社区知识贡献行为的激励因素分析[J]. 情报理论与实践，2017，40（2）：86-91.

② McLure Wasko M，Faraj S. “It is what one does”：Why people participate and help others in electronic communities of practice[J]. The Journal of Strategic Information Systems，2000，9：155-173.

③ 李曼静. 学术虚拟社区用户持续使用意愿研究[D]. 武汉：华中师范大学，2015.

作为信息系统成功模型的基础构念，用户的满意度不出意外地对用户的知识贡献意愿产生显著的正向影响。当用户进行知识贡献后，对学术虚拟社区中的这段经历的满意度越高，则用户越愿意在学术虚拟社区中再次进行知识贡献。这一研究结果为通过激励机制优化用户在学术虚拟社区内的知识贡献体验以提升用户的再次知识贡献意愿提供了实证依据。

5.5.5　满意度和知识贡献意愿对感知知识贡献效果的影响

用户对学术虚拟社区的满意度会显著正向影响用户的感知知识贡献效果（路径系数 = 0.428，$P = 0.000$）。用户对学术虚拟社区的知识贡献意愿会显著正向影响用户的感知知识贡献效果（路径系数 = 0.377，$P = 0.000$）。

作为信息系统成功模型的基础构念，用户的满意度和知识贡献意愿不出意外地对用户的感知知识贡献效果有显著的正向影响。一方面，用户对激励机制下的知识贡献经历的满意度越高，则认为自己在学术虚拟社区发挥了重要作用并获得了应有的回报，即感受到自己的知识贡献效果越好；另一方面，用户在学术虚拟社区内进行知识贡献的意愿越高，则会认为在该学术虚拟社区内进行知识贡献的效果越好。这一研究结果不仅为信息系统成功理论的研究成果增加了以学术虚拟社区为背景的案例，也为学术虚拟社区评估用户的知识贡献行为给用户本身带来的收益提供了依据。

第6章　学术虚拟社区信息质量的影响因素和治理研究

6.1　用户视角下的学术虚拟社区信息质量影响因素研究

内容生成的开放性加剧了信息质量恶化的风险，使得学术虚拟社区中学术信息的准确性和可靠性难以保证，加上缺乏相应的学术质量评价体系和监管措施，学术虚拟社区的信息质量参差不齐，信息泛化问题严重，挑战了用户对信息的判断和组织能力，影响学术虚拟社区用户的知识交流效果。

学术虚拟社区的信息质量对用户本身及社区的运营发展至关重要。当前信息质量的相关研究侧重对信息质量的评价或预测，而少数关于信息质量的影响研究也是聚焦于信息质量引发的结果因素，如持续使用的意愿和知识贡献等行为态度，尚还缺少对学术虚拟社区用户感知信息质量的前置动因的形成研究。本章研究认为，学术虚拟社区用户感知的信息质量是，用户对学术信息资源进行浏览和阅读的过程中，能够感知到的信息内容的内在特性，以及这些特性满足用户信息需求或期望的程度。这种感知是在用户与平台交互的过程中，对信息质量的直观体验、认知和理解。立足于用户视角的信息质量研究是因为信息质量本身就是对用户的适用性和满足程度①，也是学术虚拟社区用户生成内容的核心问题。由于信息质量在具体情景下具有鲜明的用户主体特征，且源于用户的最终评价和判断，许多学者强调了需要从用户角度把握信息质量的内涵②，充分考虑用户的需求和认知条件③。

因此，鉴于国内外研究在深入探讨学术虚拟社区用户感知信息质量的影响因素方面存在的不足，立足用户视角研究学术虚拟社区用户感知的信息质量，明确影响与制约学术虚拟社区用户感知信息质量的关键问题显得

---

① Wang R Y，Strong D M. Beyond accuracy：What data quality means to data consumers[J]. Journal of Management Information Systems，1996，12（4）：5-33.

② 贾君枝. 信息资源战略管理理论与实践[M]. 北京：科学出版社，2007.

③ 张宁，袁勤俭. 数据质量评价述评[J]. 情报理论与实践，2017，40（10）：135-139.

十分必要，将有益于拓展信息质量研究的价值边界，并提升学术虚拟社区知识交流效果。

6.1.1　研究设计

1. 研究方法

社会学家 Glaser 和 Strauss[①]所提出的“扎根理论”，属于质性研究（qualitative research）领域，被认为是走在质的研究最前沿的完整方法论体系[②]。其主要思想是在经验资料的基础上建立理论，在研究开始之前，研究人员未做出任何理论假设，直接从实际观察入手，秉持开放态度，从原始数据资料中归纳概括经验，进而上升到理论。通过对研究问题的界定、广泛且系统的资料收集、三层次编码、多次比较分析调整以及理论生成与检验，自下而上建立实质理论的方法，属于基于后实证主义的研究范式[③]。

这种从资料中产生的理论不仅具有极强的生命力，而且十分吻合本章研究所开展的探索性工作，因其注重发现逻辑而非验证逻辑，可以有效避免实证范式下经验性的观点或预先设定的理论模式对原始资料及所得结论范畴造成的“程序化”限制[④]。此外，学术虚拟社区用户感知的信息质量与用户的信息行为密不可分，兼具过程性和互动性的特点，与扎根理论方法的适用性相一致。

2. 数据来源

当前已有学者指出，情报学的研究范式不仅要考虑用户，而且更加侧重用户所处的社会环境和历史背景，即关注社会互动与文本的社会行为[⑤]，这充分表明文本能够作为全面反映研究对象的客观素材。

因已发表的研究性论文是对已有原始材料的二次加工，为了更好地忠于原始材料，保障扎根理论的有效性，故排除所有学术期刊、会议论文及专著形式的数据。样本的选择与组成应与研究的问题和情景相契合，本章

---

① Glaser B G，Strauss A L. The Discovery of Grounded Theory：Strategy for Qualitative Research[M]. New York：Transaction Publishers，1967.

② Vinkler P. Indicators are the essence of scientometrics and bibliometrics[J]. Scientometrics，2010，85（3）：861-866.

③ 陈向明. 扎根理论的思路和方法[J]. 教育研究与实验，1999（4）：58-63，73.

④ 高军，马耀峰，吴必虎. 外国游客感知视角的我国入境旅游不足之处——基于扎根理论研究范式的分析[J]. 旅游科学，2010，24（5）：49-55.

⑤ 韩正彪，周鹏. 扎根理论质性研究方法在情报学研究中的应用[J]. 情报理论与实践，2011，34（5）：19-23.

研究的数据获取渠道包含网络新闻、报纸及学术虚拟社区评论等客观数据来源，具体数据来源为中国知网《中国重要报纸全文数据库》、上海图书馆《全国报刊索引》数据库、知乎评论、科学网—博客及部分评论、新浪微博评论以及豆瓣评论。

首先以"学术虚拟社区""学术/科研虚拟社区""学术博客""科研知识社区""学术/科研交流社区"为关键词在上述媒介进行搜索，共获取 198 份质性材料；其次通过人工进行初步阅读筛选，筛选内容标准为用户或第三方（如媒体）对学术虚拟社区感知使用和感知质量的评价，因为该评价最能反映用户的主观感受和主体认知。最终得到符合研究设计的相关质性资料 126 份，包括 8 篇报刊评论文章数据、5 条网络新闻数据、4 条科学网—博客数据、13 条科学网—博客评论数据、9 条新浪微博数据与评论数据、81 条知乎评论数据、3 条豆瓣评论数据及 3 条"网络舆情"专家研讨会专家发言数据。最早的评论文本出现在 2011 年。

6.1.2 数据分析

1. 开放性编码

通过开放性编码对原始数据进行逐行编码，并实现逐层概念化和范畴化，概念是原始资料分析中对资料进行编码的有意义的最小单位，范畴是原始资料经过抽象后所表现的观点或主题①。对所获原始资料进行逐字逐句分析以确定其初始概念，将非常简单且过于模糊的描述予以排除，除去预留的 10 份材料用作理论饱和检验之外，一共得到 233 条原始语句，通过贴标签的方式对原始材料的语义进行分析。由于原始材料在语义上有所交叉重复，因此删除重复频次在 2 次以下的原始语句形成概念，一共形成 120（a1～a120）个初始概念。通过不断比较分析，将数据和抽象出的概念进行重新整合，实现范畴化。由于开放性编码较具主观色彩，为了保证此阶段过程中的信度，文献编码过程由本章的两位作者分别独立进行，结束后将两份编码结果进行对比，两位编码员的一致性采用 Holsti②的可信度公式计算，一致性结果达到 92.4%。针对不一致的现象，由课题组共同商议决定，从而形成最终的 28 个范畴的编码结果，如表 6.1 所示。

---

① 陈欣，叶凤云，汪传雷. 基于扎根理论的社会科学数据共享驱动因素研究[J]. 情报理论与实践，2016，39（12）：91-98.

② Holsti O. Content Analysis for the Social Sciences and Humanities[M]. London：Longman Higher Education，1969.

表 6.1　开放式编码结果

范畴	初始概念
A1 社区运营	a1 人气聚集，a2 与用户保持沟通，a3 内容和广告的相互独立，a4 市场机制运营，a5 目标群体定位，a6 产品专注，a7 社区网络结构，a8 用户体验设计，a9 注重内容
A2 社区管理	a10 管理制度，a11 责任担当，a12 工作态度，a13 公正处理，a14 管理方式，a15 发帖规定，a16 资格审核，a17 管理思路，a18 社区规则，a19 管理水平，a20 实名机制，a21 奖励激励，a22 广告筛选，a23 刷新方式，a24 引导高质量问题，a25 增加实时性问题，a26 精准推送，a27 管理员水平，a28 门槛设置
A3 社区氛围	a29 整体氛围，a30 活力人气，a31 学术纯洁保持，a32 学术活动，a33 虚假制造繁荣，a34 社区气氛，a35 商业氛围，a36 参与度，a37 社区文化，a38 活跃度
A4 社区体制	a39 社区市场化
A5 服务创新	a40 更多的服务开发，a41 允许标注及可视化，a42 连接其他网站
A6 精英密度	a43 专家数，a44 大师资源
A7 品牌效应	a45 品牌价值，a46 声望
A8 领域细分	a47 栏目丰富，a48 领域丰富
A9 学术认可	a49 扩大影响力
A10 感知成就	a50 影响政策制定，a51 促进信息获取，a52 获取满意
A11 社会认同	a53 共同圈子，a54 增进友谊，a55 身份认同，a56 归属感，a57 获取认可，a58 自我角色定位
A12 社群距离	a59 冲突形成，a60 共识达成，a61 分裂加速
A13 研究素养	a62 人员素养，a63 学术道德，a64 著作权，a65 原创性，a66 内容的自我控制
A14 用户水平	a67 回复的详细程度，a68 知识储备，a69 专家回复质量，a70 提问质量，a71 用户质量
A15 用户数量	a72 用户数量，a73 受众人数
A16 驱动撰写	a74 受众关注驱动，a75 受众阅读驱动，a76 媒体邀请，a77 拉近和传播，a78 兴趣驱动，a79 利益驱动，a80 交流驱动，a81 知识获取
A17 感知效用	a82 免费分享，a83 成果传播，a84 研究发现，a85 资源丰富，a86 内容有用，a87 掌握研究进展，a88 提供工作帮助，a89 有用有益，a90 促进学习
A18 交互联结	a91 交流的一致性，a92 便于交流，a93 认真讨论，a94 情绪影响，a95 用户价值观，a96 交流不充分，a97 有益的批评
A19 平台可用性	a98 获取难度，a99 获取门槛
A20 平台特质	a100 网络论坛特质，a101 内容的自我生产，a102 用户完成质量审核
A21 平台界面	a103 界面设计
A22 功能设计	a104 功能设置，a105 首页设计
A23 技术支持	a106 后台技术
A24 内容的及时性	a107 最新进展，a108 快速
A25 内容的相关性	a109 只谈科学，a110 针对受众
A26 内容的专业性	a111 专业性强，a112 资料质量，a113 内容反科学
A27 语言使用	a114 大众化，a115 通俗化，a116 不能低俗化，a117 专业逻辑，a118 专业话语
A28 写作风格偏好	a119 富有人情味，a120 轻松随意

由于开放性编码过程的工作量较大，仅示例列举少数原始材料及其编码形成的初始概念，如表 6.2 所示。

表 6.2 部分开放式编码过程

原始资料（初始概念）	范畴化
丁香园论坛组成七人的最高管理机构，全权负责广告和项目审核。如果公司要借助丁香园论坛的人气进行商业广告或项目运作，事先必须在管委会备案，版主同意则项目放行，以此来避免伤害学术独立性的事件发生（**内容和广告相互独立**）	A1 社区运营
我们必须能够标记任何东西，在任何东西上加笔记，在任何东西上加注释或加备注，用可视化的方式显示相关联的内容（**允许标注及可视化**）	A5 服务创新
很多论文能在线免费共享或发送请求，也可以即时问答、评论、推荐给其他学者。我的博导就特别喜欢在上面推我各种 link，在线聊天，感觉让学术界不再那么遥远和生硬了（**免费分享**）	A17 感知效用
……	……

2. *主轴编码*

主轴编码是指对足够可以和范畴产生重要关联的数据所进行的编码[①]，在开放性编码形成的范畴基础上，通过归类分析，发现各个范畴之间内在的关系，进而建立起范畴间的内在联系。本研究根据研究对象和研究目标的特点，充分考量应用场景关系，对上述开放性编码过程得到的 28 个范畴进行归纳聚类，最终形成 9 个主范畴（B1～B9，包括社区治理、社区成效、情感诉求、用户特质、参与动机、感知易用、感知技术、效用特征和生产特征），将主范畴纳入社区、用户、平台和内容 4 个维度，如表 6.3 所示。

表 6.3 主轴编码后的主范畴结果

维度	主范畴	范畴	范畴内涵
社区	B1 社区治理	A1 社区运营	学术虚拟社区运行中的计划、组织和设计，如人气聚集、社区网络结构设计、关注学术虚拟社区体验等
		A2 社区管理	对学术虚拟社区的日常性管理，如发帖规定、奖励激励、实名机制等
		A3 社区氛围	学术虚拟社区活跃度和文化的营造
		A4 社区体制	学术虚拟社区的市场化及资本运作
	B2 社区成效	A5 服务创新	学术虚拟社区的服务开发，如允许标注、其他学术资源的集成等
		A6 精英密度	学术虚拟社区的专家人数占社区规模的比例
		A7 品牌效应	学术虚拟社区的历史、声望及社区价值
		A8 领域细分	学术虚拟社区的栏目设置

① Glaser B. Theoretical Sensitivity [M]. Mill Valley：Sociology Press，1978.

续表

维度	主范畴	范畴	范畴内涵
用户	B3 情感诉求	A9 学术认可	学术的重要性评价，如学术和专业影响力等
		A10 感知成就	任务完成时的心理满足感，如促进信息获取、影响政策制定等
		A11 社会认同	概念化他人或自我的定义，如归属感、身份认同和自我角色定位等
		A12 社群距离	不同学术层次关系群体之间的差异表现，如冲突形成或共识达成
	B4 用户特质	A13 研究素养	学术人员的素养和道德，如著作权和原创性问题
		A14 用户水平	学术人员的知识能力水平，如提问和回答问题的质量
		A15 用户数量	学术虚拟社区的用户人数
	B5 参与动机	A16 驱动撰写	学术虚拟社区知识贡献的驱动因素，如兴趣驱动、媒体邀请等
		A17 感知效用	使用学术虚拟社区后的需求满足，如成果传播、促进学习等
		A18 交互联结	用户之间的交流互动特征，如认真讨论、有益的批评等
平台	B6 感知易用	A19 平台可用性	使用学术虚拟社区的难易程度，如资源获取难度、获取门槛等
		A20 平台特质	学术虚拟社区的独特性，如内容的自我生产及用户完成质量审核等
	B7 感知技术	A21 平台界面	使用学术虚拟社区交互界面的体验
		A22 功能设计	学术虚拟社区的功能模块设计，如功能设置、首页设计等
		A23 技术支持	学术虚拟社区平台的技术支持程度
内容	B8 效用特征	A24 内容的及时性	一定时间内感受到内容价值的属性
		A25 内容的相关性	内容与专业主题的相关程度，如科学性、针对受众等
		A26 内容的专业性	内容的专业深度，如内容反科学等
	B9 生产特征	A27 语言使用	内容的语言使用情况，如通俗化、专业话语等
		A28 写作风格偏好	内容的写作表达偏向，如富有人情味、轻松随意等

3. 选择性编码

选择性编码是在主轴编码的基础上进一步梳理范畴之间的关系，挖掘出范畴中的核心范畴，并建立核心范畴和其他范畴之间的关联关系。围绕“学术虚拟社区用户感知的信息质量影响因素”这一核心范畴，揭示主范畴中各个典型关系的结构，如表 6.4 所示。

表 6.4　主范畴的典型关系结构

典型关系	关系结构	关系结构的内涵
情感诉求 $f_2(U_1)$->学术虚拟社区感知信息质量 Q $Q=f_2(U_1)$	因果关系	情感诉求是社区用户在学习交流后的学术认可、感知成就及社会认同等，能够直接影响学术虚拟社区用户感知的信息质量

续表

典型关系	关系结构	关系结构的内涵
用户特质 $f_2(U_2)$->学术虚拟社区感知信息质量 Q $Q=f_2(U_2)$	因果关系	研究素养、用户水平和用户数量是学术虚拟社区参与人员的构成现状，能够直接影响学术虚拟社区用户感知的信息质量高低水平
参与动机 $f_2(U_3)$->学术虚拟社区感知信息质量 Q $Q=f_2(U_3)$	因果关系	驱动撰写、感知效用和交互联结是个体的内在动机，也是直接影响学术虚拟社区用户感知信息质量的因素之一
生产特征 $f_4(C_1)$->学术虚拟社区感知信息质量 Q $Q=f_4(C_1)$	因果关系	生产特征涉及内容生成过程中的语言使用和写作风格偏好，能够对学术虚拟社区用户感知信息质量的表现产生直接影响
效用特征 $f_4(C_2)$->学术虚拟社区感知信息质量 Q $Q=f_4(C_2)$	因果关系	效用特征涉及内容的及时性、内容的相关性和内容的专业性，能够直接影响学术虚拟社区用户感知的信息质量
社区治理 $f_1(C_1)$->学术虚拟社区感知信息质量 Q $Q=f_1(C_1)\cdot f_2(U)$	中介关系	社区治理围绕社区运营、社区管理、社区氛围和社区体制，能够通过用户的感知和认可进而间接影响学术虚拟社区用户感知的信息质量
社区成效 $f_1(C_2)$->学术虚拟社区感知信息质量 Q $Q=f_1(C_2)\cdot f_2(U)$	中介关系	社区成效是通过治理后形成的社区服务创新、精英密度和品牌效应等，能够影响个体用户的感知和认可，进而间接影响学术虚拟社区用户感知的信息质量
感知技术 $f_3(P_1)$->学术虚拟社区感知信息质量 Q $Q=f_3(P_1)\cdot f_2(U)$	中介关系	通过平台界面、功能设计等支持，促成学术虚拟社区对技术的感知和认可，从而间接影响学术虚拟社区用户感知的信息质量
感知易用 $f_3(P_2)$->学术虚拟社区感知信息质量 Q $Q=f_3(P_2)\cdot f_2(U)$	中介关系	感知易用包括平台可用性和平台特质，能够通过用户的使用体验进而间接影响学术虚拟社区用户感知的信息质量

4. 理论饱和度验证

扎根理论方法相比其他量化研究而言，更加重视样本的代表性、覆盖性和资料的丰富性。通过对预留的 10 份材料记录进行编码，编码的标签都能全部列入析出的编码概念中，并未发掘出新的概念、范畴和典型关系，符合“学术虚拟社区用户感知的信息质量影响因素”的核心范畴，满足新抽取的样本不再提供新的重要信息为止的理论饱和原则，因此认为该模型达到饱和状态。

5. 信息质量影响因素构成模型及分析

本章通过在学术虚拟社区质性材料的扎根理论编码过程中对概念类属内涵、内涵间关联的理解，梳理出学术虚拟社区用户感知的信息质量是社区用户、社区自身、技术平台和信息内容共同交互的结果，且社区自身和技术平台均是通过影响用户感知而间接影响学术虚拟社区的信息质量，根据此故事线，构建学术虚拟社区用户感知的信息质量影响因素的扎根理论分析模型（图 6.1）。

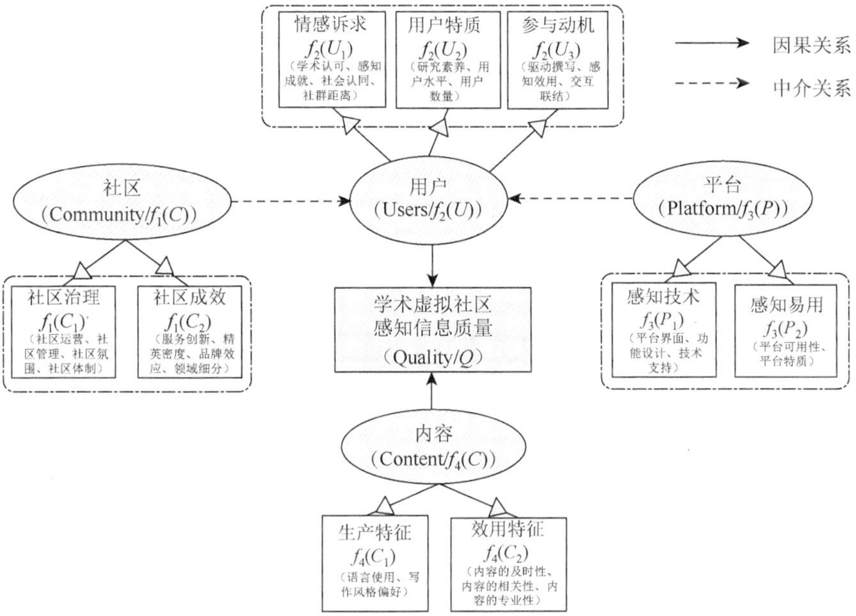

图 6.1 学术虚拟社区用户感知的信息质量影响因素模型（CUPC 模型）

本章构建的学术虚拟社区用户感知的信息质量影响因素模型（CUPC 模型），扎根研究发展的 9 个主范畴，形成社区、平台、用户和内容 4 个维度，分别使用模型中的大写字母 *C*、*U*、*P*、*C* 表示，其中涉及 5 个因果关系及 4 个中介关系，揭示了学术虚拟社区用户感知的信息质量影响因素和影响机制，4 个维度对于用户感知信息质量的影响作用机制并不一致，具体阐述见下文。

1）社区维度

社区维度由社区治理和社区成效两个主范畴构成，均能够通过用户的感知和认可间接影响学术虚拟社区的信息质量。学术虚拟社区是研究人员进行知识交流和协作互助的空间，良好的社区治理和运营强化了用户的归属感，加强了用户知识交流的沉浸体验，从而提升了知识创造和贡献过程中的认知专注[①]，有利于提高学术虚拟社区的信息质量。因此，从管理实践

① Yan Y L，Davison R M，Mo C Y. Employee creativity formation：The roles of knowledge seeking，knowledge contributing and flow experience in Web 2.0 virtual communities[J]. Computers in Human Behavior，2013，29（5）：1923-1932.

的角度出发，首先，社区管理层应设计良好的信息过滤规则，及时发现并控制噪声信息的生成，净化社区环境，如全球虚拟学术交流平台ResearchGate，就设定了学术虚拟社区每天发送消息的次数，以此限定垃圾信息的传播；其次，在理解和满足学术虚拟社区需求的基础上，有学者指出应采取必要的措施鼓励学术虚拟社区创造高质量的知识内容并与他人交互①，即通过激励措施，适当鼓励高质量的知识贡献者和持续的参与行为；最后，积极营造社区氛围，为学术虚拟社区提供愉悦的知识交流与知识共享的体验，鼓励学术虚拟社区间的合作，增加学术虚拟社区社会资本，促进用户社交网络的形成。

2）用户维度

用户维度涵盖用户的情感诉求、用户特质和参与动机三个主范畴，能够直接影响学术虚拟社区的信息质量。学术虚拟社区是典型的用户生成内容社区，社区用户既是信息创造的主体，也是知识库的分享者。Coleman等②认为用户作为信息的提供者，其能力、动机和相关知识极大地影响参与程度和信息质量。因此，社区用户的研究素养，具体包括用户信息认知能力、学术写作能力、外部资源的引用等，以及认知层面的情感诉求和参与动机，直接影响信息的表达、知识组织和选择，是学术信息质量评价的直接影响因素。用户体验与感知信息质量伴随平台交互的全过程，且直接影响信息生成的进程和结果，这与前面中介影响的结论一致。信息交互过程中的用户状态（情感、社交关系、特质、动机）、系统特征（可用性、易用性、功能）与特定情景（社区氛围）相互作用，从而影响了学术虚拟社区的用户感知信息质量。用户作为信息质量影响因素的直接作用者，需要引导和完善对高质量社区用户的识别与激励机制，提升用户与高质量信息资源的有效交互。因此，从整体上看，用户是学术虚拟社区用户感知信息质量的重要影响因素。

3）平台维度

学术交流和内容共享离不开平台技术的支持作用。平台维度析出了感知技术和感知易用两个主范畴，用户能够通过感知和认可，间接影响学术虚拟社区的信息质量。显然，在学术信息交流的过程中，用户使用平台的最终目的是通过平台技术使用所展现的内容，而用户在获取内容的过程中，又必须

① Porter C E，Donthu N，MacElroy W H，et al. How to foster and sustain engagement in virtual communities[J]. California Management Review，2011，53（4）：80-110.

② Coleman D J，Georgiadou Y，Labonte J. Volunteered geographic information：The nature and motivation of producers[J]. International Journal of Spatial Data Infrastructures Research，2009（4）：332-358.

进行相应的系统操作，并在平台提供的信息呈现和信息组织的功能下共享客观学术信息内容，这一过程中包含了对平台人机交互界面的各种体验。张耀辉等[①]在研究中界定了感知信息质量是用户通过与平台进行信息交互而获得的体验与感受，是对信息资源、信息系统、信息服务价值和水平的具体、实际与主观的认知。Baraković 和 Skorin-Kapov[②]认为用户对网站的美观度、加载时间和实用性的体验能够影响信息质量。赵宇翔和朱庆华[③]也提出感知易用性和感知有用性有助于用户生成内容。因此，学术虚拟社区的系统性能和服务水平将影响用户的使用体验，从而间接影响学术虚拟社区信息质量的感知。平台的技术人员应充分捕捉用户的信息需求，围绕人机交互过程中的平台界面、搜索优化和功能设计等，激发具有创造性的社区功能和知识交流效率提升的技术设计，搭建满足用户认知和情感需求的平台技术环境。

4）内容维度

生产特征和效用特征作为信息内容本身的两个构念，能够直接影响学术虚拟社区用户感知的信息质量。Liu[④]在研究中发现信息内容的好坏能够显著影响学生对网站学术信息的可信度感知，进而影响对信息质量的感知；Citrin[⑤]表明信息内容和信息格式是感知信息质量的因素；在信息传递过程中，莫祖英[⑥]提出应该考虑信息的内容质量和形式质量。在学术虚拟社区中，用户对获取的知识信息的固有特征和表达水平存在一定的期望。固有特征是从效用的角度所提出的内容的及时性、相关性及专业性等；表达水平是内容创造过程中的语言使用和写作风格偏好，能够代表用户对信息的呈现方式的感知[⑦]，两者所构成的内容质量成为学术虚拟社区用户感知信息质量的直接影响因素。在内容型社区上，用户的使用体验主要取决于社区提供的信息内容是否具有价值。因此，从根本上说，学术虚拟社区努力构建的

① 张耀辉，卢爽，刘冰. 用户信息交互过程中影响信息质量的因素分析[J]. 情报理论与实践，2012，35（6）：12-15.

② Baraković S，Skorin-Kapov L. Multidimensional modelling of quality of experience for mobile Web browsing[J]. Computers in Human Behavior，2015，50：314-332.

③ 赵宇翔，朱庆华. Web 2.0 环境下影响用户生成内容动因的实证研究——以土豆网为例[J]. 情报学报，2010，29（3）：449-459.

④ Liu Z M. Perceptions of credibility of scholarly information on the web[J]. Information Processing & Management，2004，40（6）：1027-1038.

⑤ Citrin A V. Information Quality Perceptions：The Role of Communication Media Characteristics[D]. Pullman：Washington State University，2001.

⑥ 莫祖英. 基于过程分析的信息质量影响因素研究[J]. 情报科学，2014，32（7）：14-18.

⑦ Ong C S，Day M Y，Hsu W L. The measurement of user satisfaction with question answering systems[J]. Information & Management，2009，46（7）：397-403.

信息内容过滤筛选机制都是为了提高社区的内容质量，从而提高用户对信息质量的感知。

6.1.3 小结

学术虚拟社区是信息技术全面渗透学术研究的结果，是对文献学术传衍的补充或替代，同时也是学者学术交流与相互印证的极其重要的学术介质。本研究通过扎根理论和分析方法的应用，从理论上探索了用户视角下的学术虚拟社区信息质量的多维影响因素，以及细粒度的作用机制分析，发现不同的社区因素、用户因素、平台因素和内容因素均会交叠作用于用户感知信息质量，也会形成学术虚拟社区中不同的用户感知信息质量，具体表现是：用户的情感诉求、用户特质和参与动机直接影响学术虚拟社区用户感知的信息质量。此外，内容的生产特征和效用特征也是用户感知的信息质量的直接影响因素，而社区治理、社区成效、感知技术和感知易用则通过用户间接影响其感知的信息质量。

4 个因素及 9 个主范畴指标的不同作用关系也折射出学术虚拟社区用户感知信息质量的复杂性，因为首先学术虚拟社区平台上的学术信息资源更为专业，且对于一些寻求解决的讨论式或探寻式话题，更是没有固定的质量判断标准；其次，学术虚拟社区的多数用户都是来自不同专业层次背景的学者，秉持的学术素养和学术能力的差异决定了感知信息质量的复杂性。因此，本研究所凝练的感知信息质量影响因素 CUPC 模型，兼具前人的信息视角的质量认知范式和用户视角的认知范式，既具有技术方面的质量特性，又具有心理方面的质量特性，比单纯信息本身的质量视角的研究更为系统、多样和全面。例如，前人多数只关注信息内容的质量影响因素[①②]，忽略了用户特征、用户心理因素及社区的情景因素。此外，从宏观上把握学术虚拟社区情景下用户感知的信息质量形成机制，为信息质量的相关研究提供了新的视野，也为后续相关研究提供参考借鉴；在学术虚拟社区的情景下更深入细致地研究用户的感知信息质量，能够真实客观地把握用户需求，为学术虚拟社区各个环节的服务实践寻找出发点和落脚点，从而促进整个学术虚拟社区的可持续运营与发展。

---

① Murphy P，Taylor R S. Value-added processes in information systems[J]. Journal of Education for Library and Information Science，1987，27（3）：206.

② Klobas J E. Beyond information quality：Fitness for purpose and electronic information resource use[J]. Journal of Information Science，1995，21（2）：95-114.

6.2　学术虚拟社区信息质量的治理和提升研究

在传统市场中，企业的产品质量是决定企业生命力的关键因素。在虚拟空间中，应用平台上的信息质量也是该平台提高竞争优势与可持续发展的重要前提。在学术虚拟社区情景下，信息质量对用户满意度具有决定性作用，信息质量的高低代表了对用户期望的满足程度①。因此，平台方在海量信息环境的压力下不断加强对信息质量的管控，尝试各种优化和保证信息质量的策略，以增强用户对平台信息质量的信任度，提升平台品牌形象，进而促进用户忠诚度。

与传统的服务系统相比，在线环境下的平台服务更为复杂。首先由于信息服务的无形性，信息质量问题更不容易被监测和预测，其次由于在线的交互性特征，不同层次的用户感知到的是不同的服务体验，最后由于信息内容的用户生成特点，信息内容无法像实物产品一样实现完全的事前质量检验和确认。诸多因素导致学术虚拟社区信息质量管控存在困难，学术虚拟社区所秉持的自由开放精神给内容质量控制带来了障碍，因此需要在用户感知信息质量的过程和特点中，通过关键要素的分析，实现信息质量的优化和提升。此外，有学者认为，在线情景下的用户决策行为不仅取决于信息服务本身的消费剩余，还与用户对整个平台的服务过程和信息认知状态有关②。在线环境下的海量信息扩大和加快了用户对信息了解的范围和速度，但也使用户对信息质量的判断存在更高的不确定性。因此，有关平台信息质量优化提升的研究，无论从用户角度或服务方角度均显得十分必要。

6.2.1　信息质量治理框架的构建

通过对相关研究成果进行梳理发现，信息质量的治理多数从媒介、信息和人员几个方面入手，并且前期研究成果中关于信息质量的影响因素研究结论中也表明，学术虚拟社区的信息质量受到社区、用户、平台和内容的影响③。因此，本节拟定从管控规则、平台技术、信息内容和信息用户四个方面提出学术虚拟社区信息质量治理的策略。

---

① Wang R Y，Storey V C，Firth C P. A framework for analysis of data quality research[J]. IEEE Transactions on Knowledge and Data Engineering，1995，7（4）：623-640.

② 华中生. 网络环境下的平台服务及其管理问题[J]. 管理科学学报，2013，16（12）：1-12.

③ 张宁，袁勤俭. 用户视角下的学术社交网络信息质量影响因素研究——基于扎根理论方法[J]. 图书情报知识，2018（5）：105-113.

1. 管控规则

学术虚拟社区平台服务方出台的一系列信息质量管控规则，为研究人员的线上活动提供了规范和保障。前人多次指出，用户偏向于访问质量较好的网站①②，因此学术虚拟社区的平台服务方为了增强用户的质量体验，通过精华帖置顶机制、奖励和激励机制、发布诚实担保机制、成员规范控制机制，加强对平台上信息质量的管控，向用户传递可靠的信号，以此帮助区分社区环境信息质量的高低水平，从而提升用户的信息质量体验。因此，管控规则属于平台社区治理和运营的重要组成部分，也是服务方介入用户生态活动的重要通道。行之有效的信息质量管控规则能够从事前、事中和事后角度预防与监控低质信息生成的行为。

2. 平台技术

学术虚拟社区平台的技术体现在各个信息服务的环节。良好的交互性能降低用户辨识和检索信息的负担，这一过程中涵盖了用户对平台人机交互界面的各种体验。有学者在社会化媒体情景下通过实证研究发现平台利用信息技术控制平台的信息质量，其技术功能的完善程度与信息质量呈正相关③。信息技术能够更加自动准确地完成信息筛选、过滤和整合，也就是说，信息技术的开发和使用有利于平台的可持续发展。学术虚拟社区平台服务方通过实施发帖监督、重复内容检测和垃圾信息发布监控等众多技术措施，能够做好安全防范和信息过滤，最终增强用户的信息质量体验。

3. 信息内容

信息内容是学术虚拟社区质量治理的主要对象，也是质量优劣的主要体现。其能够直接影响学术虚拟社区用户感知的信息质量，并且信息内容也是研究人员在较强动机和较多知识卷入的背景下，中心路径的认知加工分析中最为看重的部分。信息内容质量的定义较为多样化，是一个多维概念④。总体上看，用户视角的信息内容质量涉及信息的可用性和相关性，信息本身视角的内容质量则包含信息的准确性、可靠性或完整性等。高质量

① Loiacono E T，Watson R T，Goodhue D L. WebQual：An instrument for consumer evaluation of web sites[J]. International Journal of Electronic Commerce，2007，11（3）：51-87.

② Yoo B，Donthu N. Developing a scale to measure the perceived quality of an internet shopping site[J]. Quarterly Journal of Electronic Commerce，2001，2（1）：31-47.

③ 冯缨，王娟. 社会化媒体环境下的信息质量影响因素研究[J]. 图书馆学研究，2017（7）：2-8.

④ Eppler M J. Managing Information Quality：Increasing the Value of Information in Knowledge-Intensive Products and Processes[M]. New York：Springer-Verlag，2006.

的学术信息既要满足用户的信息需求和使用期望，还需要足够准确并符合客观实际，同时还能为其他研究人员提供参考借鉴。按照 Hilligoss 和 Rieh[①]的观点，信息内容质量是用户根据内容的良好性和有用性做出的主观判断评价，还有学者认为影响内容质量的具体因素包括文章长度、参考来源等[②]。根据本章前期研究中的结论，生产特征和效用特征是信息内容本身的两个直接构念反映[③]，通常用户对内容完整性、可靠性和准确性的判断除了考量内容本身以外，还会考虑文字拼写的规范、信息量的大小、参考来源的完整性和规范性、表达逻辑是否合理。

4. 信息用户

学术虚拟社区和许多社会化网络一样，也是用户生成内容的社区形态。用户生成内容可以看作用户主导逻辑下的成员间价值共创过程，因此信息质量研究也逐渐由信息内容本身转向信息的使用者[④]。用户的认知过程决定了感知信息质量的高低，当用户具有与主题相关的知识时，通常会使用系统性加工的信息处理方式；当用户的知识经验或动机缺少时，会采用边缘路径的信息处理方式[⑤]。因此，审核个人信息的完整性和真实性有助于确立客观的权威来源属性，鼓励用户主动肯定他人的贡献质量能够产生更多的推荐线索，而用户之间积极的互动有助于形成相似的研究圈，进而生成更多的同伴线索。

综上，管控规则、平台技术、信息内容和信息用户这四个维度相互交织影响，共同作用于学术虚拟社区中用户感知的信息质量，对其维度下的各个策略准则进行有效治理，显著提升用户的感知信息质量水平。因此，为了揭示各个准则之间的相互影响，本研究建立了学术虚拟社区信息质量治理决策模型，如图 6.2 所示。该模型中，学术虚拟社区的信息质量治理

---

① Hilligoss B，Rieh S Y. Developing a unifying framework of credibility assessment：Construct，heuristics，and interaction in context[J]. Information Processing & Management，2008，44（4）：1467-1484.

② Luyt B，Tan D. Improving Wikipedia's credibility：References and citations in a sample of history articles[J]. Journal of the American Society for Information Science & Technology，2010，61（4）：715-722.

③ 张宁，袁勤俭. 用户视角下的学术社交网络信息质量影响因素研究——基于扎根理论方法[J]. 图书情报知识，2018（5）：105-113.

④ 王琼. 社交问答平台用户承诺、自我效能与知识持续贡献意愿的关系研究[D]. 广州：华南理工大学，2015.

⑤ Petty R E，Cacioppo J T. The elaboration likelihood model of persuasion[J]. Advances in Experimental Social Psychology，1986，19：123-205.

是最终目的，管控规则（A_1）、平台技术（A_2）、信息内容（A_3）和信息用户（A_4）可看作影响信息质量的四个主要维度，其中社区品牌建设和运营（A_{11}）、精华帖置顶发布机制（A_{12}）、知识贡献质量的奖惩机制（A_{13}）和成员行为规范的控制措施（A_{14}）作为信息质量治理中管控规则实施的准则；数据异常监测（A_{21}）、重复内容检测（A_{22}）、垃圾信息识别和监控（A_{23}）作为信息质量治理中平台技术实施的准则；文字拼写规范（A_{31}）、信息量大小（A_{32}）、参考来源的完整性和时效性（A_{33}）、文字表达逻辑（A_{34}）作为信息质量治理中信息内容管理实施的准则；个人信息的完整性和真实性（A_{41}）、他人贡献质量肯定的主动性（A_{42}）、互动的积极性（A_{43}）作为信息质量治理中信息用户管理实施的准则。

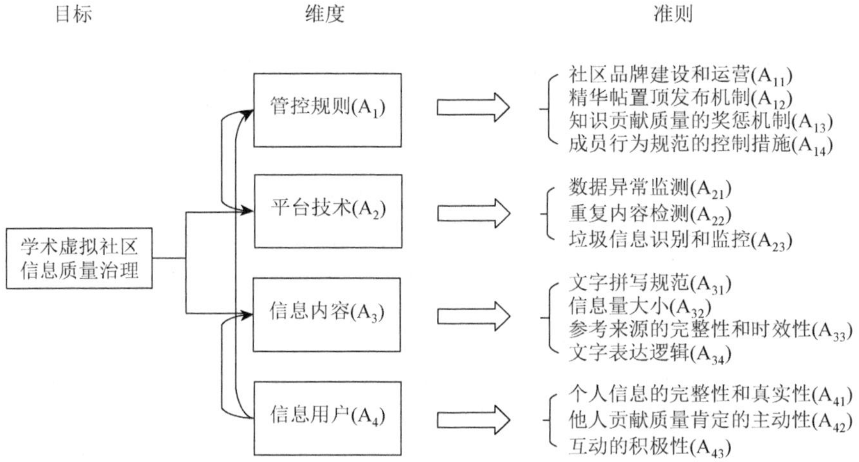

图 6.2 学术虚拟社区信息质量治理决策模型

6.2.2 信息质量治理的影响策略分析

1. 研究方法及选择原因

决策试验和评价试验（DEMATEL）法主要用于解决现实世界中比较复杂和困难的多准则决策问题，Seyed-Hosseini、Safaei 和 Asgharpour[①]三位学者发表在 *Reliability Engineering & System Safety* 期刊上的论文首次详细介绍了该方法的应用。DEMATEL 法是通过考量准则之间的相互影响程度及系统结构模型的建立，经过矩阵、图论及相关数学理论分析准则间的内

① Seyed-Hosseini S M，Safaei N，Asgharpour M J. Reprioritization of failures in a system failure mode and effects analysis by decision making trial and evaluation laboratory technique[J]. Reliability Engineering & System Safety，2006，91（8）：872-881.

部关系及影响程度，是分析准则内部结构以及备选决策方案的有效方式①。在 DEMATEL 的有向图表达中，能够梳理出各个准则的原因和结果，以及它们之间的因果关系，如果准则被赋予的权重更大，则该准则是原因型准则，反之则是结果型准则。本节研究学术虚拟社区的信息质量治理，是一个典型的多准则决策问题，适合采用 DEMATEL 法进行分析。

采用 DEMATEL 法构建各个维度或准则之间的相互关系，具体步骤如下。

（1）建立初始直接影响矩阵。根据准则之间的影响程度大小进行两两比较，邀请 26 位使用学术虚拟社区的研究人员和从事学术虚拟社区研究的相关学者进行专家打分，由此构建初始直接影响矩阵，并将该直接影响矩阵进行标准化，得到标准化矩阵 V 。

（2）计算综合影响矩阵。根据公式 $W = V + V^2 + V^3 + \cdots + V^n = \sum_{i=1}^{\infty} V^t = V(I-V)^{-1}$，得到综合影响矩阵 W。

（3）计算中心度和原因度。根据综合影响矩阵 W，分别计算每行和每列的和，其中各行之和 P 称为影响度，各列之和 Q 称为被影响度。在此基础上计算 $X = P + Q$ ，称之为中心度，该值越大表示该指标影响其他指标的程度越高，可判断是较为重要的指标，反之越低；计算 $Y = P - Q$ 的原因度矩阵，称之为原因度，代表指标间的因果关系，若该值为正，意味着该准则是管控的优先事项，属于原因元素，若该值为负，意味着该准则是结果元素。

（4）基于中心度矩阵 X，依据公式 $X_i' = \dfrac{X_i}{\sum_{i=1}^{h} X_i}$（其 X_i 为第 i 个项目的中心度）计算信息质量治理各维度内相对权重 X'，计算各信息质量治理策略维度的组间总体权重 T，最终获得关于信息质量治理策略的权重排序。

根据以上研究流程得到信息质量治理策略的影响程度，如表 6.5 所示。信息质量治理策略的中心度和原因度分布如图 6.3 所示。

表 6.5　信息质量治理策略的影响程度

准则	影响度 P	被影响度 Q	中心度 $X = P + Q$	原因度 $Y = P - Q$	相对权重 X'	总体权重 T	T 排序
A_1	3.810	2.494	6.304	1.317	0.255		
A_2	3.221	2.375	5.596	0.846	0.227		
A_3	2.538	3.844	6.382	−1.307	0.258		

① Fontela E，Gabus A. The DEMATEL Observer[M]. Geneva：Battle Geneva Research Centre，1976.

续表

准则	影响度 P	被影响度 Q	中心度 $X=P+Q$	原因度 $Y=P-Q$	相对权重 X'	总体权重 T	T 排序
A_4	2.775	3.631	6.406	−0.856	0.259		
A_{11}	4.495	4.661	9.156	−0.166	0.273	0.070	8
A_{12}	3.685	3.626	7.311	0.059	0.218	0.056	14
A_{13}	4.949	3.815	8.764	1.134	0.262	0.067	9
A_{14}	3.621	4.648	8.269	−1.027	0.247	0.063	12
A_{21}	10.220	10.533	20.752	−0.313	0.351	0.080	3
A_{22}	9.429	9.070	18.500	0.359	0.313	0.071	7
A_{23}	9.909	9.955	19.864	−0.046	0.336	0.076	4
A_{31}	3.180	2.407	5.587	0.774	0.218	0.056	13
A_{32}	2.922	3.568	6.489	−0.646	0.253	0.065	10
A_{33}	3.355	2.965	6.320	0.390	0.246	0.063	11
A_{34}	3.365	3.883	7.249	−0.518	0.283	0.073	5
A_{41}	2.912	2.490	5.402	0.421	0.280	0.073	6
A_{42}	3.348	3.246	6.593	0.102	0.342	0.089	2
A_{43}	3.376	3.899	7.275	−0.524	0.378	0.098	1

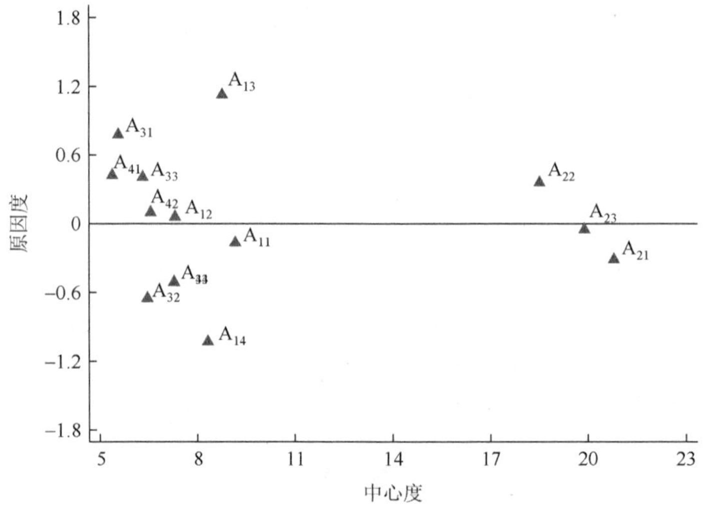

图 6.3　信息质量治理策略的中心度和原因度分布

2. 结果讨论

1）学术虚拟社区信息质量的提升依赖用户群体的良性互动

结合表 6.5 和图 6.3，综合考虑信息质量治理的 4 个维度及 14 个准则之间的相互作用以后，信息用户维度的“互动的积极性（A_{43}）”和“他人贡献质量肯定的主动性（A_{42}）”准则在信息质量治理体系中分别具有最高的总体权重（0.098 和 0.089）。“个人信息的完整性和真实性（A_{41}）”以及“他人贡献质量肯定的主动性”是决定“互动的积极性”的重要前提。这表明积极互动的氛围才能引发用户主动对他人的贡献质量进行如点赞、评论和转发等类似的肯定行为，从而形成用户群体的良性互动。

传统的信息质量相关研究，如信息系统成功模型①、数据质量描述框架②等，都只强调信息内容。而在 Web 2.0 时代背景下，信息环境发生了巨大变化，学术虚拟社区的用户不仅是信息的消费者，更是内容的生产者和传播者。学术虚拟社区是社群逻辑下的平台模式，用户是学术虚拟社区平台上最主要的行为主体，加之用户生成内容的社区特征，其在很大程度上影响了学术虚拟社区的信息质量。有学者发现用户会根据回答者的身份判断信息内容的质量③，对于信源发布者的用户个体而言，真实和完整的个人信息能够表明自身的专业水平及学术影响力，会对他人的信息质量感知判断产生影响。

此外，用户规模及用户活跃度对学术虚拟社区的健康发展起着重要的作用④。只有积极和主动的社区互动才能产生更多的信息质量判断线索，如积极点赞、收藏和评论行为，而且通常情况下，社区的最佳答案也是由用户投票产生的。由此可见，社会化的互动机制在某种程度上给用户的信息质量判断带来了心理上的暗示，因此从用户视角提升信息质量，需要提高用户的互动程度。

2）平台技术监测是学术虚拟社区信息质量提升的重要保障

平台技术在学术虚拟社区信息质量治理的 4 个维度中，对信息内容和信息用户都具有较强的影响。图 6.3 中显示，“数据异常监测（A_{21}）”“垃圾信息识别和监控（A_{23}）”“重复内容检测（A_{22}）”分别具有较高的中心度，均是信息质量提升的重要参考指标。

① DeLone W H，McLean E R. Information systems success：The quest for the dependent variable[J]. Information Systems Research，1992，3（1）：60-95.

② Wang R Y，Strong D M. Beyond accuracy：What data quality means to data consumers[J]. Journal of Management Information Systems，1996，12（4）：5-33.

③ Zhu Z M，Bernhard D，Gurevych I. A multi-dimensional model for assessing the quality of a nswers in social Q&A[EB/OL]. [2018-10-25]. http://mitiq.mit.edu/ICIQ/Documents/IQ%20Conference%202009/Papers/5-D.pdf.

④ 李宇佳. 学术新媒体信息服务模式与服务质量评价研究[D]. 长春：吉林大学，2017.

平台是学术虚拟社区信息流通的载体，技术则是平台的运行支撑，脱离了信息载体的信息质量研究是不完整的[①]。管控规则虽然能有效约束用户生成劣质信息行为的可能性，但却不能完全遏制各种低质信息生成及传播的可能性，如广告植入的虚假信息、恶意刷票点赞及冗余信息等，需要采取先行于管控手段的各种信息质量审核技术，才能够最大限度地发挥信息效用。有学者在社会化媒体情景下通过实证研究发现，平台利用信息技术控制信息质量，其技术功能的完善程度与信息质量呈正相关[②]，信息技术能够更加自动准确地完成信息筛选、过滤和整合，从而实现对高质量信息传播的有效保障。

3）学术虚拟社区的信息质量治理需要适宜的奖惩机制设计

由表 6.5 可知，考虑了各个维度和准则之间的相互作用之后，“知识贡献质量的奖惩机制（A_{13}）”具有较高的影响度（4.949），在管控规则维度中也具有较高的总体权重（0.067）。图 6.3 中显示“知识贡献质量的奖惩机制”是最重要的影响因素，表明学术虚拟社区通过“知识贡献质量的奖惩机制”提高了用户参与的积极性。

学术虚拟社区出台的特定管控规则反映了平台服务方的管理能力，用户对公司能力的认知会形成对该公司的评价，进而影响对该产品质量的评价[③]。有学者在研究中证明了平台对优质信息用户给予的奖励能够有助于用户选择提供优质信息策略，对劣质信息的处罚力度越大越有利于提高社会化平台的信息质量，对优质信息的奖励越大越有利于系统的良性演化[④]。有效的社区奖励措施包含“积分奖励”“账号加速升级”等，从而提高发布优质信息的用户在学术虚拟社区中的地位，有助于激励该用户持续创造和贡献有价值的学术信息，实现学术虚拟社区和用户群体的良性演化。

4）引导信息表达的优化呈现是信息质量提升的有效方式

根据表 6.5 中显示，信息内容维度中的“文字表达逻辑（A_{34}）”具有较高的总体权重（0.073）和影响度（3.365）。图 6.3 中显示“文字拼写规范（A_{31}）”准则具有较高的原因度，是较为重要的影响感知信息质量的因素。

信息内容是信息质量最核心的体现，也是众多学者评价信息质量时最

---

① 李晶. 虚拟社区信息质量建模及感知差异性比较研究[D]. 武汉：武汉大学，2013.

② 冯缨，王娟. 社会化媒体环境下的信息质量影响因素研究[J]. 图书馆学研究，2017（7）：2-8.

③ Brown T J，Dacin P A. The company and the product：Corporate associations and consumer product responses[J]. Journal of Marketing，1997，61（1）：68-84.

④ 孙晓阳. 社会化媒体信息质量的影响主体博弈及管控策略研究[D]. 镇江：江苏大学，2016.

为看重的指标之一[①②]。充足的学术信息资源数量、多样化的学术资源类型和规范的表现形式是吸引研究人员长期使用学术虚拟社区的关键所在。有别于一般社会化社区，学术虚拟社区中学术信息的呈现形式主要涉及文字、图表和超链接等形式，少部分以视频的形式呈现。学术虚拟社区的用户多数是具有相关知识背景的研究人员，也会更为关注信息内容本身。传播学术信息的学术虚拟社区平台，应对信息的清晰度和准确表达提出更高的要求，从信息内容的准确性和完整性要求出发，兼顾信息的传播性，还应注重引导用户按照规定的格式规范分享学术信息。

5）信息质量的有效治理关乎学术虚拟社区平台的品牌声誉

综合考虑各个维度和准则的相互作用，“社区品牌建设和运营（A_{11}）”具有较高的被影响度（4.661），表明其受到其他准则的影响最大，可以理解为各种管控机制和措施的执行，最终都会对该平台的品牌声誉产生直接影响。品牌声誉是学术虚拟社区平台优越性传递给用户的能力，用户才能据此完成有关认同程度的理性认知和情感倾向[③]。这是因为声誉在某种程度上能够确保信源的可信度，而有学者也证实了信源可靠性正向影响信息质量[④]。在电子商务领域的研究中，声誉被看作影响在线客户信任和感知风险的重要因素[⑤⑥]。类似地，学术虚拟社区的平台声誉也更容易被用户确认，获得更高的信心价值。在使用学术虚拟社区之前，用户更倾向于利用平台声誉进行站点信息质量的判断[⑦]，即站点的声誉或口碑越高，用户相应的期期望或之后的体验就越好。

6.2.3　小结

本研究基于 DEMATEL 法建立了用户视角的信息质量治理决策模型，定量获取了学术虚拟社区信息质量治理策略中各个维度和准则间的相互影

---

① 查先进，陈明红. 信息资源质量评估研究[J]. 中国图书馆学报，2010，36（2）：46-55.

② 章成志，李蕾. 社会化标签质量自动评估研究[J]. 现代图书情报技术，2015（10）：2-12.

③ Rosengerg M J. Cognitive，Affective，and Behavioral Components of Attitudes[M]. New Haven：Yale University Press，1960.

④ 冯缨，王娟. 社会化媒体环境下的信息质量影响因素研究[J]. 图书馆学研究，2017（7）：2-8.

⑤ Aiken K D，Boush D M. Trustmarks，objective-source ratings，and implied investments in advertising：Investigating online trust and the context-specific nature of internet signals[J]. Journal of the Academy of Marketing Science，2006，34（3）：308-323.

⑥ Yen H R. Risk-reducing signals for new online retailers：A study of single and multiple signalling effects[J]. International Journal of Internet Marketing & Advertising，2006，3（4）：299.

⑦ Zcithaml V A，Parasuraman A，Berry L L. Delivering Quality Service：Balancing Customer Perceptions and Expectations[M]. New York：Simon and Schuster，1990.

响程度，克服了以往定性研究的局限性，增强了研究可信度。本研究得出如下结论：①学术虚拟社区信息质量的提升依赖用户群体的良性互动，具有高积极性和主动性的社区互动能产生更多的信息质量判断线索；②平台技术监测是学术虚拟社区信息质量提升的重要保障，信息技术能够自动准确地完成信息筛选、过滤和整合，从而提高信息质量；③学术虚拟社区的信息质量治理需要设计适宜的奖惩机制，对优质信息用户给予奖励、对劣质信息实行处罚有利于提高平台信息质量；④引导信息表达的优化呈现是信息质量提升的有效方式，即注重信息内容的准确性、完整性、规范性传播；⑤信息质量的有效治理关乎学术虚拟社区平台的品牌声誉。

第 7 章　学科水平对学术虚拟社区知识交流效果的影响研究

在学术虚拟社区中，用户的知识交流受多方面因素的影响，包括个体因素、环境因素、平台因素等，在环境因素的相关研究中还未见学者探索学科水平对知识交流的影响。然而，由朱明和杨晓江[①]关于学科水平的研究可知，同一学科在不同高校中的发展水平是不同的，且不同学科水平为科研人员提供的环境是存在差异的，这可能导致不同学科水平下的科研人员在学术虚拟社区中具有不同的知识交流特征和知识交流效果。因此，理解学科水平对学术虚拟社区中知识交流的影响，不仅有助于组织有效引导用户的知识交流行为，提升其知识交流效果，还能为学术虚拟社区的建设提供新的思路，使平台充分发挥其知识交流的媒介作用。为此，本章将分析不同学科水平下的知识交流特征，探究学科水平作为组织层次的影响因素对用户知识交流效果的影响，为促进学术虚拟社区的知识交流提供建议。

7.1　学科水平对知识交流效果影响研究的数据获取与处理

ResearchGate 作为实现全球科学连接的开放性学术社交平台，在世界范围内得到了广泛的应用。截至 2020 年 3 月，ResearchGate 已拥有超过 1600 万名用户，成为科研人员中最受欢迎的学术社交平台[②]，因此本章研究选择 ResearchGate 为研究平台。同时，为了研究学科水平对知识交流的影响，以 ResearchGate 平台中用户活跃度较高的“计算机科学与技术”学科为例，根据教育部学位与研究生教育发展中心（简称学位中心）发布的第四轮学科评估结果，选择学科水平前 70%（“A+”至“C−”九个档次）的 168 所高校，以相应的学科及用户作为样本，并按照数据层次结构，将样本分为个人层次的用户数据和组织层次的学科数据。

---

① 朱明，杨晓江. 大学学科水平影响因素辨识及其相互作用[J]. 学位与研究生教育，2013（8）：51-55.

② Lepori B，Thelwall M，Hoorani B H. Which US and European higher education institutions are visible in ResearchGate and what affects their RG score？[J]. Journal of Informetrics，2018，12（3）：806-818.

研究通过编写 Python 程序，在 ResearchGate 平台上按照学科水平分别爬取 168 所高校“计算机科学与技术”学科的学科数据和拥有相应学科背景的用户数据。截至 2020 年 3 月 14 日，共获取了 168 条学科数据和 20808 条用户数据。剔除学科用户数为 0 的高校以及 RG 指数为 0 的“僵尸用户”，最终得到 111 条学科数据和 5903 条用户数据，表 7.1 是数据项及其含义的描述，表 7.2 是对样本结构的描述。

表 7.1 数据项及含义

层次	数据项	含义
个人层次	姓名（name）	用户注册时填写的用户名
	学历（degree）	用户设置的学历信息
	总体研究兴趣指数	社区中其他用户对该用户项目和研究资料的感兴趣程度
	被引量（citations）	用户的研究资料被引用的次数
	被推荐量（recommendations）	用户的项目或研究被推荐的次数
	被阅读量（reads）	用户的项目或研究在平台上被阅读的次数
	发布成果数（research items）	用户在社区中发布的科研成果数量
	提问数（questions）	用户在社区的提问数量
	回答数（answers）	用户回答其他用户提问的次数
	关注数（following）	用户追踪其他用户的数量
	被关注数（followers）	社区中追踪该用户的人数
	发布项目数（projects）	用户在社区中发布的科研项目数量
	RG 指数（RG score）	用户在社区中的综合知识交流效果
组织层次	发表文章数（publications）	该组织的用户在社区中发表文章的总数
	作者数（authors）	参与该组织文章发表的作者总数
	成员数（members）	该组织的用户总数
	活跃用户占比	RG 指数＞0 的用户数占总用户数的比重
	学科水平	依据学位中心第四轮学科评估结果

表 7.2 样本结构

学科水平	A+	A	A–	B+	B	B–	C+	C	C–	合计
总高校数	4	7	12	24	24	24	26	21	26	168
有效高校数	4	7	9	22	12	16	13	11	17	111
高校有效比	1	1	0.75	0.92	0.5	0.67	0.5	0.52	0.65	0.66

续表

学科水平	A+	A	A–	B+	B	B–	C+	C	C–	合计
总用户数	3276	3669	4298	6657	1093	1066	275	303	171	20808
有效用户数	887	879	1049	1507	310	245	88	82	46	5903
用户有效比	0.27	0.24	0.24	0.23	0.28	0.23	0.32	0.27	0.27	0.28

注：在合计一列中，高校有效比为有效高校数除以总高校数；用户有效比是有效用户数除以总用户数。

7.2　学科水平对知识交流效果影响研究的数据分析

7.2.1　不同学科水平的知识交流特征分析

1. 组织特征分析

为了研究不同学科水平下组织层次的知识交流特征，现以学科数据为基础进行比较分析。为了方便比较，将学科水平划分为三级，第一级包括 A+、A、A–档次，第二级包括 B+、B、B–档次，第三级包括 C+、C、C–档次，各级学科水平分别涵盖学科排名前 10%、10%～40%、40%～70%的高校。计算各学科水平下的发表文章数、作者数和成员数等组织层次数据项的均值，并将其作为组织层次的知识交流表现，如表 7.3 所示。

表 7.3　不同学科水平的组织表现统计表

学科水平指标	第一级（A+、A、A–）	第二级（B+、B、B–）	第三级（C+、C、C–）	差异的显著性水平
发表文章数	1818.60	465.08	26.95	0.000***
作者数	2883.95	724.42	52.85	0.000***
成员数	140.80	41.24	5.27	0.000***
活跃用户占比	0.30	0.25	0.33	0.118

*** $P<0.001$。

通过比较组织层次的知识交流表现可得出不同学科水平下知识交流的组织特征。由表 7.3 可知，第一级学科水平的发表文章数、作者数和成员数最高，随着学科水平的下降，学科发表文章数、作者数和成员数的数值也随之减少。以上结果表明，在高学科水平下，学术虚拟社区拥有更高的普及率，且组织层次的知识交流活跃度更高。然而，从活跃用户占比来看，第二级学科水平的活跃用户占比最高，这可能是在较低的学科水平下，学术虚拟社区的普及率较低、用户基数较小，从而导致活跃用户占比偏高。

为了进一步探究组织层次的知识交流表现在不同学科水平下是否存在显著的差异，采用 Kruskal-Wallis 检验进行验证，检验结果如表 7.3 最后一列所示。由检验结果可知，当置信度为 95%时，学科发表文章数（$P = 0.000$）、作者数（$P = 0.000$）和成员数（$P = 0.000$）在不同学科水平间具有显著差异，而活跃用户占比（$P = 0.118$）在不同学科水平间的差异并不显著。

2. 用户特征分析

以个人层次数据项的均值作为个人层次的知识交流表现，得到不同学科水平下用户的知识交流特征，如表 7.4 所示。由表 7.4 可知，总体研究兴趣指数、被引量、被阅读量、被关注数在第一级学科水平下具有更高的表现。随着学科水平的下降，各项数据值呈下降趋势，表明高学科水平下的用户在学术虚拟社区中具有更高的影响力。另外，还可以发现在第一级学科水平下用户进行提问和回答的次数更高，随着学科水平的下降，用户提问和回答的次数随之减少，表明高学科水平下用户在学术虚拟社区中进行互动的频率较高。此外，由表 7.4 还可得知，第一级学科水平的用户关注数和 RG 指数最低，随着学科水平的下降，关注数和 RG 指数逐渐升高，而被推荐量、发布成果数和发布项目数在第二级学科水平下表现最高，在第三级学科水平下表现最低。为了进一步探索不同学科水平间的用户知识交流表现是否存在显著差异，本书采用 Kruskal-Wallis 检验进行验证，检验结果如表 7.4 所示。由检验结果可知，当置信度为 95%时，被阅读量（$P = 0.003$）、关注数（$P = 0.000$）、被关注数（$P = 0.003$）和 RG 指数（$P = 0.042$）在不同学科水平间具有显著差异，而其余个人层次的数据项在不同学科水平间的差异并不显著。

表 7.4 不同学科水平的用户表现统计表

学科水平指标	第一级（A+、A、A–）	第二级（B+、B、B–）	第三级（C+、C、C–）	差异的显著性水平
总体研究兴趣指数/次	159.64	159.17	135.40	0.068
被引量/次	282.31	276.55	239.83	0.073
被推荐量/次	3.33	3.51	3.18	0.109
被阅读量/次	1950.40	1850.52	1299.33	0.003^{**}
发布成果数/项	23.77	23.84	21.56	0.373
提问数/个	0.08	0.06	0.00	0.274
回答数/个	0.24	0.14	0.03	0.743
关注数/人	23.04	25.23	25.64	0.000^{***}

续表

学科水平指标	第一级（A+、A、A–）	第二级（B+、B、B–）	第三级（C+、C、C–）	差异的显著性水平
被关注数/人	45.19	40.80	24.06	0.003**
发布项目数/项	0.40	0.43	0.39	0.624
RG 指数	9.47	10.19	10.57	0.042*

*$P<0.05$，**$P<0.01$，***$P<0.001$。

7.2.2　学科水平对知识交流的影响分析

为了探究学科水平对用户知识交流效果的影响，现将可用于衡量综合知识交流效果的 RG 指数作为因变量[①]，学科水平和其余个体层次数据项作为自变量，构建多层线性模型。由于学历信息缺失较多，将不考虑学历对用户知识交流的影响。另外，由于部分个体层次的自变量间存在较强的相关性，因此本研究将首先对个体层次的自变量进行因子分析，将相关性较高的变量归为一类因子，然后运用多层线性模型探究学科水平对用户知识交流效果的不同作用路径及作用效果。

1. 因子分析

首先利用 SPSS 软件检验各个体层次数据项间的相关关系。通过相关矩阵可得，提问数和回答数（$r=0.700$）、总体研究兴趣指数和被引量（$r=0.998$）等多个数据项之间存在显著的相关关系，因此在构建多层线性模型之前有必要对数据进行因子分析处理。对数据进行 KMO 检验和 Bartlett 球形度检验，以进一步判断数据项是否适合做因子分析。经检验，KMO 检验的结果为 0.725，大于 0.7 的标准，且 Bartlett 球形度检验结果小于 0.05，因此，数据项适合做因子分析。

运用主成分分析法按照特征值大于 1 的标准提取公因子，结果如表 7.5 所示。由表 7.5 可知，共提取了 3 个公因子，累计百分比为 72.669%，公因子保留了原始数据的大部分信息，具有较强的解释性。为明晰公因子的含义，更好地对公因子进行解释和命名，采用最大方差法对因子载荷矩阵进行正交旋转，在 4 次迭代后旋转收敛，旋转后的因子载荷矩阵如表 7.6 所示。第一个因子在总体研究兴趣指数、被引量、被推荐量、被阅读量、被关注数和发布成果数上的载荷较高，且这几个数据项均能反映用户在学术

① 韩文，刘畅，雷秋雨. 分析学术社交网络对科研活动的辅助作用——以 ResearchGate 和 Academia.edu 为例[J]. 情报理论与实践，2017，40（8）：105-111.

虚拟社区中的地位和影响力，因此将第一个因子定义为影响力因子。第二个因子在提问数和回答数上的载荷较高，且这两个数据项均能反映用户与其他用户进行交流互动的情况，因此将第二个因子定义为交互因子。第三个因子在关注数和发布项目数上的载荷较高，且这两个数据项均能反映用户获取信息、谋求合作的情况，因此将第三个因子定义为探寻因子。基于以上处理，对所有个人层次、组织层次的变量进行多重共线性检验，结果表明，最大的方差膨胀因子值为 1.533，最小的容差为 0.652。因此，所有方差膨胀因子值均小于 10 的标准，所有容差均大于 0.1 的标准，不存在严重的多重共线性。

表 7.5 总方差解释（单位：%）

因子	初始特征值			提取载荷平方和			旋转载荷平方和		
	总计	方差百分比	累计百分比	总计	方差百分比	累计百分比	总计	方差百分比	累计百分比
1	4.319	43.190	43.190	4.319	43.190	43.190	3.838	38.379	38.379
2	1.944	19.437	62.627	1.944	19.437	62.627	1.865	18.647	57.026
3	1.004	10.042	72.669	1.004	10.042	72.669	1.564	15.644	72.670
4	0.737	7.366	80.035						
5	0.679	6.786	86.821						
6	0.456	4.557	91.378						
7	0.374	3.740	95.118						
8	0.292	2.917	98.035						
9	0.195	1.955	99.989						
10	0.001	0.011	100.000						

表 7.6 旋转后的因子载荷矩阵

指标	因子 1	因子 2	因子 3
总体研究兴趣指数	0.961	–0.031	0.081
被引量	0.955	–0.039	0.050
被推荐量	0.513	0.365	0.356
被阅读量	0.768	0.203	0.214
关注数	–0.023	0.241	0.812
被关注数	0.537	–0.054	0.500

续表

指标	因子 1	因子 2	因子 3
发布成果数	0.883	–0.062	0.207
发布项目数	0.284	–0.042	0.648
提问数	0.005	0.899	0.040
回答数	0.006	0.902	0.094

注：数值下方的下划线表示在该因子上载荷大于 0.5。

2. 多层线性模型

学科水平是组织层次的变量，而影响力因子、交互因子和探寻因子是个人层次的变量，两者均会对 RG 指数产生影响。由于用户的知识交流同时受个人层次因素和组织层次因素的影响，采用传统的多元回归分析容易忽略不同层次变量间的交互作用，因此采用多层线性模型来处理层次结构数据，揭示学科水平对 RG 指数的不同作用路径及作用效果。

首先建立零模型以检验本研究是否适合建立多层线性模型，如式（7.1）所示。RG 指数 $_{ij}$ 为第 j 个学科水平下第 i 个用户的 RG 指数；β_{0j} 为第 j 个学科水平下 RG 指数的平均值；γ_{00} 为所有学科水平下 RG 指数的平均值；r_{ij} 和 μ_{0j} 为随机效应，分别代表用户 RG 指数的差异源于组内差异和源于组间差异的部分。

$$\begin{aligned}&\text{Level1模型：}\ \text{RG指数}_{ij} = \beta_{0j} + r_{ij}\\&\text{Level2模型：}\ \beta_{0j} = \gamma_{00} + \mu_{0j}\end{aligned} \tag{7.1}$$

采用 HLM 6.0 软件进行建模，利用极大似然估计法进行参数估计，得到的零模型参数估计结果如表 7.7 所示。可以看出在方差成分中，组间方差为 0.920 且结果显著（$P = 0.000$），说明不同学科水平下用户的 RG 指数是存在显著差异的。进一步计算得到组内相关系数（ICC）$= 0.027$，该指标低于 Cohen[①]设定的标准，说明组间差异并不明显，学科水平只能解释用户 RG 指数的 2.7%，但计算设计效应得到的结果为 13.22。根据 Muthen 和 Satorra[②]的标准，当设计效应大于 2 时需要考虑数据的层次结构，因此仍需要使用多层线性模型进行分析。

① Cohen J. Statistical Power Analysis for the Behavioral Sciences[M]. 2nd ed. Hillsdale：Lawrence Erlbaum Associates，1988.

② Muthen B O，Satorra A. Complex sample data in structural equation modeling[J]. Sociological Methodology，1995，25：267.

表 7.7 零模型参数估计结果

随机效应	标准差	方差成分	自由度	卡方统计量	P 值
截距项（U_0）	0.959	0.920	8	70.390	0.000***
层 1（R）	5.770	33.296			

$^*P<0.05$，$^{**}P<0.01$，$^{***}P<0.001$。

注：R 表示模型的解释力度。

在零模型的基础上，在 Level1 中引入影响力因子、交互因子和探寻因子以探究个人层次变量的主效果，构建的随机效应模型的参数估计结果见表 7.8。由结果可知，在个人层次的变量中，影响力因子（$P=0.000$）和探寻因子（$P=0.000$）对用户 RG 指数有显著的正向影响。其中，影响力因子对用户 RG 指数的作用最大，其次是探寻因子，而交互因子（$P=0.102$）对用户 RG 指数的影响并不显著。

表 7.8 随机效应模型的参数估计结果

固定效应	标准系数	标准误	t 值	自由度	P 值
截距	11.674	0.638	18.288	8	0.000***
影响力因子	15.221	1.889	8.058	8	0.000***
交互因子	1.079	0.585	1.846	8	0.102
探寻因子	3.501	0.405	8.649	8	0.000***

$^*P<0.05$，$^{**}P<0.01$，$^{***}P<0.001$。

在分析了个人层次变量对 RG 指数的作用之后，接下来将进一步探究学科水平对 RG 指数的作用。根据随机效应模型的参数估计结果，将剔除对 RG 指数没有显著影响的交互因子，保留影响力因子和探寻因子，并在 Level2 中引入学科水平构建完整模型，完整模型的参数估计结果如表 7.9 所示。学科水平对用户 RG 指数的作用主要包括主效果和调节效果两个部分。由参数估计结果可知，学科水平对用户 RG 指数有显著的负向影响（$P=0.000$）。此外，学科水平能够调节影响力因子（$P=0.005$）和探寻因子（$P=0.010$）与用户 RG 指数之间的关系，在低学科水平下，影响力因子和探寻因子对 RG 指数的影响更为明显。

表 7.9 完整模型的参数估计结果

固定效应		标准系数	标准误	t 值	自由度	P 值
截距		15.221	0.713	21.350	7	0.000***
个人层次	影响力因子	25.987	3.016	8.616	7	0.000***
	探寻因子	5.482	0.697	7.866	7	0.000***

续表

固定效应		标准系数	标准误	t值	自由度	P值
组织层次	学科水平	−0.692	0.113	−6.124	7	0.000***
交互作用	影响力因子×学科水平	−2.052	0.493	−4.163	7	0.005**
	探寻因子×学科水平	−0.390	0.106	−3.693	7	0.010*

*P<0.05，**P<0.01，***P<0.001。

7.3　学科水平对知识交流效果影响研究的结果讨论

在组织特征方面，高水平学科的发表文章数和作者数更高。另外，在高学科水平下，学术虚拟社区的注册用户数明显更多，但是社区的活跃度较低，“只注册不使用”的现象较为普遍。

在用户特征方面，高学科水平下的用户及其科研成果在学术虚拟社区中受到的关注明显更多，且用户以问答形式进行学术交流的频率更高。另外，在高学科水平下，用户对其他用户的关注较少，这可能是因为在学术虚拟社区中拥有高学科水平背景的用户不容易找到自己感兴趣且对自己有价值的研究或用户。此外，高学科水平下用户的平均 RG 指数较低，说明高学科水平下绝大多数用户的知识交流效果不佳。

关于学科水平对用户知识交流效果的作用路径及作用效果，由多层线性模型的完整模型参数估计结果可知，学科水平与 RG 指数呈负相关，表明随着学科水平的升高，用户的知识交流效果将会降低。这可能是由于在低学科水平下，用户多出于长期科研需要注册账号，而这部分用户的知识交流行为活跃度较高；在高学科水平下，用户基数虽大，但大部分用户并未长期频繁地使用学术虚拟社区，从而导致知识交流效果在高学科水平下更低。另外，由多层线性模型的随机效应模型参数估计结果可知，影响力因子和探寻因子能够对 RG 指数产生显著影响，且影响力因子的作用效果更大，而交互因子对 RG 指数的影响并不显著。由完整模型的参数估计结果可知，学科水平能够减弱影响力因子和探寻因子对用户 RG 指数的作用，说明在低学科水平下，影响力因子和探寻因子对用户知识交流效果的影响更大。

第 8 章 社区特征对学术虚拟社区知识交流效果的影响研究

8.1 不同类型学术虚拟社区的比较分析

不同类型的学术虚拟社区往往具有不同的特征，这些特征可能会对用户知识交流的效果产生正面或负面的影响，而构建学术虚拟社区的分类体系，有利于总结归纳不同类型社区的特征及优缺点，从而把握不同类型社区的核心价值及其重点发展方向，并对其进行合理利用。本章基于前人对学术虚拟社区的影响因素和分类研究，并根据已有分类角度提取具有代表性的社区特征，确定了规范、内容、交互三大方面下的社区参与限制、审核严格性、举报便利性、感知可靠性、感知丰富性、推送及时性、感知交互强度、感知交互实时性 8 个影响因素。同时，选取当前使用较为广泛，在学者们的科研工作中发挥着重要作用的 5 种学术虚拟社区——学术论坛、学术博客、学术社交网络、学术微信公众号、学术微博，基于感知价值理论、社会资本理论和计划行为理论构建了学术虚拟社区知识交流效果的影响因素模型，并对这 5 种学术虚拟社区在 8 个影响因素下的特征进行对比分析。

社区参与限制是指学术虚拟社区对社区外用户加入社区并参与社区活动的限制程度。学术社交网络通常有严格的社区参与限制，以 ResearchGate 为例，用户在注册时须提供真实有效的身份信息、所在机构信息及所在机构的电子邮件地址，并在验证通过后，才能成为正式用户。同样，学术博客的社区参与限制也较强，以科学网—博客为例，用户在注册与开通时须提供真实姓名、所在机构、专业、职称、学历、联系方式等信息，且会有人员对信息进行核实。而学术微信公众号、学术论坛和学术微博对社区参与的限制则较弱：学术微信公众号对用户的关注与使用通常不设限制，学术论坛和学术微博则允许用户匿名注册并参与社区内的活动。

审核严格性指学术虚拟社区依据其审核规范对用户发布内容进行审查

与核实的严格程度，不符合相应规范的内容将被删除。因此，社区的审核标准是社区成员发布内容时应遵循的准则。学术论坛与学术微博对内容审核的严格性较弱，在不涉及相关敏感词和违禁词、不触及相关法律法规、不违反社区相应条款的前提下，成员可自由发表言论。而学术微信公众号则会人为地对用户评论进行筛选，只有通过筛选的评论才会展示在页面上。学术社交网络和学术博客则在此基础上对内容质量有一定要求，如在学术社交网络 ResearchGate 中，与主题无关的内容和可以用搜索工具轻易检索到的内容是不允许被发布的。

举报便利性是指当社区成员在使用社区过程中发现他人的不当言论时，能够立刻对之进行举报，从而维护社区良好氛围的便利程度。以 ResearchGate 为例的学术社交网络提供了非常便利的举报手段，能够对研究项目、项目更新和回复、评论、问题及答案等多种形式的内容进行举报，且举报按钮在每一种形式内容的详情页面上，十分清晰直观。与之类似，学术微信公众号、学术论坛和学术微博也都提供了便利的举报措施，用户可轻易地在页面上找到相应的举报按钮。但学术博客的举报便利性则相对较弱，以科学网—博客为例，在其网站首页、博文详情页、个人博客主页等多个页面上均未见相关的举报按钮，用户缺乏相应的举报手段。

感知可靠性指信息需求者对信息来源的可靠性和可信性的感知[①]。对于学术论坛和学术微博来说，首先，成员加入的不受限制和匿名参与，使得社区内用户的学术水平参差不齐，所发表内容的质量无法保证；其次，社区内相对自由宽松的交流环境使得话题讨论过于宽泛，甚至偏离主题，带来大量冗余、无序信息，增加用户检索成本。因此，在这两类社区中用户感知到的可靠性较低。而学术微信公众号、学术博客和学术社交网络则不同，学术微信公众号的内容大多由官方整理发布，可靠性更高；而学术博客和学术社交网络由于对成员加入设有限制且要求实名参与，在一定程度上保证了用户质量和内容质量，同时社区内的信息往往与其所在主题高度相关，冗余信息较少，用户通常感知到更强的可靠性。

感知丰富性是指用户对学术虚拟社区中内容的多样性和丰富性的感知，当社区中的内容涵盖多个学科领域、涉及多样化的交流主题时，用户的感知丰富性较强。用户在使用学术论坛时通常能感知到较强的内容丰富

---

① Chaiken S. Heuristic versus systematic information processing and the use of source versus message cues in persuasion[J]. Journal of Personality and Social Psychology，1980，39（5）：752-766.

性。以小木虫为例，在学科领域方面，小木虫涵盖了化学化工、材料、人文经济、生物医药、数理综合、食品、信息科学、土木建筑等多个学术专业门类，并建立了相应的学术群组；而在交流主题方面，涉及论文投稿、出国留学、注册执考、文献求助、资源共享、学术会议等多样化的交流话题，并支持学术资源的上传与求助，内容十分丰富。同样，学术社交网络和学术博客也都提供了丰富的内容，以科学网为例的学术博客囊括了生命科学、医学科学、化学科学、工程材料、信息科学、地球科学、数理科学、管理综合 8 个专业领域；学术社交网络 ResearchGate 则在提供多种学科专业的基础上，为用户提供了论文分享、项目发布、学术影响力评价、岗位推荐等多样化的交流方式。学术微信公众号和学术微博的内容多样性则相对较弱，当关注特定领域的公众号或微博后，只能获取该领域内的信息，交流话题也较为局限。

推送及时性是指社区将用户关注或感兴趣的内容推送给用户的及时程度。对于学术微信公众号而言，订阅推送是其主要功能，用户在关注某一公众号后，就会收到来自该公众号的推送消息。订阅号每天都可进行消息推送且推送时间灵活，也就意味着发布者可以在信息更新时及时将其推送给用户，其信息推送的及时性较高。学术社交网络和学术微博也具有较高的推送及时性，均可根据用户关注来实时推送学术动态，并根据用户浏览历史进行个性化推荐。而学术论坛和学术博客则缺少相应的推送机制，无法将最新的学术信息推送给用户。

感知交互强度是指社区成员与其他用户建立连接并进行交流互动的频率高低。学术论坛具有强大的互动性，发帖和回帖是其主要功能，用户可以就自己感兴趣的话题发表见解，也可以发布遇到的科研难题以寻求帮助，其他用户则通过回帖与其展开交流。除此之外，用户还可通过评论、分享、点赞、收藏、送红花、站内消息等方式与其他用户进行互动。学术社交网络也提供了良好的交互功能，以 ResearchGate 为例，用户可在社区中建立个人主页，通过添加好友、发送消息、发布内容、评论、分享、推荐等方式与其他人进行交流互动，在其个人主页上详细显示了该作者的社交网络，包括关注与被关注情况、重要合作者等。社区还允许组建研究小组来帮助用户更好地与他人建立合作关系。对于学术微信公众号而言，在公众号向用户推送信息后，一方面用户可以通过评论发表观点（公众号会对评论进行筛选，通过筛选的评论才会显示在页面上），另一方面可将内容分享给朋友，或将其分享至群聊和朋友圈，并在此基础上与分享对象进行交流。这样的分享与交流虽然局限在自己的微信好友范围内，但却更具针对性，可以有选择性地将信息分享给需要的人，因此也有较好的交互效果。用户在学术博客和学术微博中的交互则相对较弱，这两种社区提供的交互方式有限且用户参与交互的积极性不高。

感知交互实时性是指社区成员感知到他人对其行为做出回应的及时程度。学术社交网络和学术微信公众号依托社交平台，能够实时收到他人的消息和反馈，并对他人发起的交互行为做出响应，因而有较高的交互实时性。学术论坛、学术博客和学术微博则只有当成员登录相应平台时才能查看他人的评论、回复或消息，交互实时性较低。

将不同学术虚拟社区在规范、内容、交互方面的特征进行整理，如表 8.1 所示。

表 8.1　不同学术虚拟社区的特征表现

维度	社区特征	学术社交网络	学术微信公众号	学术论坛	学术博客	学术微博
规范	社区参与限制	注册时需提供真实身份信息，用所在机构电子邮件地址进行验证	对用户的关注与使用不设限制	可匿名参与，限制较弱	注册时需提供真实身份信息，对用户学历或职称有要求	可匿名参与，限制较弱
	审核严格性	对内容质量有要求	会筛选用户评论	不涉及敏感词和违禁词即可	对内容质量有要求	不涉及敏感词和违禁词即可
	举报便利性	举报按钮呈现直观，举报流程简单	举报按钮呈现直观，举报流程简单	举报按钮呈现直观，举报流程简单	缺乏相应举报手段	举报按钮呈现直观，举报流程简单
内容	感知可靠性	能在一定程度上保证用户质量和内容质量，可靠性高	内容大多由官方整理发布，可靠性高	交流环境宽松，学术水平参差不齐，无法保证内容质量	能在一定程度上保证用户质量和内容质量，可靠性高	交流环境宽松，学术水平参差不齐，无法保证内容质量
	感知丰富性	涵盖多个专业门类，涉及多样化的交流话题，支持资源的上传	涉及领域、交流话题较为局限	涵盖多个专业门类，涉及多样化的交流话题，支持资源的上传	涵盖多个专业门类，涉及多样化的交流话题，支持资源的上传	涉及领域、交流话题较为局限
	推送及时性	可根据用户关注实时推送学术动态	可根据用户关注实时推送学术动态	缺少相应的推送机制	缺少相应的推送机制	可根据用户关注实时推送学术动态
交互	感知交互强度	交互方式多、氛围好、频率高	可将内容分享给朋友、群聊、朋友圈	交互方式多、氛围好、频率高	交互方式有限、用户参与交互的积极性不高	交互方式有限、用户参与交互的积极性不高
	感知交互实时性	能实时收到他人消息并及时做出回应	能实时收到他人消息并及时做出回应	只有登录才能查看他人消息	只有登录才能查看他人消息	只有登录才能查看他人消息

8.2 社区特征对知识交流效果影响的研究假设

8.2.1 学术虚拟社区规范特征相关假设

社区参与限制是指学术虚拟社区对社区外用户加入社区并参与社区活动的限制程度。董涛[①]在研究学术社交网络的持续使用行为时，将平台规范纳入影响因素的研究模型。社区对用户参与和加入的限制规则是一种社区规范，学术社交网络和学术博客对用户的参与有着严格的限制，门槛较高，通常只有科研人员或教学工作者可以通过审核并加入社区参与知识交流，相当于社区对参与成员进行了一次筛选，留下了有科研能力或科研需求的学术工作者。与学术论坛和学术微博对参与人员不设限制相比，这样的限制和筛选能够一定程度上提高社区内的交流质量，使得社区内的知识更具专业性和准确性，因而社区成员更容易获得所需知识。此外，学术社交网络和学术博客的实名参与会约束其成员行为，减少不当言论的产生和不实信息的发布，一定程度上保证了内容质量，因而有利于成员的知识获取与学习。因此，提出如下假设。

H1：社区参与限制对用户的感知学习有正向影响。

审核严格性指学术虚拟社区依据其审核规范对用户发布内容进行审查与核实的严格程度，不符合相应规范的内容将被删除。学术虚拟社区是科研工作者进行知识交流与信息共享的平台，主要依靠社区成员自发上传学术资源或分享学术观点和学术信息。因此，通过建立严格的审核机制来控制社区内的噪声信息和不当言论显得格外重要[②]。一方面，严格的审核机制能够对社区内无关信息，甚至低质量信息进行过滤，从而提高用户检索到有用信息的效率[③]，使其感知到更高的学习价值。另一方面，根据计划行为理论的主观规范维度，社区内的规范和交流氛围会使用户感受到来自社区和其他用户的环境压力，并因此影响用户在社区中的交流和分享行为[④]。良好的社区治理和社区审核规范在对创作者的行为进行

① 董涛. 学术社交网络用户使用行为与服务优化研究[D]. 南昌：南昌航空大学，2019.

② 张宁，袁勤俭. 用户视角下的学术社交网络信息质量影响因素研究——基于扎根理论方法[J]. 图书情报知识，2018，35（5）：105-113.

③ 皇甫军. 科研社交网络平台功能因素和用户行为的相关性分析[J]. 情报科学，2017，35（8）：62-67.

④ 金丹. 基于计划行为理论的微信用户知识共享意愿影响因素研究[D]. 北京：北京邮电大学，2015.

约束的同时，也提升了其在创造和贡献知识过程中的认知专注[①]，并正向激励了其创作内容的质量水平[②]，从而使其感知到更高的贡献价值。因此，提出如下假设。

H2-1：审核严格性对用户的感知学习有正向影响。

H2-2：审核严格性对用户的感知贡献有正向影响。

举报便利性是指当社区成员在使用社区过程中发现他人的不当言论时，能够立刻对之进行举报，从而维护社区良好氛围的便利程度。有学者指出，社区让用户感知到的规范性越强，就越能促进交流和学习过程的开展[③]。举报功能作为审核机制的补充，是一种会对用户行为起到约束作用的社区规范，能够有效甄别出在审核环节中漏掉的不当信息，且所有社区成员都被赋予了使用此项功能的权利，因而在某种程度上比审核机制更加严格。此外，有学者通过实证研究发现，功能易用性是一种社区环境影响因素，当社区的功能设计贴近用户并能使用户感受到便利性时，用户会对社区产生好感并积极参与社区活动或进行知识分享[④]。当社区的举报功能布局合理和使用便利时，更加能够促进用户参与并鼓励成员贡献高质量内容。同时，成员间的相互监督有助于营造积极的社区氛围，提供高效且愉悦的知识交流体验，这将使知识提供者感知到良好的贡献价值，并使知识获取者感知到较高的学习价值。因此，提出如下假设。

H3-1：举报便利性对用户的感知学习有正向影响。

H3-2：举报便利性对用户的感知贡献有正向影响。

8.2.2　学术虚拟社区内容特征相关假设

感知可靠性指信息需求者对信息来源的可靠性和可信性的感知。经过专业机构认证或具备某领域的专业知识的信息来源通常被认为是一具有高水平可靠性的[⑤]。对于来源可靠性更高的信息，用户倾向于付出较少的认知努力，

---

① Yan Y L，Davison R M，Mo C Y. Employee creativity formation：The roles of knowledge seeking，knowledge contributing and flow experience in Web 2.0 virtual communities[J]. Computers in Human Behavior，2013，29（5）：1923-1932.

② 朱冰杰. 社交网络媒体平台的用户内容生成与审核机制研究[D]. 北京：北京邮电大学，2015.

③ 杨丽娜，颜志军，孟昭宽. 虚拟学习社区有效学习发生影响因素实证研究[J]. 中国远程教育，2012（1）：52-57，95-96.

④ 荀凡. 虚拟学术社区科研人员合作行为影响因素研究[D]. 武汉：华中师范大学，2019.

⑤ McCracken G. Who is the celebrity endorser? Cultural foundations of the endorsement process[J]. Journal of Consumer Research，1989，16（3）：310.

且只依据简单的线索和浅层思考就做出对目标的判断[①]。在学术虚拟社区中，对于知识获取者来说，若他们感知到社区中的知识来源是可靠且值得信赖的，则当他们搜索到满足其需求的某类信息时，会在简单判断后产生积极反应，对所获得信息的价值给予认可，并感知到更强烈的学习价值，从而更倾向于在该社区中搜索所需知识并与他人展开知识交流。因此，提出如下假设。

H4：感知可靠性对用户的感知学习有正向影响。

感知丰富性是指用户对学术虚拟社区中内容的多样性和丰富性的感知，当社区中的内容涵盖多个学科领域、涉及多样化的交流主题时，用户的感知丰富性较强。张熠等[②]将丰富性定义为用户感知到的内容的丰富度，主要从资源丰富性、功能丰富性、模式多样化 3 个方面对其进行衡量，用户对丰富性的不同程度的感知将影响用户的知觉体验。其中，资源丰富性指涉及广泛的学术领域以及有丰富的专家资源；功能丰富性指具有如求职招聘、在线教育等多样化的实用功能；模式多样化则表现为能够基于会话关系或连接关系等多种交流模式进行交流。本书在前人对丰富性的定义和划分基础上将学术虚拟社区中内容的丰富性定义为社区涵盖完善的学科领域、涉及多样的交流话题、积累丰富的学术资源，能够提供满足不同专业领域学者的学科选择，使有相同交流话题的用户聚集在某一具体话题下展开有针对性的讨论，并帮助用户获取需要的学术资源时，该社区能使用户感知到的内容丰富性越高。

完善的学科领域一方面能满足不同专业领域内学者的科研需求，另一方面有利于学者从更全面的角度出发，开展跨学科的知识交流与融合[③]，从其他学科中汲取灵感并将其运用至本学科的研究中，这与将视线局限在特定范围的学科领域相比，更能激发学者的创造性，因而使其感知到更高的学习价值。交流主题的多样性则能够满足学者多样化的学术需求，并为相同目标用户的聚集提供可能。用户可在某具体主题下获取所需信息，并与其他学者展开交流，了解该主题的最新进展和前人的研究经验。更具针对性和目的性的学术交流能够为研究者节约时间、提高效率，使其获得更好的学习效果。因此，提出如下假设。

H5：感知丰富性对用户的感知学习有正向影响。

---

① 查先进，张晋朝，严亚兰. 微博环境下用户学术信息搜寻行为影响因素研究——信息质量和信源可信度双路径视角[J]. 中国图书馆学报，2015，41（3）：71-86.

② 张熠，耿冰倩，张翼. 用户体验视角下国内学术虚拟社区评价指标体系构建——基于 D-S 证据理论[J]. 现代情报，2019，39（8）：73-83.

③ 赵玉冬. 基于网络学术论坛的学术信息交流研究[J]. 图书馆学研究，2010（19）：40-43.

推送及时性是指社区将用户关注或感兴趣的内容推送给用户的及时程度。在学术虚拟社区内，用户通常根据自己的科研需求或兴趣爱好去关注某个特定的话题或某个专业领域的用户，这一关注行为具有极强的目的性和主观性[①]，反映了用户的真实需求，将这些内容推送给用户，能够更具针对性地满足其知识需求；而与用户主动搜索信息不同，关注内容的实时推送能够降低用户的搜寻成本。此外，信息的及时推送还能够帮助研究者掌握最新研究进展。由此可知，信息的推送及时性能提高用户获取知识的效率，使其感知到更高的学习价值。因此，提出如下假设。

H6：推送及时性对用户的感知学习有正向影响。

8.2.3　学术虚拟社区交互特征相关假设

感知交互强度是指社区成员与其他用户建立连接并进行交流互动的频率高低。交互过程涉及知识获取者和知识提供者两种角色，且两种角色并非固定。对于某一位成员来说，当其在社区内搜寻并获取知识时，他就是知识获取者，而当其在社区内贡献知识时，他就是知识提供者。

在学术虚拟社区中，用户间的交流与互动是促进知识共享的基础。已有研究证明，在社交媒体情景下，用户间更高程度的互动会影响其社会认知和注意力，并因此影响其心理和行为[②]。用户间的交互通常建立在其共同点之上，如交互双方可能来自同一专业领域，或有相同的科研兴趣，或对某一话题有相同或相似看法，这些相同点成为用户间的纽带，使其更容易与他人展开知识交流，因而知识获取者能从交流中感知到更高的学习价值，而知识提供者则能感知到更高的贡献价值[③]。此外，根据社会资本理论的结构资本维度，成员间交流频率的提高会增强成员间的关系强度，并最终促进社区内的知识交流；随着成员间互动强度和频率的提高，知识获取者在社区中获取的信息和知识也就更多[④]，而贡献这些知识的提供者则更能感知到自己的价值体现。因此，提出如下假设。

---

① 侯璐. 科研类微信公众号学术信息交流机制研究[D]. 长春：东北师范大学，2018.

② Sherman L E，Payton A A，Hernandez L M，et al. The power of the like in adolescence：Effects of peer influence on neural and behavioral responses to social media[J]. Psychological Science，2016，27（7）：1027-1035.

③ 甘春梅，王伟军. 学术博客持续使用意愿：交互性、沉浸感与满意感的影响[J]. 情报科学，2015，33（3）：70-74，94.

④ Zhao L，Lu Y B，Wang B，et al. Cultivating the sense of belonging and motivating user participation in virtual communities：A social capital perspective[J]. International Journal of Information Management，2012，32（6）：574-588.

H7-1：感知交互强度对用户的感知学习有正向影响。

H7-2：感知交互强度对用户的感知贡献有正向影响。

感知交互实时性是指社区成员感知到他人对其行为做出回应的及时程度。杨燕①从互惠的角度出发探究用户间的交互关系，最终的研究结果表明，当用户感受到自己的付出能够得到及时、同等程度的回报时，他们的贡献意愿会更加强烈。张熠等②从时效性角度出发，认为时效性是指内容从发布、接收到使用的间隔时间长短和效率高低，其中回复速度是衡量时效性的一个重要指标，指用户在社区内发布问题或发起交互后其他用户回应他的速度，大多数用户都希望能够在社区中与同行就当下热点话题开展实时的沟通与交流。一般来说，用户希望他们在学术虚拟社区内发布的内容得到回应。例如，当其在社区中发表自己的看法时，他希望能与他人进行讨论或得到他人的认同，而发布学术问题则是希望得到其他用户的帮助与解答。由于知识的获取与贡献是相互的，当用户在社区内贡献知识的同时，也会期望将来能获取知识以作为他们所投入的成本和时间的回报③。因此，当用户发表的内容得到他人及时、快速的回复时，他们将感受到公平和满意④，并有动力继续为社区贡献知识。积极快速的交互响应能使交互双方感觉到尊重与肯定，有利于营造良好的互动氛围，提高学习者和贡献者在知识交流过程中的效率，使知识学习者感知到较高的学习价值，而知识贡献者感知到较高的贡献价值。因此，提出如下假设。

H8-1：感知交互实时性对用户的感知学习有正向影响。

H8-2：感知交互实时性对用户的感知贡献有正向影响。

8.3　社区特征对知识交流效果影响的研究模型

将上述研究假设进行整合，得到如图 8.1 所示的研究模型。

---

① 杨燕. 虚拟学术社区用户知识贡献动机研究[D]. 武汉：武汉大学，2017.

② 张熠，耿冰倩，张翼. 用户体验视角下国内学术虚拟社区评价指标体系构建——基于 D-S 证据理论[J]. 现代情报，2019，39（8）：73-83.

③ McLure Wasko M M，Faraj S. Why should I share? Examining social capital and knowledge contribution in electronic networks of practice[J]. MIS Quarterly，2005，29（1）：35-57.

④ Zhao L，Lu Y B. Enhancing perceived interactivity through network externalities：An empirical study on micro-blogging service satisfaction and continuance intention [J]. Decision Support Systems，2012，53（4）：825-834.

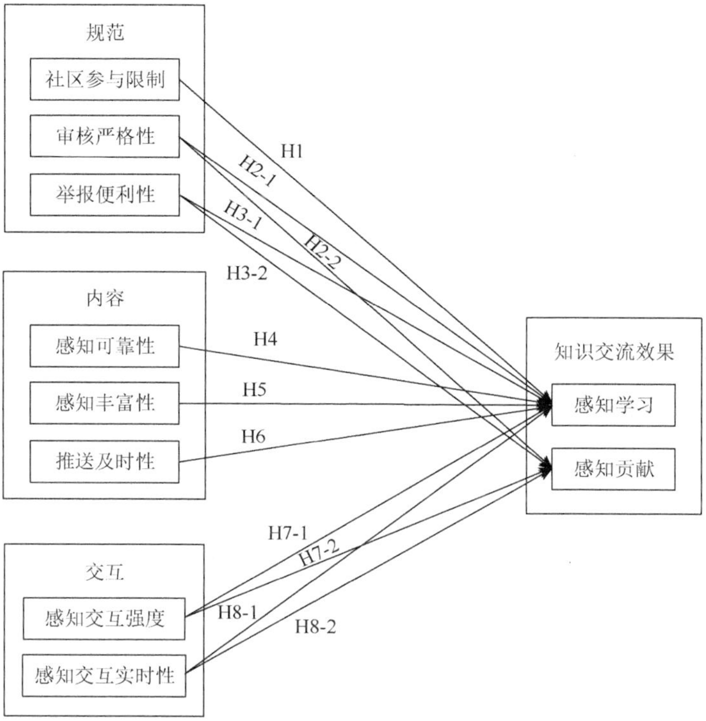

图 8.1　学术虚拟社区特征对知识交流效果影响的研究模型

8.4　社区特征对知识交流效果影响研究的问卷设计与样本收集

8.4.1　情景设计

本研究共有 8 个情景变量，高 vs 低水平组合共有 256 种情景，利用 SPSS 软件正交实验降维后共生成 12 种情景组合，具体情景分组情况见表 8.2。

表 8.2　情景分组情况

情景分组	社区参与限制	审核严格性	举报便利性	感知可靠性	感知丰富性	推送及时性	感知交互强度	感知交互实时性
1	低	高	高	低	高	高	高	低
2	高	高	高	低	低	低	高	低
3	高	高	低	高	高	低	低	低
4	高	低	高	低	高	高	低	高

续表

情景分组	社区参与限制	审核严格性	举报便利性	感知可靠性	感知丰富性	推送及时性	感知交互强度	感知交互实时性
5	高	低	低	高	高	高	高	低
6	高	低	高	高	低	低	高	高
7	低	低	高	高	低	高	低	低
8	低	低	低	低	高	低	高	高
9	低	高	低	高	低	高	高	高
10	低	低	低	低	低	低	低	低
11	高	高	低	低	低	高	低	高
12	低	高	高	高	高	低	低	高

在借鉴已有研究的基础上，参考学术论坛、学术博客、学术微博、学术社交网络、学术微信公众号等不同学术虚拟社区的实际特征和功能对每一个情景变量进行设计和编制，在问卷中以文字加图片的形式进行展示。同时，针对情景的设计和描述进行小范围的访谈，确认被试者能准确感知和分辨情景的高、低水平，对不能被准确感知的情景进行修改和调整，具体情景描述如表 8.3 所示。

表 8.3　8 个变量在不同水平下的情景描述

变量	水平	情景描述
社区参与限制	高	A 社区在其注册页面提出了注册要求，用户需要提交姓名、研究领域、所在机构等真实信息，会有专门人员对信息进行核实，审核通过才能正式加入社区
	低	所有人都可加入 A 社区，申请时提交虚拟的用户名和邮箱，验证邮箱后即可激活账号，社区不会对用户身份进行审核
审核严格性	高	在 A 社区中，您在“论文投稿”的话题下发布了关于“学术会议”的内容，第二天收到社区发送的通知称该内容没有通过审核，已被删除。您用从百度随意检索、复制得来的内容回答了用户提出的学术疑问，也被社区删除了。此外，社区还规定您发布的内容不能涉及敏感词和违禁词、不能触及法律法规
	低	A 社区的交流环境比较宽松，除不能发布涉及违禁词的内容以外，您可以自由发表言论，社区只会删除含有违禁词的内容
举报便利性	高	A 社区支持对不当内容的举报，举报按钮位于内容详情页面的右上角，点击举报按钮，在勾选或填写举报原因后即可提交
	低	A 社区没有在页面上设置举报按钮，您需要在获取管理员邮箱后，通过发送邮件与管理员联系对不当内容进行举报，邮件中您需要详细描述举报对象和举报原因

续表

变量	水平	情景描述
感知可靠性	高	A 社区用户的个人主页上展示了用户的真实身份信息，包括姓名、研究机构、专业、影响力、研究概况等。您随机找到一位来自南京大学的用户，她在社区内共发布了 134 个研究条项，成果引用数是 1818。您还在社区内看到了很多来自清华大学、北京交通大学、哥伦比亚大学等高校的用户。您在社区内浏览“SPSS 软件的使用”这一话题，话题下共有 10 条讨论，其中的 9 条是您觉得有用的内容
	低	A 社区的用户名是虚构的，您无法知晓用户的所在机构、研究领域、研究成果等真实身份信息。您在社区内浏览“SPSS 软件的使用”这一话题，话题下共有 20 条讨论，其中 1 条是您觉得有用的内容，在其他社区浏览类似话题时，平均有 6～7 条有用信息
感知丰富性	高	A 社区涵盖了化学化工、材料、人文经济、生物医药、数理综合、信息科学、土木建筑等学科专业门类，并建立了相应的学术群组；涉及论文投稿、出国留学、注册执考、文献求助、学术会议等交流话题；文献求助版块一周内有 30000 多篇文献应助成功，您也可以针对想获取的资源向其他用户发起求助
	低	A 社区设立了人文经济一个学术群组，涉及论文投稿这一个交流话题，社区不支持学术资源的上传与存储。而在其他社区通常设立 5～6 个学术群组，涉及 4～5 个交流话题，并支持文献的求助和应助
推送及时性	高	您加入 A 社区已经一个月了，每天都会收到社区的推送。最近您正在学习使用 SPSS 软件，于是在社区中关注了“SPSS 的学习与使用”这个话题，今天您收到了来自 A 社区的消息，是关于该话题的最新讨论
	低	您加入 A 社区已经一个月了，偶尔会收到社区的推送，今天收到的推送内容您三四天前已在别的社区看到过。最近您正在学习使用 SPSS 软件，于是在社区中关注了“SPSS 的学习与使用”这个话题，在您未主动搜索该话题的 5 天时间里，您并不知晓该话题的更新情况
感知交互强度	高	在 A 社区中，您可以通过添加好友、发送消息、发布内容、发表评论、推荐内容等方式与他人进行交流互动，也可以通过组建研究小组来与同行建立合作关系。个人主页上详细展示了该成员的社交网络，包括关注与被关注情况、重要合作者等。您在该社区中发布了一个关于“论文投稿与发表”的问题，在其他社区中提出的类似问题平均能得到 3～4 条回复，在 A 社区中最终得到了 14 位用户的解答
	低	A 社区更侧重学术文章的发布，评论已发布的文章是社区提供的主要交流方式，其他社区通常还提供除此之外的 4～5 种交互方式。您评论了社区内的一篇学术文章，在其他社区平均能得到 5～6 条回复，在 A 社区中收到了 1 条回复
感知交互实时性	高	您在 A 社区中给一位学术同行发送了站内消息并关闭了社区页面，5min 后您收到了来自社区的通知，是该同行对您消息的回复。您在社区中回答了“如何进行信度检验”这一问题，关闭页面 3min 后就收到了社区的通知，是发布问题的用户对您做出的回复，在其他社区收到回复的时间平均是 2～3 天
	低	您在 A 社区中给一位学术同行发送了站内消息，30 天后看到同行对您的消息回复。您在社区中提出了“如何进行信度检验”这一问题，10 天后得到同行的回复，在其他社区中收到回复的时间平均是 2～3 天

8.4.2　量表设计

量表制定主要参考了国内外相关研究中相似测量项的题项，并结合研究内容进行修改和调整，同时根据学术虚拟社区的实际特征和功能，为新增测量维度设计题项。采用利克特量表进行测量，从“非常不同意”到“非常同意”。为保证样本数据的有效性，设置两个反义题项于“推送及时性”和“感知交互实时性”的测量项中。以“推送及时性”为例，增加了“我不认为A社区会将最新的学术资讯推送给我”这一反义题项，当被试者对正反题项的作答态度一致时认为此份答卷是无效的。此外，若被试者的作答时间远少于正常时间，则剔除该问卷。量表的所有题项及参考文献见表8.4。

表8.4 量表的所有题项及参考文献

变量	测量题项	参考文献
社区参与限制（CPL）	（1）我认为A社区对参与用户的身份是有限制的； （2）我认为A社区的参与是有一定门槛的； （3）我认为A社区的注册流程是严格的； （4）我感觉A社区对用户的参与有严格的要求	Harmon 和 Coney①
审核严格性（CS）	（1）根据A社区对话题无关内容的处理方式，我认为该社区对内容相关性有严格的要求； （2）根据A社区对可轻易检索到的内容的处理方式，我认为该社区对内容质量有严格的要求； （3）我感觉A社区对社区内容进行了严格地把控	本书创建
举报便利性（RC）	（1）我认为我可以轻易找到A社区的举报按钮； （2）我认为A社区的举报过程不会耗费我太多精力； （3）我感觉A社区的举报功能是容易使用的	本书创建
感知可靠性（PR）	（1）我认为A社区的用户是值得信赖的； （2）我认为从A社区中获取的学术资源是可靠的； （3）我认为A社区中其他用户对我提出的问题的解答是可靠的； （4）我感觉A社区中的内容有较高的可信度	Bhattacherjee 和 Sanford②
感知丰富性（PV）	（1）我认为我可以在A社区找到我感兴趣的学术群组； （2）我认为我可以在A社区找到我感兴趣的学术话题； （3）我认为我可以在A社区获取我需要的学术资源； （4）我感觉A社区提供的内容可以基本满足我多样化的学术需求	McKinney 等③
推送及时性（PT）	（1）我认为A社区会将最新的学术资讯推送给我； （2）我认为A社区会及时将我关注话题的更新推送给我； （3）我不认为A社区会将最新的学术资讯推送给我； （4）我感觉A社区推送给我的内容总是最新的	Wixom 和 Todd④

① Harmon R R，Coney K A. The persuasive effects of source credibility in buy and lease situations[J]. Journal of Marketing Research，1982，19（2）：255-260.

② Bhattacherjee A，Sanford C. Influence processes for information technology acceptance：An elaboration likelihood model[J]. MIS Quarterly，2006，30（4）：805-825.

③ McKinney V，Yoon K，Zahedi F M. The measurement of web-customer satisfaction：An expectation and disconfirmation approach[J]. Information Systems Research，2002，13（3）：296-315.

④ Wixom B H，Todd P A. A theoretical integration of user satisfaction and technology acceptance[J]. Information Systems Research，2005，16（1）：85-102.

续表

变量	测量题项	参考文献
感知交互强度（PII）	（1）利用 A 社区提供的交互方式，我认为我可以与同行产生较多互动； （2）我认为我在 A 社区中发起的互动能得到其他用户的积极回应； （3）我认为 A 社区可以帮助我与学术同行建立更加密切的联系； （4）我感觉在 A 社区用户间的交流互动是频繁的	Hoffman 和 Novak①，王倩倩②
感知交互实时性（PIR）	（1）我可以通过 A 社区实时与学术同行联系； （2）我可以通过 A 社区实时与同行讨论学术话题； （3）我可以通过 A 社区实时收到同行对学术疑问的解答； （4）我无法通过 A 社区实时与学术同行联系； （5）我感觉在 A 社区可以实时与其他用户开展学术交流	Song 和 Zinkhan③
感知学习（PL）	（1）我认为在 A 社区我获得了我所需要的学术资源； （2）我认为在 A 社区我的学术问题得到了专业的解答； （3）我认为在 A 社区我获取学术信息的效率得到了提高； （4）我认为 A 社区在学术上给我提供了有价值的帮助	Agarwal 和 Karahanna④
感知贡献（PC）	（1）我认为我给 A 社区其他用户分享了专业的学术资源； （2）我认为我对 A 社区其他用户的学术问题给出了专业的解答； （3）我感觉我给 A 社区其他用户提供了有价值的帮助	张乐⑤

注：此表删除了因子载荷低于 0.5 的题项。

8.4.3 问卷预调查与改进

在情景与量表设计之后，本书对设计好的问卷进行了预调查。预调查的目的是确保情景的描述简洁清晰且没有歧义，调查对象在理解时不会耗费太大精力；同时保证测量题项描述准确，设置合理。最终预调查共回收问卷 52 份，剔除无效问卷后剩余 45 份。根据预调查的结果和被试者的反馈，对问卷进行了如下修改：①部分题项的情景描述中增加图片，使情景的展现更加直观；②对不能被准确理解的情景描述进行修改，消除歧义，让被试者的感知更加真实和强烈；③对存在误解的问卷题项进行进一步的修改。最终问卷详见附录 4。

8.4.4 样本收集

基于上述量表设计及预调查的结果反馈，本研究在使用问卷星完成问

① Hoffman D L，Novak T P. Marketing in hypermedia computer-mediated environments：Conceptual foundations[J]. Journal of Marketing，1996，60（3）：50-68.

② 王倩倩. 网络教学平台感知交互性对用户行为意向的影响研究[D]. 杭州：浙江财经大学，2018.

③ Song J H，Zinkhan G M. Determinants of perceived web site interactivity[J]. Journal of Marketing，2008，72（2）：99-113.

④ Agarwal R，Karahanna E. Time flies when you're having fun：Cognitive absorption and beliefs about information technology usage[J]. MIS Quarterly，2000，24（4）：665.

⑤ 张乐. 学术虚拟社区中个体知识贡献意愿影响因素的实证研究[D]. 太原：山西财经大学，2016.

卷制作后，将包含 12 个不同情景组合的问卷通过微信、QQ、论坛等多个渠道随机发放给调查对象，最终收集到 302 份问卷。为保证问卷的有效性，依据以下原则对无效问卷进行删除：①删除作答时间少于 250s 的问卷；②删除选项全部一致的问卷；③删除没有辨认出反义题项的问卷。为保证后续分析的正确性，结构方程模型对样本量的要求是超过问卷题项数的 5 倍，本研究共设置了 38 个题项，即要求样本量超过 190，本研究最终得到 241 份有效问卷，有效率为 79.80%，满足要求。

8.5 社区特征对知识交流效果影响研究的数据分析

8.5.1 人口统计特征描述

对有效样本数据的人口统计特征进行描述性统计，结果如表 8.5 所示。可以看出，男性占比 43.57%，女性占比 56.43%，男女比例接近 1∶1，较为均衡。样本的年龄主要集中在 18～30 岁，占比 92.94%。受教育程度以本科和硕士为主，分别占比 36.10%和 58.09%。由于学术虚拟社区的学术性特点，其使用者主要是有学术需求或学术兴趣的高学历人群，所以样本的学历特征与学术虚拟社区目标人群的学历特征是相符的，样本具有一定代表性。从调查对象使用学术虚拟社区的情况来看，91.29%的受访者使用学术虚拟社区的时间超过了 1 年，63.07%的被试者每周会使用 1 次及以上，因此研究样本有丰富地使用学术虚拟社区的经验，对学术虚拟社区的特征和功能的理解更加深刻，有利于开展调查。综上，样本能够代表学术虚拟社区的使用人群，且能够较好地理解社区的特征和功能，符合样本需求。

表 8.5 样本的人口统计特征

人口统计特征	分类	样本数	占比/%
性别	男	105	43.57
	女	136	56.43
年龄	18～25 岁	132	54.77
	26～30 岁	92	38.17
	31～40 岁	13	5.39
	41 岁及以上	4	1.67
受教育程度	大专及以下	1	0.41
	本科	87	36.10

续表

人口统计特征	分类	样本数	占比/%
受教育程度	硕士	140	58.09
	博士（含在读）	13	5.4
使用学术虚拟社区的年限	1 年以下	21	8.71
	1～2 年	85	35.27
	2～3 年	89	36.93
	3～5 年	32	13.28
	5 年以上	14	5.81
使用学术虚拟社区的频率	几乎不使用	24	9.96
	一个月 1 次	65	26.9
	一周 1 次	76	31.54
	一周 3～5 次	55	22.82
	几乎每天使用	21	8.71

8.5.2　测量指标的统计分析

本章研究包含 10 个构念，共 38 个测量项，利用 SPSS 软件进行描述性统计和单样本 K-S 检验，结果如表 8.6 所示。所有测量项的显著性均为 0.000，小于 0.05，数据呈现非正态分布，选择偏最小二乘法进行后续分析。

表 8.6　测量指标的描述性统计分析

变量	题项	平均值	标准差	偏度	峰度	K-S 值	显著性
社区参与限制	CPL1	3.15	1.363	−0.106	−1.286	3.096	0.000
	CPL2	3.22	1.347	−0.129	−1.212	2.655	0.000
	CPL3	3.29	1.304	−0.265	−1.023	2.775	0.000
	CPL4	3.20	1.300	−0.184	−1.190	3.441	0.000
审核严格性	CS1	3.17	1.306	−0.130	−1.155	2.961	0.000
	CS2	3.22	1.321	−0.316	−1.042	3.246	0.000
	CS3	3.27	1.244	−0.393	−0.876	3.598	0.000
举报便利性	RC1	2.99	1.312	0.079	−1.210	3.194	0.000
	RC2	3.07	1.274	−0.121	−1.055	2.826	0.000
	RC3	3.07	1.319	−0.109	−1.223	3.287	0.000

续表

变量	题项	平均值	标准差	偏度	峰度	K-S 值	显著性
感知可靠性	PR1	3.04	1.300	−0.055	−1.137	2.799	0.000
	PR2	3.04	1.121	−0.136	−0.748	2.751	0.000
	PR3	3.11	1.264	−0.117	−0.967	2.457	0.000
	PR4	3.12	1.245	−0.147	−0.987	2.829	0.000
感知丰富性	PV1	3.01	1.280	−0.252	−1.121	3.475	0.000
	PV2	3.08	1.306	−0.181	−1.127	3.161	0.000
	PV3	3.07	1.220	−0.142	−0.966	2.931	0.000
	PV4	3.06	1.268	−0.142	−0.999	2.680	0.000
推送及时性	PT1	3.01	1.346	−0.136	−1.266	3.426	0.000
	PT2	3.03	1.300	−0.177	−1.161	3.344	0.000
	PT4	2.93	1.241	−0.037	−0.995	2.525	0.000
感知交互强度	PII1	2.96	1.322	−0.087	−1.277	3.484	0.000
	PII2	2.86	1.349	0.005	−1.321	3.279	0.000
	PII3	2.94	1.286	−0.080	−1.134	2.931	0.000
	PII4	2.95	1.349	−0.071	−1.235	2.976	0.000
感知交互实时性	PIR1	3.05	1.328	−0.178	−1.218	3.468	0.000
	PIR2	3.07	1.235	−0.148	−1.002	3.001	0.000
	PIR3	3.21	1.211	−0.172	−0.884	2.700	0.000
	PIR5	3.16	1.114	−0.297	−0.718	3.337	0.000
感知学习	PL1	3.22	0.942	−0.625	−0.259	4.007	0.000
	PL2	3.15	1.001	−0.605	−0.334	3.693	0.000
	PL3	3.12	0.916	−0.438	−0.068	3.601	0.000
	PL4	3.33	1.011	−0.777	0.053	4.295	0.000
感知贡献	PC1	3.10	1.072	−0.446	−0.623	3.524	0.000
	PC2	3.20	1.077	−0.465	−0.348	3.215	0.000
	PC3	3.28	1.030	−0.519	−0.479	4.151	0.000

8.5.3 情景分组有效性检验

为检验情景分组是否会影响各个测量变量，采用 SPSS 软件进行了单因素方差分析，结果如表 8.7 所示。从表 8.7 中可以看出，不同情景分组中的社区参与限制、审核严格性、举报便利性、感知可靠性、感知丰富性、推送及时性、感知交互强度、感知交互实时性、感知学习、感知贡献这 10 个变量均存在显著差异，说明情景分组对于这些变量的控制是有效的。

表 8.7 情景分组对测量变量的影响

变量	F 值	显著性
社区参与限制	30.550	0.000
审核严格性	35.565	0.000
举报便利性	30.227	0.000
感知可靠性	33.983	0.000
感知丰富性	26.804	0.000
推送及时性	40.662	0.000
感知交互强度	47.623	0.000
感知交互实时性	32.719	0.000
感知学习	34.404	0.000
感知贡献	30.382	0.000

另外，利用单因素方差分析检验不同情景分组中的人口统计特征是否存在显著差异。结果表明，不同情景中被试者的性别、年龄、受教育程度、使用学术虚拟社区的年限、使用学术虚拟社区的频率都没有显著差异，说明每个情景分组中样本的人口统计特征分布均衡，无显著差异。

8.5.4 探索性因子分析

本研究并未直接引用已有量表，而是在借鉴国内外成熟量表的基础上结合实际研究问题进行设计，故需对所得数据进行探索性因子分析。首先通过 KMO 与 Bartlett 球形度检验的值来判断是否适合做探索性因子分析，结果显示，KMO 值为 0.840（>0.7），显著性为 0.000（<0.05），说明适合做探索性因子分析。探索性因子分析的结果如表 8.8 所示，有 9 个因子的特征值大于 1，能够解释的总方差为 81.963%，超过了 60%。因子载荷的取舍标准为 0.45，研究中所有题项都只对应一种成分，因此通过检验，无须删除题项，各测量题项探索性因子分析的因子载荷见表 8.9。

表 8.8 探索性因子分析的结果 （单位：%）

成分	初始特征值			提取平方和载入			旋转平方和载入		
	合计	方差	累计	合计	方差	累计	合计	方差	累计
1	8.437	22.203	22.203	8.437	22.203	22.203	4.331	11.398	11.398
2	4.195	11.040	33.243	4.195	11.040	33.243	3.834	10.089	21.487
3	3.900	10.264	43.507	3.900	10.264	43.507	3.764	9.906	31.393
4	3.564	9.379	52.886	3.564	9.379	52.886	3.759	9.891	41.284
5	2.940	7.737	60.623	2.940	7.737	60.623	3.651	9.608	50.892
6	2.664	7.010	67.633	2.664	7.010	67.633	3.536	9.305	60.197
7	2.306	6.068	73.701	2.306	6.068	73.701	2.801	7.370	67.567
8	2.115	5.567	79.268	2.115	5.567	79.268	2.787	7.336	74.903
9	1.024	2.695	81.963	1.024	2.695	81.963	2.683	7.060	81.963
…	…	…	…	…	…	…	…	…	…

表 8.9 各测量题项探索性因子分析的因子载荷

测量题项	成分								
	1	2	3	4	5	6	7	8	9
CPL1	0.057	0.026	0.000	0.029	–0.021	0.909	0.050	–0.091	0.009
CPL2	0.069	0.076	0.019	0.046	–0.079	0.905	0.036	–0.087	–0.002
CPL3	0.059	0.052	–0.061	0.032	0.017	0.916	0.027	0.031	0.028
CPL4	0.059	0.042	–0.039	0.005	–0.018	0.927	0.012	0.033	0.036
CS1	0.098	–0.073	–0.027	–0.013	0.034	0.043	–0.054	–0.037	0.878
CS2	0.037	–0.033	–0.014	0.083	0.069	0.009	0.006	0.005	0.925
CS3	0.105	–0.020	–0.020	0.105	0.034	0.021	–0.021	0.055	0.927
RC1	0.187	–0.042	0.031	–0.067	0.040	–0.067	–0.065	0.883	0.004
RC2	0.148	0.024	0.056	0.009	–0.089	–0.024	–0.068	0.890	0.010
RC3	0.187	0.076	0.058	0.027	0.003	–0.029	–0.046	0.899	–0.001
PR1	0.151	0.045	0.885	0.046	–0.022	–0.028	–0.056	0.102	–0.023
PR2	0.135	–0.012	0.891	0.078	–0.050	–0.015	–0.027	–0.026	–0.002
PR3	0.161	0.000	0.869	0.103	–0.010	–0.060	–0.109	0.076	–0.017
PR4	0.199	–0.011	0.886	0.098	–0.060	–0.016	–0.008	0.024	–0.052

续表

测量题项	成分								
	1	2	3	4	5	6	7	8	9
PV1	0.192	−0.019	0.026	0.892	−0.012	0.050	0.004	−0.065	0.012
PV2	0.207	0.036	0.115	0.888	−0.002	−0.030	0.008	0.030	0.005
PV3	0.151	0.011	0.070	0.900	−0.035	0.054	0.001	−0.006	0.095
PV4	0.166	0.042	0.132	0.895	−0.016	0.019	−0.016	0.014	0.082
…	…	…	…	…	…	…	…	…	…

8.5.5　共同方法偏差检验

共同方法偏差是一种系统误差，指由相同的数据来源、测量环境、项目语境、项目特征等因素造成的预测变量与效标变量之间人为的共变①。为排除共变对研究结果的混淆和误导，本研究对共同方法偏差进行了检验。根据表 8.8 的探索性因子分析结果，第 1 个因子的累计百分比为 22.203%（＜40%），说明其仅解释了全部方差变异的 22.203%，因此不存在显著的共同方法偏差，不会对结果有效性产生严重影响。

8.5.6　信度与效度检验

信度是指测量结果的稳定性和可靠性程度，信度越高则表示调查结果越可靠。对信度的检验主要包括外在信度和内在信度的测量，外在信度是指相同测试者在不同时间提交的测试结果的一致性，而内在信度是指一个变量的不同测量项的一致性程度。本研究希望检验问卷中的每一组测量项是否能一致反映所需测量的变量，因而对内在信度进行检验。

当克龙巴赫 α 系数大于 0.7 且各个题项的因子载荷大于 0.7 时，表示信度可被接受。研究使用 SmartPLS 3.0 软件计算 10 个变量的克龙巴赫 α 系数和 38 个题项的因子载荷，结果表明，所有题项的因子载荷均超过 0.8，所有构念的克龙巴赫 α 系数都大于 0.9，各个测量项通过信度检验。

效度是测量工具能够正确测量所需测量问题的程度，效度越高，则问

① 汤丹丹，温忠麟. 共同方法偏差检验：问题与建议[J]. 心理科学，2020，43（1）：215-223.

卷测量结果的有效性越高。效度通常包括内容效度和结构效度两个方面。内容效度指各个题项能够达到测量目的的程度，由于本研究的量表是在借鉴大量国内外成熟量表的基础上进行设计，并根据预调查反馈进行调整，一定程度上保证了问卷的内容效度。而结构效度是指各个题项能够测量变量概念的程度，又可分为收敛效度和区分效度。收敛效度也称聚合效度，是指构念的多个测量指标的内部一致性程度，可以用组合信度（CR）和平均方差抽取值（AVE）进行测量。一般要求 CR 和 AVE 的标准分别达到 0.6 和 0.5，本研究利用 SmartPLS 3.0 软件计算 CR 和 AVE，结果表明，各构念的 CR 均大于 0.9，AVE 均超过 0.8，说明有较好的收敛效度。区分效度是指不同变量的测量项之间能够被区分的程度，区分效度越高，说明不同变量的测量项之间的相关性越低。利用 SmartPLS 3.0 软件计算各个变量的 AVE 的平方根，以及该变量与其他变量之间的相关系数，结果表明，各个变量的 AVE 的平方根均大于其与其他变量的相关系数，说明具有良好的区分效度。

8.5.7 模型拟合评估

在 SmartPLS 结构方程模型中，通常用 R^2 和 Q^2 等指标对模型的拟合程度进行衡量。R^2 通常被用于检验模型的解释力度，R^2 越靠近 1，说明模型的拟合程度越好，解释变量能够解释内生潜变量的程度也就越高。一般来说，当 $0.19 \leqslant R^2 < 0.33$ 时，模型的解释能力较弱；当 $0.33 \leqslant R^2 < 0.67$ 时，模型的解释能力中等；当 $R^2 \geqslant 0.67$ 时，模型的解释能力较强。本书中感知学习和感知贡献的 R^2 值分别为 0.466 和 0.608，表示本研究模型的解释能力处于中等水平。同时，利用 SmartPLS 3.0 中的 Blindfolding 算法计算 Q^2，来检验模型的预测相关性，当 Q^2 大于 0 时证明模型的预测相关性良好。本书感知学习和感知贡献的 Q^2 值分别为 0.397 和 0.474，均符合标准。

8.5.8 路径分析

使用 SmartPLS 3.0 软件的 Bootstrapping 方法（$N = 1000$）进行路径检验。结果表明，假设 H2-1 的 P 值为 0.055，未能通过显著性检验，其余假设均通过检验。同时，各个路径系数为正，说明产生的影响是正向的，具体的路径分析结果见图 8.2。

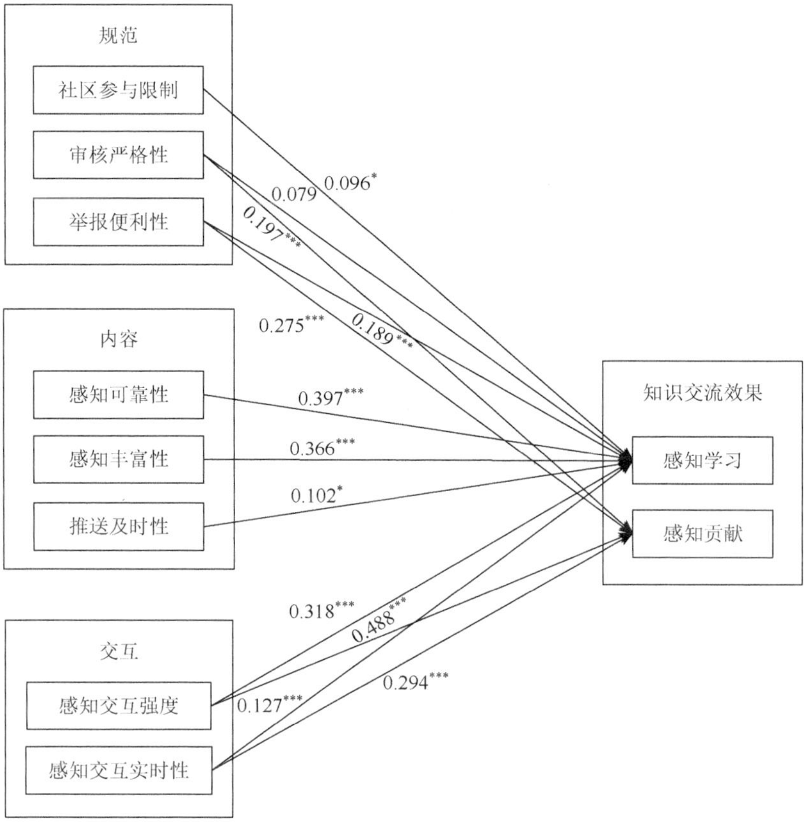

图 8.2　路径分析结果

*表示显著性水平<0.05，**表示显著性水平<0.01，***表示显著性水平<0.001

8.6　社区特征对知识交流效果影响研究的结果讨论

8.6.1　社区参与限制对感知学习的影响

社区参与限制对感知学习（路径系数为 0.096，$P<0.05$）有显著的正向影响，即学术虚拟社区对用户加入和参与的限制程度越高，用户越能感知到良好的学习效果。

学术虚拟社区是用户生成内容社区，社区中高质量内容的生成和用户间的合作交互行为都建立在社区中拥有大量专业、权威、高水平用户的基础上。在 5 种类型的学术虚拟社区中，学术社交网络和学术博客对用户的参与有着严格的限制。以 ResearchGate 为代表的学术社交网络和以科学网—博客为代表的学术博客注册流程严格，门槛较高，通常只有科研人员或教学工作者可以加入，相当于社区对参与成员进行了一次筛选，因此学术社交网络和学术博客已成为生产高质量内容的社区代表。与学术微信公众号、学术论坛、学术微博对社区参与不设限制相比，对用户的限制和筛选能够提高社区内的交流质量，一定程度上使得社区内的知识更具专业性和准确性，因而社区成员更容易获得所需知识。

社区对用户加入的限制是一种社区规范，部分研究从社区规范这一更广泛的角度出发探讨其影响作用。例如，许欢[①]提出高校虚拟社区的管理和规范能够营造特定的社区氛围并维护社区秩序，有助于社区成员间更好地进行知识交流，对信息分享起到了正向影响作用；杨丽娜等[②]指出在虚拟学习社区中，社区规则能够规范用户行为并为用户权益提供制度保障，有助于消除学习者的安全与隐私顾虑，促进学习过程的开展。本研究将社区规范的概念进一步具体化，更加微观地考察该概念下的社区参与限制对感知学习的影响。结合前人研究结论和本研究结果可以发现，无论是在高校虚拟社区、虚拟学习社区还是学术虚拟社区中，社区参与限制都是社区规范的一个重要维度，学术虚拟社区对用户加入和参与的限制程度越高，用户的感知学习效果越好。

8.6.2 审核严格性对感知学习和感知贡献的影响

审核严格性对感知学习（路径系数为 0.079，$P>0.05$）的影响不显著，但对感知贡献（路径系数为 0.197，$P<0.001$）有显著的正向影响。

多数学术虚拟社区主要依靠社区成员自发上传学术资源或分享学术知识，良好的社区审核规范能够约束内容贡献者的行为，正向激励其提高创作内容的质量水平，从而提升感知贡献程度。在 5 种类型的学术虚拟社区中，学术社交网络、学术微信公众号和学术博客对内容的审核较为严格。在这些社区中发布内容时，由于受到审核规范的约束，用户通常比较谨慎，会贡献质量更高的内容，其感知贡献的程度也更高。学术论坛与学术微博对内容审核的严格性较弱，其内容往往具有较高的无序性，且无关信息较多[③]，贡献者并未付出太多精力来创作内容，因而感知贡献的程度较低。

研究结果表明，审核严格性对感知学习的影响是不显著的。通过对部分被试者进行采访发现，一方面，社区对审核规范的声明一般位于较隐蔽

---

① 许欢. 高校虚拟社区成员信息分享影响因素研究[D]. 曲阜：曲阜师范大学，2019.

② 杨丽娜，颜志军，孟昭宽. 虚拟学习社区有效学习发生影响因素实证研究[J]. 中国远程教育，2012（1）：52-57，95-96.

③ 赵玉冬. 基于网络学术论坛的学术信息交流研究[J]. 图书馆学研究，2010（19）：40-43.

的“帮助”导航栏之下，用户难以知晓社区对内容审核的严格程度；另一方面，他们无从了解社区真实的审核情况。因此，用户获取知识时无法确定无关信息和低质量信息是否已被屏蔽，从而使得审核严格性对感知学习的影响并不显著。

前人的研究成果证明了严格的社区管理有助于规范用户行为。许多学者经研究发现，学术社交网络平台内容管理的规范化和严格性是其运行和发展过程中必不可少的保障，能够提升贡献者在知识创造过程中的认知专注，从而提高社区内容的质量[①②③④]。已有研究从社区管理以及用户在社区环境中感受到的主观规范出发，证实了当用户在社区中感受到管理和规范带来的约束时，会正向影响其贡献水平。本研究将社区管理进一步具体化为社区对发布内容的严格审核，并最终得出结论。审核严格性作为社区规范的一个重要维度，在学术社交平台、学习型社区和学术虚拟社区背景下都会对用户的贡献水平发挥重要的影响作用。

8.6.3 举报便利性对感知学习和感知贡献的影响

举报便利性对用户的感知学习（路径系数为 0.189，$P<0.001$）和感知贡献（路径系数为 0.275，$P<0.001$）均有显著的正向影响，即社区提供的举报功能越便利，越能使用户感知到较好的学习效果和贡献效果。

在 5 种学术虚拟社区中，学术社交网络、学术微信公众号、学术论坛和学术微博都提供了便利的举报手段约束成员行为，鼓励贡献高质量内容，同时给知识获取者传达社区内容都已通过甄别和筛选的信号，从而使知识提供者感知到良好的贡献价值，而知识获取者感知到良好的学习价值。

前人研究中，孙思阳[⑤]指出社区的治理机制和平台规范能够使知识贡献者感受到压力并规范自身行为，一定程度上保障社区内知识的质量水平，取得知识获取者的信任。苟凡[⑥]指出系统易用性是一种社区环境影响因素，主要体现在系统设计和界面布局的合理性等方面。当社区的功能设计贴近用户并能使用户感受到便利性时，用户会对社区产生好感并积极参与社区

① 皇甫军. 科研社交网络平台功能因素和用户行为的相关性分析[J]. 情报科学，2017，35（8）：62-67.

② 张宁，袁勤俭. 用户视角下的学术社交网络信息质量影响因素研究——基于扎根理论方法[J]. 图书情报知识，2018，35（5）：105-113.

③ 张培培. 虚拟学习社区中个体知识贡献意愿的影响因素研究[D]. 曲阜：曲阜师范大学，2019.

④ 卢青青. 虚拟学习社区中用户参与动机与参与强度的关系研究[D]. 曲阜：曲阜师范大学，2019.

⑤ 孙思阳. 虚拟学术社区用户知识交流行为研究[D]. 长春：吉林大学，2018.

⑥ 苟凡. 虚拟学术社区科研人员合作行为影响因素研究[D]. 武汉：华中师范大学，2019.

活动或进行知识分享。举报功能是社区为提高内容质量所制定的管理规范，而该功能的使用便利性则体现在社区界面布局和功能设计的合理性。本研究结合了前人关于社区规范和易用性的研究，探究社区为用户提供的举报功能的便利性对感知学习和感知贡献的影响作用。结果表明，在学术虚拟社区背景下，便利的举报功能有助于用户收获更好的学习和贡献效果。

8.6.4 感知可靠性对感知学习的影响

感知可靠性对用户的感知学习（路径系数为 0.397，$P<0.001$）有显著的正向影响，即用户对社区内容的可靠性感知越高，知识学习效果越好。

在 5 种学术虚拟社区中，学术微信公众号的内容大多由官方整理发布，一定程度上能够保障其可靠性。学术博客和学术社交网络通常要求用户实名参与，且会在用户的个人主页上展示其真实身份信息、研究成果和影响力，也对用户发布内容的质量做出了要求，因而可靠性更高。而在学术论坛和学术微博中，成员的匿名参与和社区宽松的交流环境使得内容质量无法保证，带来大量冗余信息，感知可靠性较低。对 5 种学术虚拟社区的使用者进行采访发现，用户更倾向于信赖感知可靠性高的平台。

前人关于可靠性的研究大多在不同细分领域下展开。李明等[①]研究发现信息来源的专业权威性和可信赖性会在极大程度上影响虚拟问答社区用户的知识获取选择。莫赞和罗敏瑶[②]研究了社交电商中在线评论的影响机制，发现评论者的专业性作为可靠性的核心维度，显著影响着消费者的购买决策。本研究则将研究领域拓展至学术虚拟社区情景，学术信息作为一种特殊的信息类型，其严谨性和真实性要求更高，因而需要更高的感知可靠性。将本研究的结果与前人研究相结合可以发现，不管是在问答类社区、电商类社区还是学术虚拟社区情景中，可靠性对用户开展交流活动都有重要的影响作用。当知识获取者感知到社区中的内容是可靠且值得信赖的，他们将更容易只经过简单判断便对所获得的信息产生积极反应并给予认可，从而感知到更强烈的学习价值。

8.6.5 感知丰富性对感知学习的影响

感知丰富性对用户的感知学习（路径系数为 0.366，$P<0.001$）有显著

---

① 李明，李莹，许应成. 突发事件环境下的虚拟问答社区知识可信度影响因素研究[J]. 情报理论与实践，2019，42（9）：128-132，145.

② 莫赞，罗敏瑶. 在线评论对消费者购买决策的影响研究——基于评论可信度和信任倾向的中介、调节作用[J]. 广东工业大学学报，2019，36（2）：54-61.

的正向影响，即用户对社区内容的丰富性感知越高，其感知学习的程度也就越高。

在 5 种学术虚拟社区中，学术论坛、学术社交网络和学术博客通常能使用户感知到较强的内容丰富性，平台涵盖多学科、多领域的话题交流和学术服务，能够满足用户多样化的学术需求，使用户具有更高的感知丰富性，进而具备更高的感知学习价值。与之相比，学术微信公众号和学术微博的内容多样性则相对较弱，平台以接收官方推送为主，主题较局限。

有学者指出，论坛中内容的丰富性有助于用户间的思想共享和碰撞，并且用户更容易找到与自己有相同兴趣的人①。也有学者认为信息的丰富性能够在一定程度上衡量信息质量②，如在社交媒体品牌社区中，信息越丰富，用户在决策时的不确定性越低，因此用户的购买行为在很大程度上受到信息丰富性的影响。洪闯③通过实证研究证明了开放式创新社区背景下信息丰富度对用户采纳的正向影响作用。前人的研究充分肯定了丰富性的重要作用，并证实了其在社交媒体社区和开放式创新社区背景下的价值体现。本章将应用范围进一步拓展至学术虚拟社区领域，研究结果表明，用户感知到的内容丰富性在社交媒体社区、开放式创新社区和学术虚拟社区中均会对用户的感知和行为产生积极影响。

8.6.6　推送及时性对感知学习的影响

推送及时性对用户的感知学习（路径系数为 0.102，$P<0.05$）有显著的正向影响，即社区向用户推送消息越及时，用户越能感知到良好的学习效果。

在学术虚拟社区内，用户的关注行为反映了他们的真实需求，社区及时将这些内容推送给用户，能减少用户主动搜索的成本，提高其知识获取效率，帮助用户掌握最新研究进展，使其感知到更高的学习价值。在 5 种学术虚拟社区中，学术微信公众号、学术社交网络和学术微博具有较高的推送及时性，发布者根据用户关注在信息更新或有最新资讯时及时将其推送给用户，并进行个性化推荐。

订阅推送是微信公众号的主要功能，因此关于信息推送的研究大多在微信公众号的背景下展开。侯璐④认为关注后的推送是一种一对多、点到面

---

① 常红. 基于网络论坛的学术交流模式探讨[J]. 现代情报，2005（6）：6-8.

② Cheung C M K，Lee M K O，Rabjohn N. The impact of electronic word-of-mouth：The adoption of online opinions in online customer communities[J]. Internet Research，2008，18（3）：229-247.

③ 洪闯. 开放式创新社区用户知识贡献的采纳研究[D]. 长春：吉林大学，2019.

④ 侯璐. 科研类微信公众号学术信息交流机制研究[D]. 长春：东北师范大学，2018.

的传播机制，能够实现信息的快速和大众传播。徐敬宏和胡世明[①]则指出定期、及时推送信息，增加公众号在信息接收者中的曝光频次，并培养用户的使用依赖，能够提升信息的传播效果。也有研究发现，微信的日均推送量和用户评论量会显著影响用户的参与行为[②]。前人关于推送及时性的研究大多基于微信公众号的研究背景，本研究以学术虚拟社区为研究对象，表明推送及时性不管是在微信公众号还是在学术虚拟社区背景下，都是影响知识传播和交流的重要因素。

8.6.7 感知交互强度对感知学习和感知贡献的影响

感知交互强度对用户的感知学习（路径系数为 0.318，$P<0.001$）和感知贡献（路径系数为 0.488，$P<0.001$）均有显著的正向影响，即用户感知到的交互程度越强，其感知学习和感知贡献的效果也就越好。

在 5 种学术虚拟社区中，学术论坛、学术社交网络和学术微信公众号具备强大的交互功能，平台内部具有良好的互动氛围，用户感知到更加强烈的交互强度，具有良好的交流体验。用户间的交流与互动是促进学术虚拟社区中知识共享的基础，当用户在社区中的行为都能够得到他人的响应时，用户更倾向于将该社区作为遇到问题时寻求帮助的首选。同时，根据社会资本理论的结构资本维度，成员间交流频率的提高会增强其关系强度，从而促进社区内的知识交流，使知识获取者获取更多的知识，而知识贡献者则更能感知到自己的价值体现。

甘春梅和王伟军[③]将学术博客中的交互性划分为用户控制、连接和响应，实证研究发现，连接和响应对用户使用社区的沉浸感影响较大。卢青青[④]指出社交性是指成员间通过互动来分享学术知识和交流彼此的观点，从而增强彼此联系的程度，用户的社交性动机会正向促进其参与水平、贡献水平、互动程度和情感投入。已有研究大多将交互性作为一个整体研究其影响作用，本研究则在相关研究的基础上从用户感知的角度出发将交互划分为感知交互强度和感知交互实时性，分别探讨不同维度的交互性对学术虚拟社区中知识交流效果所发挥的作用。研究结果表

① 徐敬宏，胡世明. 微信公众号信息传播三大规律及其运用[J]. 中国出版，2019（10）：3-7.

② 史志慧，方佳明，胡丽雪. 公众参与政务微信活跃度的影响机制研究[J]. 电子科技大学学报（社科版），2018，20（4）：13-18.

③ 甘春梅，王伟军. 学术博客持续使用意愿：交互性、沉浸感与满意感的影响[J]. 情报科学，2015，33（3）：70-74，94.

④ 卢青青. 虚拟学习社区中用户参与动机与参与强度的关系研究[D]. 曲阜：曲阜师范大学，2019.

明，在学术虚拟社区情景下，感知交互强度对知识交流效果发挥正向促进作用。

8.6.8　感知交互实时性对感知学习和感知贡献的影响

感知交互实时性对用户的感知学习（路径系数为 0.127，P<0.001）和感知贡献（路径系数为 0.294，P<0.001）均有显著的正向影响，即用户感知到越高的交互实时性，越能感知到良好的学习效果和贡献效果。

积极快速的交互响应能使交互双方感觉到尊重与认同，从而营造良好的互动氛围，使知识学习者感知到较高的学习价值，而知识贡献者感知到较高的贡献价值。在 5 种学术虚拟社区中，学术社交网络和学术微信公众号依托社交平台实现消息的及时响应，能使用户感知到高水平的交互实时性。学术论坛、学术博客和学术微博则只有当成员登录社区时才能查看他人的评论、回复或消息，且收到他人消息和反馈的时间周期较长，交互实时性较低。

朱江[①]的研究表明，在社交媒体情景中，用户在分享内容后越及时收到来自其他用户的反馈，则该用户的使用体验和愉悦程度就越高。在线学习平台中，李晓兰[②]提出实时互动与答疑使得教师和学生间可以随时随地展开学习和交流，吉宁虎[③]则认为在线教学是一个不断进行信息交换的过程，教学过程中的每个步骤都需要通过实时反馈来判断有效性，老师与学生间交流互动的实时性有助于知识的快速传递和有效接收。本研究进一步拓展了该结论的应用领域，结果表明，在学术虚拟社区背景下，社区成员感知到他人对其行为做出回应的及时程度也有利于促进用户的知识交流效果。

---

① 朱江. 社交媒体的实时分享对消费者就餐体验和品牌评价的影响及内在机制研究[D].合肥：中国科学技术大学，2018.

② 李晓兰. 移动环境中 e-learning 教学平台的设计与实现[D]. 北京：北京邮电大学，2013.

③ 吉宁虎. 基于 ZigBee 技术的学生评价与实时互动反馈系统的研究与设计[D]. 上海：复旦大学，2008.

第 9 章　专业虚拟社区用户知识贡献决策过程研究

在人们对信息和知识的需求日益个性化与多样化的趋势下，专业虚拟社区应运而生。相比一般的虚拟社区，专业虚拟社区因其显著的专业性特征而被业界和学界关注。另外，对于包括专业虚拟社区在内的所有虚拟社区而言，社区内的知识贡献是维护和发展虚拟社区最基本的活动①，社区成员持续且长久地贡献知识，有利于提升专业虚拟社区的整体知识水平和社区内容的丰富与扩展，这是保证社区可持续健康成长的根本所在，更是社区获取竞争优势的关键路径。然而，不少虚拟社区因为缺乏积极的知识贡献者、知识贡献数量和质量不高而失去活力并走向没落，究其原因可能是虚拟社区用户的知识贡献活动中存在贡献过程不明、支撑技术不足和人际交往忧虑等障碍②。因此，本章研究拟探索用户知识贡献决策过程，试图厘清“影响专业虚拟社区用户知识贡献行为的前因有什么？”“专业虚拟社区的成员是如何做出知识贡献这一行为决策的？”等问题，以期为用户个人、社区管理方和虚拟社区研究者在理解和加强社区知识贡献活动方面提供参考。

9.1　专业虚拟社区用户知识贡献决策过程的研究设计

本研究基于民族志决策树和扎根理论方法设计开放式访谈提纲，通过民族志访谈得到决策者在真实决策中的决策标准和思维路径，据此构建个体及群体决策树模型；在决策树模型检验阶段，决策树被转化为包含两类逻辑关系的结构化问卷，其结果用来验证决策模型是否达到 85%的预测能力。研究设计思路如图 9.1 所示。

---

① Yoon C，Rolland E. Knowledge-sharing in virtual communities：Familiarity，anonymity and self-determination theory[J]. Behaviour & Information Technology，2012，31（11）：1133-1143.

② 邓胜利，周婷. 网络社区用户知识贡献研究进展[J]. 情报资料工作，2013（3）：35-39.

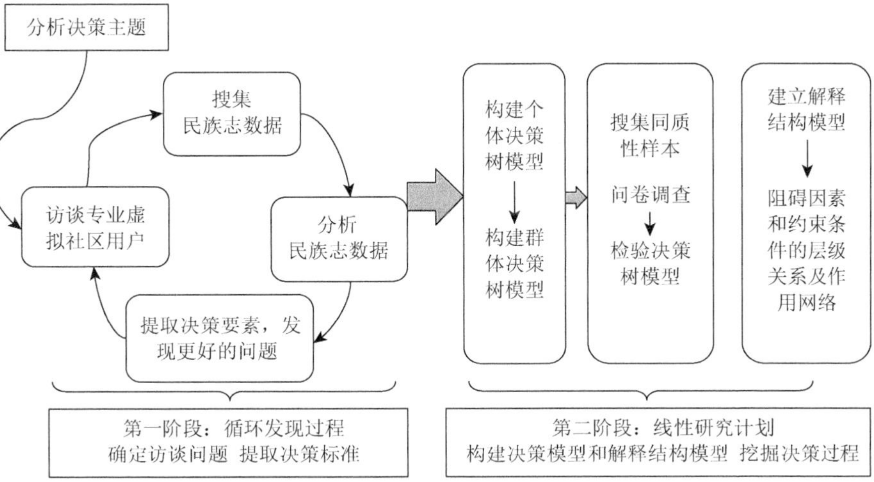

图 9.1　研究设计思路

9.2　专业虚拟社区用户知识贡献决策过程的开放式访谈

为了发现专业虚拟社区用户知识贡献的决策标准及其联系，以及挖掘决策过程，我们进行了探索性的开放式访谈，访谈遵循从浅入深、从一般到特殊的认知逻辑。这种引导性的采访形式旨在给予受访者充分的时间，让他们从自身的观点出发，自由且最大限度地谈论专业虚拟社区中的知识贡献这个话题，而不是把研究者的观点或预先定义的类别强加给他们①。使用民族志循环发现，思想指导访谈引出决策要素以及决策标准，能有效避免做出虚假错误的行为假设和不切实际的命题。与传统问卷相比，开放式问卷提高了最终获取资料的完整性②。

进行开放式访谈收集数据资料是进行扎根理论、建立民族志决策树的基础。收集资料之前，有必要明确研究目的、样本选择和访谈提纲。

9.2.1　研究目的与样本选择

本研究的主要目的是探究专业虚拟社区的用户在做出贡献知识的决定时考虑的决策标准和这些标准之间的关系，从而重现知识贡献决策过程。为了尽可能地避免主观性和民族中心主义，本研究综合民族志决策树建模

① Ell J. Doing Your Research Project：A Guide for First-Time Researchers in Education，Health and Social Science[M]. Maidenhead，Berkshire，England：Open University Press，2005.

② 徐孝娟，赵宇翔，孙霄凌，等. 开放式访谈设计中民族志决策树模型的应用及改进[J]. 图书情报工作，2013，57（22）：103-110.

法和扎根理论方法，从递进逻辑和平行逻辑两个维度出发，全方面跟踪用户的知识贡献决策过程。专业虚拟社区的知识贡献活动符合 Gladwin①关于相对统一和单一文化情景的描述，模型构建阶段的样本量为 25～30 人。同时，考虑到理论饱和度检验需要冗余，选取 35 名专业虚拟社区的用户参与开放式民族志访谈，每次访谈持续 15～25min。征求被访谈者的允许后对访谈内容进行录音，逐字转录成文本，在扎根理论指导下提取并分析要素，并为受访者建立个体决策树模型。

本研究主要选取在校研究生、互联网领域青年员工和高校科研人员进行访谈。青年群体是所属行业或学科的学习者与开拓者，使用过各类专业虚拟社区，对于知识贡献具有较深的了解，且在工作学习中有过知识贡献经历，因此样本能够反映大多数专业虚拟社区用户的知识贡献情况。访谈开始前，获取受访者个人背景信息，访谈样本的人口统计特征如表 9.1 所示。

表 9.1　访谈样本的人口统计特征

人口统计特征	分类	样本数
性别	男	17
	女	18
年龄	≤26 岁	15
	27～34	14
	≥35 岁	6
学历	本科	12
	硕士	11
	博士（含在读）	12
身份	学生	10
	企业员工	13
	研究人员	12

9.2.2　访谈内容设计

访谈内容即访谈提纲的确定。访谈提纲关乎所获取资料的完整性和可信度，因此需要在访谈开始前对访谈内容加以引导和控制。本研究采取半

① Gladwin C H. Ethnographic Decision Tree Modeling[M]. Newbury Park，California：Sage Publications，1989.

结构化访谈形式，需要事先列出一些固定的问题，但在访谈过程中根据实际问答情况灵活调整，保持访谈时思路畅通、思维开放，时刻关注访谈问题的表述、顺序关系以及访谈问卷的逻辑结构和问题的充分性。访谈提纲的设计思想，既遵循了民族志决策树理论的"如果……就……"层级递进逻辑，也融入了扎根理论所倡导的"平行"衍生逻辑关系，既能不断发现和挖掘问题，也能对突发情况保持敏感性。

在阐述本研究的目的并给出相关名词的解释和举例后，以问题 Q1"您在专业虚拟社区（如经管之家、CSDN、Stack Overflow、GitHub 等）上进行过知识贡献（发布信息、回答问题、上传资料）吗？"提纲挈领，作为访谈开始的标志，明确访谈的目的。访谈提纲如图 9.2 所示。

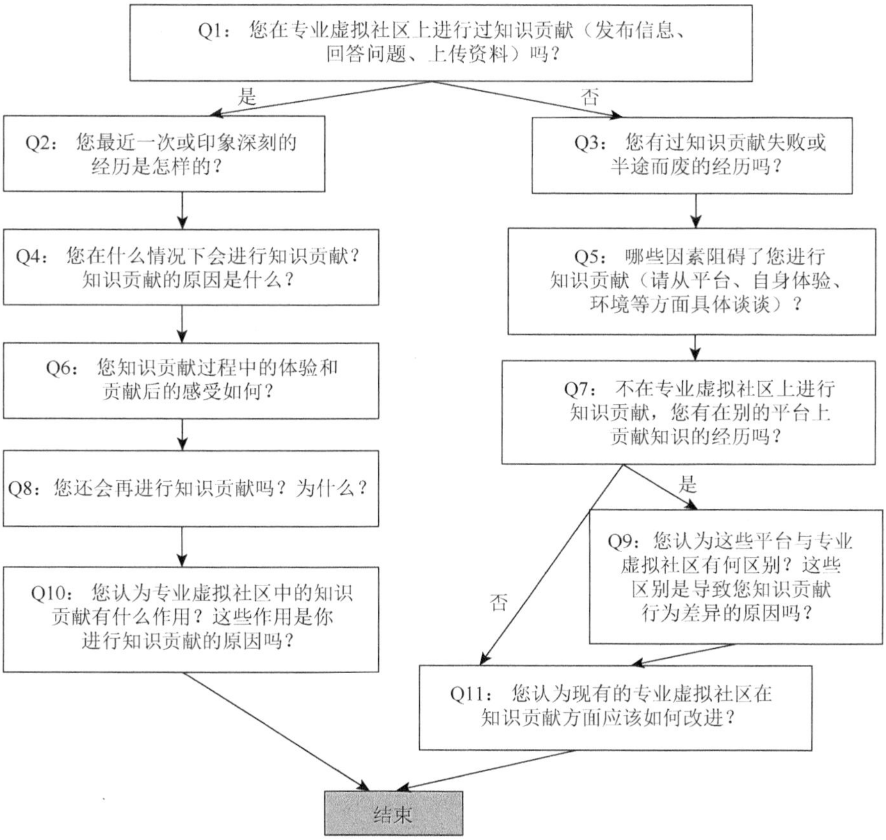

图 9.2 访谈提纲

访谈问题的内容和排序较为符合人脑的思维模式，有利于保证数据结果的一致性。从 Q1 回答的结果出发，识别两类专业虚拟社区用户，对进行过知识贡献的用户和未进行过知识贡献的用户有不同的发散性提问。问题 Q2 和 Q3 有助于让受访者回忆真实经历，同时也体现了关键事件技术法的思想，可以对处在清晰记忆意境中的具体事件进行推断和分析①。问题 Q4 和 Q6（或问题 Q5）则是对问题 Q2（或问题 Q3）的扩展，这确保了在获取数据以建立初步模型时，所有的受访者都得到相同的启示②。对进行过知识贡献的用户，借助问题 Q8 探讨持续贡献知识的意愿和倾向，并且通过询问 Q10 获得用户对知识贡献更深层的思考和认知。对于未进行过知识贡献的用户而言，因为同一时期出现的替代性知识平台或应用可能影响用户的选择和行为，所以使用问题 Q7 和 Q9 测试用户的替代品需求③，同时这也是对问题 Q5 的完善。无论用户对问题 Q7 的回答如何，使用问题 Q11 进一步深入了解用户的预期想法。

在访谈过程中，根据每一个问题的回答进行追问和跟进，以发现更好的问题和挖掘更多的决策要素。本研究同时鼓励受访者的接触和试探性行为，即他们被鼓励对从其他来源获得的信息进行确认、校正或质疑。访谈结束后，简短地描述受访者的情况（如学习或工作情况），并记录下与他们的决策背景相关的任何信息或事件④，如受访者有没有提到自己有好多朋友也在使用相同的专业虚拟社区。对这些民族志信息的描述有助于为基于他们所考虑的决策问题构建的决策树模型提供额外的验证性信息⑤。通过面对面聊天和即时通信工具通话等形式进行开放式访谈，总计访谈用户 35 人，经筛选得到有效访谈记录 32 份，访谈记录有效率为 91.4%。

9.3 专业虚拟社区用户知识贡献决策过程的数据资料处理

本研究从经过文字转录的 32 份有效访谈资料中随机抽取 22 份（约占

① 田梅，朱学芳，张军亮. 移动互联网信息偶遇影响因素研究——基于关键事件技术[J]. 现代情报，2018，38（10）：91-98.

② Ryan G W，Bernard H R. Testing an ethnographic decision tree model on a national sample：Recycling beverage cans[J]. Human Organization，2006，65（1）：103-114.

③ 徐孝娟，赵宇翔，朱庆华，等. 社交网站中用户流失要素的理论探讨及实证分析[J]. 信息系统学报，2013（2）：83-97.

④ Gladwin C H. Ethnographic Decision Tree Modeling[M]. Newbury Park，California：Sage Publications，1989.

⑤ Bailey A，Ngwenyama O. Toward entrepreneurial behavior in underserved communities：An ethnographic decision tree model of telecenter usage[J]. Information Technology for Development，2013，19（3）：230-248.

2/3）进行编码分析，余下的10份（约占1/3）访谈记录留作理论饱和度检验。编码和范畴的提取，即决策标准的确定，遵循标准的扎根理论方法流程，以提高研究结果的信度。

9.3.1　要素采集与分析

要素采集与分析遵循扎根理论方法流程，有助于规范访谈要素的采集及核心类属的提取等过程，最终保证访谈要素抽取的可信度、可转移性、确定性等，有效提高访谈要素的完整性和可靠性①。首先利用开放式编码拆解并分析原始资料。开放式编码是对初始数据逐行编码，利用概念和范畴来尽可能准确且全面地反映原始材料的内涵，并把抽象出来的概念“打破”“揉碎”并重新综合的过程，能够实现指认现象、界定概念以及发现范畴的目的②。本研究首先打散原始访谈记录进行逐句分析，通过贴标签的方式对原始语句进行分析，选取出现次数大于或等于3次的决策要素③。根据相似性和相关性原则，对概念不断地进行比较分析，并将概念进行归纳和整合，实现范畴化。由于原始访谈记录中存在部分无关内容，而且开放式编码涉及大量语句，因此仅展示部分开放式编码过程，每个概念的形成列举出一份原始材料，如表9.2所示。

表9.2　访谈记录的部分开放式编码过程

原始语句	概念化	范畴化
小木虫就基本上没有人回复，它不积极，它的活跃度整体氛围不积极，也影响我持续贡献或使用	活跃度	社区氛围
人大我感觉这几年商业氛围越来越浓，广告越来越多	商业氛围	社区氛围
帖子的上下文和回帖的人，如果积极和有意义，可能想回答，如果是“+1”“+1”这种不想回答	互动氛围	社区氛围
自身知识积累水平不够，对这个问题特别熟悉，非常了解，十足的把握才会回答。 我觉得能力不够，我应该整理不出来人家那么专业的东西，又专业又很详细、很多	知识能力	用户心理
这两个专业虚拟社区得注册才能发言，我觉得注册比较麻烦。我想回答问题，但发帖子要注册，注册过程复杂，且没有跳转回答页面	注册手续	系统功能

① 覃鹤. 政府机构网站链接动机的分析研究[D]. 南京：南京大学，2015.

② 李志刚. 扎根理论方法在科学研究中的运用分析[J]. 东方论坛，2007（4）：90-94.

③ 郭顺利，张向先，相甍甍. 高校图书馆微信公众平台用户流失行为模型及其影响因素分析[J]. 图书情报工作，2017，61（2）：57-66.

续表

原始语句	概念化	范畴化
门槛限制很烦人，到一定的等级才能做一些事情。注册后，会强制要求我先做一些任务，使账号活跃起来，才能行使一些权利，比如说回帖	账号激活门槛	系统功能
然后另外一个时效性的问题是，有时候想下载的资料，它已经过期。然后有的问题，它放在上面好长时间都没有人回答，却正好是我想要找的答案，没有人回答有好几年了	内容时效性	知识质量
有些帖子标题和内容确实并不是特别相关，要么根本就不是答案，要么回答得玄之又玄	内容相关性	知识质量
人大经济论坛，很多资料是我现在写论文可以用到的，但是其实也可以从别的地方找到的，比方说我可以在淘宝上买得到。我在淘宝上可能花一两块买到的时间，跟在人大上得到它花费的时间就是差距很大	转换成本	环境因素
我用小木虫就是同学介绍我用的，说功能很强大，互动氛围、共享氛围不错，里面还分享一些文献和投稿什么的，我觉得不错我也愿意推荐给别人	同伴影响	环境因素

注：原始语句中的“人大”和“人大经济论坛”均指的是经管之家。

为尽量减少开放式编码过程中的主观性和民族中心主义，在两位编码员的帮助下，利用小组讨论的方式对抽取到的专业虚拟社区用户知识贡献的决策要素进行精练和归纳，将得到的决策要素返回初始访谈文本一一验证和对比，以获得最具一致性和可靠性的编码结果。除此之外，还邀请民族志循环发现过程中的 3 名随机受访者进行再度访谈，让他们评价专业虚拟社区用户知识贡献的决策要素的提取准确性和解释准确性。最终形成的 59 个概念和 17 个范畴展示在表 9.3 中。

表 9.3　开放式编码结果

范畴	概念
A1 社区氛围	a1 活跃度、a2 商业氛围、a3 互动氛围
A2 社区管理和运营	a4 专业纯洁度、a5 激励机制、a6 发帖审核、a7 盈利模式、a8 社区品牌效应
A3 系统功能	a9 注册手续、a10 账号激活门槛、a11 导航和搜索功能、a12 移动应用、a13 个性化知识服务、a14 云端记录和存储
A4 技术特性	a15 系统易用性、a16 界面设计、a17 首页设计、a18 交互及时性、a19 社区技术支持
A5 知识密度	a20 专家数量、a21 知识储备
A6 知识质量	a22 内容时效性、a23 内容相关性、a24 内容专业性

续表

范畴	概念
A7 贡献偏好	a25 兴趣偏好、a26 专业偏好、a27 知识总结和记录习惯、a28 心得经验
A8 感知效用	a29 获取知识、a30 问题解决、a31 思想启发、a32 知识交流、a33 专业或领域进步
A9 感知成就	a34 个人成就感、a35 专业声誉、a36 社区地位提高
A10 社会认同	a37 获取认可、a38 身份认同、a39 结交朋友、a40 同行圈子、a41 社区归属感
A11 利己主义	a42 积分或利益驱动、a43 知识获取驱动
A12 利他主义	a44 帮助他人
A13 互惠	a45 对互惠规范的遵循、a46 对互惠的预期
A14 用户心理	a47 自身意愿、a48 知识能力、a49 言行表达定位、a50 用户预期、a51 隐私顾虑、a52 社区忠诚度
A15 用户状态	a53 时间精力、a54 学习或生活状态变化
A16 需求满足	a55 社区使用需求是否必要、a56 在社区的获取需求是否得到满足
A17 环境因素	a57 同伴影响、a58 转换成本、a59 替代品吸引

表 9.3 是对用户知识贡献决策过程中出现的决策要素的采集、分类和整理，既有知识贡献前考虑的动机，也有知识贡献过程中的体验和过程后的感受。表 9.3 中不少范畴和概念涉及用户在社区的使用体验，如对社区氛围的感受、系统功能的使用，甚至是知识贡献后感知的效用和成就。这一点不仅在前人的研究中得到证明，虚拟社区中用户的知识贡献行为与用户在实际情景中对平台或社区的使用体验和经历息息相关[①②]，而且本研究在访谈过程中发现，当使用体验未达到预期时，很多受访者表示“和自己预期的不一样，对平台从有点兴趣到丧失信心”，长此以往，最终可能导致用户对社区的使用需求减弱，甚至降低用户的归属感和忠诚度。这种先产生需求后使用专业虚拟社区再判断期望是否得到满足的用户行为，与使

① Chen I Y L. The factors influencing members’ continuance intentions in professional virtual communities – A longitudinal study[J].Journal of Information Science，2007，33（4）：451-467.

② Cheung C M K，Lee M K O. What drives members to continue sharing knowledge in a virtual professional community？The role of knowledge self-efficacy and satisfaction[M]//Knowledge Science, Engineering and Management. Berlin，Heidelberg：Springer Berlin Heidelberg，2007：472-484.

用及满足理论的关键概念和基本解释相符。李姗姗[①]的研究证明，网民对虚拟社区的满足有需求得到满足和寻求其他满足手段两个程度，需求未得到满足可能导致对社区的负面评价。当需求得到满足时，用户在社区中可能获得的满足感表现为提高知识水平、增强发声能力、获得潜在机会和强化自我认知等方面。用户不仅汲取了社区内容，而且激发了进一步的使用和贡献行为，更是发展了自身的社交属性[②]，再次佐证了提取知识贡献中和后两个阶段涉及要素的必要性。

除此之外，之所以进行广泛的决策要素汇总，是因为本研究主要描绘专业虚拟社区用户知识贡献决策是在怎样的实际情景下做出的，为了解释知识贡献行为是如何发生和选择的，因此将知识贡献决策看作一个整体活动和完整过程，对第一次知识贡献和持续知识贡献的概念不做特别区分，这也是本研究与以往研究虚拟社区知识贡献前因的文献之间的区别。

一般而言，在得到决策要素的概念和范畴之后，按照扎根理论方法的流程，可以利用主轴编码和选择性编码通过聚类的方式发现和建立各个范畴之间的有机关联，分辨不同范畴之间的差异性，进一步增加范畴的稠密度，甚至确定核心范畴，并将范畴有机组合和连接起来[③]。按照上述步骤，本研究会得到社区、个体和环境等维度的主范畴，但这只是对决策要素的归纳和整理，是概念和范畴的静态排列过程，还不足以明确决策标准，也无法说明用户知识贡献的决策过程。

为了更好地回答专业虚拟社区用户知识贡献决策的是非题，本研究进一步甄别和梳理得到的所有概念和范畴，再次回归原始访谈材料，并结合已有概念和范畴的编码结果，抽取其中制约专业虚拟社区用户知识贡献的阻碍因素和约束条件，如表 9.4 所示。之所以进行进一步描述，除了前述的静态排列不足之外，还有必要厘清这些阻碍因素和约束条件之间的主次关系、相关关系甚至因果关系，以便在提出加强专业虚拟社区知识贡献建议时分清轻重缓急，把握社区发展突破的关键任务，提出具有针对性且条理明晰的建议。

---

① 李姗姗. 基于“使用与满足”理论的虚拟社区网民行为研究——以百度贴吧为例[D]. 广州：华南理工大学，2010.

② 包咏菲. 虚拟社区成员知识共享行为研究——以知乎社区为例[D]. 南京：南京大学，2015.

③ 陈向明. 扎根理论的思路和方法[J]. 教育研究与实验，1999（4）：58-63，73.

表 9.4 专业虚拟社区用户知识贡献的阻碍因素和约束条件及其概念解释

分类	阻碍因素和约束条件	概念解释
用户心理和状态	S_1 自身无贡献意愿	用户自我感觉本身就不喜欢或不愿分享信息或贡献知识
	S_2 感觉知识能力受限	用户觉得自身知识积累水平不够，不足以进行知识贡献
	S_3 语言表达压力	用户受遣词造句或社区专业性影响，对自己贡献知识的专业程度产生顾虑
	S_4 耗费时间精力	用户担忧进行知识贡献会占用时间精力或没有空闲时间
	S_5 学习或生活状态变更	用户因学习、工作或专业调动而对当前使用的专业虚拟社区的归属感和使用减少
	S_6 不符合用户预期	用户对社区的印象不好，使用后的预期不及使用前
需求满足度	S_7 社区使用需求非必要	在社区以外可以获取知识，对社区没有太大需求，对社区的归属感和忠诚度不高
	S_8 获取知识的需求未得到满足	用户在社区未能满足其获取知识的需求，不会进行使用甚至贡献
系统功能与设计	S_9 缺乏个性化知识服务	没有针对用户的需求或喜好提供定制化的专业知识服务
	S_{10} 注册手续麻烦	注册是必要的且流程比较复杂
	S_{11} 社区系统操作不便	社区系统或功能有较高的使用门槛，用户不能立即上手
	S_{12} 交互及时性差	及时通知功能欠缺，不能实现即时交流和反馈
	S_{13} 界面设计不友好	各种元素、版块堆叠，界面杂乱无章，样式落伍，不符合主流审美
	S_{14} 导航搜索功能受限	导航设置混乱，搜索功能单一，用户无法快速有效定位知识或资源
社区管理和环境	S_{15} 社区现有知识质量不高	无用信息和不相关信息较多，知识时效性和相关性较差
	S_{16} 社区专业纯洁度不足	社区商业广告、灌水帖较多，专业纯洁度不足
	S_{17} 互动氛围较差	社区互动活跃度低，缺乏积极的互动交流氛围
	S_{18} 激励机制不完善	激励方式单一且回报比不高

9.3.2 理论饱和度检验

理论饱和度检验是指在分析原始资料后无法获得新的范畴，理论构建趋于饱和。采用事先预留的10份访谈记录，进行同样的编码流程，结果发现并未产生新的概念和范畴，理论模型已经达到饱和，不需要再增加新的样本。

至此，本研究通过开放式访谈方法从“圈内人”的角度引出个体决策者（专业虚拟社区用户）在真实情景下的知识贡献决策要素，利用扎根理论方法对开放式访谈中得到的要素条目进行系统地采集和分类，并建立了专业虚拟社区用户知识贡献决策要素的类属范畴。通过进一步甄别和梳理专业虚拟社区用户知识贡献的决策要素所涉及的概念和范畴，本研究发现自身无贡献意愿、感觉知识能力受限、语言表达压力、耗费时间精力、学习或生活状态变更、不符合用户预期、社区使用需求非必要、获取知识的需求未得到满足、缺乏个性化知识服务、注册手续麻烦、社区系统操作不便、交互及时性差、界面设计不友好、导航搜索功能受限、社区现有知识质量不高、社区专业纯洁度不足、互动氛围较差、激励机制不完善18个知识贡献的阻碍因素和约束条件。在上述要素的基础上，本研究将通过决策树模型的构建过程，提取数条“如果……就……”（if-then 规则）关系的决策准则，动态捕捉实际情景中的知识贡献决策过程和决策规律；构建解释结构模型，厘清专业虚拟社区用户知识贡献的阻碍因素和约束条件之间的层次关系，阐明各个要素之间的作用网络，进一步挖掘知识贡献的关键制约要素，以便为制定促进专业虚拟社区知识贡献的对策和建议提供实证支撑。

9.4 专业虚拟社区用户知识贡献决策过程的研究模型

9.4.1 个体决策树模型的构建

在与32名有效受访者进行访谈的基础上，对决策问题“在专业虚拟社区进行/不进行知识贡献”进行决策树模型的构建。为了捕捉尽量多的变化和保证样本代表性，本研究又增加了对专业虚拟社区用户知识贡献这一同质决策情景下20名受访者样本的民族志访谈，并从决策结果不同的访谈组中捕捉决策标准、影响因素和约束条件等变化。

在构建个体决策树模型时发现，虽然决策者样本存在同质性，但决策问题“在专业虚拟社区进不进行知识贡献？”可以被拆分为三个具体的决策问题——“专业虚拟社区用户回不回答问题”“专业虚拟社区用户发不发布信息”“专业虚拟社区用户上不上传资料”。为了更全面透彻地把握专业虚拟社区用户的知识贡献行为，本节按照这样的三类知识贡献决策方案构建个体决策树。决策树的构建主要遵循以下规则：在访谈中逻辑上较优先的标准或者决策过程中最先考虑的标准应该接近决策树的开始阶段①；决策树的每条路径对应一个“如果……就……”决策规则，而且决策树作为一个整体相当于一组决策规则的集合。

回答问题这一知识贡献行为的用户个体决策过程如图 9.3 所示。该受访用户为专业虚拟社区的注册会员用户，访谈发现用户在检索自己想要获取的知识过程中产生回答问题的最初动机。驱使用户进一步实现该动机的因素包括对发现的问题感兴趣或问题与自身专业相关、互惠或利他主义的影响，以及想要赚取积分，但如果用户感觉知识积累水平不足或在语言表达方面感到压力时，用户不会回答问题，同时如果用户对专业虚拟社区的使用体验不满、不符合预期，也不会回答问题。

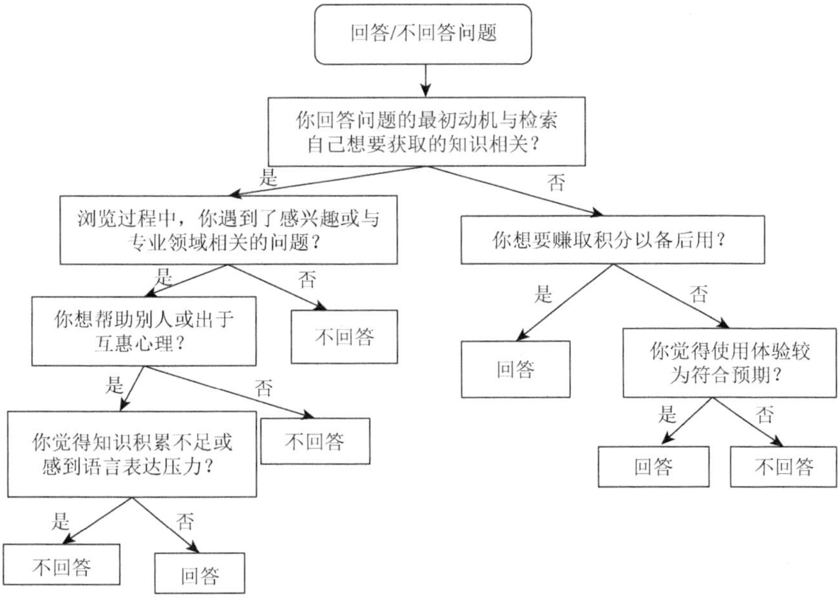

图 9.3　回答问题行为的用户个体决策过程

上传资料这一知识贡献行为的用户个体决策过程如图 9.4 所示。该受

① Breslin F C，Gladwin C H，Borsoi D，et al. Defacto client-treatment matching：How clinicians make referrals to outpatient treatments for substance use[J]. Evaluation & Program Planning，2000，23（3）：281-291.

访用户为专业虚拟社区的非注册会员用户，平时以游客身份浏览和使用专业虚拟社区，访谈发现用户纯粹是为了获取积分以得到自己想要的信息或进入有身份限制的版块。用户不上传资料的原因主要是担心社区互动氛围不积极以致自己上传的资料可能得不到他人下载，还有上传资料的积分性价比不高。

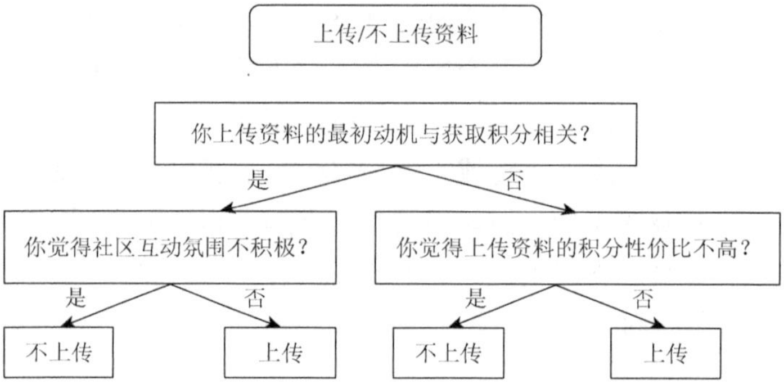

图 9.4　上传资料行为的用户个体决策过程

9.4.2　群体决策树模型的整合

由个体决策树整合为群体决策树模型的过程，并不意味着保留并堆叠个体决策树中包含的每一条准则，而是将相似的决策准则通过类化进行合并，得到更具普适性的决策准则，继而上升为决策规律[①]。构建群体模型有直接方法和间接方法。间接方法是从第一个受访者的个体模型开始，随后的所有模型都经过添加、修改、删除决策标准，建立在第一个模型的基础上[②]。这种迭代过程有助于检查每个受访者是否认为其他决策标准是有效的或相关的[③]。相反，直接方法首先独立地构建所有的模型，然后寻求它们的组合。它具有更直接和自然的优势，但要注意保留每个个体决策模型的民族志有效性[④]。由于直接方法消除了间接方法

① 徐孝娟，赵宇翔，朱庆华. 民族志决策树方法在学术博客用户行为中的研究——以科学网博客为例[J]. 现代图书情报技术，2014（1）：79-86.

② Andergassen M，Behringer R，Finlay J，et al. Weblogs in higher education：Why do students（not）blog？[J]. Electronic Journal of E-Learning，2009，7（3）：203-214.

③ Gladwin C H. Ethnographic Decision Tree Modeling[M]. Newbury Park，California：Sage Publications，1989.

④ Bailey A，Ngwenyama O. Toward entrepreneurial behavior in underserved communities：An ethnographic decision tree model of telecenter usage[J]. Information Technology for Development，2013，19（3）：230-248.

不可避免的呆板和不自然的访谈问题，因而被本研究采用以整合群体决策树模型。

筛选和排序受访者提供的所有信息后，本研究最终获取了 3 个群体决策树模型和 29 条决策准则：第一个方案（回答/不回答问题）获取了 11 条决策准则（P1～P11），一般决策过程如图 9.5 所示；第二个方案（发布/不发布信息）获取了 12 条决策准则（P12～P23），一般决策过程如图 9.6 所示；第三个方案（上传/不上传资料）获取了 6 条决策准则（P24～P29），一般决策过程如图 9.7 所示。民族志群体决策树模型反映了专业虚拟社区用户知识贡献行为决策过程，构成决策树模型的各条决策准则反映了影响其知识贡献的动机和原因。

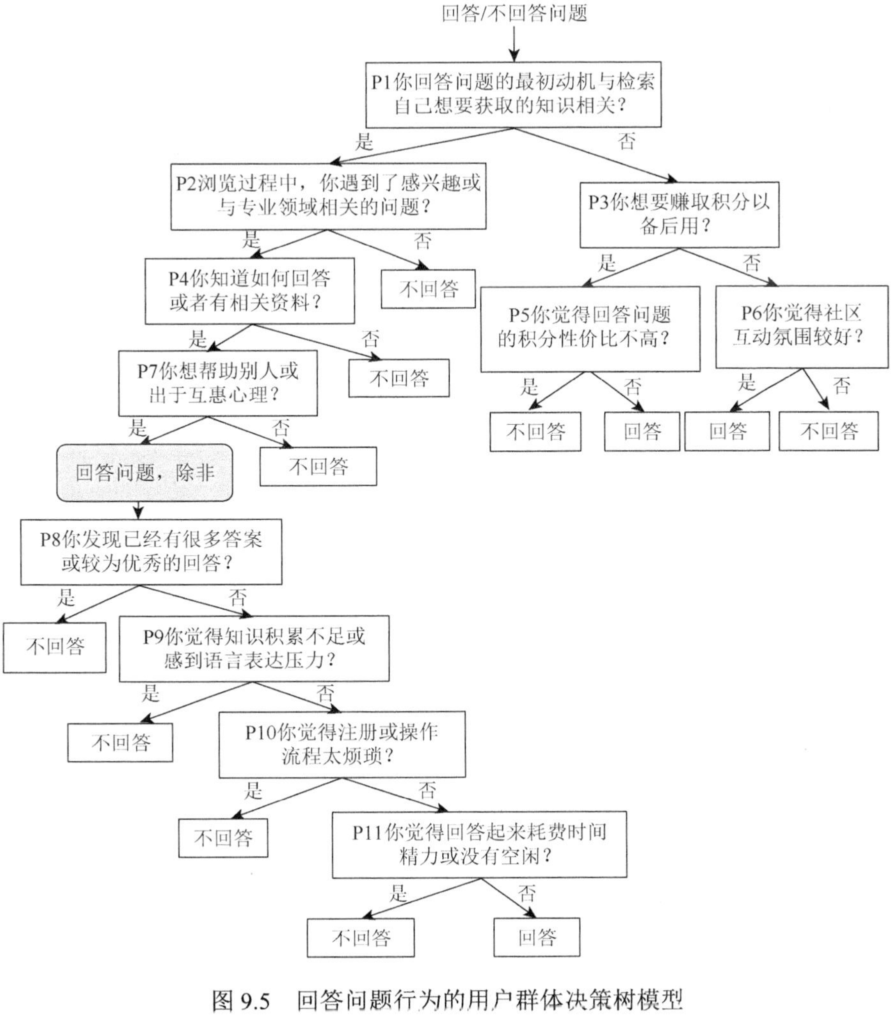

图 9.5　回答问题行为的用户群体决策树模型

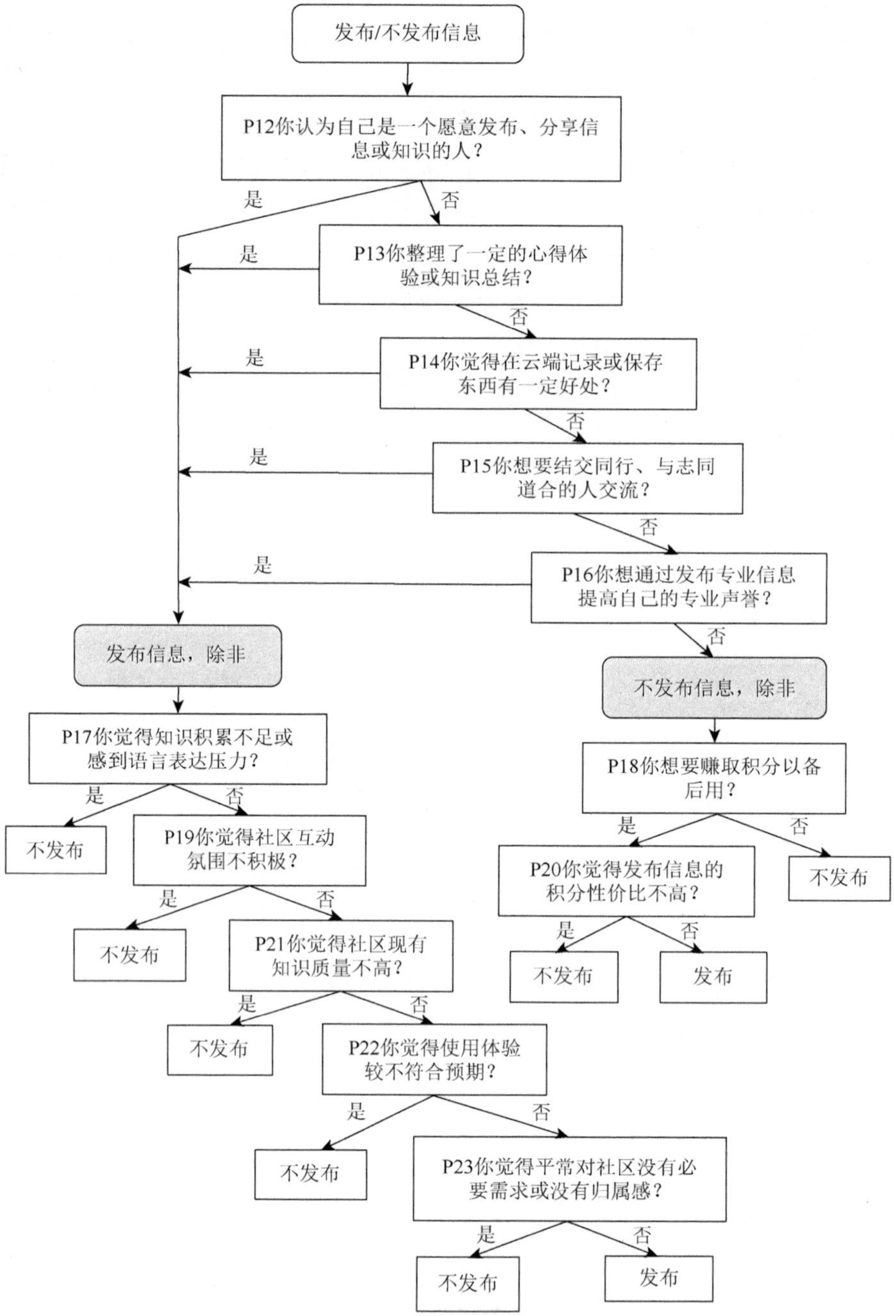

图 9.6　发布信息行为的用户群体决策树模型

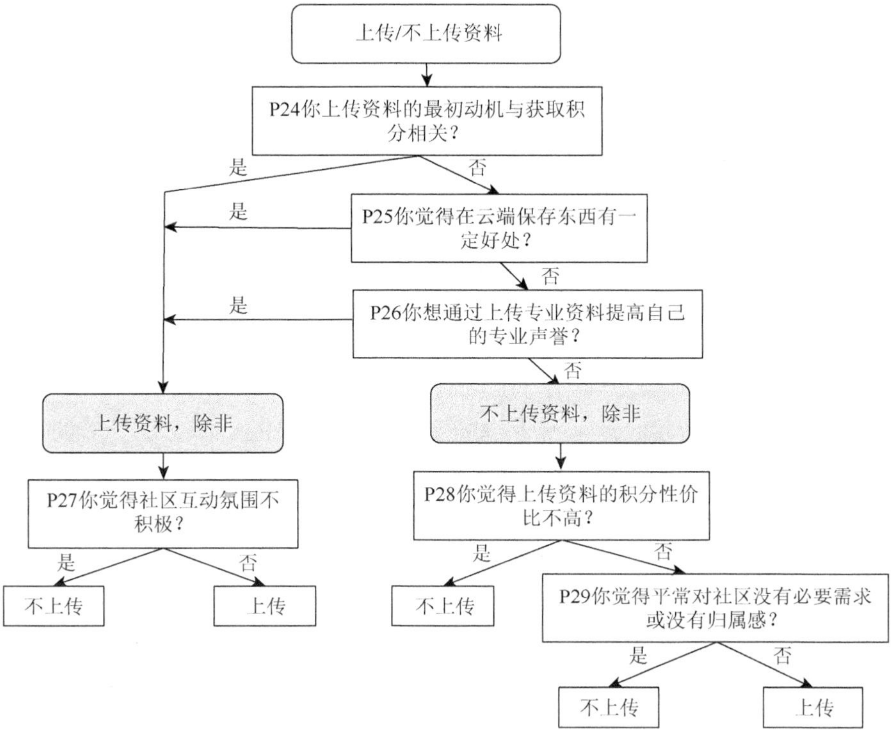

图 9.7　上传资料行为的用户群体决策树模型

回答问题行为共涉及 11 条决策准则，分别为“P1 你回答问题的最初动机与检索自己想要获取的知识相关？”“P2 浏览过程中，你遇到了感兴趣或与专业领域相关的问题？”“P3 你想要赚取积分以备后用？”“P4 你知道如何回答或者有相关资料？”“P5 你觉得回答问题的积分性价比不高？”“P6 你觉得社区互动氛围较好？”“P7 你想帮助别人或出于互惠心理？”“P8 你发现已经有很多答案或较为优秀的回答？”“P9 你觉得知识积累不足或感到语言表达压力？”“P10 你觉得注册或操作流程太烦琐？”“P11 你觉得回答起来耗费时间精力或没有空闲？”。其中，P1 是可能导致专业虚拟社区用户回答问题的最初动机，P2、P3、P4、P6 和 P7 是促使或推动专业虚拟社区用户回答问题的正面决策准则，而 P5、P8～P11 则是阻碍或限制用户回答问题的负面决策准则。

发布信息行为共涉及 12 条决策准则，分别为“P12 你认为自己是一个愿意发布、分享信息或知识的人？”“P13 你整理了一定的心得体验或知识总结？”“P14 你觉得在云端记录或保存东西有一定好处？”“P15 你想要结交同行、与志同道合的人交流？”“P16 你想通过发布专业信息提高自己的专业声誉？”“P17 你觉得知识积累不足或感到语言表达压力？”“P18 你想要赚取积分以备后用？”“P19 你觉得社区互动氛围不积极？”“P20 你觉得发布信息的积分性价比不高？”“P21 你觉得社区现有知识质量不高？”“P22 你觉得使用体验较不符合预期？”“P23 你觉得平常对社区没有必要需求或没有归属感？”。其中，P12～P16 和 P18 是促使或推动专业虚拟社区用户发布信息的正面决策准则，而 P17、P19～P23 则是阻碍或限制用户发布信息的负面决策准则。

上传资料行为共涉及 6 条决策准则，分别为“P24 你上传资料的最初动机与获取积分相关？”“P25 你觉得在云端保存东西有一定好处？”“P26 你想通过上传专业资料提高自己的专业声誉？”“P27 你觉得社区互动氛围不积极？”“P28 你觉得上传资料的积分性价比不高？”“P29 你觉得平常对社区没有必要需求或没有归属感？”。其中，P24 是可能导致专业虚拟社区用户上传资料的最初动机，P25 和 P26 是促使或推动专业虚拟社区用户上传资料的正面决策准则，而 P27～P29 则是阻碍或限制用户上传资料的负面决策准则。

比较图 9.5~图 9.7 的专业虚拟社区用户群体决策树模型可以发现，回答问题、发布信息和上传资料三类知识贡献行为的决策准则虽然有部分相同的决策标准，但是决策过程中考虑的侧重点不同，决策逻辑思考路线不同。回答问题这一知识贡献行为的决策主要发生在用户检索或浏览自己想要获取的知识的使用过程中，其次才与兴趣和专业偏好、积分导向、利他主义和互惠有关，较易受到用户状态、系统功能和用户心理制约；发布信息这一知识贡献行为的决策主要受到用户自身意愿影响，还与感知效用和感知成就相关，较易受到用户心理和预期、社区氛围、知识质量和需求满足制约，而不把积分奖励作为主要考量因素；上传资料则多由积分等利益驱动，当激励刺激不足和对社区使用需求非必要时，可能阻碍知识贡献。

9.4.3 决策模型的检验

虽然专业虚拟社区的用户存在回答问题、发布信息和上传资料三类知识贡献行为，但是并不意味着有三个“纯”类用户，用户的知识贡献行为多有交叉，因此仍可以在专业虚拟社区用户这一较为单一和同质样本中进行有效性检验。检验所需的样本依据 Gladwin 提出的标准进行选取，即在相对同质的情景中检验样本量应达到 25～30 人。考虑到样本数据的代表性和三类知识贡献行为的出现概率，本研究在模型检验阶段选择 90 个样本，使用问卷调查法收集并统计 29 条决策标准的回答情况（调查问卷样例见附录 5），模型检验结果的最终统计如表 9.5 所示。

表 9.5　模型检验结果的最终统计

方案	准则名称	回答选项	人数	关联到的准则或方案对应的人数
方案一（回答/不回答问题）	P1	是	22	P2
		否	8	P3
	P2	是	20	P4
		否	2	不回答问题（正确）：2
				回答问题（错误）：0
	P3	是	5	P5
		否	3	P6
	P4	是	18	P7
		否	2	回答问题（错误）：2
				不回答问题（正确）：0
	P5	是	2	不回答问题（正确）：2
				回答问题（错误）：0
		否	3	回答问题（正确）：2
				不回答问题（错误）：1
	P6	是	2	回答问题（正确）：1
				不回答问题（错误）：1
		否	1	不回答问题（正确）：1
				回答问题（错误）：0
	P7	是	15	P8
		否	3	不回答问题（正确）：3
				回答问题（错误）：0
	P8	是	6	不回答问题（正确）：6
				回答问题（错误）：0
		否	9	P9
	P9	是	5	不回答问题（正确）：5
				回答问题（错误）：0
		否	4	P10

续表

<table>
<tr><th>方案</th><th>准则名称</th><th>回答选项</th><th>人数</th><th>关联到的准则或方案对应的人数</th></tr>
<tr><td rowspan="7">方案一（回答/不回答问题）</td><td rowspan="3">P10</td><td rowspan="2">是</td><td rowspan="2">2</td><td>不回答问题（正确）：2</td></tr>
<tr><td>回答问题（错误）：0</td></tr>
<tr><td>否</td><td>2</td><td>P11</td></tr>
<tr><td rowspan="4">P11</td><td rowspan="2">是</td><td rowspan="2">1</td><td>不回答问题（正确）：1</td></tr>
<tr><td>回答问题（错误）：0</td></tr>
<tr><td rowspan="2">否</td><td rowspan="2">1</td><td>回答问题（正确）：1</td></tr>
<tr><td>不回答问题（错误）：0</td></tr>
<tr><td rowspan="25">方案二（发布/不发布信息）</td><td rowspan="2">P12</td><td>是</td><td>15</td><td>P17</td></tr>
<tr><td>否</td><td>15</td><td>P13</td></tr>
<tr><td rowspan="2">P13</td><td>是</td><td>3</td><td>P17</td></tr>
<tr><td>否</td><td>12</td><td>P14</td></tr>
<tr><td rowspan="2">P14</td><td>是</td><td>1</td><td>P17</td></tr>
<tr><td>否</td><td>11</td><td>P15</td></tr>
<tr><td rowspan="2">P15</td><td>是</td><td>2</td><td>P17</td></tr>
<tr><td>否</td><td>9</td><td>P16</td></tr>
<tr><td rowspan="2">P16</td><td>是</td><td>1</td><td>P17</td></tr>
<tr><td>否</td><td>8</td><td>P18</td></tr>
<tr><td rowspan="3">P17</td><td rowspan="2">是</td><td rowspan="2">10</td><td>不发布信息（正确）：10</td></tr>
<tr><td>发布信息（错误）：0</td></tr>
<tr><td>否</td><td>12</td><td>P19</td></tr>
<tr><td rowspan="3">P18</td><td>是</td><td>8</td><td>P20</td></tr>
<tr><td rowspan="2">否</td><td rowspan="2">0</td><td>不发布信息（正确）：0</td></tr>
<tr><td>发布信息（错误）：0</td></tr>
<tr><td rowspan="3">P19</td><td rowspan="2">是</td><td rowspan="2">5</td><td>不发布信息（正确）：5</td></tr>
<tr><td>发布信息（错误）：0</td></tr>
<tr><td>否</td><td>7</td><td>P21</td></tr>
<tr><td rowspan="4">P20</td><td rowspan="2">是</td><td rowspan="2">4</td><td>不发布信息（正确）：3</td></tr>
<tr><td>发布信息（错误）：1</td></tr>
<tr><td rowspan="2">否</td><td rowspan="2">4</td><td>发布信息（正确）：3</td></tr>
<tr><td>不发布信息（错误）：1</td></tr>
<tr><td rowspan="3">P21</td><td rowspan="2">是</td><td rowspan="2">3</td><td>不发布信息（正确）：3</td></tr>
<tr><td>发布信息（错误）：0</td></tr>
<tr><td>否</td><td>4</td><td>P22</td></tr>
</table>

续表

方案	准则名称	回答选项	人数	关联到的准则或方案对应的人数
方案二（发布/不发布信息）	P22	是	3	不发布信息（正确）：2
				发布信息（错误）：1
		否	1	P23
	P23	是	1	不发布信息（正确）：1
				发布信息（错误）：0
		否	0	发布信息（正确）：0
				不发布信息（错误）：0
方案三（上传/不上传资料）	P24	是	21	P27
		否	9	P25
	P25	是	4	P27
		否	5	P26
	P26	是	2	P27
		否	3	P28
	P27	是	6	不上传资料（正确）：5
				上传资料（错误）：1
		否	21	上传资料（正确）：21
				不上传资料（错误）：0
	P28	是	2	不上传资料（正确）：1
				上传资料（错误）：1
		否	1	P29
	P29	是	1	不上传资料（正确）：1
				上传资料（错误）：0
		否	0	上传资料（正确）：0
				不上传资料（错误）：0

由表 9.5 的模型检验统计调查结果可知，错误人数为 9 人，正确人数为 81 人。其中，在方案一中，错误是指模型中的路径是回答问题（或不回答问题），而实际却选择了不回答问题（或回答问题）；正确是指模型中的路径是回答问题（或不回答问题），且实际确实选择了回答问题（或不回答问题）。在方案二中，错误是指模型中的路径是发布信息（或不发布信息），而实际却选择了不发布信息（或发布信息）；正确是指模型中的路径是发布信息（或不发布信息），且实际确实选择了发布信息（或不发布信息）。在方案三中，错误是指模型中的路径是上传资料（或

不上传资料），而实际却选择了不上传资料（或上传资料）；正确是指模型中的路径是上传资料（或不上传资料），且实际确实选择了上传资料（或不上传资料）。总模型的预测力计算方法为所有正确选择数量与总样本数量的比值，模型预测力为 90.0%，符合 Gladwin 提出的模型预测力达到 85%～90%就可以认为模型有效的论点，因此认为上述专业虚拟社区用户的知识贡献决策脉络模式和模型构建有效，且具有较高的预测效力。

基于图 9.5～图 9.7 和表 9.5 可得出以下结论。

（1）要素所代表的决策准则的组合，可以有效判断专业虚拟社区用户的一般性知识贡献选择。同时，观察群体决策树模型中各个决策脉络上的选择数量，可以看出不同的决策准则组合发生的概率差异，较好地说明了该模型在同类群体行为中的预测性[①]。例如，在方案三“上传/不上传资料”中，满足 P24 为“是”，或者 P25 为“是”，或者 P26 为“是”的情况下，对 P27 回答为“否”的有 21 人，均上传资料，回答为“是”的有 6 人，受社区互动氛围不积极影响而不上传资料。基于此就能判断出，当 P24 或 P25 或 P26 为“是”且 P27 为“否”时，一般的专业虚拟社区用户会上传资料。

（2）要素所代表的决策准则在群体决策树模型中的层级展示代表了其重要性的排序，在访谈中逻辑上越优先的标准或者决策过程中优先考虑的标准出现的位置越接近决策树的开始或上层。如图 9.5 所示，对于回答问题这一知识贡献行为而言，是否要回答问题首先取决于用户有没有在专业虚拟社区检索自己想要获取的知识，以及有没有在此过程中发现兴趣偏好和专业偏好的问题，这与访谈中用户所描述的“我不会主动去回答问题，一般在我找自己想要的资源的时候，发现相关的问题”现象相一致。如图 9.6 所示，对于发布信息这一知识贡献行为而言，用户对本身的信息分享意愿的评价和感知是首要考量因素，其次才会考虑到知识或心得总结、云端记录和存储等因素。如图 9.7 所示，发布信息这一知识贡献行为的发生很多时候是因为获取积分的利益驱动，其次是云端记录和存储优势以及获取专业声誉等，用户考虑得比较少的是积分性价比和社区归属感。

① 黄奇，覃鹤. 民族志决策树方法应用研究——以政府网站链接动机研究为例[J]. 情报理论与实践，2016，39（10）：45-51.

9.4.4　决策模型结果与讨论

1. 专业虚拟社区用户知识贡献的初始动机

民族志群体决策树模型显示，回答问题、发布信息和上传资料三类知识贡献行为的发生动机存在较大差异，分别为获取知识驱动、用户自身意愿和获取积分或利益驱动。

约 95%的受访者表示自己不会寻找并回答别人的提问，研究结果也再次肯定了回答问题这一知识贡献行为的初始动机与用户自己的主观能动性无关，用户决定回答问题是发生在自己检索或搜寻所需知识的过程中。73.3%的问卷调查用户认为自己获取知识的想法驱动自己使用专业虚拟社区，进而产生知识贡献的可能性。这种情景也在其他研究中得到了证实，如张向先等①发现，用户的知识需求是推动社区用户其他知识行为发生的前提，并指出用户知识需求存在多个层级，用户客观需求、意识层面需求和个性化知识需求存在特点，都在不同程度上要求社区硬件和软件条件提升。在用户逐步解决自己的知识获取需求过程中，产生的其他知识行为为知识贡献提供了发生情景和前提基础。

与回答问题的非主动性类似，近半数受访者提到过主动发布信息所带来的心理压力和不适应性，认为自己不是愿意发布或分享信息的人，因而也不会产生发布信息这类知识贡献行为，问题 P12 的是与否回答各占 50%也证实了这一点。自身贡献知识或信息的意愿多由用户的人格特质决定，开放性、责任心、外倾性、宜人性和神经质五大人格特质差异，是用户是否发布信息的心理因素。人格特质对知识共享行为的影响已达成学界共识，如宋宝香和林泉②指出高开放性、高外倾性和高宜人性的个体更愿意进行知识共享。尽管个体的人格特质呈现出固定性和稳定性，难以被外界环境所左右，但虚拟社区的运营方和管理方可以通过提供个性化服务、设计合理的激励措施来迎合甚至潜移默化地引导用户性格发展，刺激用户主动发布信息和知识③。

与回答问题和发布信息两类行为不同，上传资料这一知识贡献行为的群体决策树模型不仅较为简单，其初始动机也简单直接，受积分等利益驱动较为明显，聚焦于行为发生后获得的物质奖励或虚拟奖励，这也与问题 P24 的 70%肯定作答率相符。

---

① 张向先，李中梅，郭顺利. 社会化问答社区用户知识需求及其动态演化研究[J]. 情报理论与实践，2018，41（11）：38-44，50.

② 宋宝香，林泉. 人格特质对知识共享影响机制实证研究[J]. 商业时代，2014（14）：102-103.

③ 万晨曦. 虚拟社区用户个性对知识共享意愿的影响研究[D]. 泉州：华侨大学，2016.

2. 专业虚拟社区用户知识贡献的一般过程

在致力于满足自己知识获取需求的过程中，因主题的相似性，用户在检索、浏览或查阅时偶遇自己感兴趣或与专业领域相关的他人提问，至此才真正引发关于是否要回答问题的决策思考。在此情景下，用户是否回答问题首先取决于是否具备相应的现实条件，如果用户并不知道问题的答案，也并无相关资料可以解答，一般情况下回答问题的行为不会发生；反之，用户如果具备与问题相关的知识和资料，才会产生是否有必要或想要回答问题的冲动，因此询问现实条件的问题 P4（“你知道如何回答或者有相关资料？”）的优先度高于问题 P7（“你想帮助别人或出于互惠心理？”）所代表的利他主义或互惠心理。利他主义或互惠心理对知识贡献的积极影响已经在前人研究中被广泛肯定[①②]，这似乎与本研究的结果相悖，因为在问题 P7 的 15 个肯定回答中，最终只有 1 位受访者坚持了自己回答问题的行为，其他受访者都放弃了进行知识贡献。可能的解释在于，前人研究中的互惠或利他等构念多与其他构念一起处于并列的同级位置[③④]，在模型中共同作为自变量对知识贡献等目标因变量产生正负向影响，但是互惠或利他构念与其他构念之间的先后发生逻辑和实际情况中的优先顺序却未做考虑。而本研究在充分访谈、建模和检验的基础上，厘清了用户回答问题时对各个要素的关注度和关注顺序，指出互惠或利他更多的是一种想法或心理感触，而真正决定回答问题行为的则是阻碍因素和约束条件的复杂性，体现在问题 P8～P11 的决策要素中。因此本研究推测，当存在已有大量或优秀回答（问题 P8）这一现实情况，或用户认为自己知识能力或语言表达不足（问题 P9）以及注册和操作过程烦琐（问题 P10），或用户不想或难以承担耗费时间精力的后果（问题 P11）时，一般的专业虚拟社区用户不会回答问题。

此外，回答问题行为的发生还存在两种情景：一是受到获取积分或利益的动机驱动，此类关注积分的用户在方案一的问卷调查中占 16.7%，究其根本原因无外乎是为自己日后的知识获取需求早做准备，提升未来学习

① 甘春梅，黄悦. 社会化问答社区不同用户行为影响因素的实证研究[J]. 图书情报知识，2017（6）：114-124.

② 金家华. 社会化问答社区中用户知识行为的影响因素研究[D]. 哈尔滨：哈尔滨工业大学，2015.

③ 王子喜. 非交易类虚拟社区知识贡献影响因素实证研究[D]. 西安：西安电子科技大学，2012.

④ Chen C J，Hung S W. To give or to receive? Factors influencing members' knowledge sharing and community promotion in professional virtual communities[J]. Information & Management，2010，47（4）：226-236.

和获取知识的可能性，尤其是积分较少或积分等级较低的用户①。这也使用户对回答问题赚取的积分性价比进行评估，若性价比符合预期则选取问题作答，否则采取其他手段（如购买积分或使用其他可获取资源的免积分渠道）满足需求。二是受社区互动氛围影响，积极的互动氛围在一定程度上促进了用户贡献答案的行为，但因问题 P6（“你觉得社区互动氛围较好？”）的样本过少，该情景的可信性有待进一步证实。

用户发布信息行为发生的前提条件多达五种，展现在问题 P12～P16 的决策要素中，意味着当用户认为自己是愿意发布或分享信息的人（问题 P12），或整理了一定的心得体验或知识总结（问题 P13），或认识到云端记录或保存东西的好处（问题 P14），或想要结交同行与人交流（问题 P15），或想提高自己的专业声誉（问题 P16）这五种条件满足至少其一时，用户产生发布信息的动机。但是与回答问题类似，真正决定发布信息行为的是问题 P17、P19、P21～P23 所体现的阻碍因素和约束条件的复杂性，一旦这五组“除非”条件其中之一为真，用户都有可能拒绝发布信息。因此，可以推论：当用户察觉自己知识能力不足或语言表达受限（问题 P17），或感觉社区互动氛围不积极（问题 P19），或认为社区现有知识质量不高（问题 P21），或感觉使用体验不符合预期（问题 P22），或认为自己对社区没有必要需求和归属感时（问题 P23），一般的专业虚拟社区用户不会发布信息。

若前述五个前提条件均不满足，用户发布信息的行为也同上传资料这一知识贡献行为的初始动机有关，即受到积分等利益驱动。在问题 P18（“你想要赚取积分以备后用？”）的肯定回答中，有 50%的受访者最终选择了发布信息，再次肯定了积分等利益驱动对知识贡献行为的促进作用。

用户上传资料行为的决策过程没有回答问题和发布信息的过程复杂，当满足 P24～P26 三个条件之一时，用户上传资料行为的发生率达到 77.78%，因此可以推论：当用户受到积分等利益驱动（问题 P24），或认识到云端记录或保存东西的好处（问题 P25），或想提高自己的专业声誉时（问题 P26），一般的专业虚拟社区用户会上传资料。同时必须注意到，上传资料贡献的知识多是复制型知识，开放式访谈的受访者也表示上传的资料多是积累的课件或从别处下载的资料等，这类复制型知识贡献多受到外在激

① 金晓玲，汤振亚，周中允，等. 用户为什么在问答社区中持续贡献知识？：积分等级的调节作用[J]. 管理评论，2013，25（12）：138-146.

励的促进作用。施涛和姜亦珂[①]指出，金钱、礼品和积分等外在激励显著增加了复制型知识贡献行为和数量。

9.5 知识贡献阻碍因素和约束条件的层级关系与作用网络

因为阻碍因素和约束条件没有脱离决策要素的概念与范畴，且知识贡献决策树模型已经证明真正决定回答问题和发布信息决策的是阻碍因素或约束条件的多寡和复杂性，所以有必要对知识贡献决策过程中存在的阻碍因素和约束条件进行讨论，从反面角度审视专业虚拟社区用户的知识贡献决策过程。基于此，本节通过解释结构模型探索专业虚拟社区用户知识贡献过程中存在的阻碍因素和约束条件之间的关系网络及其对知识贡献的影响。

根据前人文献，应用解释结构模型的基本步骤包括：①确定系统要素及其概念，根据要素之间的逻辑关系构建邻接矩阵 A；②通过矩阵运算，求出该系统的可达矩阵 M；③分解可达矩阵，划分要素等级，建立层级结构模型；④根据层级结构模型构建系统问题的解释结构模型[②③]。

9.5.1 构建邻接矩阵并计算可达矩阵

专业虚拟社区用户知识贡献的18个阻碍因素和约束条件之间是相互影响、互相关联的。通过与抽取专业虚拟社区用户知识贡献的决策要素的两位编码员进行小组讨论，结合专业虚拟社区知识贡献的实际情景和前人的相关研究，经多次分析讨论确定 18 个阻碍因素和约束条件之间的关系，即确定要素之间直接的逻辑关系，利用 18×18 的矩阵表示，展示在表 9.6 的邻接矩阵 A 中。邻接矩阵 A 反映要素之间的直接关系，邻接矩阵 A 中的 a_{ij} 值表示要素 S_i 对要素 S_j 的直接影响关系，若 $a_{ij}=1$，则表示要素 S_i 对要素 S_j 有直接影响关系；若 $a_{ij}=0$，则表示要素 S_i 对要素 S_j 没有直接影响关系。

---

① 施涛，姜亦珂. 学术虚拟社区激励政策对用户知识贡献行为的影响研究[J]. 图书馆，2017（4）：82-86.

② 胡振华，蔡新. 基于解释结构模型的高校图书馆馆藏纸质资源利用率影响因素分析[J]. 图书情报工作，2010，54（7）：46-50.

③ 魏道江，李慧民，康承业. 基于解释结构模型的知识共享影响因素分析[J]. 情报科学，2015，33（7）：92-97.

表 9.6　邻接矩阵 A

	S_1	S_2	S_3	S_4	S_5	S_6	S_7	S_8	S_9	S_{10}	S_{11}	S_{12}	S_{13}	S_{14}	S_{15}	S_{16}	S_{17}	S_{18}
S_1	0	0	0	0	0	0	0	0	0	0	0	0	0	0	0	0	0	0
S_2	0	0	1	1	0	0	0	0	0	0	0	0	0	0	0	0	0	0
S_3	0	0	0	1	0	0	0	0	0	0	0	0	0	0	0	0	0	0
S_4	0	0	0	0	0	0	0	0	0	0	0	0	0	0	0	0	0	0
S_5	0	0	0	1	0	0	1	0	1	0	0	0	0	0	0	0	0	0
S_6	0	0	0	0	0	0	0	0	0	0	0	0	0	0	0	0	0	0
S_7	0	0	0	0	0	0	0	0	0	0	0	0	0	0	0	0	0	0
S_8	0	0	0	0	0	1	1	0	0	0	0	0	0	0	0	0	0	0
S_9	0	0	0	0	0	1	1	1	0	0	0	0	0	0	0	0	0	0
S_{10}	0	0	0	0	0	1	0	1	0	0	0	0	0	0	0	0	0	0
S_{11}	0	0	0	0	0	1	1	1	0	0	0	0	0	0	0	0	0	0
S_{12}	0	0	0	0	0	1	1	1	0	0	0	0	0	0	0	0	1	0
S_{13}	0	0	0	0	0	1	0	0	0	0	0	0	0	0	0	0	0	0
S_{14}	0	0	0	0	0	1	1	1	1	0	1	0	0	0	0	0	0	0
S_{15}	0	0	0	0	0	1	1	1	0	0	0	0	0	0	0	1	0	0
S_{16}	0	0	0	0	0	1	1	0	0	0	0	0	0	0	0	0	1	0
S_{17}	0	0	0	0	0	1	1	1	0	0	0	0	0	0	0	0	0	0
S_{18}	0	0	0	1	0	0	1	0	0	0	0	0	0	0	1	0	1	0

邻接矩阵只能表示要素间的直接关系，因此需要经过矩阵计算得到既能表示要素间直接关系又能表示间接关系的可达矩阵。可达矩阵 M 和邻接矩阵 A 满足方程式 $(A+I)^{k-1} \neq (A+I)^k = (A+I)^{k+1} = M$ ，其中 I 为单位矩阵，k 值从 1 至 18^2 递增。利用 MATLAB 计算得到如表 9.7 所示的可达矩阵 M。

表 9.7　可达矩阵 M

	S_1	S_2	S_3	S_4	S_5	S_6	S_7	S_8	S_9	S_{10}	S_{11}	S_{12}	S_{13}	S_{14}	S_{15}	S_{16}	S_{17}	S_{18}
S_1	1	0	0	0	0	0	0	0	0	0	0	0	0	0	0	0	0	0
S_2	0	1	1	1	0	0	0	0	0	0	0	0	0	0	0	0	0	0
S_3	0	0	1	1	0	0	0	0	0	0	0	0	0	0	0	0	0	0
S_4	0	0	0	1	0	0	0	0	0	0	0	0	0	0	0	0	0	0
S_5	0	0	0	1	1	1	1	1	1	0	0	0	0	0	0	0	0	0
S_6	0	0	0	0	0	1	0	0	0	0	0	0	0	0	0	0	0	0
S_7	0	0	0	0	0	0	1	0	0	0	0	0	0	0	0	0	0	0
S_8	0	0	0	0	0	1	1	1	0	0	0	0	0	0	0	0	0	0
S_9	0	0	0	0	0	1	1	1	1	0	0	0	0	0	0	0	0	0

续表

	S_1	S_2	S_3	S_4	S_5	S_6	S_7	S_8	S_9	S_{10}	S_{11}	S_{12}	S_{13}	S_{14}	S_{15}	S_{16}	S_{17}	S_{18}
S_{10}	0	0	0	0	0	1	1	1	0	1	0	0	0	0	0	0	0	0
S_{11}	0	0	0	0	0	1	1	1	0	0	1	0	0	0	0	0	0	0
S_{12}	0	0	0	0	0	1	1	1	0	0	0	1	0	0	0	0	1	0
S_{13}	0	0	0	0	0	1	0	0	0	0	0	0	1	0	0	0	0	0
S_{14}	0	0	0	0	0	1	1	1	1	0	1	0	0	1	0	0	0	0
S_{15}	0	0	0	0	0	1	1	1	0	0	0	0	0	0	1	1	1	0
S_{16}	0	0	0	0	0	1	1	1	0	0	0	0	0	0	0	1	1	0
S_{17}	0	0	0	0	0	1	1	1	0	0	0	0	0	0	0	0	1	0
S_{18}	0	0	0	1	0	1	1	1	0	0	0	0	0	0	1	1	1	1

9.5.2 构建解释结构模型

在归纳出可达矩阵 M 的可达集 $R(S_i)$（由可达矩阵第 S_i 行中所有元素为 1 的列所对应的要素构成的集合）和前因集 $Q(S_i)$（由可达矩阵第 S_j 列中所有元素为 1 的行所对应的要素构成的集合）的基础上，依据 $R(S_i)\cap Q(S_i)=R(S_i)$ 的原则对所有要素进行分层和层级排序，如表 9.8 所示，确定最高等级的要素，剔除相应行和列。同理，确定现有矩阵中最高等级的要素，以此类推。

表 9.8　可达集和前因集

S_i	$R(S_i)$	$Q(S_i)$	$R(S_i)\cap Q(S_i)$
S_1	1	1	1
S_2	2，3，4	2	2
S_3	3，4	2，3	3
S_4	4	2，3，4，5，18	4
S_5	4，5，6，7，8，9	5	5
S_6	6	5，6，8，9，10，11，12，13，14，15，16，17，18	6
S_7	7	5，7，8，9，10，11，12，14，15，16，17，18	7
S_8	6，7，8	5，8，9，10，11，12，14，15，16，17，18	8
S_9	6，7，8，9	5，9，14	9
S_{10}	6，7，8，10	10	10
S_{11}	6，7，8，11	11，14	11

续表

S_i	$R(S_i)$	$Q(S_i)$	$R(S_i)\cap Q(S_i)$
S_{12}	6，7，8，12，17	12	12
S_{13}	6，13	13	13
S_{14}	6，7，8，9，11，14	14	14
S_{15}	6，7，8，15，16，17	15，18	15
S_{16}	6，7，8，16，17	15，16，18	16
S_{17}	6，7，8，17	12，15，16，17，18	17
S_{18}	4，6，7，8，15，16，17，18	18	18

最终得到的解释结构模型如图 9.8 所示，将 18 个阻碍因素和约束条件划分为 5 级。按照层级从高到低排序，各级的因素分别为：第 1 级为 S_1（自身无贡献意愿）、S_4（耗费时间精力）、S_6（不符合用户预期）和 S_7（社区使用需求非必要）；第 2 级为 S_3（语言表达压力）、S_8（获取知识的需求未得到满足）和 S_{13}（界面设计不友好）；第 3 级为 S_2（感觉知识能力受限）、S_9（缺乏个性化知识服务）、S_{10}（注册手续麻烦）、S_{11}（社区系统操作不便）和 S_{17}（互动氛围较差）；第 4 级为 S_5（学习或生活状态变更）、S_{12}（交互及时性差）、S_{14}（导航搜索功能受限）和 S_{16}（社区专业纯洁度不足）；第 5 级为 S_{15}（社区现有知识质量不高）和 S_{18}（激励机制不完善）。

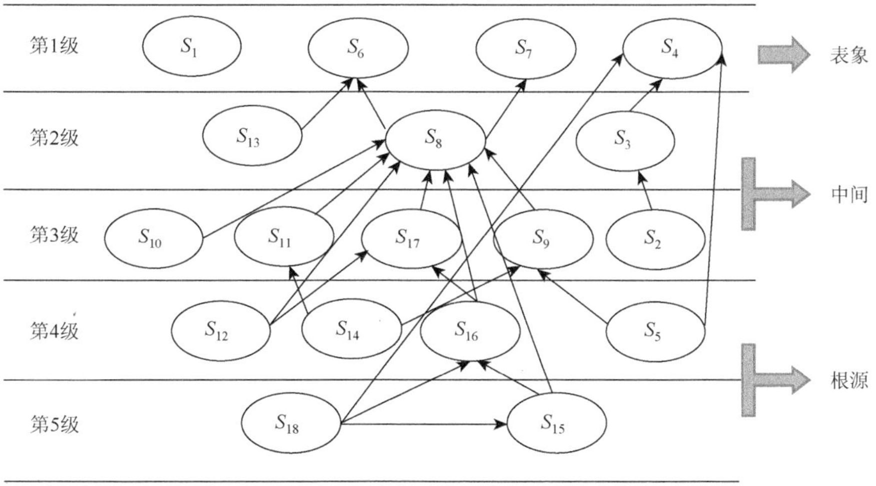

图 9.8　专业虚拟社区用户知识贡献阻碍因素和约束条件的解释结构模型

9.5.3 解释结构模型结果与讨论

在对专业虚拟社区用户知识贡献过程中的各个要素进行深入判断和分析的基础上，解释结构模型的推理和计算结果进一步阐明了专业虚拟社区用户知识贡献过程中阻碍因素和约束条件之间的层级关系和作用网络。自身无贡献意愿、耗费时间精力、不符合用户预期和社区使用需求非必要是专业虚拟社区用户知识贡献的表象层直接制约要素；界面设计不友好、获取知识的需求未得到满足、语言表达压力、缺乏个性化知识服务、注册手续麻烦、社区系统操作不便、感觉知识能力受限和互动氛围较差是中间层间接制约要素；交互及时性差、导航搜索功能受限、社区专业纯洁度不足、学习或生活状态变更、社区现有知识质量不高和激励机制不完善是根源层制约要素，其中社区现有知识质量不高和激励机制不完善是社区知识贡献的根本阻碍因素和强烈约束条件。这些阻碍因素和约束条件都处于专业虚拟社区用户知识贡献决策情景中，群体决策模型也证实了这些要素始终贯穿决策过程，彼此之间紧密联系，是专业虚拟社区用户知识贡献决策这一行动者网络中的参与主体和网络节点。此外，该解释结构模型涉及的行动者众多，既有用户等人类实体行动者，又有社区管理和运营、系统功能和设计等非人类实体行动者，这契合行动者网络理论的基础概念和内涵，且这些实体和作用网络都围绕着“解决专业虚拟社区用户知识贡献的阻碍因素和约束条件，促进用户知识贡献行为”这一主题展开，也是行动者网络中的强制通行点（简称“OPP”，即行动者网络构建过程中必须排除的困难与障碍）。为了解决专业虚拟社区用户知识贡献的阻碍因素和约束条件，有必要让每一个行动者在网络中的角色、功能、发挥的作用和获取的利益被重新安排和赋予。实体或非实体行动者之间需要联合行动，按照自己的角色、任务和规律行事与运转，一起发展稳定且动态的关系网络。阻碍因素和约束条件所涉及的行动者利益及其实现途径可用图 9.9 表示。

该行动者网络涉及用户心理和状态、需求满足度、系统功能与设计以及社区管理和环境四个主要行动者，每个行动者的具体内涵已由表 9.4 展示，也是各个行动者需要解决的主要障碍和必须攻克的强制通行点。为了实现行动者的不同利益，必须解决专业虚拟社区用户知识贡献的阻碍因素和约束条件。虽然行动者网络指出了各个阻碍因素和约束条件的解决方向与进步空间，但解释结构模型也证实了阻碍因素和约束条件之间的层级关系与作用网络，因此为了解决行动者网络的强制通行点，必须同

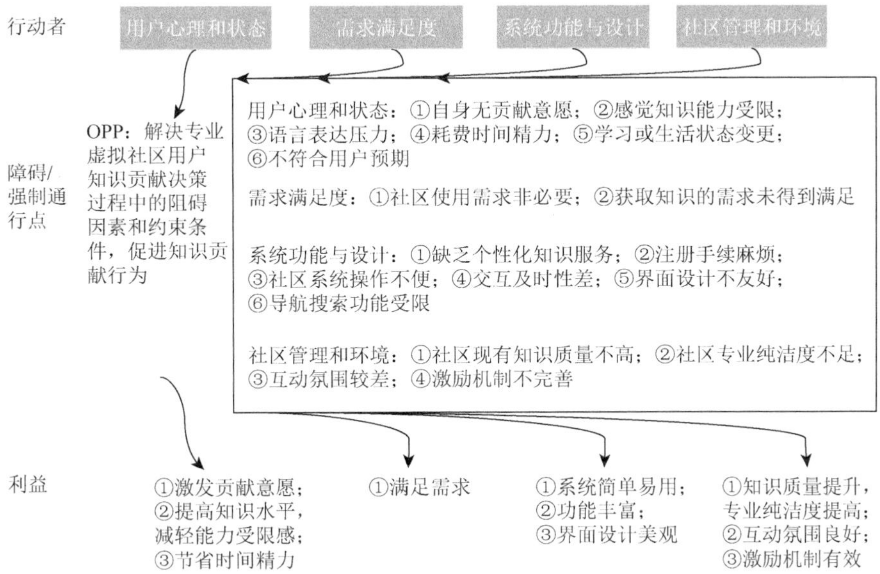

图 9.9　网络中各行动者的利益及其实现路径

时兼顾图 9.8 和图 9.9 的主要内容，了解每一个行动者的障碍和利益，解决彼此之间相互作用的制约要素，在问题化和引起兴趣两个步骤的基础上，通过清除各个行动者面临的障碍和动员行动者共同行动，进行转译过程并取得成功，改善专业虚拟社区的用户知识贡献活动。

在行动者的各个障碍中，社区现有知识质量不高（S_{15}）和激励机制不完善（S_{18}）位于解释结构模型的根源层底部，是导致专业虚拟社区用户知识贡献缺乏的不可忽视的原因，社区专业纯洁度不足（S_{16}）作为上述两个因素作用的直接结果，也位于解释结构模型根源层，共同证明了社区管理和环境是专业虚拟社区知识贡献决策情景中需要关注的核心行动者，也是未来社区发展必须解决的主要矛盾。此外，根源层中的障碍交互及时性差（S_{12}）和导航搜索功能受限（S_{14}）也证明了系统功能与设计同样是行动者网络中的主要行动者，简单易用的系统、丰富的功能和美观的界面设计对“解决专业虚拟社区用户知识贡献的阻碍因素和约束条件，促进用户知识贡献行为”有积极作用。对于这些根源层要素而言，首先要对知识质量、激励机制两类非人类实体行动者进行充分的定义和规划，明确它们与其他人或非人行动者之间的关系和作用；其次要使各个根源层要素所代表的行动者清除自身存在的障碍，按照自己的角色、任务和规律行事并且联合行动。在根源层阻碍因素和约束条件得到解决的基础上，充分发挥其对中间层和表象层要素的影响，协助中间层和表象层要素表示的行动者解决其障碍，一起发展稳定且动态的关系网络。

位于中间层的阻碍因素和约束条件较多且多数之间存在复杂的影响和作用关系，不同程度上都与全部四个行动者相关，且受到根源层要素及其行动者影响。此外，对于用户心理和状态以及需求满足度两类行动者而言，自身无贡献意愿（S_1）、耗费时间精力（S_4）、不符合用户预期（S_6）和社区使用需求非必要（S_7）是专业虚拟社区用户知识贡献的表象层直接制约要素。其中，自身无贡献意愿不受任何其他因素影响，与多位受访者对自己“我不是很爱贡献的人，我平时连电商中都很少评论，我不太爱去在网上发布东西，本身性格就这样”等类似描述相吻合，需要社区在服务和激励方面潜移默化地引导和发展[①]。与中间层要素类似，其他三个表象层要素都在不同程度上受到中间层或根源层其他因素的影响，在社区发展任务中的紧迫程度较低，发展优先度靠后。尽管如此，中间层和表象层展示的专业虚拟社区用户知识贡献的阻碍因素和约束条件同样是行动者网络中需要解决的问题，一方面需要让人类实体行动者（即用户）对社区感兴趣、找准自己在社区中的身份或角色；另一方面让系统功能与设计等非人类实体各司其职，完善功能且运行良好。对于中间层和表象层涉及的行动者而言，其障碍解决与利益获取在很大程度上可通过根源层行动者解决自身障碍并开展联合行动来实现，进而共同改善专业虚拟社区的知识贡献现状。

① 万晨曦. 虚拟社区用户个性对知识共享意愿的影响研究[D]. 泉州：华侨大学，2016.

第 10 章　组态视角下学术虚拟社区知识交流效果影响机制研究

作为一个自由、平等的学术交流平台，学术虚拟社区不仅成为科研人员进行知识共享、知识交流、知识合作和知识创新的重要场所，同时也是推动知识进步的重要通道。尽管近年来学术虚拟社区蓬勃发展，但其发展过程中存在的一些问题逐渐暴露。从用户维度出发，用户创造内容意愿低，部分用户只有在遇到学术问题或产生知识需求时才会使用学术虚拟社区，在社区中只充当接收者而不愿意分享知识成果；从平台维度出发，平台的系统功能与设计不完善，相当数量的用户在初步使用虚拟社区浏览主题、发表主题、获取知识后因后期社区数据丢失、管理不规范等问题而较少使用社区；从信息质量维度出发，社区知识质量参差不齐，用户参与社区交流的门槛较低导致社区内知识的质量难以保证。上述问题的存在将严重削弱学术虚拟社区的知识交流效果，从而阻碍其进一步发展。本章在前人研究的基础上整合不同维度的知识交流效果影响因素，利用组态视角分析用户、平台、信息质量三个方面的影响因素对知识交流效果的影响机制。研究结果有利于优化平台设计，营造良好的学术氛围，从而推动我国学术虚拟社区发展。具体解决以下问题：不同维度的影响因素是否具有相互作用关系？用户、平台和信息质量三个维度的影响因素间如何协同作用于学术虚拟社区知识交流效果？以上问题的研究和解决将为学术虚拟社区知识交流效果提升提供重要参考。

10.1　组态视角下知识交流效果影响机制的研究模型

10.1.1　前因条件和结果条件

本研究根据先前研究最终共确定 8 个影响学术虚拟社区知识交流效果的因素，分别为属于用户维度的互惠、连接、信任，属于平台维度的知识获取功能、知识分享功能、交互功能、激励机制，属于信息维度的信息质量。将这 8 个因素作为模糊集定性比较分析（fsQCA）中的前因条件，同时确定了感知学习和感知贡献为衡量知识交流效果的结果条件。前因条件和结果条件说明如下。

1. 互惠

学术虚拟社区中的互惠是指用户进行信息和知识交换，强调资源共享、资源协作和防止可能不合理利用社区资源的“搭便车”行为①。互惠关系的存在促使用户在他们对社区的贡献和他们从中得到的资源之间寻求平衡，使得用户之间倾向于合作，现有研究也证实互惠关系会增强用户的分享知识意愿。

2. 连接

学术虚拟社区中的连接是指用户感知通过平台可以连接的程度，如能与多少人发生联系、联系的频率以及强度等，用户在社区中的高连接程度表明其对社区资源有更高的处理能力和控制能力②。学术虚拟社区得以长久发展的基础是维持现有人际关系和拓展新的交际圈，当用户处于稳定的人际关系时往往具有更高的感知连接性，更倾向于知识贡献和知识交流。

3. 信任

有学者在研究信任时将其划分为认知信任和情感信任。其中，认知信任基于用户对他人的充分了解，包括对他人能力、可靠性的信赖，从而形成对他人未来行为的理性预期；情感信任则是基于双方建立的情感纽带③，包括双方间的关心、爱护等主观情感，从而形成超越理性的预期。在学术虚拟社区中，用户间信任关系的形成使得用户不仅信任他人能在特定的专业领域提供帮助，还能消除彼此的猜忌和怀疑，认为他人愿意提供相关的帮助④，从而使得用户不仅能够高效地获取知识，也更愿意分享知识资源、为他人答疑解惑。

4. 知识获取功能

知识获取是知识交流的过程之一，用户获取知识的效率越高、获取的内容越满足需求，知识获取的效果越好。用户在学术虚拟社区中通过

① Sánchez-Franco M J，Roldán J L. The influence of familiarity，trust and norms of reciprocity on an experienced sense of community：An empirical analysis based on social online services[J]. Behaviour & Information Technology，2015，34（4）：392-412.

② Ahuja M K，Galletta D F，Carley K M. Individual centrality and performance in virtual R&D groups：An empirical study[J]. Management Science，2003，49（1）：21-38.

③ 罗婷，何会涛，彭纪生. 认知、情感信任对不同知识共享行为的影响研究[J]. 科技管理研究，2009（12）：381-383.

④ Sanjib C. The role of affect-and cognition-based trust in complex knowledge sharing[J]. Journal of Managerial Issues，2020，32（1）：43-59.

检索、导航、下载等系统功能从海量资源中获取自身所需。其中，检索功能帮助用户通过设置关键词等精准地从知识集合中找出所需知识[①]，提高知识获取效率，从而使得用户利用更多时间进行知识学习；导航功能帮助用户快速定位分区，并通过限制信息来源、发表时间、信息热度等获取所需信息，提高获取效率；下载功能则帮助用户在检索到所需资源后长期保存该资源，推动未来深度学习和知识创造。由上述三个功能组成的知识获取功能越完善，用户获取知识效果越好，从而让用户感知到良好的学习价值。

5. 知识分享功能

知识分享是个体间交换个人知识以共同创造新的知识的沟通过程，是知识交流的基本过程之一。当个体从经验、理念等方面创造的知识分享给他人时，他也能通过同样的途径获取别人创造的知识并给予反馈，知识交流就此产生。在学术虚拟社区中，知识分享者可通过平台编辑功能对知识内容进行优化、通过平台上传功能将知识发布至社区、通过平台转发功能扩大优质资源的影响力，将知识分享给社区的其他用户。此外，知识分享者还可通过平台提供的点赞、回复等功能及时知晓他人的反馈，从而了解知识分享的效果。知识分享功能越齐全、便捷，越使得用户感知到知识分享功能的价值，这种正向的反应会增强知识提供者持续分享的意愿，从而促进整个知识交流过程[②]。

6. 交互功能

知识交流的参与主体主要是知识贡献者和知识学习者，两个角色并非固定不变，在一次知识交流中担任知识学习者的用户也可以在下一次知识交流中担任知识贡献者；同样，角色也并非单一的，在知识交流中用户既可以只担任一个角色也可以同时兼任知识贡献者和知识学习者两个角色，获取新知识的人都可被称为知识学习者，分享知识的人都可被称为知识贡献者。学术虚拟社区为知识贡献者和知识学习者提供交流互动的系统功能称为交互功能。其中，评论、私信等功能为用户实现同步和异步交互提供了直接交流的工具；好友推荐功能则可根据用户专业偏好、好友关联度等进行好友匹配，好友推荐的质量越高，用户间进行知识交流的概率就越大，知识交流效果越好。当知识贡献者和知识学习者

① 余少云. 如何利用搜索引擎获取信息资源[J]. 网络安全技术与应用，2005（11）：52-55.

② 赵书松. 360度绩效反馈对个体知识共享的作用机制[J]. 情报杂志，2012，31（6）：116-124.

意识到学术虚拟社区的交互功能帮助其建立有效联系时，他们能感知到交互功能的价值[①]，使得知识贡献者能感知到分享知识的价值，而知识学习者能学习到更多的专业知识。

7. 激励机制

激励机制主要分为物质激励和精神激励两个方面，物质激励通过金钱、奖品等形式激发主体努力工作[②]，精神激励则通过荣誉、赞美等形式认可主体行为并满足主体自我实现的需求[③]。在学术虚拟社区中，物质激励主要有金钱奖励和虚拟货币奖励两大类。其中，金钱奖励来自社区知识付费行为、社区官方奖励等；虚拟货币奖励则来自帮助其他用户的回报、社区官方奖励等，用户获取虚拟货币后可用其下载专业资源、提问求助等，从而产生更多知识交流行为。学术虚拟社区的精神激励主要包括其他用户的点赞、认可、账号成就、荣誉勋章等，用户能从中获得社区其他用户的尊重，从而提升愉悦感、满足感和对社区的归属感，并持续参与学术虚拟社区的交流。在学术虚拟社区中，无论是物质激励还是精神激励，都会提升用户使用满意度，刺激用户的知识贡献意愿，最终对知识交流效果产生显著的正向影响[②④]。

8. 信息质量

传统市场中产品质量一向是决定企业生命力的关键因素，同样在虚拟市场中，信息质量也是平台得以长久发展、维持用户黏性的重要基础。在学术虚拟社区中，信息质量的高低直接决定用户的满意程度[⑤]，当学术虚拟社区中的信息缺乏可靠度和准确度时，用户难以辨别信息真伪，会降低用户满意度从而减少社区使用频率；而当学术虚拟社区中的信息来源真实、内容可靠，用户使用后反馈良好，则会提高持续使用意愿，从而增强知识交流效果。

---

① Pituch K A，Lee Y K. The influence of system characteristics on e-learning use[J]. Computers & Education，2006，47（2）：222-244.

② Berger M，Wagner T H，Baker L C. Internet use and stigmatized illness[J]. Social Science & Medicine，2005，61（8）：1821-1827.

③ 易明，宋景璟，杨斌，等. 网络知识社区用户需求层次研究[J]. 情报科学，2017，35（2）：22-26.

④ Zhang D P，Zhang F L，Lin M F，et al. Knowledge sharing among innovative customers in a virtual innovation community：The roles of psychological capital，material reward and reciprocal relationship[J]. Online Information Review，2017，41：691-709.

⑤ Wang R Y，Storey V C，Firth C P. A framework for analysis of data quality research[J]. IEEE Transactions on Knowledge and Data Engineering，1995，7（4）：623-640.

9. 感知贡献和感知学习

知识交流行为是知识贡献者和知识学习者共同作用的结果，并且双方在知识交流过程中的侧重点有所不同。知识贡献者在学术虚拟社区中分享专业知识、为他人解惑答疑后更关注自己的行为是否对他人有用、是否获得他人认可；知识学习者在学术虚拟社区中提出疑问、获取专业资源后更关注是否吸收并内化知识、是否满足自身知识需求。现有研究也从知识贡献者和知识学习者的不同角度设定结果变量，将感知贡献和感知学习用于衡量知识交流效果。

10.1.2 模型构建

通常学术虚拟社区中知识交流行为的产生并不是一方因素单独促成的，而是多方因素协同作用的结果。有学者发现，平台的操作流程复杂程度、主要功能的易用性、服务功能的丰富性等皆对用户采纳意愿产生影响[①]。当用户在使用平台并对其知识具有较强的采纳意愿时，用户会对该平台及其他用户产生信任感，增加用户间的交互频率，从而形成较为亲密的关系，而固定的用户关系的形成会促使长期知识交流行为的发生。由此可见，平台维度因素和用户维度因素共同作用于知识交流效果。还有学者发现平台和信息质量共同作用于知识交流行为。研究表明，当平台能够提供便利的检索功能和丰富的、价值含量高的学术文献资源时，平台上信息资源的质量受到认可后有利于提高用户的知识共享意愿，从而促进知识交流行为[②]。此外，还有研究认为信息质量通常用来满足用户期望的信息特征[③]，而信息质量能够提升用户社区的归属感和认同感，与社区其他用户间形成一定的连接性和互惠关系，进一步推动学术资源共享的可能性[④]，可见信息质量和用户的组合也会对知识交流效果产生影响。

综上所述，用户、平台和信息质量三个维度的影响因素间存在着复杂的相互作用关系，其不同组合方式会对知识获取行为带来的感知学习价值和知识分享行为产生的感知贡献价值产生不同的影响，因此该模型是以组

① 石婷婷. 学术社交网站用户使用行为影响因素研究[D]. 沈阳：辽宁大学，2019.

② 刘虹，李煜. 学术社交网络用户知识共享意愿的影响因素研究[J]. 现代情报，2020，40（10）：73-83.

③ Armstrong A G，Hagel J. The real value of online communities[J]. Harvard Business Review，1996，74（3）：173-185.

④ 王美月. 学术虚拟社区用户社会化交互行为研究[D]. 长春：吉林大学，2021.

态的视角来研究 8 个前因变量如何相互作用并对结果产生影响，影响机制模型如图 10.1 所示。

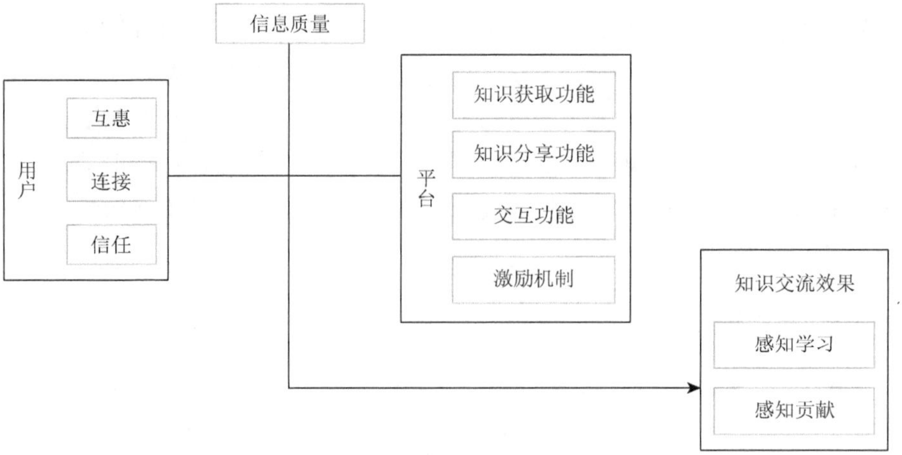

图 10.1　学术虚拟社区知识交流效果的影响机制模型

10.2　组态视角下知识交流效果影响机制研究的问卷设计与样本收集

10.2.1　问卷预调研

本研究使用问卷调查法收集应用于 fsQCA 分析的案例，每一份问卷答案即代表一个案例。通过借鉴国内外研究中相似变量的测量项，并咨询相关专家学者，对量表逻辑关系、题项表述细节等问题进行修改，最终设计出的测量量表如表 10.1 所示。问卷共由三部分构成：问卷说明、基本信息和测量题项，解释了学术虚拟社区的定义、告知了调查对象此次问卷调查的目的等，所有题项均采用利克特量表进行测量。由于本研究要求目标调研群体必须有学术虚拟社区相关使用经历，因此在问卷基本信息部分设置了筛选问题，将回答未有过相关使用经历的问卷视为无效问卷。同时，还设置了反向题项来检验受访者在填写问卷时是否认真，出现矛盾选项的问卷被剔除。此外，所有选项答案一致以及填写时间不超过 90s 的问卷也被视为无效问卷。通过筛选，最终回收了 106 份有效的预调研问卷。

根据预调研结果，对问卷中的个别测试题进行了修改和完善：①删除了预调研指标中不显著的 KA4 和 KS2 提问项，从而提高问卷的信效度；

②增加了交互功能的解释说明，使其更加通俗易懂；③修改了与交互功能和信息质量相关的提问项的表述，使其更加简洁。

表 10.1 测量量表

变量	编码	测量项	参考来源
互惠	R1	当我回答学术虚拟社区其他用户的学术问题时，我觉得今后我的学术问题也会得到他们的解答	Sánchez-Franco 和 Roldán①；Chung 和 Anh②
	R2	当我向学术虚拟社区其他用户分享学术资源时，我觉得今后他们也会分享我需要的学术资源	
	R3	我觉得学术虚拟社区用户之间通常能够互相提供学术上的帮助	
连接	C1	我与学术虚拟社区的一些用户保持紧密的在线联系	Ahuja 等③；Kang 等④
	C2	我花很多时间与学术虚拟社区的一些用户交互	
	C3	我与学术虚拟社区中的一些用户有着频繁交流	
信任	T1	我觉得我在学术虚拟社区提出学术问题时其他用户有能力解答我的问题	罗婷等⑤；Sanjib⑥
	T2	我觉得我在学术虚拟社区求助专业的学术资源时其他用户有能力提供这些资源	
	T3	我觉得学术虚拟社区其他用户有能力解答我的学术问题时他们会解答我的问题	
	T4	我觉得学术虚拟社区其他用户有优质的学术资源时会在该社区分享这些资源	
知识获取功能	KA1	我觉得学术虚拟社区通常具有完善的检索功能	余少云⑦；费巍⑧
	KA2	我觉得学术虚拟社区通常具有清晰的导航功能	
	KA3	我觉得学术虚拟社区通常具有迅捷的下载功能	
	KA4	我通常能及时收到学术虚拟社区发布的与我兴趣相关的内容推荐	

① Sánchez-Franco M J，Roldán J L. The influence of familiarity，trust and norms of reciprocity on an experienced sense of community：An empirical analysis based on social online services[J]. Behaviour & Information Technology，2015，34（4）：392-412.

② Chung D T，Anh P T. Factors affecting knowledge sharing behaviour in public higher education institutions：An empirical study of Vietnam[J]. Cogent Business & Management，2022，9（1）：2155002.

③ Ahuja M K，Galletta D F，Carley K M. Individual centrality and performance in virtual R&D groups：An empirical study[J]. Management Science，2003，49（1）：21-38.

④ Kang K，Kwak M，Shin S K. A calculus of virtual community knowledge intentions：Anonymity and perceived network-structure[J]. Journal of Computer Information Systems，2018，58：110-121.

⑤ 罗婷，何会涛，彭纪生. 认知、情感信任对不同知识共享行为的影响研究[J]. 科技管理研究，2009（12）：381-383.

⑥ Sanjib C. The role of affect-and cognition-based trust in complex knowledge sharing[J]. Journal of Managerial Issues，2020，32（1）：43-59.

⑦ 余少云. 如何利用搜索引擎获取信息资源[J]. 网络安全技术与应用，2005，1（11）：52-55.

⑧ 费巍. 搜索引擎检索功能的性能评价研究[D]. 武汉：武汉大学，2010.

续表

变量	编码	测量项	参考来源
知识分享功能	KS1	我觉得学术虚拟社区通常具有快捷的上传功能	赵书松①
	KS2	我觉得学术虚拟社区通常具有完善的编辑功能	
	KS3	我觉得学术虚拟社区通常具有便捷的转发功能	
	KS4	我通常了解我分享的知识受欢迎程度及他人观点	
交互功能	IF1	我觉得学术虚拟社区交互功能通常是多样的	Zheng 等②；张红③
	IF2	我觉得学术虚拟社区交互功能通常是时效性较高的	
	IF3	我觉得学术虚拟社区提供的交互功能对用户相互提供知识帮助通常是有效的	
	IF4	学术虚拟社区经常为我推荐兴趣相同、可靠的朋友	
激励机制	EM1	我觉得在学术虚拟社区贡献更多知识通常能获取更多金钱奖励	Zhang 等④；易明等⑤
	EM2	我觉得在学术虚拟社区贡献更多学术资源通常能获得更多积分	
	EM3	我觉得在学术虚拟社区贡献更多高价值知识通常能获取更多荣誉勋章	
	EM4	我觉得在学术虚拟社区经常参与学术交流通常能获得更高经验值	
	EM5	我觉得在学术虚拟社区贡献更多知识通常能获得更多点赞或关注	
信息质量	IQ1	我觉得在学术虚拟社区中通常能获取可靠的信息	Wang 等⑥
	IQ2	我觉得在学术虚拟社区通常能获取有价值的信息	
	IQ3	我觉得在学术虚拟社区通常能获取与我所需主题相关的信息	
	IQ4	我觉得在学术虚拟社区通常能获取专业度高的信息	
	IQ5	我觉得学术虚拟社区中的信息表达通常都清晰明了	

① 赵书松. 360 度绩效反馈对个体知识共享的作用机制[J]. 情报杂志，2012，31（6）：116-124.

② Zheng Y M，Zhao K X，Stylianou A. The impacts of information quality and system quality on users' continuance intention in information-exchange virtual communities：An empirical investigation[J]. Decision Support Systems，2013，56：513-524.

③ 张红. 基于用户认知的电子商务网站知识推荐服务接受模型研究[D]. 南京：南京理工大学，2013.

④ Zhang D P，Zhang F L，Lin M F，et al. Knowledge sharing among innovative customers in a virtual innovation community：The roles of psychological capital，material reward and reciprocal relationship[J]. Online Information Review，2017，41：691-709.

⑤ 易明，宋景璟，杨斌，等. 网络知识社区用户需求层次研究[J]. 情报科学，2017，35（2）：22-26.

⑥ Wang R Y，Storey V C，Firth C P. A framework for analysis of data quality research [J]. IEEE Transactions on Knowledge and Data Engineering，1995，7（4）：623-640.

续表

变量	编码	测量项	参考来源
感知学习	PL1	我觉得在学术虚拟社区我的问题得到了专业解答	袁勤俭和毛春蕾①
	PL2	我觉得在学术虚拟社区我获得了我所需要的资源	
	PL3	我觉得学术虚拟社区在学术上给我提供了有价值的帮助	
感知贡献	PC1	我觉得我对学术虚拟社区其他用户的学术问题给出了专业的解答	袁勤俭和毛春蕾①
	PC2	我觉得我向学术虚拟社区其他用户分享了专业的学术资源	
	PC3	我觉得在学术上我给学术虚拟社区其他用户提供了有价值的帮助	

10.2.2　样本收集

本研究的正式问卷通过问卷星网站制作，通过微信、微博、小红书等多个渠道随机发放给调查对象。2023 年 2 月 25 日至 3 月 5 日，共收集到 312 份问卷。根据以下标准对部分数据予以删除：①问答时间过短的（小于 90s）；②答案一致或呈现明显规律的；③正反向题项的答案显示态度一致的。剔除无效问卷后，最终获得 236 份问卷，问卷有效率为 76%。根据以往的研究经验，定性比较分析（qualitative comparative analysis，QCA）方法对样本数要求较低，236 个样本数满足模型分析要求。

表 10.2 展示有效样本的人口统计特征。由表 10.2 可知，被调查者中男性占比 44.07%，女性占比 55.93%，总体较为均衡；从年龄分布和受教育程度来看，19～35 岁的被调查者占比高达 86.02%，本科及以上学历的被调查者占比达到 86.44%。考虑到学术虚拟社区的用户多为有学术交流需求的科研人员，而这部分群体以 19～35 岁且拥有较高受教育水平的人群为主，因此问卷所调查的对象符合学术虚拟社区的目标用户，从常用的学术虚拟社区来看，此次调研大致涵盖了当前市场上的学术虚拟社区；从使用学术虚拟社区的年限和频率来看，有超过 1 年使用经历的被调查者占比 74.58%，使用较频繁（使用频率超过一个月 1 次）的被调查者占比超过一半，说明调查对象有丰富的学术虚拟社区使用经验。综上所述，本研究收集到的样本绝大部分为学术虚拟社区的目标用户，并且大部分被调查者有较为丰富的使用经验，因此本研究收集到的样本具有较好的代表性。

---

① 袁勤俭，毛春蕾. 学术虚拟社区特征对知识交流效果影响的研究[J]. 现代情报，2021，41（6）：3-12.

表 10.2 样本人口统计特征

人口统计特征	分类	样本数	占比/%
性别	男	104	44.07
	女	132	55.93
年龄	18 岁及以下	0	0
	19～23 岁	75	31.78
	24～28 岁	103	43.64
	29～35 岁	25	10.6
	36 岁及以上	33	13.98
受教育程度	高中及以下	18	7.63
	大专及以下	14	5.93
	本科	102	43.22
	硕士	81	34.32
	博士（含在读）	21	8.9
常用学术虚拟社区（多选）	小木虫	95	40.25
	科学网	90	38.14
	丁香园	96	40.68
	经管之家	112	47.46
	ResearchGate	42	17.8
	其他	63	26.69
使用学术虚拟社区的年限	1 年以内	60	25.42
	1～2 年	63	26.69
	2～3 年	47	19.92
	3～4 年	26	11.02
	4～5 年	13	5.51
	5 年以上	27	11.44
使用学术虚拟社区的频率	几乎不使用	24	10.17
	一个月 1 次	92	38.98
	一周 1 次	58	24.58
	一周多次	55	23.31
	每天使用	7	2.96

10.3　组态视角下知识交流效果影响机制研究的数据分析与结果讨论

10.3.1　测量量表检验

本研究在先前研究成熟量表的基础上，结合专家意见对量表题项进行了修改，信效度检验在本研究中十分重要。本研究的测量题项同时包含反映型指标和形成型指标，在区别反映型指标和形成型指标时通常考察理论构念和测量指标的内在逻辑关系。反映型指标是构念的外在表现，指标必须相近或相似并且为同一个共同主题，其中某一指标的缺失并不影响构念的关键内涵；形成型指标则是构念的直接组成部分，指标不需要相似或相近且不需为同一个共同主题，每一个指标都是构念不可或缺的一部分①。两者在本质上具有差异，所以对指标的评价必须基于指标本身的特点，不同的指标应采取不同的评价标准。在本研究中，“知识获取功能”和“知识分享功能”为形成型构念。其中“知识获取功能”由“检索功能”“导航功能”“下载功能”构成；“知识分享功能”由“上传功能”“转发功能”“反馈功能”构成。每个指标之间具有相对独立性，共同组成一个完整的构念，若其中某一个指标被删除则无法体现构念的完整内涵。此外，“互惠”“连接”“信任”“交互功能”“激励机制”“信息质量”“感知学习”“感知贡献”皆为反映型构念，因为各个指标相似或相近共同代表一个完整的构念，若其中某一个指标被删除并不影响构念的内涵。

1. 反映型指标检验

本研究利用 SPSS 软件对样本数据进行信度检验。一般通过考察克龙巴赫 α 系数来判定问卷信度，当克龙巴赫 α 系数大于 0.7 且各题项因子载荷大于 0.5 时，信度可被接受。如表 10.3 所示，本研究 8 个构念的克龙巴赫 α 系数和因子载荷均符合要求，测量构念具有较高的内部一致性。效度检验包括内容效度和结构效度。在内容效度上，本研究中的条件变量和结果变量的测量项都是在相关文献的基础上结合学界专业人士的建议设计的，且根据 106 个样本的预调研对问卷内容进行了调整修正，因而可认为具有较高的内容效度；在结构效度上，通过聚合效度和区分效度来评

① Diamantopoulos A，Winklhofer H M. Index construction with formative indicators：An alternative to scale development[J]. Journal of Marketing Research，2001，38（2）：269-277.

估测量题项。聚合效度的指标一般选取 AVE 和 CR，其中通过效度检验的 AVE 的阈值为 0.5，CR 的阈值为 0.7。由表 10.3 可知，所有变量的 AVE 均超过 0.5，CR 均超过 0.7，说明量表的聚合效度通过了检验，可以满足进一步研究的要求。

表 10.3 反映型构念信度和效度检验

测量构念	题项	因子载荷	克龙巴赫 α 系数	AVE	CR
互惠	R1	0.843	0.769	0.684	0.867
	R2	0.823			
	R3	0.816			
连接	C1	0.899	0.894	0.825	0.934
	C2	0.910			
	C3	0.915			
信任	T1	0.790	0.797	0.622	0.868
	T2	0.752			
	T3	0.833			
	T4	0.777			
交互功能	IF1	0.813	0.726	0.548	0.828
	IF2	0.648			
	IF3	0.795			
	IF4	0.692			
激励机制	EM1	0.539	0.750	0.506	0.834
	EM2	0.812			
	EM3	0.781			
	EM4	0.713			
	EM5	0.680			
信息质量	IQ1	0.793	0.832	0.598	0.881
	IQ2	0.803			
	IQ3	0.725			
	IQ4	0.780			
	IQ5	0.763			
感知学习	PL1	0.827	0.794	0.708	0.879
	PL2	0.853			
	PL3	0.845			
感知贡献	PC1	0.859	0.839	0.756	0.903
	PC2	0.858			
	PC3	0.892			

本研究还检验了测量变量的区分效度，具体结果见表 10.4。其中，表格对角线上的数值为该行对应的测量变量的 AVE 平方根，下三角为两两变量之间的皮尔逊相关系数，当各个测量变量的皮尔逊系数均小于测量变量的 AVE 平方根时，表明具有良好的区分效度，可以满足进一步实验的要求。

表 10.4　反映型构念区分效度检验结果

测量构念	互惠	连接	信任	交互功能	激励机制	信息质量	感知学习	感知贡献
互惠	0.827							
连接	0.286	0.908						
信任	0.632	0.203	0.788					
交互功能	0.524	0.373	0.404	0.740				
激励机制	0.573	0.284	0.546	0.526	0.711			
信息质量	0.563	0.285	0.632	0.579	0.615	0.773		
感知学习	0.583	0.161	0.604	0.528	0.624	0.719	0.842	
感知贡献	0.462	0.468	0.396	0.440	0.446	0.557	0.484	0.870

2. 形成型指标检验

由于形成型指标之间存在异质性，各个指标相互独立、不存在相互重合的关系，并且各个指标拥有不同的权重，因此传统的信效度检验方法不适用于形成型指标，本书采用外部权重、共线性等指标进行检验。由表 10.5 可知，因变量的各个构念外部权重介于 0.266～0.570，均为显著且阈值大于 0.2，而且 VIF 值皆小于 2，说明各个测量项之间多重共线性低，进一步表明形成型构念的测量结果具有较好的效度。

表 10.5　形成型构念效度检验结果

构念	测量项	外部权重	VIF
知识获取功能	KA1	0.340**	1.432
	KA2	0.496***	1.662
	KA3	0.373**	1.570
知识分享功能	KS1	0.431***	1.294
	KS2	0.266**	1.345
	KS3	0.570***	1.319

表示显著性水平＜0.01，*表示显著性水平＜0.001。

10.3.2 定性比较分析

本研究采用 fsQCA 方法，使用 fsQCA 4.0 软件完成数据分析。由于知识交流效果由感知学习和感知贡献两个构念衡量，因此对感知学习和感知贡献分别进行了高、低两方面的组态路径研究。“高感知学习影响路径”指条件变量的组合能够为感知学习带来正向影响；“低感知学习影响路径”指条件变量的组合不能够为感知学习带来正向影响；“高感知贡献影响路径”指条件变量的组合能够为感知贡献带来正向影响；“低感知贡献影响路径”则指条件变量的组合不能够为感知贡献带来正向影响。上述并非因果对称关系，需是从组态视角进行具体分析。

1. 数据校准

使用 fsQCA 之前，需要对每一个案例的条件赋予特定的隶属度，通过将原始案例数据校准为集合隶属分数后，才能进一步进行必要性与充分性的子集关系分析。本研究的数据为大样本问卷数据且每个题型均由利克特量表测量，发现样本数据是一种正偏态分布，如果使用 5、3、1 作为校准锚点，会致使样本中的负面案例显著缺失，因此使用 Ragin 和 Rihoux[①]推荐的三个锚点来校准数据，即数据的 95%分位数（完全隶属）、50%分位数（交叉点）和 5%分位数（完全不隶属），具体校准锚点可见表 10.6。值得注意的是，校准中常会出现正好为 0.5 的模糊集隶属分数，这会导致该案例在分析时被排除在外。因此，借鉴 Schneider 和 Wagemann[②]的做法，我们将隶属分数为 0.5 的校准值手动更改为 0.501，使得这些案例被纳入分析范围。

表 10.6 校准锚点

研究变量		锚点		
		完全隶属	交叉点	完全不隶属
条件变量	互惠	5	4	3
	连接	4.67	3.33	1.25
	信任	5	4	3
	知识获取功能	5	4	3
	知识分享功能	5	4	3

① Ragin C C，Rihoux B. Qualitative comparative analysis（QCA）：State of the art and prospects[J]. Qualitative Methods，2004，2（2）：3-13.

② Schneider C Q，Wagemann C. Standards of good practice in qualitative comparative analysis（QCA）and fuzzy-sets[J]. Comparative Sociology，2010，9（3）：397-418.

续表

研究变量		锚点		
		完全隶属	交叉点	完全不隶属
条件变量	交互功能	5	4	3
	激励机制	4.8	4	3
	信息质量	5	4	3
结果变量	感知学习	5	4	3
	感知贡献	5	4	2.33

2. 必要条件分析

进行模糊集组态分析之前需要进行必要条件分析，即哪些前因条件是高知识交流效果、低知识交流效果的必要条件，若前因条件的一致性分数大于 0.9 可认为该前因条件是结果的必要条件。值得进一步说明的是，若缺失某必要条件必然不会产生该结果，但必要条件的存在也不一定使得该结果必然发生，研究者还需要进一步判断必要条件是否与剩余条件以组态形式影响结果。本研究通过 fsQCA 软件中“Necessary Conditions”选项计算各个前因条件以及非集的一致性和覆盖度。QCA 方法主张因果不对称性，本研究的知识交流效果由感知学习和感知贡献组成，因此分别计算高/低感知学习、高/低感知贡献的情况。

由表 10.7 和表 10.8 可知，没有前因条件变量影响高或低的感知学习、高或低感知贡献的一致性分数超过 0.9，表明并不存在构成高或低知识交流效果的必要条件。值得注意的是，部分变量的一致性超过 0.8，甚至超过 0.85，说明这些变量虽不构成必要条件，但其解释力相对较强。因此，下一步将这些前因条件纳入 fsQCA 充分条件进行分析，探索高、低知识交流效果的组态。

表 10.7　感知学习的必要条件

条件变量	结果变量：高感知学习（PL）		结果变量：低感知学习（～PL）	
	一致性	覆盖度	一致性	覆盖度
R	0.880	0.810	0.701	0.634
～R	0.602	0.672	0.790	0.866
C	0.717	0.710	0.654	0.636
～C	0.633	0.650	0.702	0.709

续表

条件变量	结果变量：高感知学习（PL）		结果变量：低感知学习（～PL）	
	一致性	覆盖度	一致性	覆盖度
T	0.804	0.842	0.595	0.613
～T	0.631	0.613	0.847	0.809
KA	0.724	0.832	0.562	0.635
～KA	0.683	0.613	0.852	0.752
KS	0.775	0.834	0.580	0.614
～KS	0.642	0.609	0.844	0.786
IF	0.737	0.834	0.556	0.618
～IF	0.663	0.603	0.851	0.761
EM	0.752	0.867	0.536	0.607
～EM	0.659	0.591	0.883	0.778
IQ	0.837	0.859	0.600	0.605
～IQ	0.615	0.610	0.860	0.838

注：～表示非集，是集合中的经典概念：与、或、非，下同。

表 10.8 感知贡献的必要条件

条件变量	结果变量：高感知贡献（PC）		结果变量：低感知贡献（～PC）	
	一致性	覆盖度	一致性	覆盖度
R	0.865	0.751	0.698	0.668
～R	0.617	0.650	0.739	0.857
C	0.796	0.744	0.606	0.624
～C	0.597	0.579	0.751	0.802
T	0.789	0.780	0.613	0.668
～T	0.664	0.609	0.798	0.806
KA	0.751	0.815	0.548	0.655
～KA	0.682	0.578	0.845	0.789
KS	0.791	0.803	0.574	0.642
～KS	0.648	0.580	0.824	0.813
IF	0.771	0.823	0.552	0.650
～IF	0.672	0.576	0.850	0.804
EM	0.745	0.810	0.556	0.666
～EM	0.693	0.586	0.842	0.785
IQ	0.844	0.817	0.602	0.642
～IQ	0.630	0.589	0.828	0.854

3. 充分组态分析

fsQCA 需建立真值表用以分析条件变量的充分性。在真值表中，共有 2^k（k 代表前因条件的数量，在本研究中 k 为 8）行，每一行代表一种前因条件的组合可能性，且每一种前因组合包含案例频数，即该组合覆盖的可观测案例数。真值表需要设置案例频数阈值、原始一致性阈值、PRI 一致性阈值进行筛选。对于小样本通常将案例频数阈值设置为 1，而对于中大样本可以调整为更高的阈值，由于本研究的样本量较大，因此将案例频数阈值设置为 2。同时，遵循学界普遍的研究原则，将原始一致性阈值设置为 0.8，PRI 一致性阈值设置为 0.7，满足上述条件的变量赋值为 1，其余案例结果赋值为 0。综上，本研究排除了那些不满足阈值为 2 及以上、原始一致性阈值为 0.8 及以上和 PRI 一致性阈值为 0.7 及以上的前因组合，得到最终的真值表。从真值表可以看出，导致学术虚拟社区高知识交流效果和低知识交流效果的原因组合是多样的，即证明前因条件和结果之间确有复杂的因果关系，不是由一个条件导致的。

依据真值表进行标准化分析，得到结果变量的三类解，分别为复杂解、简单解和中间解，其中复杂解是不包含任何“逻辑余项”的解，简单解虽然包含“逻辑余项”但其合理性缺乏理论或实际支撑。一般认为中间解更合理有据，因为其仅将符合理论或实际知识的“逻辑余项”纳入结果中，且不消除必要条件，是使用 QCA 方法进行结果产出的首选。另外，在中间解的基础上还需要综合简单解的结果来确定核心条件和边缘条件，在简单解中出现的条件被称为组态的核心条件，表明其与结果之间存在很强的因果关系；而在中间解出现但未在简单解出现的条件被称为组态的边缘条件，表明其与结果之间的因果关系较弱。通过标准化分析，最终产生的高感知学习、低感知学习、高感知贡献和低感知贡献组态路径分别如表 10.9 和表 10.10 所示。

表 10.9　感知学习组态路径

条件变量	高感知学习的组态					低感知学习的组态						
	$H_{pl}1$	$H_{pl}2$	$H_{pl}3$	$H_{pl}4$	$H_{pl}5$	$L_{pl}1$	$L_{pl}2$	$L_{pl}3$	$L_{pl}4$	$L_{pl}5$	$L_{pl}6$	$L_{pl}7$
互惠	●	●	●	●	●		•	•	•	•	⊗	⊗
连接					●		⊗	⊗	⊗	•	⊗	•
信任	●	•	●	●		⨂		⨂	⨂		•	⨂

续表

条件变量	高感知学习的组态					低感知学习的组态						
	$H_{pl}1$	$H_{pl}2$	$H_{pl}3$	$H_{pl}4$	$H_{pl}5$	$L_{pl}1$	$L_{pl}2$	$L_{pl}3$	$L_{pl}4$	$L_{pl}5$	$L_{pl}6$	$L_{pl}7$
知识获取功能	●	●	●		●	⊗	⊗	⊗	⊗	●	●	•
知识分享功能	•	●		●	●	⊗	⊗		⊗	⊗	⊗	⊗
交互功能	●		●	●	●	⊗	⊗	⊗	⊗	⊗	⊗	⊗
激励机制		●	●	●	●	⊗	⊗	⊗		⊗	⊗	⊗
信息质量	●	●	●	●	●	⊗	⊗	⊗	⊗	⊗	⊗	•
一致性	0.970	0.973	0.966	0.964	0.967	0.951	0.969	0.974	0.975	0.974	0.991	0.986
原始覆盖度	0.475	0.479	0.466	0.475	0.428	0.641	0.432	0.414	0.416	0.336	0.289	0.312
唯一覆盖度	0.036	0.039	0.027	0.036	0.021	0.152	0.013	0.005	0.007	0.006	0.002	0.012
解的一致性	0.954					0.941						
解的覆盖度	0.599					0.699						

注：“•”和“⊗”分别表示条件变量的高水平和低水平，空白表示该条件无关紧要，核心条件用较大符号表示，边缘条件用较小符号表示。

表 10.10　感知贡献组态路径

条件变量	高感知贡献的组态			低感知贡献的组态									
	$H_{pc}1$	$H_{pc}2$	$H_{pc}3$	$L_{pc}1$	$L_{pc}2$	$L_{pc}3$	$L_{pc}4$	$L_{pc}5$	$L_{pc}6$	$L_{pc}7$	$L_{pc}8$	$L_{pc}9$	$L_{pc}10$
互惠	•		•		•	•	•	•	•	•	⊗	⊗	•
连接	•	●			⊗	⊗	⊗	•	⊗	⊗	⊗	•	⊗
信任	⊗	•	•	⊗	⊗	⊗	•		•		•	⊗	•
知识获取功能	●	●	●	⊗	⊗	⊗	⊗	•	⊗	•	•	•	⊗
知识分享功能	●	●	●	⊗		⊗	⊗	⊗	⊗	•	⊗	⊗	•
交互功能	•	⊗	●	⊗	⊗	⊗		⊗	⊗	⊗	⊗	⊗	•
激励机制		●	●	⊗	⊗		⊗	⊗		•	⊗	⊗	•
信息质量	●	●	●	⊗	⊗	⊗	⊗	⊗	⊗	⊗	⊗	•	⊗
一致性	0.954	0.974	0.955	0.970	0.985	0.990	0.991	0.981	0.979	0.976	0.990	0.977	0.977
原始覆盖度	0.334	0.323	0.457	0.619	0.396	0.399	0.366	0.320	0.326	0.263	0.273	0.292	0.241

续表

条件变量	高感知贡献的组态			低感知贡献的组态									
	$H_{pc}1$	$H_{pc}2$	$H_{pc}3$	$L_{pc}1$	$L_{pc}2$	$L_{pc}3$	$L_{pc}4$	$L_{pc}5$	$L_{pc}6$	$L_{pc}7$	$L_{pc}8$	$L_{pc}9$	$L_{pc}10$
唯一覆盖度	0.042	0.027	0.140	0.150	0.002	0.001	0.012	0.005	0.010	0.020	0.002	0.007	0.003
解的一致性	0.943			0.953									
解的覆盖度	0.526			0.720									

注：“●”和“⊗”分别表示条件变量的高水平和低水平，空白表示该条件无关紧要，核心条件用较大符号表示，边缘条件用较小符号表示。

4. 稳健性检验

稳健性分析的目的是检验组态分析结果是否在不同规范中有显著变化，若没有，则可认为相关变量对结果的影响是稳健的。QCA 中常见的稳健性检验方法包括调整校准锚点、改变案例频数、调整一致性阈值、调整 PRI 阈值、增减案例等。这些方法主要通过比较参数拟合差异和子集关系来评估结果的稳健性。当总体一致性和覆盖度差异较小且组态之间存在明显的子集关系时，则认为结果是稳健的。本研究采用调整一致性阈值的方法来进行稳健性检验，将原先的一致性阈值 0.8 分别调整为 0.85（调高）和 0.75（调低），得到相应结果。值得注意的是，两次调整后的条件组合结果、解的一致性和解的覆盖度完全一致，具体数据如下。

1）产生高感知学习的组态稳健性检验

基于调整一致性阈值方法，高感知学习组态的稳健性检验结果如表 10.11 所示。从解的一致性和解的覆盖度来看，所产生的 5 个新条件组合的解的一致性为 0.954，解的覆盖度为 0.599，与 5 个旧条件组合的一致性和覆盖度没有差异。从集合关系来看，产生的 5 个新条件组合与 5 个旧条件组合完全一致，因此产生高感知学习的充分条件组合通过稳健性检验。

表 10.11　高感知学习组态的稳健性检验结果

新条件组合	旧条件组合	集合关系	解的一致性		解的覆盖度		拟合参数差异
			新	旧	新	旧	
R*T*KA*KS*IF*IQ	R*T*KA*KS*IF*IQ	一致	0.954	0.954	0.599	0.599	无差异
R*T*KA*KS*EM*IQ	R*T*KA*KS*EM*IQ	一致					

续表

新条件组合	旧条件组合	集合关系	解的一致性		解的覆盖度		拟合参数差异
			新	旧	新	旧	
R*T*KA*IF*EM*IQ	R*T*KA*IF*EM*IQ	一致	0.954	0.954	0.599	0.599	无差异
R*T*KS*IF*EM*IQ	R*T*KS*IF*EM*IQ	一致					
R*C*KA*KS*IF*EM*IQ	R*C*KA*KS*IF*EM*IQ	一致					

注：*表示集合经典概念“与”，代表条件同时出现，下同。

2）产生低感知学习的组态稳健性检验

基于调整一致性阈值方法，低感知学习组态的稳健性检验结果如表 10.12 所示。从解的一致性和解的覆盖度来看，所产生的 7 个新条件组合的解的一致性为 0.941，解的覆盖度为 0.699，与 7 个旧条件组合的一致性和覆盖度没有差异。从集合关系来看，产生的 7 个新条件组合与 7 个旧条件组合完全一致，因此产生低感知学习的充分条件组合通过稳健性检验。

表 10.12 低感知学习组态的稳健性检验结果

新条件组合	旧条件组合	集合关系	解的一致性		解的覆盖度		拟合参数差异
			新	旧	新	旧	
～T*～KA*～KS*～IF*～EM*～IQ	～T*～KA*～KS*～IF*～EM*～IQ	一致	0.941	0.941	0.699	0.699	无差异
R*～C*～KA*～KS*～IF*～EM*～IQ	R*～C*～KA*～KS*～IF*～EM*～IQ	一致					
R*～C*～T*～KA*～IF*～EM*～IQ	R*～C*～T*～KA*～IF*～EM*～IQ	一致					
R*～C*～T*～KA*～KS*～IF*～IQ	R*～C*～T*～KA*～KS*～IF*～IQ	一致					
R*C*KA*～KS*～IF*～EM*～IQ	R*C*KA*～KS*～IF*～EM*～IQ	一致					
～R*～C*T*KA*～KS*～IF*～EM*～IQ	～R*～C*T*KA*～KS*～IF*～EM*～IQ	一致					
～R*C*～T*KA*～KS*～IF*～EM*IQ	～R*C*～T*KA*～KS*～IF*～EM*IQ	一致					

3）产生高感知贡献的组态稳健性检验

基于调整一致性阈值方法，高感知贡献组态的稳健性检验结果如表 10.13 所示。从解的一致性和解的覆盖度来看，所产生的 3 个新条件组合的解的一致性为 0.943，解的覆盖度为 0.526，与 3 个旧条件组合的一致性和覆盖度没有差异。从集合关系来看，产生的 3 个新条件组合与 3 个旧条件组合对应完全一致，因此产生高感知贡献的充分条件组合通过稳健性检验。

表 10.13 高感知贡献组态的稳健性检验结果

新条件组合	旧条件组合	集合关系	解的一致性		解的覆盖度		拟合参数差异
			新	旧	新	旧	
R*C*～T*KA*KS*IF*IQ	R*C*～T*KA*KS*IF*IQ	一致	0.943	0.943	0.526	0.526	无差异
C*T*KA*KS*～IF*EM*IQ	C*T*KA*KS*～IF*EM*IQ	一致					
R*T*KA*KS*IF*EM*IQ	R*T*KA*KS*IF*EM*IQ	一致					

4）产生低感知贡献的组态稳健性检验

基于调整一致性阈值方法，低感知贡献组态的稳健性检验结果如表 10.14 所示。从解的一致性和解的覆盖度来看，所产生的 10 个新条件组合的解的一致性为 0.953，解的覆盖度为 0.720，与 10 个旧条件组合的一致性和覆盖度没有差异。从集合关系来看，产生的 10 个新条件组合与 10 个旧条件组合对应完全一致，因此产生低感知贡献的充分条件组合通过稳健性检验。

表 10.14 低感知贡献组态的稳健性检验结果

新条件组合	旧条件组合	集合关系	解的一致性		解的覆盖度		拟合参数差异
			新	旧	新	旧	
～T*～KA*～KS*～IF*～EM*～IQ	～T*～KA*～KS*～IF*～EM*～IQ	一致	0.953	0953	0.720	0.720	无差异
R*～C*～T*～KA*～IF*～EM*～IQ	R*～C*～T*～KA*～IF*～EM*～IQ	一致					
R*～C*～T*～KA*～KS*～IF*～IQ	R*～C*～T*～KA*～KS*～IF*～IQ	一致					
R*～C*T*～KA*～KS*～EM*～IQ	R*～C*T*～KA*～KS*～EM*～IQ	一致					
R*C*KA*～KS*～IF*～EM*～IQ	R*C*KA*～KS*～IF*～EM*～IQ	一致					
R*～C*T*～KA*～KS*～IF*IQ	R*～C*T*～KA*～KS*～IF*IQ	一致					
R*～C*KA*KS*～IF*EM*～IQ	R*～C*KA*KS*～IF*EM*～IQ	一致					
～R*～C*T*KA*～KS*～IF*～EM*～IQ	～R*～C*T*KA*～KS*～IF*～EM*～IQ	一致					
～R*C*～T*KA*～KS*～IF*～EM*IQ	～R*C*～T*KA*～KS*～IF*～EM*IQ	一致					
R*～C*T*～KA*KS*IF*EM*～IQ	R*～C*T*～KA*KS*IF*EM*～IQ	一致					

由上述分析可知，在调整一致性阈值后，高/低感知学习和高/低感知贡献组态路径的解的一致性和解的覆盖度没有变化，且新产生的组态路径与原组态路径一一对应。根据检验结果可知，原有对学术虚拟社区知识交流效果影响路径的分析是具有稳健性的。

10.3.3 结果讨论

1. 高感知学习的组态路径分析

经过模糊集标准化分析，最终得出产生高感知学习的 5 个组态，且 5 个组态的一致性指标分别为 0.970、0.973、0.966、0.964、0.967，说明这 5 个组态都是导致高感知学习结果的充分条件。同时，解的一致性指标为 0.954，说明这 5 个组态基本能覆盖原始案例，总体也可以充分导致高水平结果。此外，每个组态的原始覆盖度依次为 0.475、0.479、0.466、0.475、0.428。根据原始覆盖度的大小排序，可以得出每个组态对于高感知学习结果的解释力度，因此可以发现组态 1、2、4 较为重要，即大部分用户产生高感知学习是由 1、2、4 条路径得到的。总体来看，模型解的覆盖度为 0.599（对于模型解的覆盖度没有严格的阈值规定，一般不能低于 0.1），说明 5 个组态解释了近 60%高感知学习的原因，下面将对这些组态结果进行具体分析。

1）“高互惠*高知识获取功能*高知识分享功能*高激励机制*高信息质量”对感知学习的影响

组态 2、5 均包括核心条件高互惠、高知识获取功能、高知识分享功能、高激励机制和高信息质量，并指出了用户产生高感知学习的一条关键路径：用户倾向于在具有较完善的知识获取功能和知识分享功能的学术虚拟社区进行知识学习，且若在学习过程中感受到平台激励、高信息质量以及用户间的互惠，用户便会感知到良好的知识学习效果。学术虚拟社区中的用户互惠是指用户间互相分享学术资源、互相答疑解惑以及讨论相关的专业问题等，以此来满足彼此的知识需求。当用户间存在知识互助行为时，他们会相信对方在自己需要帮助时也会提供相应的帮助，而根据社会交换理论，用户间的互惠关系会使得用户信任彼此的专业能力并对其产生依赖[①]。当用户间的互惠程度越高，用户越愿意分享自己所拥有的知识，同时用户在具有相关专业问题解答和学术资源的需求时越信任其他用户能够提供相应的

① Xu B，Li D H，Shao B J. Knowledge sharing in virtual communities：A study of citizenship behavior and its social-relational antecedents[J]. International Journal of Human-Computer Interaction，2012，28（5）：347-359.

帮助，从而用户在学术虚拟社区中能开展良好的学术交流、获取专业知识，其感知到较高的学习效果。学术虚拟社区中的知识获取功能是指平台提供的检索、导航、下载等功能，当平台提供的知识获取功能可以使用户快速定位版块、输入简单的关键词获取准确度较高的检索结果、便捷下载学术资源时，用户便能高效获取高质量、强相关的知识，从而提高学习效果①。学术虚拟社区中的知识分享功能是指平台提供的文件上传、转发、反馈等功能，当社区中用户能快速地将学术文件上传至社区，便捷地将优质的学术资源转发至主页或其他用户，方便地从浏览数、点赞数、收藏数等了解自己分享的知识受欢迎程度时，社区用户更愿意分享自己所拥有的学术知识，使得其他用户有机会学习更多知识。学术虚拟社区的激励机制主要分为物质激励和精神激励两个部分，当用户频繁登录社区并参与社区交流时，用户不仅能获取平台给予的金钱、奖品等，还能获得平台给予的更多经验值和积分并可用此下载更多学术资源，因此在社区激励机制下用户更活跃地参与社区交流，在交流中能获取更多学术知识②。而学术虚拟社区的信息质量则是社区内知识的可靠性、真实性、专业性、有用性等的集合，是平台自身竞争优势和可持续发展的关键因素。当学术虚拟社区设置一定用户参与门槛时，在社区交流分享的学术知识更具专业性和有用性，使得用户在社区中能获取更高质量的信息，提升知识学习效果。综上所述，平台提供的知识获取功能、知识分享功能和激励机制使得用户更便捷地进行知识学习，社区中高水平的信息质量使得用户学习到更多专业知识，而用户间形成的互惠关系则帮助用户更好地利用知识，因此三方面结合能实现高水平的感知学习。

组态 5 还包括了核心条件高连接和高交互功能。学术虚拟社区提供的交互功能不仅可以使用户通过评论、私信等功能直接进行交流，还可以通过好友推荐功能帮助用户之间建立联系。当志趣相投的用户通过交互功能经常进行学术交流时，用户间会产生高连接关系，即部分用户间保持着频繁的交流。而当部分用户保持着紧密的联系时，用户遇到学术问题更乐意与其深入交流和探讨，获得专业资源时更愿意相互分享，从而产生深度交流和学习行为，使得用户在社区中具备更强的知识内化能力和更好的学习效果。

组态 2 还包括边缘条件高信任。当学术虚拟社区具有较为完善的知识获取功能、知识分享功能、激励机制和高信息质量且用户间产生互惠关系

---

① 余少云. 如何利用搜索引擎获取信息资源[J]. 网络安全技术与应用，2005，(11)：52-55.

② Porter L W，Lawler E E. Managerial Attitudes and Performance[M]. Homewood：Irwin-Dorsey，1968.

时，用户间的相互信任也会对感知学习产生辅助作用。用户认为社区其他用户有能力解决自身知识需求、有意愿提供帮助，并且提供的帮助是善意的，即用户间结成信任关系，进而有助于用户满足自身知识需求，提升自己的知识学习程度。

2）“高互惠*高信任*高交互功能*高信息质量”对感知学习的影响

组态 1、3、4 均指出了用户产生高水平感知学习的另一条关键路径：用户倾向于在具有良好的交互功能及高信息质量的学术虚拟社区中进行知识学习，且若在学习过程中用户间形成互惠和信任关系，用户便会感知到良好的知识学习效果。前人研究发现，沟通质量对团队的知识交流行为具有积极影响，而交互功能的完善正有助于提高沟通质量，证明了交互功能在知识交流过程中发挥的重要作用。本研究以学术虚拟社区为研究对象，再次肯定了平台的交互功能对知识交流的影响。学术虚拟社区中的交互功能是指实现用户之间的社会交互而提供的功能，其主要包括同步交互功能、异步交互功能和个性化好友推荐功能，其中同步交互功能和异步交互功能最大的区别在于同步交互需要得到结果而异步交互则不需要。当社区提供的同步与异步交互功能多样、交互时效性高且个性化好友推荐功能推荐的好友专业兴趣相似度高时，用户更能感受到交互功能的价值①，从而进行更深层次的学术探讨，提升自身知识学习效果。此外，学术虚拟社区通常运用信息技术进行平台信息筛选、过滤和整合，并设计奖惩机制维护社区环境，以此来保证其高信息质量和口碑声誉。高信息质量的社区环境使得用户更积极参与社区互动，以此获得更优质的学术资源和更专业的问题解答，从而提升用户在社区交流中的感知学习价值。此外，学术虚拟社区中用户互惠是指用户为满足彼此知识需求而进行的学术资源分享、解疑答惑、交流专业问题等行为。Lin 等②发现当学术虚拟社区中用户存在较好的互惠关系时，知识提供者会更加相信他们的知识贡献能够在未来得到其他用户的回报，其得出了用户间的互惠关系能提高他们之间的信任这一结果。而当用户相互信任彼此的能力并形成一种情感纽带时，双方更愿意提供学术上的帮助和分享，从而获得学术上的进步，实现用户高水平的感知学习。综上所述，社区中高水平的信息质量能提高社区整体的知识质量，平台提供的交互功能为用户相互交流和学习提供支持，而用户间的互惠和信任关系

① Pituch K A，Lee Y K. The influence of system characteristics on e-learning use[J]. Computers & Education，2006，47（2）：222-244.

② Lin M J，Hung S W，Chen C J. Fostering the determinants of knowledge sharing in professional virtual communities. Computers in Human Behavior，2009，25（4）：929-939.

帮助用户在学术虚拟社区中有效获取和运用知识，三方面结合能实现高水平的感知学习。

组态 1、3、4 在其他条件中存在差异，说明用户在知识学习过程中会受到不同因素组合的影响，且导致高水平的感知学习存在多个条件组合。为了解各组态间的差异，本书对组态进行了两两划分：①从组态 1 和组态 3 可知，高知识获取功能也是致使高水平感知学习的核心条件，当用户通过平台的知识获取功能便捷地检索所需信息、下载学术资源时，用户能高效获取相关知识从而提高知识学习效果；②从组态 3 和组态 4 可知，高激励机制也是促使高水平感知学习的核心条件，用户在社区提供的积分、经验值、荣誉勋章等的激励下更积极参与社区交流，从而产生更多知识学习行为；③从组态 1 和组态 4 可知，知识分享功能和感知学习间具有因果关系，但知识分享功能在组态 1 中为边缘条件而在组态 4 中为核心条件，这可能是由于在组态 1 中核心条件高信任使得用户默认社区的知识分享行为的发生，从而弱化了知识分享功能对感知学习的影响程度。

2. 低感知学习的组态路径分析

经过模糊集标准化分析，最终得出产生低水平感知学习的 7 个组态。7 个组态的一致性指标分别是 0.951、0.969、0.974、0.975、0.974、0.991、0.986，说明这 7 个组态都是导致低水平感知学习结果的充分条件。同时，解的一致性为 0.941，说明这 7 个组态能覆盖绝大部分的原始案例，总体也可以充分导致低水平感知学习。此外，每个组态的原始覆盖度依次为 0.641、0.432、0.414、0.416、0.336、0.289、0.312，根据原始覆盖度的大小排序，可以得出每个组态对于低水平感知学习的解释力度。组态 1 的原始覆盖度最高且为 0.641，说明大部分用户产生低水平感知学习是由第一条路径得到的。总体来看，模型解的覆盖度为 0.699，说明这 7 个组态解释了近 70% 低水平感知学习的原因，下面将对组态结果进行具体分析。

1）“高互惠*低连接*低知识获取功能*低交互功能*低信息质量”对感知学习的影响

组态 2、3、4 均包括核心条件低知识获取功能、低交互功能、低信息质量和边缘条件高互惠、低连接，并指出了用户产生低水平感知学习的一条关键路径：当学术虚拟社区用户在知识获取功能、交互功能较不完善的平台上进行知识学习且用户间未保持一定连接性时，即便用户间存在较高的互惠性也无法促使其产生高水平感知学习。可见，当学术虚拟社区的知识获取功能和交互功能不完善时，用户在社区内无法便捷高效地获取所需知识，在向其他用户进行学术求助时得到回复和帮助的时效性也较差，这使得用户很难融入活跃的学术社交圈，即便在学术圈里进行学术交流也得不到相应的回应。在此情况下，用户会减少互动意愿，从而无法与一些用户保持着紧密且频繁的联系，致使较差的用户连接性。另外，用户主动性和积极性减少会致使真正具有学术需求的科研人员因自身知识需求无法得到满足而降低在社区中的活跃度，具有专业学术资源和学术知识的用户也因找不到志趣相投的人而减少其交流和分享意愿，使得社区流失部分专业能力强的用户，从而降低整个社区的信息质量。在此情况下，即使部分用户在社区中为他人提供帮助时认为自己未来遇到问题也会获得他人的帮助，但社区功能不完善和整体学术氛围较差依然会使用户在社区中难以学习到有用知识，形成低水平感知学习。

组态 1、2、3、4 在其他核心条件中存在差异，说明学术虚拟社区用户在知识学习过程中会受到不同因素组合的影响，且导致低水平感知学习结果存在多个组合条件。为了解各组态间的差异，对组态进行了两两划分：①由组态 3 和组态 4 可知，低信任也是致使低水平感知学习的核心条件。当学术虚拟社区信息质量较低且用户间缺乏固定联系时，一方面由于社区学术资源质量较低，用户会对社区其他用户的专业能力出现怀疑态度；另一方面，由于用户间缺乏紧密的交互关系，用户认为社区内其他用户不会为自己提供帮助，从而出现不信任感，减少知识学习行为，降低感知学习价值。②由组态 2 和组态 4 可知，低知识分享功能也是致使低水平感知学习的核心条件，学术虚拟社区中分享功能的不完善，会使具有相关学术资源和学术知识的用户在进行内容编辑、上传、转发时，因功能操作的烦琐、故障频率高、未收到及时回复和点赞而降低知识分享意愿，使学习者能够获取的知识减少从而导致用户低水平感知学习。③由组态 1 和组态 2 可知，低激励机制也是致使低水平感知学习的核心条件，若学术虚拟社区没有对长期活跃并经常贡献知识的用户给予相应的奖励，或给予的奖励力度过小，也会导致主动性和积极性较高的用户没有收到平台给予的正向回馈，从而挫伤了用户进行知识交流的积极性，减少知识学习行为。

2）“低信任*低知识分享功能*低交互功能*低激励机制”对感知学习的影响

组态 1 和组态 7 同时包括核心条件低信任、低知识分享功能、低交互功能和低激励机制，并指出了用户产生低水平感知学习的一条关键路径：学术虚拟社区的知识分享功能、交互功能、激励机制均不完善且用户间相互信任程度低，会导致用户低水平的感知学习。可见，当学术虚拟社区的平台设计不完善、基础功能不便使用时，用户既无法对平台产生信赖，也无法对平台其他用户形成信任，从而导致在该平台的知识学习和交流分享行为减少，用户知识学习效果降低。值得注意的是，对比组态 1 和组态 7 发现，即便用户间产生一定的连接性且平台具有良好的知识获取功能和信息质量，依旧无法提高用户感知学习的水平。这可能是因为高连接、高知识获取功能和高信息质量对用户感知学习产生的正面影响，小于低互惠和其他核心条件对用户感知学习产生的负面影响。

3）“高知识获取功能*低知识分享功能*低交互功能*低激励机制*低信息质量”对感知学习的影响

组态 5 和组态 6 同时包括核心条件高知识获取功能、低知识分享功能、低交互功能、低激励机制和低信息质量，并指出了用户产生低水平感知学习的一条关键路径：当学术虚拟社区的知识分享功能、交互功能、激励机制均不完善且社区信息质量较低时，即使用户能通过社区提供的知识获取功能便捷地获取知识，依然会导致用户低水平的感知学习。可见，即使学术虚拟社区的知识获取功能完善，用户能通过导航、检索和下载功能高效检索资源并且快捷下载，但由于社区的知识分享功能、交互功能和激励机制均不完善，用户愿意将自身拥有或新学习到的知识进行分享的自主意愿低，整个社区专业性高、相关程度高的信息较少，信息质量水平低下，用户依旧无法获取自己所需的知识，使得用户感知到的学习价值低。

组态 5 和组态 6 在边缘条件中存在差异，说明导致用户低水平感知学习的情况也存在多个条件组合，组态间的差异点表现为：①由组态 5 可知，即便用户间具有高互惠、高连接关系，也无法使用户感知学习水平提高；②由组态 6 可知，当用户间缺乏高互惠、高连接关系时，即便用户间能相互信任，也无法提高感知学习水平。可见，当用户在缺乏完善的知识分享功能、交互功能、激励机制且信息质量低下的学术虚拟社区中，用户关系对用户的支持将失去作用。

综上所述，用户产生低水平感知学习结果由三个维度共同作用导致，其中隶属于用户维度的互惠、连接、信任及隶属于平台维度的知识获取功能对感知学习的正向作用，会小于隶属于平台维度的知识分享功能、交互功能、激励机制及隶属于信息维度的信息质量对感知学习的负面作用。可见，用户关系、平台设计和信息质量对用户感知学习的影响程度是不同的。

3. 高感知贡献的组态路径分析

经过模糊集标准化分析，最终得出产生用户高水平感知贡献的 3 个组态，且 3 个组态的一致性指标分别是 0.954、0974、0.955，说明这 3 个组态都是导致高感知贡献的充分条件。同时，解的一致性指标为 0.943，说明这 3 个组态能覆盖大部分原始案例，总体也可以充分导致高感知贡献的结果。此外，每个组态的原始覆盖度依次为 0.334、0.323、0.457，根据原始覆盖度的大小排序，可以得出每个组态对于高感知贡献结果的解释力度，因此得出组态 3 更为重要，即大部分用户产生高水平感知贡献是由第 3 条路径得到的。总的来看，模型解的覆盖度为 0.526，说明 3 个组态解释超过 50%高水平感知贡献的原因，下面对组态结果进行具体分析。

1）高互惠*高连接*低信任*高知识获取功能*高知识分享功能*高交互功能*高信息质量

由组态 1 可知，当学术虚拟社区能提供较为完善的基础功能和高质量平台环境且用户间具备一定的互惠性和连接性时，即使用户间还未形成完全信任的关系，用户依然愿意在社区中进行知识贡献，从而产生高水平的感知贡献。在这个组态中，低信任、高知识获取功能、高知识分享功能和高信息质量均为核心条件，而高互惠、高连接和高交互功能为边缘条件，激励机制的存在与否对结果没有影响。可见，当用户在学术虚拟社区中能高效地获取知识并且通过知识分享功能将自己认为有用的知识分享给他人时，用户通过平台功能形成一种良性互动，并且可以依靠平台的交互功能与其他用户保持一定的交流和联系，长时间下用户间会形成相互帮助的紧密关系。在此情况下，即使用户间还未形成完全信任和相互依赖的关系，用户也会在社区中寻求帮助或自主分享所拥有的知识，并通过其他用户的点赞、回复等感知自我贡献的价值。

2）高连接*高信任*高知识获取功能*高知识分享功能*低交互功能*高激励机制*高信息质量

由组态 2 可知，当学术虚拟社区具备良好的知识获取功能、知识分享功能、激励机制、信息质量且用户间呈现良好的互惠和信任关系时，即使社区交互功能存在功能缺失或不完善，也不会对用户高水平感知贡献产生影响。在这个组态中，高连接、高知识获取功能、高知识分享功能、低交互功能、高激励机制和高信息质量均为核心条件，而高信任为边缘条件，互惠的存在与否对结果没有影响。可见，尽管学术虚拟社区的交互功能无法实现高时效交互和个性化好友推荐，但是用户在社区中长期进行学术交流后形成的良好且紧密的用户关系使其不仅可以通过社区知识获取功能快速搜寻到自己所需的学术资源并下载学习，还可以通过社区分享功能将自己所拥有的专业化程度高的知识分享给其他用户，这种自主分享意愿在学术虚拟社区给予知识贡献者金钱、金币、积分等物质和精神的奖励下变得更为强烈，从而促进用户在社区的知识分享，提高用户感知贡献价值。

3）高互惠*高信任*高知识获取功能*高知识分享功能*高交互功能*高激励机制*高信息质量

由组态 3 可知，当学术虚拟社区具有良好的基础功能、激励机制和信息质量时，用户间也会呈现较高的互惠性和信任感，因此用户在参与社区讨论获取自身所需知识时会主动分享所学知识，从而实现用户高水平的感知贡献。在这个组态中，高知识获取功能、高知识分享功能、高交互功能、高激励机制和高信息质量均为核心条件，而高互惠和高信任为边缘条件，连接的存在与否对结果没有影响。可见，平台设计和信息质量对用户感知贡献的影响更重要。当用户在使用学术虚拟社区时快速获取有用知识、方便地与志趣相投的用户进行交流并且获取到的知识整体质量较高时，用户会具有较高的满意度，提高持续使用意愿从而产生黏性，使得用户不仅在遇到学术问题时会求助于社区，还会在自己能力范围内主动帮助社区用户，提高自身知识贡献价值。

对比组态 1 和组态 2 可知，当其他条件均对感知贡献产生正向影响时，即使有单个核心条件对结果产生负向影响，其影响力也小于其他条件的正向影响。例如，组态 1 中核心条件低信任的存在表明用户间不存在完全信任关系，但可能用户间经常相互帮助并维持紧密联系，当其他用户遇到问题时用户仍愿意提供帮助，从而弱化低信任所带来的负向影响。而在组态 2 中核心条件低交互功能表明学术虚拟社区的交互功能不完善，但用户间仍保持着高连接性且平台为知识贡献者提供较高的物质和精神激励，因此用户仍愿意分享知识，弱化低交互功能对结果的负向影响。

对比组态 1、组态 2 和组态 3 可知，三条路径都包括核心条件高知识获取功能、高知识分享功能和高信息质量，可见“高知识获取功能*高知识分享功能*高信息质量”对用户高水平感知贡献产生较大的正向影响。当用户在使用学术虚拟社区高效便捷地获取高质量信息时，用户更倾向于在社区进行知识贡献。

4. 低感知贡献的组态路径分析

经过模糊集标准化分析，最终得出了产生低水平感知贡献的 10 个组态，10 个组态的一致性指标分别为 0.970、0.985、0.990、0.991、0.981、0.979、0.976、0.990、0.977、0.977，说明这 10 个组态都是导致低水平感知贡献结果的充分条件。同时，解的一致性为 0.953，说明这 10 个组态能覆盖绝大部分的原始案例，总体也可以充分导致低水平结果。此外，每个组态的原始覆盖度依次为 0.619、0.396、0.399、0.366、0.320、0.326、0.263、0.273、0.292、0.241，根据原始覆盖度的大小排序，可以得出每个组态对于低水平结果的解释力度，因此组态 1 更为重要，即大部分用户产生低水平的感知贡献是由第 1 条路径得到的。总体来看，模型解的覆盖度为 0.720，说明 10 个组态解释了超过 70%低水平感知贡献的原因，下面对组态结果进行具体分析。

1）“低连接*低知识获取功能*低信息质量”对感知贡献的影响

组态 2、3、4、6、10 均指出了用户产生低水平感知贡献的一条关键路径：当学术虚拟社区缺乏良好的知识获取功能、信息质量且用户间缺乏一定的连接性时，用户间的知识交流和共享行为会减少，从而导致用户的低水平感知贡献。可见，学术虚拟社区在基础功能和信息质量方面的欠缺会使得参与社区的用户体验感较差，甚至满足不了自身的需求，从而无法与其他用户和平台间产生黏性，降低自身知识交流和分享意愿，导致用户低水平的感知贡献。由组态 2 和组态 3 可知，在上述条件下，其他不存在的条件变量并不会对低水平结果产生影响，组态 2 中包括低信任、低交互功能和低激励机制，组态 3 中包括低信任、低知识分享功能和低交互功能，共同组合作用导致低水平感知贡献。组态 4 包括高信任、低知识分享功能和低激励机制，三者皆为边缘条件，高信任对结果的正向影响小于低知识分享功能和低激励机制对结果的负向影响，因此不改变结果的低水平。组态 6 包括高信任、低知识分享功能和低交互功能，其中低知识分享功能和低交互功能为核心条件而高信任为边缘条件，高信任对结果的正向影响小于低知识分享功能和低交互功能对结果的负向影响，因此不改变结果的低水平。而由组态 10 可知，在低连接、低知识获取功能和低信息质量的共同负向作用下，即便其他所有条件均对结果产生正向的影响，也不会改变低水平感知贡献的结果，这表明“低连接*低知识获取功能*低信息质量”组合对结果的负向影响很大。

2）“低知识分享功能*低交互功能*低激励机制”对感知贡献的影响

组态 1、5、8、9 均包括核心条件低知识分享功能、低交互功能和边缘条件低激励机制，且指出了用户低水平感知贡献的一条关键路径：当学术虚拟社区知识分享功能和交互功能不完善且社区平台的激励力度较小时，用户会降低在社区的知识交流和分享行为，从而致使低水平的感知贡献。具体来看，组态 1 是所有组态中唯一没有产生正向作用条件的组态，其中低知识获取功能、低知识分享功能、低交互功能和低信息质量均为核心条件，而低信任和低激励机制为边缘条件。这一组态的原始覆盖度为 0.619，具有很强的解释力，即超过 60%的用户产生低水平的感知贡献可以通过组态 1 得到。由组态 5 和组态 8 可知，当用户维度出现对结果产生正向作用的条件而平台维度和信息维度皆对结果产生负向作用时，并不会改变结果的低水平，这可能是因为即便用户间产生亲密关系，但平台设计的不完善导致用户转移到其他社区或者移动社交软件进行知识交流和分享，因而无法对学术虚拟社区低水平结果产生作用。组态 9 包括边缘条件低互惠、高连接、低信任、高知识获取功能、高信息质量，其中高连接、高知识获取功能和高信息质量分别隶属于用户、平台和信息三个维度，三者对结果的正向影响小于其他条件的负向影响，这可能是核心条件低知识分享功能和低交互功能的负向作用过大，从而不会改变结果的低水平。

3）“低连接*高知识获取功能*低交互功能*低信息质量”对感知贡献的影响

组态 7 和组态 8 都包括核心条件低连接、低交互功能、低信息质量和边缘条件高知识获取功能，并指出了一条导致低水平感知贡献的路径：当学术虚拟社区不具备完善的交互功能、良好的信息质量且用户间缺乏一定连接性时，即使用户能通过平台提供的导航、检索、下载等知识获取功能进行知识学习，但并不对用户的知识分享行为产生积极影响，从而不会改变结果的低水平。组态 7 还包括边缘条件高互惠、高知识获取功能和高激励机制，但由于其对结果的正向作用小于其他条件的负向作用，从而不会改变结果的低水平，这可能是因为即便社区能够提供相应的功能和激励机制，但用户间缺乏紧密的联系，难以保证持续的知识分享行为。组态 8 还包括核心条件低知识分享功能和边缘条件低互惠、高信任和低激励机制，其中仅有高信任对结果产生正向影响且为边缘条件，因此无法改变结果的低水平。

对比用户、平台和信息三个维度，从结果的高和低水平两个角度出发，高信息质量导致高水平的感知学习和贡献，而低信息质量导致低水平的感知学习和贡献，可见信息质量对用户在学术虚拟社区中的知识交流效果影响较显著。

第 11 章　数字资本视角下知识问答社区知识交流效果的影响机制研究

在 Web 2.0 时代，知识获取方式日趋多元化，搜索引擎、远程学习、在线阅读等知识服务蓬勃发展，知识消费进入增长期。2020 年，在不同种类知识获取产品中，在线知识问答社区具有明显更高的用户渗透率，使用占比达 80.3%，平均使用年限达 3.9 年①。知识问答社区为用户的某一问题提供个性化的表达和针对性的答案，实现了用户间信息交流和知识交换。其使用门槛较低、内容贴近生活、休闲化的特点更能满足下沉市场的用户需求，因此积累了海量用户基础。以目前我国认知度最高的知识问答社区之一——知乎为例，截至 2022 年 12 月 31 日，知乎累计拥有 6310 万名内容创作者，问答内容超过 5 亿条，覆盖超过 1000 个垂直领域②。此外，新兴知识问答社区也层出不穷，分答和值乎等平台开创有声付费问答服务，为知识问答社区的发展提供重要方向。由此可见，知识问答社区已成为知识获取的主要方式，正深刻改变着传统知识交流模式。

尽管知识问答社区持续扩张并积累了一定的用户基础，但随之而来的问题也不容忽视，尤其是严重的用户流失现象。例如，知乎 2022 年第三季度平均月活跃用户为 9700 万人，同比减少超过 300 万人③。同时，知识问答社区依赖用户生成内容，而用户生成内容通常存在较强的离散分布与集中趋势和帕累托现象④，在社区中绝大多数用户处于潜水状态，既不提问也不回答问题，长此以往将打破社区知识生态平衡，但目前知识问答社区的管理者尚未找到有效途径来刺激他们参与知识交流。另外，知识贡献具有自愿性，共享知识增长缓慢一直是知识问答社区面临的问题，为此不少社

---

① 艾瑞咨询. 2020 年中国在线知识问答行业白皮书[EB/OL].（2020-08-27）[2022-12-27]. https://www.jiemian.com/article/4890197.html.

② 腾讯科技. 知乎第四季度营收 11.14 亿元，同比增长 9.3%[EB/OL].（2023-03-22） [2023-03-24]. https://news.qq.com/rain/a/20230322A06X7O00.

③ 腾讯科技. 知乎发布 2022 年第三季度财报：营收 9.12 亿元，同比增长 11%[EB/OL].（2022-11-30）[2022-12-27]. https://news.qq.com/rain/a/20221130A064I400.

④ 赵宇翔，吴克文，朱庆华. 基于 IPP 视角的用户生成内容特征与机理的实证研究[J]. 情报学报，2011，28（3）：299-309.

区推出了积分、徽章等激励机制，或者在社区中加入游戏化元素，试图提升用户分享知识的意愿，促进社区内知识流动，但这些机制的效果并不稳定。与此同时，由于知识问答社区对知识交流主体没有身份和门槛限制，任何人都能参与到知识交流过程中，这使得社区中的信息良莠不齐，可能造成无效甚至错误信息的交换。以上问题都可能影响知识交流效果，导致社区活跃度下降，缺乏能够满足用户需求的知识，阻碍知识问答社区持续发展。

尽管数字技术和智能设备不断普及，不同人群之间的数字资本仍存在差异。Ragnedda[①]将数字资本视作数字接入和数字技能的“历史积累”。在数字技术快速更新、在线信息爆炸增长的当下，数字接入和数字技能在一定程度上代表了个体通过问答社区进行知识交流的外部环境和内在素养。数字资本所包括的数字设备和网络环境是访问使用知识问答社区的必要条件，而数字技能增加了更大程度接入和使用互联网的可能性[②]，反映了用户是否能够利用知识问答社区这一在线平台进行知识交流。个体教育水平和知识能力、经济状况、社会资本的差异都会形成信息技术使用上的差距[②③]。先前已有研究证明了社会资本对虚拟社区用户知识贡献的作用[④]，数字资本作为一种可与其他资本相互转化的独立资本，与社会资本、文化资本和经济资本的组合效应很有可能也会影响知识交流效果。

鉴于以上问题，如何从数字资本角度出发提升知识问答社区的知识交流效果是亟待解决的问题。先前关于问答社区知识交流的研究主要探讨了知识贡献、知识采纳和知识搜寻等行为的影响因素，本章将从数字资本视角深入探讨知识问答社区中知识交流效果的影响机制，具体关注以下问题：数字资本视角下哪些因素影响知识问答社区的知识交流效果？这些因素的作用机制是怎样的？数字资本如何与社会资本、经济资本、文化资本共同促进知识交流效果的提升？知识问答社区平台和用户应该采取哪些策略来提升知识交流效果？

---

① Ragnedda M. Digital Capital：A Bourdieusian Perspective on the Digital Divide[M]. Bingley：Emerald Publishing Limited，2020.

② Ferro E，Helbig N C，Gil-Garcia J R. The role of IT literacy in defining digital divide policy needs[J]. Government Information Quarterly，2011，28（1）：3-10.

③ DiMaggio P，Hargittai E，Neuman W R，et al. Social implications of the Internet[J]. Annual Review of Sociology，2001，27：307-336.

④ Chiu C M，Hsu M H，Wang E T G. Understanding knowledge sharing in virtual communities：An integration of social capital and social cognitive theories[J]. Decision Support Systems，2006，42（3）：1872-1888.

11.1 数字资本视角下知识交流效果影响机制的探索性研究

数字资本是 Ragnedda 在现有资本理论基础上提出的一种新的资本概念，其常被用于探究数字鸿沟相关问题。目前鲜有研究关注知识问答社区情境下的数字资本，因而这一情景下的数字资本概念较为模糊且缺乏可应用的成熟量表。鉴于此，本研究首先采用扎根理论方法对知识问答社区知识交流效果相关的数字资本概念维度进行探索性研究。

11.1.1 访谈资料收集

本研究采用半结构化深度访谈收集原始资料以进行探索性研究，为应用扎根理论抽象出概念范畴提供基础。本次访谈分为三个阶段：①访谈准备阶段。即确定访谈目标，根据目标设计访谈提纲，确定访谈对象，制定访谈计划。②访谈实施阶段。即以访谈提纲为基本框架，在访谈过程中根据具体情况灵活调整访谈内容，使用录音记录访谈内容。③访谈结果处理阶段。即将访谈记录录音转换成文本形式，整理并分析访谈内容。为了充分实现访谈目的并保证访谈具有一定的开放性，本研究采用半结构化访谈方式与所有访谈者进行一对一沟通交流。

1. 访谈提纲设计

根据访谈目标，首先询问受访者的人口统计学信息与知识问答社区的使用情况；其次询问访谈对象数字资本水平；再次要求访谈对象尽可能多地回忆自己在知识问答社区中的经历和体验，了解访谈对象感知的知识交流效果如何；最后从数字资本视角深入了解制约访谈对象在知识问答社区中实现高水平知识交流效果的因素。具体访谈提纲见表 11.1。

表 11.1 访谈提纲

主题	具体问题
基本信息	请介绍一下您的性别、年龄、学历、专业
知识问答社区使用情况	1. 请问您经常使用知识问答社区吗？第一次使用是在什么时候？您的使用经历大概有多久？使用频率大概是什么水平？ 2. 请问您一般使用哪些知识问答社区？为什么会选择这些社区？您认为您在这些社区中的交流体验有什么不同吗？请举例说明。 3. 您通常在社区中扮演什么角色？提问者、回答者还是潜水者？为什么？
数字接入	1. 您通常使用哪些设备访问知识问答社区？访问质量如何？您有遇见过连接阻碍吗？请举例说明。 2. 您通常在什么场景下访问知识问答社区？接入条件是什么样的？ 3. 您在访问过程中是否能够寻求支持？有哪些呢？这些支持能够解决您的问题吗？如果不能的话，您需要哪些方面的支持？

续表

主题	具体问题
数字技能	1. 您如何评价自己使用信息技术的能力？ 2. 您在社区中是否能够掌握各种功能操作，熟练浏览、搜索、贡献、过滤信息？有什么困难的地方吗？如果有请详细谈谈。 3. 您认为自己是否有足够能力在社区中创造内容？是否会遇到困难？ 4. 您认为自己是否有足够能力在社区中与他人进行交流？是否会遇到困难？
感知知识交流效果	1. 您感觉在社区中的知识交流效果如何？ 2. 您的知识需求是否能够得到满足？社区内容是否能够解决您的问题？不能的话请谈谈原因。 3. 您是否愿意贡献自己的知识？您认为贡献的知识是否帮助到别人？可以举例说明吗？ 4. 在知识交流的过程中有遇到什么困难吗？是怎么克服的？
知识交流效果影响因素	1. 您认为数字接入水平对您在社区内知识交流效果是否有影响？具体表现在哪些方面？ 2. 您认为数字技能对您在社区内知识交流效果是否有影响？具体表现在哪些方面？

2. 访谈对象选择

由于扎根理论的访谈资料更注重质量，访谈很少采用随机抽样，而是使用理论性抽样方法，在深度访谈的开始阶段根据研究的问题，选择那些能够为研究问题提供最大覆盖度的研究对象，从而包含研究现象的方方面面并从中发现建构理论所需的相关概念和范畴①。本研究的访谈对象是有知识问答社区使用经历的用户。同时，相关报告显示，在线知识问答用户年龄在 18～35 岁的占比超过 70%，用户学历普遍较高，本科及以上占比超过 78%②。根据这一数据，本研究综合考虑性别、年龄、学历、使用的知识问答社区等因素，尽可能保证访谈对象的覆盖范围和人口特征符合知识问答社区用户基本构成。最终选取了 20 位符合要求的知识问答社区用户作为访谈对象，其中将有 15 个样本用于扎根理论方法分析（编号开头为 A），剩余样本用于理论饱和度检验（编号开头为 B）。访谈对象基本信息如表 11.2 所示。

表 11.2　访谈对象基本信息

编号	性别	年龄	学历	使用的知识问答社区
A-1	男	19	本科	知乎、百度知道、微博问答

---

① 孙晓娥. 扎根理论在深度访谈研究中的实例探析[J]. 西安交通大学学报（社会科学版），2011，31（6）：87-92.

② 艾瑞咨询. 2020 年中国在线知识问答行业白皮书[EB/OL].（2020-08-27）[2022-12-27]. https://www.jiemian.com/article/4890197.html.

续表

编号	性别	年龄	学历	使用的知识问答社区
A-2	女	20	本科	百度知道、微博问答、知乎
A-3	女	21	本科	知乎、微博问答
A-4	男	22	本科	百度知道、微博问答、知乎、悟空问答
A-5	男	23	本科	知乎
A-6	女	24	硕士	知乎、百度知道
A-7	女	24	专科	知乎
A-8	男	24	本科	知乎、百度知道
A-9	女	25	硕士	知乎
A-10	男	26	硕士	百度知道、Chegg、Course Hero
A-11	男	27	硕士	知乎、百度知道
A-12	女	28	本科	知乎、百度知道、微博问答
A-13	女	29	硕士	百度知道、知乎
A-14	女	30	本科	百度知道、微博问答、知乎、悟空问答、雅虎
A-15	女	31	硕士	知乎、百度知道、微博问答
B-1	男	16	高中	百度知道
B-2	女	23	本科	知乎、百度知道
B-3	女	25	本科	知乎
B-4	男	27	本科	知乎、百度知道
B-5	男	28	博士	知乎、Quora

3. 访谈实施过程

本研究根据拟定的访谈提纲对每位受访者进行了一对一的深度访谈。由于受访者分布在不同地域，本研究选择利用腾讯会议开展线上访谈，每场访谈大约持续 40min。为了完整记录访谈内容，每次访谈开始前获得访谈对象的许可并录制音频，访谈时间为 2023 年 1～2 月。

11.1.2 扎根理论研究

本研究采用程序化扎根理论的编码步骤，首先对原始资料进行开放式编码形成概念和范畴，随后进行主轴编码，分析得到的概念和范畴形成主范畴，最后进行选择性编码，发展理论模型。虽然扎根理论方法没有明确要求多人共同完成编码工作[①]，但是借鉴部分论文的经验[②③]，为了提高研究的可信度和稳健性，本研究在三级编码过程中与一位硕士和一位高校教师讨论和确认了有疑义的编码，最终形成一致认可的编码结果。

1. 开放式编码

开放式编码是对收集到的原始资料进行初步分析，将可编码的语句或片段进行概念化和范畴化[④]。处理过程中尽量保留受访者的原始表达，但为了表达规范，在不改变原意的情况下，本研究对部分表述做了细微调整。具体而言，在这一过程中，本研究围绕研究主题和目标，将原始资料进行编号（访谈对象编号＋该句所在段落号），提取出标签，不断整理归纳，形成概念，随后考虑概念之间的类属，确定初始概念所属范畴。在这一过程中，本研究共形成 94 个初级代码（AA＋序号），整理后得到 67 个代码（A＋序号），概括出 43 个概念（CC＋序号），形成 16 个范畴（C＋序号），开放式编码示例如表 11.3 所示。

表 11.3　开放式编码示例

<table>
<tr><th>原始资料</th><th>初级代码</th><th>代码</th><th>概念</th><th>范畴</th></tr>
<tr><td>……我在高中的时候登录频率很低，一个月只休息两天，在学校不允许使用手机（a31），我只有放假的时候能看看社区……（A-4-18）</td><td>AA1 学校不允许使用手机</td><td>A1 环境限制访问</td><td>CC1 环境限制</td><td rowspan="4">C1 接入限制</td></tr>
<tr><td>……办公时间我们也比较忙，所以一般只有在下班后才有时间（a116）登录社区……（A-15-23）</td><td>AA2 工作繁忙没有时间访问</td><td>A2 时间限制访问</td><td rowspan="3">CC2 成本限制</td></tr>
<tr><td>首先个人的精力（a69）影响我在社区中的交流体验（A-8-33）</td><td>AA3 精力影响交流</td><td>A3 精力限制访问</td></tr>
<tr><td>……使用数据访问社区可能会产生流量费用，所以通常用无线网络（a18），没有无线网的时候可能就不会再访问社区，除非特别急迫……（A-2-118）</td><td>AA4 可能产生访问费用</td><td>A4 费用限制访问</td></tr>
</table>

① Corbin J M，Strauss A. Grounded theory research：Procedures，canons，and evaluative criteria[J]. Qualitative Sociology，1990，13（1）：3-21.

② Zhang H Y，Leung X Y，Bai B，et al. Uncovering crowdsourcing in tourism apps：A grounded theory study[J]. Tourism Management，2021，87：104389.

③ 孙茹，李东进，张宇东. 基于扎根理论的家庭消费中夫妻品牌兼容性的概念维度及提升策略研究[J]. 管理学报，2021，18（3）：410-417.

④ 张敬伟，马东俊. 扎根理论研究法与管理学研究[J]. 现代管理科学，2009（2）：115-117.

2. 主轴编码

主轴编码是在开放式编码的基础上进一步发现和建立概念类属之间的各种联系，以寻找到主范畴，发现资料间的逻辑关联。通过不断分析和挖掘各个范畴之间显性和隐性的逻辑关系，根据类属关系和相关关系将范畴归纳抽象为更高一级的主范畴①。本研究最终归纳出 4 个主范畴，具体主轴编码如表 11.4 所示。

表 11.4 主轴编码

主范畴	范畴	范畴内涵
数字接入	C1 接入限制	指个体使用知识问答社区受到的环境、时间、精力、费用限制
	C2 数字设备	指个体用来访问知识问答社区的设备
	C3 网络环境	指个体访问知识问答社区的网络条件
	C4 技术支持	指个体在使用知识问答社区过程中遇到困难或者故障所能寻求到的帮助
数字技能	C5 在线社区使用知识	指个体利用知识问答社区进行知识交流所需要的社区基本功能操作知识
	C6 数字信息获取技能	指个体根据需求从知识问答社区等信息载体提取所需信息的能力，包括信息需求表达、信息源选择、信息检索、筛选过滤等方面的技能
	C7 数字信息组织技能	指个体将知识问答社区中获取的信息进行分类整合的技能
	C8 数字信息交流技能	指个体生成多种形式数字内容，与社区内成员交流，实现信息交换的技能，包括生成多媒体形式信息、准确高效表达信息、分享资源、理解信息等方面的技能
	C9 数字信息利用技能	指个体充分利用从知识问答社区中获得的信息解决生活、工作和学习方面问题的技能
	C10 数字信息评价技能	指个体对知识问答社区内信息进行质量、时效等多维度评估的技能
信息意识	C11 信息安全意识	指个体在知识问答社区进行知识交流过程中保护个人隐私和账号安全的意识
	C12 信息共享意识	指个体认识到知识问答社区中共享信息的重要性
	C13 信息需求意识	指个体在面临问题时意识到知识问答社区内的信息能够有助于问题解决
	C14 知识产权意识	指个体在知识问答社区进行知识交流过程中保护知识产权的意识
知识交流效果	C15 感知贡献	指个体在知识问答社区内对自己贡献投入的认知
	C16 感知学习	指个体在知识问答社区内对自身学习收获的认知

① 张敬伟，马东俊. 扎根理论研究法与管理学研究[J]. 现代管理科学，2009（2）：115-117.

3. 选择性编码

选择性编码归纳提炼主范畴得到能概括所有范畴的核心范畴，并建立核心范畴、主范畴与其他范畴之间的关联，以“故事线”来描述现象及其背后的驱动因素，从而发展出一个完整的理论模型①。基于前述范畴间关系的梳理，本研究提取的核心范畴是数字资本和知识问答社区知识交流效果，典型关系如表 11.5 所示。

表 11.5　典型关系

典型关系	内涵
数字接入→感知贡献	数字接入水平是访问知识问答社区的外部环境，是在社区内贡献知识的前提条件
数字技能→感知贡献	数字技能影响个体是否能够在社区内有效表达自己的知识，直接影响个体贡献知识的数量和质量
信息意识→感知贡献	信息意识决定个体在社区中贡献知识的意愿，共享意识高的个体更愿意为社区做出贡献
数字接入→感知学习	数字接入水平影响个体是否能够频繁访问知识问答社区寻求知识
数字技能→感知学习	数字技能影响个体在知识问答社区中获取、组织、利用知识的程度，进而影响感知学习
信息意识→感知学习	信息意识代表了用户在使用知识问答社区过程中对信息的总体认识，信息意识的产生促使个体在社区中寻找、利用知识

结合前述编码过程，本研究形成一个数字资本视角下知识问答社区知识交流效果影响机制的探索性理论模型（图 11.1）。围绕核心范畴的故事线如下。

1）知识问答社区情景下知识交流效果的内涵

从主轴编码来看，知识问答社区中知识交流效果可以分为两部分，即感知贡献和感知学习，分别对应个体在知识问答社区的知识贡献者和需求者。用户一方面可以通过他人的反馈得到自身在社区中贡献的感知，如受访者 A-4 认为“我觉得有帮助到别人，因为别人也会回复，谢谢我的建议，觉得很有帮助，或者点赞”；另一方面可通过自身的投入做出对贡献价值的判断，如受访者 A-14 表示“我后来在社区里面发的食谱真的是我自己去买专业的书，去好几个平台一点点自己弄，做笔记才做出来”。而对自身学习的感知主要包括三个方面的收获。从知识传递来看，学习到知识是用户最直接的感受，如受访者 A-7 表示“看知乎的时候会从里面抽取一些知识点，从中扩展化学知识了解范围”。而基于知识实际发挥的作用，用户

① 张敬伟，马东俊. 扎根理论研究法与管理学研究[J]. 现代管理科学，2009（2）：115-117.

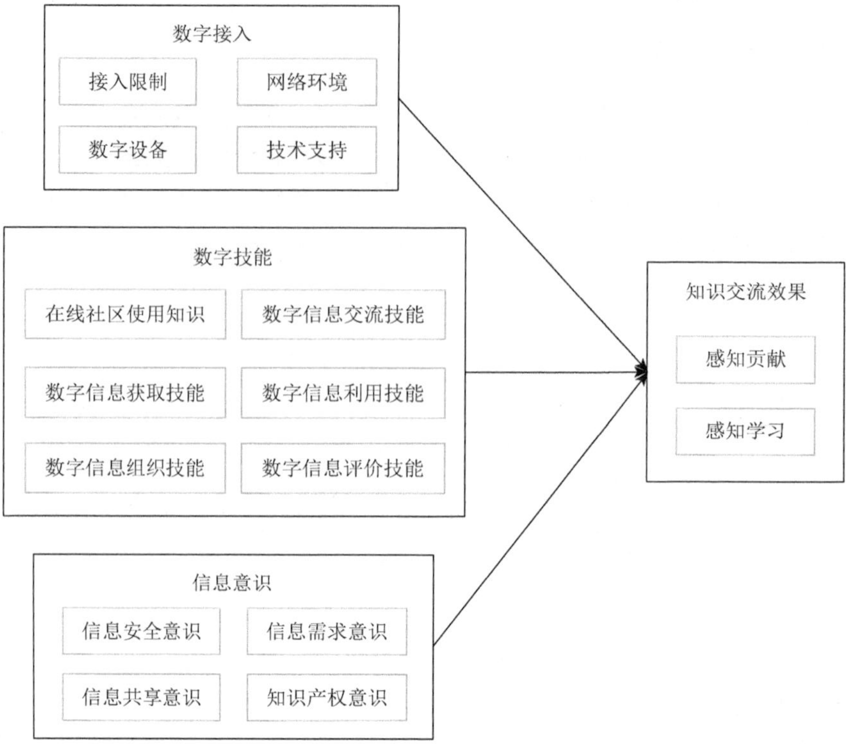

图 11.1 数字资本视角下知识问答社区知识交流效果影响机制的探索性理论模型

能够感受到他们所获得的知识带来的效益。正如受访者A-4和A-3表示“我电脑有的时候会黑屏，我也是看社区里这类问题……让它自动修复”“节省了我自己的时间去学习，别人可能费一两天时间的一个学习成果我能在几十分钟学会”。帮助解决生活、学习和工作中的问题及提升效率的程度是用户感知学习实际价值的体现。

2）数字资本视角下知识交流效果的影响因素

知识问答社区中影响知识交流效果的数字资本包括三个维度：数字接入、数字技能和信息意识。其中，数字接入水平是个体能够访问知识问答社区从而进行知识贡献和学习的外部条件，提供实现知识交流的机会；而数字技能提供用户进行知识交流的能力，决定用户是否能够很好地在社区内进行知识交流；信息意识是个体在社区内对信息价值和安全规范的总体认知，产生知识贡献和寻求的动力。

具体而言，数字接入包括接入限制、数字设备、网络环境和技术支持。首先，知识问答社区依托智能设备和网络环境，尽管数字设备和网络已经大范围普及，但个体在这二者上所拥有的数字资本仍然有所差异，如受访者 A-6 提及“因为我的设备是比较旧的型号，它的响应速度会比较慢”“学校里的校园网连接会中断”。其次，即使用户拥有设备和网络环境，访问社区也可能受到时间、精力等的限制，个体所能够接入社区的自由程度也有所不同，如受访者 A-4 所说“我在高中的时候登录频率很低，一个月只休息两天，在学校不允许使用手机”。另外，在接入社区遇到困难时个体所拥有的求助资源也不同，如受访者 A-10 回忆“上一次使用学校给的 VPN，连接不稳定，所以访问社区的时候非常慢、很卡，我就去寻求学校信息化部门的技术支持”。

在知识问答社区中，个体所拥有的数字技能包括在线社区使用知识、数字信息获取技能、数字信息组织技能、数字信息交流技能、数字信息利用技能和数字信息评价技能。首先用户使用社区时需要了解基本的社区功能操作及运行机制，其次用户在社区中的知识交流过程实际上是对信息进行处理，从获取、组织、交流到利用和评价整个过程都需要对应的技能。不同个体对这些技能的掌握程度存在差异，从而导致数字资本水平参差不齐。例如，受访者 A-13 表示“有时候可能搜索不到相关的问答”，受访者 A-6 表达了“我不知道怎么去获取相关的数据资料”的困惑。

而个体的信息意识主要表现在四个方面，即信息安全意识、信息共享意识、信息需求意识和知识产权意识。知识问答社区具有匿名性和开放性，而知识分享往往基于个人经历，因此有可能会不经意泄露自己的隐私，正如受访者 A-2 表示“我在去跟别人交流讨论的时候会注意到自己隐私上的保护，尽量少去泄露一些个人信息”。信息安全意识是保证社区使用体验、保护自身的一种本能。信息共享意识和信息需求意识则是个体在社区中对知识贡献和知识寻求的内在态度，个体所拥有的信息意识不同，他们在社区内的行为也会有所不同。知识产权意识则是基于社区交流客体的知识属性，个体对社区内知识交流规范的认识，有受访者 A-15 表示“我觉得社区里的交流也不是特别正式，所以我也不会特地标注引用”，这正是知识产权意识薄弱的表现。

3）数字资本对知识交流效果的作用机制

A. 数字接入对知识交流效果的影响

数字接入既是用户访问社区的基础条件，又是限制用户高质量访问的重要因素。数字设备和网络环境的状况可能导致用户的使用体验不佳，从而使他们放弃或者中断知识交流，如受访者 A-2 所说“学校有一些偏僻的位置，校园网可能信号不太好……就会暂时不用了”。随着数字设备和网络环境的普及，用户更多地受到时间、精力等接入成本限制，而无法保证接入社区的频率，由此导致他们可进行知识交流的机会减少，知识贡献和知识学习的意愿也会降低，如受访者 A-15 表达了这种接入限制的负面作用，“办公时间我们也比较忙，所以一般只有在下班后才有时间登录社区，有时候太忙了可能下班后也不会去看，回答问题又需要查资料、组织语言花费很长时间，所以我就不会去贡献”。在技术支持方面，个体在遇到使用困难时如果无法寻求到相关帮助，将挫伤他们知识交流的积极性，阻碍后续知识贡献和学习，如受访者 A-12 回忆“我有尝试过匿名回答问题，但是我在用界面的时候有点不确定我有没有点到匿名的功能，也没有找到社区里有这方面的说明介绍，我就不回答了”。因此，低水平接入条件限制个体内在能力的充分发挥，难以在社区中实现高质量的知识交流效果。

B. 数字技能对知识交流效果的影响

尽管知识问答社区降低了知识交流的门槛，但良好的知识交流效果仍然要求个体具备一定的能力。具体而言，个体首先要掌握知识问答社区这一信息技术的基础使用，才能在社区中进行知识交流，如受访者 A-8 表示“如果对这个社区它本身的一些功能不太了解，那么使用的体验必定不会太好”。

就知识学习过程而言，个体首先要了解如何在海量信息中高效获取所需信息。在知识问答社区中，用户寻求知识的方式主要包括搜索和提问，因此用户需要准确表达自己的需求，并掌握检索方式，才能找到符合需求的信息，从而产生学习行为，正如受访者 A-12 和 A-13 分别提到“把自己想问的东西组织成比较凝练的句子或者在关键搜索框去搜索，这样能确保搜索出来的结果跟自己想要的东西是吻合的”“有时候可能搜索不到相关的问答，我会尝试把搜索范围放宽一点”。倘若用户缺乏数字信息获取技能，他们所学习到的知识可能质量不高，无法满足需求，知识交流效果随之下降。此外，用户需要通过多种方式评价所获取的信息质量，以过滤出有用可信的知识，避免错误知识造成的不良知识交流效果，正如受访者 B-2 回忆“很多人的回答都没有用，甚至会有一些错误”，受访者 A-15 阐述了自己的应对方式，“对某一个领域的问题，我会去看答主的主页，比如他是专门关注一个领域的，这种回答质量相对会比较高”。为有效利用获取到的信息形成知识，需要进一步组织信息，使杂乱的信息有序化，方便知识的高效学习和吸收理解，受访者 A-7 表示“我在知乎上会建很多个收藏夹，分类以后方便后面需要的时候查找”，受访者 A-5 则认为“以写论文举例，知乎可以作为你去获取信息的一个渠道，但最后还是要经过自己去过滤一遍，重新地编排一遍”。信息获取和处理的最终目的是知识的利用，这也是用户对于学习效果的最直观感受，即这些信息所产生的收益。受访者 A-4 回忆“比如我在学习日语，那些答主就会给你推荐跟着哪个老师好、用什么参考书，我就会去淘宝搜一下这本书，看淘宝下面的评论是怎么讲的，综合比对一下，再选择是否购买”。所以，基于社区问答获得的信息还需要进行综合考量，以决定利用这些信息的方式，这种信息利用技能将影响最后的学习结果是否是正向的。从以上知识学习的过程可以看出，数字信息获取技能影响用户获取到相关知识的质量，也在一定程度上决定用户获取信息所花费的时间和精力等成本；数字信息评价技能影响用户能否判断出获取知识的有用性和可靠性，从而做出不同学习决策；数字信息组织技能影响获取到的知识加工程度，从而影响知识的吸收内化；而数字信息利用技能影响用户能在多大程度上应用所得到的知识产生效益，因此数字技能作用于用户知识学习所付出的成本和获得的收益，由此影响用户的感知学习评价。

知识问答社区依赖用户之间的互动，信息交流过程决定了知识的传递，因此个体必须掌握信息交流的技能来实现高质量知识交换。就知识贡献而言，个体需要准确生动地表达自身知识，生成多种形式的数字内容，有效组织以保证贡献知识的逻辑性和专业性，以实现知识交流过程中隐性知识的显性化，如受访者 A-2 认为“我通常会选择多样化的表达形式，因为我发现自己只用文字的时候，一方面不太会吸引人，另一方面这个平台上不太会推荐纯文字的内容，如果是使用图文结合或者视频的形式，收到的回复会好一点”。在社区中生动专业的答案更容易吸引他人的注意，从而获得更多的反馈，用户由此认为自身做出的贡献较大。此外，用户需要基于一定的信息获取和组织能力保证回答的可靠性，如受访者 A-11 的经历，“有时候回答问题要自己去找一些资源或者文件来佐证你的观点”。而这一过程正是用户投入时间和精力等成本的表现，用户由此感受到自己的付出，从而产生更强的贡献认知。综上所述，数字技能将影响用户的感知贡献，数字技能越强的个体做出的回答可能获得越多的反馈，因为他们能够更好地将隐性知识显性化，而且往往会在贡献中投入更多，如寻找佐证的数据资料、采用图片和视频等多种形式回答等。

C. 信息意识对知识交流效果的影响

信息意识是个体对信息的总体认识，只有意识到信息需求的产生，个体才会在社区中主动寻求知识，从而产生知识交流行为，正如受访者 B-2 回忆“当有一些问题我想要了解的时候，我就会去提问或者浏览相关问题，比如说可能在课上老师讲到某个概念，我不太知道的，也会去搜索一下”。因此，信息需求意识更强的个体拥有更强的动力在社区中寻求知识，他们感知的知识学习程度也随之提高。信息共享意识决定了个体是否愿意在社区中贡献知识、是否愿意接受其他用户提供的知识，如受访者 A-2 表示“当别人提问时，如果我了解我也会愿意去主动帮别人回答，因为我觉得这是一个互利互惠的过程”，故而信息共享意识更强的用户学习和贡献的知识更多。信息安全意识和知识产权意识则是保障社区互动氛围、提升用户体验的重要因素，决定了用户是否会持续地在社区中贡献或者学习，从而影响感知贡献和感知学习的程度，如受访者 A-7 表示“我在社区里回答的时候发一些图片后，有人私信我发一些骚扰信息，去平台举报也无法判定他违规，后面可能就不想再去分享自己的一些照片”。

11.1.3 理论饱和度检验

在扎根理论中，理论饱和是停止采样的标准，即无法获取额外数据进一步发展某一个范畴的特征[①]。对 15 个样本的原始资料进行编码后，继续对预留的 5 份访谈资料进行编码分析，将编码结果与之前的结果进行对比，发现无法挖掘出新的概念，因此本研究构建的理论模型达到饱和。

11.2 数字资本视角下知识交流效果影响机制的组态分析

探索性理论模型表明，数字资本包括数字接入、数字技能和信息意识三个部分，三者都对知识交流效果产生影响。Ragnedda[②]认为数字资本可以与文化资本、经济资本和社会资本相互转化，即将现有的其他资本投入并转移为数字资本，进而累积数字资本以再投资于其他资本。基于以上转化过程，文化资本、经济资本和社会资本可能也会影响知识交流效果。先前的研究也表明，个体知识能力、经济状况、社会资本的差异都会形成信息技术使用上的差距[③④]。不同个体的知识交流效果正是基于知识问答社区平台使用的结

① 费小冬. 扎根理论研究方法论：要素、研究程序和评判标准[J]. 公共行政评论，2008，1（3）：23-43，197.

② Ragnedda M. Digital Capital：A Bourdieusian Perspective on the Digital Divide[M]. Bingley：Emerald Publishing Limited，2020.

③ Ferro E，Helbig N C，Gil-Garcia J R. The role of IT literacy in defining digital divide policy needs[J]. Government Information Quarterly，2011，28（1）：3-10.

④ DiMaggio P，Hargittai E，Neuman W R，et al. Social implications of the internet[J]. Annual Review of Sociology，2001，27：307-336.

果，因此三种资本可能也是形成知识交流效果差异的前因。本节使用 fsQCA 方法探讨多种个人资本对于知识问答社区知识交流效果的协同作用。

11.2.1　组态模型构建

动机-机会-能力（motivation-opportunity-ability，MOA）模型指出，机会的存在使得具备动机和能力的个体拥有了达成其目标的客观条件①。社会资本影响获取信息和发布信息的动机②，因此社会资本能够提供实现良好知识交流效果的动力；文化资本反映个体的知识，在社区中用户能否将自己的知识转化为答案将显著影响知识贡献③，同时个体理解他人的回答也需要一定的文化背景，因此文化资本可对应达成目标的能力要素；付费知识学习和数字接入设备环境依赖经济资本，经济状况会导致个体间使用互联网技术的差距④，由此经济资本提供提升知识交流效果的机会。由扎根理论得到的探索性模型可知，数字接入提供实现高水平知识交流效果的机会（外部环境是否允许），而数字技能提供用户进行知识交流的数字化能力（是否能做），信息意识提供知识交流的动机（是否愿意做）。综上所述，知识交流效果的提升可能受到四种资本的共同影响。

就四种资本的互动而言，知识问答社区中个体可利用社会网络即社会资本来解决数字接入问题，提升数字技能和信息意识，如用户在数字设备上遇到困难可寻求社区成员的帮助。同时，个体需要经济资本来获取数字设备和信息通信技术以访问知识问答社区。此外，个体需要知识、技能和能力即文化资本来有效使用问答社区进行知识交流，实现知识的双向传递。而拥有高水平数字资本的人可以在知识问答社区中获得经济效益，如通过回答问题或者提供付费咨询获得虚拟货币。同时，数字资本较高的个体能够基于自身的技能和意识更好地贡献知识，基于数字接入条件更频繁地与他人交互，由此在社区中获得较多的关注、顺畅地与更多社区成员交流，从而将数字资本转化成社会资本。基于高水平数字资本个体能够在知识问答社区中有效寻求理解知识，从而积攒文化资本。数字资本与其他资本以一种整体的、集成的复杂交互方式导致不同水平的知识交流效果，需要从组态视角进行探讨。

---

① 陈则谦. MOA 模型的形成、发展与核心构念[J]. 图书馆学研究，2013（13）：53-57.

② 周涛，鲁耀斌. 基于社会资本理论的移动社区用户参与行为研究[J]. 管理科学，2008，21（3）：43-50.

③ 范哲，张乾. MOA 视角下的问答网站用户贡献行为研究[J]. 图书与情报，2015（5）：123-132.

④ Ferro E，Helbig N C，Gil-Garcia J R. The role of IT literacy in defining digital divide policy needs[J]. Government Information Quarterly，2011，28（1）：3-10.

基于上述分析，为厘清数字资本视角下知识问答社区知识交流效果的影响机制，本研究引入社会资本、文化资本和经济资本，最终确定了数字资本、社会资本、文化资本和经济资本四个前因条件。由于数字资本是本研究的重点，同时数字资本的三个维度相互作用、交互复杂，数字接入水平会限制用户数字技能学习实践的途径和经验，而数字技能较强的用户通常信息意识也有所提升，出于信息意识个体又会有意提高自己的数字技能，因此将数字资本这一前因拆分为数字接入、数字技能和信息意识，以更清晰细致地探讨数字资本本身与其他资本的条件组合对知识交流效果的影响。此外，知识问答社区中的知识交流具有双向性，基于扎根理论编码结果，知识交流效果可分为感知贡献和感知学习两个方面，本研究将分别探讨二者的前因组合及提升路径。

基于以上讨论，本研究构建如图 11.2 所示的组态分析理论模型，通过量表测量前因条件与结果，采用 fsQCA 方法分析不同水平知识交流效果的前因条件组合，总结提升或削弱知识交流效果的典型影响路径和核心条件，从而为知识问答社区的良性发展提供建议。

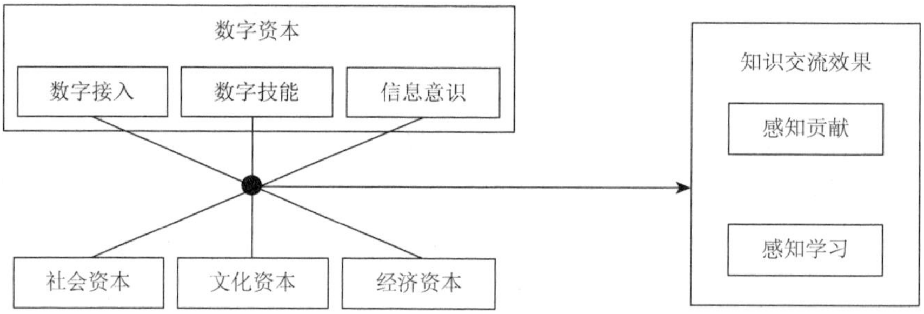

图 11.2　组态分析理论模型

11.2.2　问卷设计与数据收集

1. 变量选择与测量

基于组态分析理论模型，本研究将数字资本这一前因拆分为数字接入、数字技能和信息意识，分别测量各部分的水平。由于数字资本缺少成熟的量表，因此从扎根理论结果中设计了相关测量题项。

社会资本是个体所拥有的关系网络中的实际资源和潜在资源的总和，包括结构维、关系维和认知维[①]。本研究从整体性视角考量社会资本，将其

① Nahapiet J，Ghoshal S. Social capital，intellectual capital，and the organizational advantage[J]. The Academy of Management Review，1998，23（2）：242-266.

三个维度融为一个一级构念，测量整体社会资本水平。

Bourdieu 和 Nice①认为文化资本可以三种形式表现出来，包括：①客观文化资本，如图片和书籍；②制度化文化资本，如教育证书；③内在文化资本，即适当、理解和使用文化所需的内部能力。由于知识问答社区知识交流更依赖个体内部的能力，因此借鉴 Po-An Hsieh 等②的定义，将文化资本视作使用知识问答社区进行知识交流所需的具体能力，关注知识和自我效能作为文化资本的关键组成部分，从整体上测量文化资本。

经济资本影响着一个人获得信息和通信技术的能力，本研究借鉴 Po-An Hsieh 等的研究并结合知识问答社区研究情景，将其定义为获取知识和通信技术的经济能力，在知识问答社区中主要体现在知识付费和访问环境的支撑。

借鉴国内外研究中相似变量的测量项，并结合扎根理论分析的结果和知识问答社区场景的特征，本研究设计出用于研究的量表。

2. 问卷预调研

根据前文构建的量表，本研究设计了基于利克特量表的调查问卷。问卷总共由三个部分构成：问卷说明部分、基本信息部分和测量题项部分。由于本研究的目标人群是使用过知识问答社区的用户，因此在问卷中设置了筛选题项，没有知识问答社区使用经历的被试者将直接结束作答，同时设置了反向题项，以识别出因作答注意力不集中而出现的无效问卷。

正式发放问卷之前，利用问卷星平台进行小范围的预调研，进一步完善问卷，以保证问卷设计的合理性和有效性。剔除无效问卷后，预调研总计回收有效问卷 51 份。对预调研回收问卷进行检验，其中形成型题项检验权重显著性和方差膨胀因子（VIF），反映型题项利用克龙巴赫 α 系数检验了信度，同时检验了收敛效度和区分效度。结果表明，反映型题项全部通过检验，部分形成型题项权重不显著，因此对问卷题项做了进一步的修改：①删除“数字技能”变量的测量题项“我熟悉知识问答社区基本功能操作”“我在知识问答社区搜索时能制定检索策略”“我能对知识问答社区中获取的信息进行筛选、分类和整合”。上述题项均来源于扎根理论的编

① Bourdieu P，Nice T B R. Distinction：A Social Critique of the Judgement of Taste[M]. Cambridge：Harvard University Press，1984.

② Po-An Hsieh J J，Rai A，Keil M. Addressing digital inequality for the socioeconomically disadvantaged through government initiatives：Forms of capital that affect ICT utilization[J]. Information Systems Research，2011，22（2）：233-253.

码结果，分别代表了社区基本操作、信息检索和信息加工能力。在扎根过程中，有访谈对象提及社区的新功能适应是影响使用的因素，但在大规模的问卷调查中，社区功能的基本操作可能不再是困扰多数人的问题。同时，知识问答社区的检索功能较为简单，只能实现基本的检索词检索，用户所实施的检索策略可能也只是更换检索词，因此这一能力在知识问答社区中被弱化，导致该题项权重不显著。此外，尽管在访谈中有对象表明会在知识问答社区进行收藏分类、整合等操作，但对于大多数用户而言这一信息组织过程可能并没有得到重视，他们更关注的还是知识的互动过程。②删除“信息意识”变量的测量题项“我在知识问答社区中有意识保护自己的创作内容”。在访谈过程中，有用户表示会将自己的图片教程打上水印以防止盗图，但可能对绝大多数用户而言这是非必要的，因为很少有用户能在知识问答社区创造出高价值的内容，他们可能并不会有知识产权被侵犯的顾虑。③删除“社会资本”变量的测量题项“我相信知识问答社区成员不会利用他人获取不当利益”。这一题项权重不显著的原因可能在于知识问答社区中广告等商业行为的泛滥，导致用户普遍对于获利行为的信任程度较低。④删除“经济资本”变量的测量题项“我负担得起数字设备的购买”。由于知识问答社区的用户很大一部分是学生群体，他们虽然有访问知识问答社区的设备，但这些设备通常来源于父母等家庭成员的资助，他们本身的经济能力并不足以负担数字设备，但他们认为自身经济水平能够负担网络环境产生的费用，因此这一题项不显著，而“我有经济能力负担网络环境”则显著。

通过对测量题项的修改，结合信度和效度的检验，本研究使用的最终量表如表 11.6 所示，随后使用修改后的问卷实施大样本的数据收集与分析。

表 11.6 测量题项与来源

变量	编码	测量题项	来源
数字接入	DA1	我有访问知识问答社区的数字设备	扎根结果
	DA2	我有访问知识问答社区的网络环境	
	DA3	在使用知识问答社区遇到问题时，我能寻求到技术支持	
	DA4	我使用知识问答社区不会受外部环境限制	
数字技能	DS1	我能根据自身需求和社区特征选择知识问答社区	扎根结果
	DS2	我能够描述自己的信息需求	
	DS3	我能在知识问答社区中创造文本、图片、视频等多种形式的内容	
	DS4	我能通过多种方式判断知识问答社区中的答案质量	
	DS5	我能够基本理解并利用从知识问答社区中获得的信息解决问题	

续表

变量	编码	测量题项	来源
信息意识	IC1	我认为互相分享知识对知识问答社区的发展至关重要	扎根结果
	IC2	我在知识问答社区中会有意识避免泄露个人隐私信息	
	IC3	我在遇到问题时会在知识问答社区中寻求帮助	
	IC4	我在知识问答社区中使用他人创作内容时会注意合法性	
社会资本	SC1	我与知识问答社区的一些成员互相交流	Liao 和 Chou①；Chang 和 Chuang②；Hau 等③
	SC2	我认为知识问答社区成员都使用易于理解的方式发布消息	
	SC3	当我回答知识问答社区其他成员的问题时，我相信今后我的问题也会得到他们的解答	
	SC4	我认为知识问答社区的成员能互相提供帮助	
文化资本	CC1	我有应付知识问答社区操作的知识	Po-An Hsieh 等④
	CC2	我有回答知识问答社区中他人问题的知识	
	CC3	我不需要依赖别人就能在知识问答社区内进行知识交流	
经济资本	EC1	我有经济能力负担网络环境	Po-An Hsieh 等④
	EC2	我有经济能力为在线知识付费	
	EC3	我的经济基础可以支撑我在知识问答社区中的知识交流	
感知贡献	PC1	我认为我在知识问答社区中贡献的内容对他人有帮助	Liu 和 Li⑤；Lou 等⑥；扎根结果
	PC2	我认为我为知识问答社区成员的问题提供了有价值的回答	
	PC3	我认为我在知识问答社区中向他人提供了有用的资源	
	PC4	我感觉我为知识问答社区的其他成员解决问题提供了支持	

① Liao S L，Chou E Y. Intention to adopt knowledge through virtual communities：Posters vs lurkers[J]. Online Information Review，2012，36（3）：442-461.

② Chang H H，Chuang S S. Social capital and individual motivations on knowledge sharing：Participant involvement as a moderator[J]. Information and Management，2011，48（1）：9-18.

③ Hau Y S，Kim B，Lee H，et al. The effects of individual motivations and social capital on employees' tacit and explicit knowledge sharing intentions[J]. International Journal of Information Management，2013，33（2）：356-366.

④ Po-An Hsieh J J，Rai A，Keil M. Addressing digital inequality for the socioeconomically disadvantaged through government initiatives：Forms of capital that affect ICT utilization[J]. Information Systems Research，2011，22（2）：233-253.

⑤ Liu H X，Li G Q. To gain or not to lose？The effect of monetary reward on motivation and knowledge contribution[J]. Journal of Knowledge Management，2017，21（2）：397-415.

⑥ Lou J，Fang Y L，Lim K H，et al. Contributing high quantity and quality knowledge to online Q&A communities[J]. Journal of the American Society for Information Science and Technology，2013，64（2）：356-371.

续表

变量	编码	测量项	来源
感知学习	PL1	我认为我的问题在知识问答社区中得到了解决	Halic 等①；Barzilai 和 Blau②；扎根结果
	PL2	我认为我从知识问答社区中获得了有用的回答	
	PL3	我认为知识问答社区帮助我提升了学习效率	
	PL4	我认为知识问答社区帮助我积累了知识	

3. 数据收集

本研究通过社交媒体发放了最终问卷，收集时间为 2023 年 3 月 1～9 日，最终收集到 325 份问卷。为保证样本数据的有效性，本研究基于以下标准对回收问卷进行剔除：①问答时间过短（＜60s）；②筛选题项选择未使用过知识问答社区；③答案一致或呈明显规律；④正反向题项答案相差过大。最终得到 228 份有效问卷，问卷有效率为 70.2%。QCA 方法需要的案例个数与前因条件数量有关，理论上 k 个条件存在 2^k 种组合，本研究共有 6 个前因条件，收集样本数量远超 64 个案例。表 11.7 展示了有效样本的人口统计特征。

表 11.7　样本人口统计特征

人口统计特征	分类	样本数	占比/%
性别	男	98	42.98
	女	130	57.02
年龄	18 岁及以下	5	2.19
	19～23 岁	100	43.86
	24～28 岁	89	39.04
	29～35 岁	18	7.89
	36 岁及以上	16	7.02
受教育程度	专科及以下	12	5.26
	本科	130	57.02
	硕士	78	34.21
	博士（含在读）	8	3.51

① Halic O，Lee D，Paulus T，et al. To blog or not to blog：Student perceptions of blog effectiveness for learning in a college-level course[J]. The Internet and Higher Education，2010，13（4）：206-213.

② Barzilai S，Blau I. Scaffolding game-based learning：Impact on learning achievements，perceived learning，and game experiences[J]. Computers & Education，2014，70：65-79.

续表

人口统计特征	分类	样本数	占比/%
使用的知识问答社区（多选）	知乎	206	90.35
	百度知道	203	89.04
	微博问答	105	46.05
	悟空问答	11	4.82
	Quora	25	10.96
	雅虎	17	7.46
	其他	14	6.14
使用知识问答社区的年限	1 年以内	21	9.21
	1～2 年	37	16.23
	2～3 年	44	19.30
	3～4 年	38	16.67
	4～5 年	25	10.96
	5 年以上	63	27.63

由表 11.7 可知，本研究样本男性比例稍低于女性，年龄主要分布在 19～28 岁，学历主要集中在本科和硕士，基本符合在线知识问答用户集中在 18～35 岁年龄段、学历较高的特点①。从使用的知识问答社区来看，样本的使用经历覆盖了多个知识问答社区，其中知乎和百度知道的用户群体最广，90%左右的样本都有二者的使用经历。从使用经验来看，大多数样本都有 1 年以上的经验，约 30%的样本拥有 5 年以上使用经历。因此，本研究所使用的样本具有一定的代表性。

11.2.3 数据分析

1. 量表信度与效度检验

本研究使用的量表同时参考了扎根结果和先前研究的成熟量表，在知识问答社区的情景下对题项进行了改编，因此需要检验量表的信度和效度。11.2.2 节构建的量表存在两类题项，一是形成型指标，包括数字接入、数字技能、信息意识、社会资本、经济资本和文化资本；二是反映型指标，包括感知贡献和感知学习。由于形成型指标和反映型指标在检验方式上有所不同，接下来将分开讨论。

① 艾瑞咨询. 2020 年中国在线知识问答行业白皮书[EB/OL].（2020-08-27）[2022-12-27]. https://www.jiemian.com/article/4890197.html.

1）形成型指标检验

本研究的条件变量均采用形成型指标测量，每个指标代表变量一个特定的方面，指标之间互补形成构念，不必彼此共变，可以相互独立。在信度检验上，反映型指标常采用内部一致性系数作为信度指标，但形成型指标不存在内部一致性①，因此通常忽略信度检验。形成型指标的评价通常使用项目效度、共线性和区分效度。项目效度通常使用指标权重的统计显著性，指标权重应显著并且数值大于 0.2 或至少大于 0.1②。VIF 常用于评价形成型指标的共线性关系，VIF 值为 5 或以上表明形成型测量结构的指标之间存在关键共线性问题，理想情况下，VIF 值应接近 3 或更低③。在区分效度方面，指标间的相关系数应低于 0.7①。本研究在 SmartPLS 软件中选择偏最小二乘法的结构方程完成了相关指标的运算，指标权重及 VIF 值如表 11.8 所示。由表 11.8 可知，所有形成型指标外部权重大于 0.2 且显著，只有 DA2 在 90%水平上显著，其余指标均在 95%和 99%水平显著。同时，所有指标的 VIF 值小于 3，并不存在严重的共线性。经计算，指标间的相关系数介于 0.155～0.697，区分效度通过检验。

表 11.8　形成型指标权重及 VIF 值

变量	测量项	外部权重	VIF
数字接入	DA1	0.317**	2.066
	DA2	0.280*	2.043
	DA3	0.389***	1.207
	DA4	0.356***	1.360
数字技能	DS1	0.243**	1.805
	DS2	0.279***	1.820
	DS3	0.354***	1.383
	DS4	0.235***	1.395
	DS5	0.226**	1.777
信息意识	IC1	0.331***	1.372
	IC2	0.273**	1.639

① Rossiter J R. The C-OAR-SE procedure for scale development in marketing[J]. International Journal of Research in Marketing，2002，19（4）：305-335.

② 郭晟豪，萧鸣政. 地方治理量化统计与实践：形成型指标而非反映型指标[J]. 华中科技大学学报（社会科学版），2017，31（4）：96-102.

③ Hair J F，Risher J J，Sarstedt M，et al. When to use and how to report the results of PLS-SEM[J]. European Business Review，2019，31（1）：2-24.

续表

变量	测量项	外部权重	VIF
信息意识	IC3	0.492***	1.178
	IC4	0.277**	1.417
社会资本	SC1	0.317***	1.185
	SC2	0.248***	1.432
	SC3	0.339**	1.653
	SC4	0.471***	1.510
文化资本	CC1	0.392***	1.647
	CC2	0.520***	1.473
	CC3	0.310***	1.399
经济资本	EC1	0.465***	1.616
	EC2	0.283***	1.660
	EC3	0.431***	2.021

*表示显著性水平<0.05，**表示显著性水平<0.01，***表示显著性水平<0.001。

2）反映型指标检验

反映型指标采用内部一致性衡量信度，常用的有组合信度（CR）和克龙巴赫 α 系数，大于 0.70 表明测量结构较为可靠[①]。在效度方面，聚合效度是构念收敛以解释其项方差的程度，以每个构念的所有测量项的 AVE 衡量，可接受的 AVE 为 0.5 或更高，表明该结构至少解释了测量项 50%的方差；区分效度要求每个构念的 AVE 平方根大于该构念与其他构念的相关系数[②]。反映型指标信效度检验结果如表 11.9 所示。其中，感知贡献和感知学习的 CR 与克龙巴赫 α 系数均大于 0.7，AVE 大于 0.5，AVE 的平方根均大于二者间相关系数 0.492，表明本研究的反映型测量结构具有良好的信度和效度。

表 11.9 反映型指标信效度检验结果

变量	测量项	因子载荷	克龙巴赫 α 系数	CR	AVE	AVE 平方根
感知贡献	PC1	0.811	0.871	0.817	0.722	0.850
	PC2	0.866				
	PC3	0.871				
	PC4	0.850				

① Diamantopoulos A，Sarstedt M，Fuchs C，et al. Guidelines for choosing between multi-item and single-item scales for construct measurement：A predictive validity perspective[J]. Journal of the Academy of Marketing Science，2012，40（3）：434-449.

② Hair J F，Risher J J，Sarstedt M，et al. When to use and how to report the results of PLS-SEM[J]. European Business Review，2019，31（1）：2-24.

续表

变量	测量项	因子载荷	克龙巴赫 α 系数	CR	AVE	AVE 平方根
感知学习	PL1	0.789	0.805	0.813	0.631	0.794
	PL2	0.815				
	PL3	0.724				
	PL4	0.843				

2. 模糊集定性比较分析

1）数据校准

在 fsQCA 中，需要校准变量以形成模糊集，其值从 0 到 1[①]。本研究直接以测量题项的得分均值来衡量该变量，采用直接校准法将原始案例数据校准为集合隶属分数。确定锚点之前，对样本数据做 K-S 检验和夏皮洛-威尔克（Shapiro-Wilk）检验，所有变量的 P 值均小于 0.05，因此拒绝了正态分布的假设，样本的描述性统计结果如表 11.10 所示，可以确定本研究所收集的样本数据呈左偏态分布。根据 Pappas 和 Woodside[①]的建议，左偏或右偏分布的数据使用 80%百分位数（完全隶属点）、50%百分位数（交叉点）和 20%百分位数（完全不隶属点）作为校准锚点。表 11.10 同样展示本研究中各变量校准规则。值得注意的是，若在 fsQCA 分析中将数据校准后值刚好为 0.5 的案例从分析中删除，可能会导致小样本数据的分析结果存在偏差。为了尽可能将更多的案例纳入分析中，本研究借鉴 Jin 等[②]的做法将隶属分数为 0.5 的校准值增加 0.001。

表 11.10　样本描述性统计及校准锚点

变量 项目	数字 接入	数字 技能	信息 意识	社会 资本	文化 资本	经济 资本	感知 贡献	感知 学习
平均值	3.831	3.847	3.999	3.588	3.661	3.696	3.690	3.876
方差	0.414	0.285	0.351	0.361	0.467	0.556	0.448	0.308
最小值	2.000	2.000	1.500	1.500	1.333	1.000	1.000	2.000
最大值	5.000	5.000	5.000	5.000	5.000	5.000	5.000	5.000
偏斜度	−0.437	−0.459	−0.842	−0.275	−0.629	−0.661	−0.792	−0.648

① Pappas I O，Woodside A G. Fuzzy-set qualitative comparative analysis（fsQCA）：Guidelines for research practice in information systems and marketing[J]. International Journal of Information Management，2021，58：102310.

② Jin X L，Zhou Z Y，Tian Y W. A configurational analysis of the causes of consumer indirect misbehaviors in access-based consumption[J]. Journal of Business Ethics，2022，175（1）：135-166.

续表

变量 项目	数字 接入	数字 技能	信息 意识	社会 资本	文化 资本	经济 资本	感知 贡献	感知 学习
偏斜度标准误	0.161	0.161	0.161	0.161	0.161	0.161	0.161	0.161
峰度	−0.153	1.022	1.508	0.892	0.646	1.159	1.307	1.453
峰度标准误	0.321	0.321	0.321	0.321	0.321	0.321	0.321	0.321
完全隶属点	4.500	4.200	4.500	4.000	4.000	4.333	4.000	4.250
交叉点	4.000	3.900	4.000	3.625	3.667	3.667	3.875	4.000
完全不隶属点	3.250	3.400	3.600	3.100	3.000	3.133	3.000	3.500

2）必要条件分析

进行充分条件分析之前需要进行必要条件分析，原因在于：事先识别出必要条件，有助于在逻辑最小化过程中对逻辑余项做出恰当的假设；能够避免将充分性分析的结果中总是出现的条件作为必要条件的陷阱①。必要性分析是指探讨结果集合在多大程度上构成条件集合的子集。通常认为，一致性分数大于 0.9 可认定为必要条件①。由于 QCA 认为因果具有非对称性，因此本研究分别计算了高感知贡献、低感知贡献、高感知学习和低感知学习的各个前因条件以及非集的一致性和覆盖度，结果如表 11.11 所示，没有前因条件的一致性大于 0.9，表明并不存在构成感知贡献和感知学习的必要条件。这一结果也进一步佐证了知识交流效果可能是多种前因条件并发组合的结果。

表 11.11　必要条件分析结果

变量	高感知贡献		低感知贡献		高感知学习		低感知学习	
	一致性	覆盖度	一致性	覆盖度	一致性	覆盖度	一致性	覆盖度
DA	0.580	0.724	0.427	0.405	0.688	0.667	0.455	0.558
～DA	0.523	0.545	0.709	0.562	0.544	0.441	0.728	0.747
DS	0.662	0.735	0.443	0.375	0.777	0.671	0.460	0.502
～DS	0.437	0.508	0.687	0.607	0.424	0.382	0.699	0.799
IC	0.641	0.704	0.457	0.382	0.794	0.678	0.500	0.540
～IC	0.438	0.515	0.646	0.577	0.461	0.421	0.702	0.812
SC	0.707	0.788	0.370	0.313	0.720	0.623	0.479	0.525
～SC	0.384	0.445	0.750	0.660	0.452	0.407	0.656	0.748

① 张明，杜运周. 组织与管理研究中 QCA 方法的应用：定位、策略和方向[J]. 管理学报，2019，16（9）：1312-1323.

续表

变量	高感知贡献		低感知贡献		高感知学习		低感知学习	
	一致性	覆盖度	一致性	覆盖度	一致性	覆盖度	一致性	覆盖度
CC	0.776	0.760	0.446	0.332	0.806	0.613	0.534	0.514
~CC	0.318	0.430	0.677	0.697	0.361	0.380	0.598	0.796
EC	0.700	0.751	0.431	0.351	0.792	0.660	0.500	0.528
~EC	0.395	0.477	0.695	0.638	0.434	0.407	0.678	0.805

3）真值表构建

真值表计算可能发生的所有组合，提供 2^k 行，其中 k 表示前因条件的数量，每行表示每种可能的组合。本研究利用 fsQCA 软件构建真值表，需要确定合适的案例频数阈值。案例频数描述了样本中有多少个案例由组合解释，为了确保获得最小数量的案例来评估关系，需要设置一个案例频数阈值。Ragin[①]建议小样本采用值为 1 的频数阈值，而大规模样本可以进一步动态调整为更高的阈值。结合本研究的样本规模，最终将频数阈值设置为 2，从进一步分析中删除频率较小的组合。同时，真值表还需考虑原始一致性阈值，Ragin 建议将低、中和高原始一致性的筛选阈值设为 0.75、0.8 和 0.85。PRI 一致性阈值用于避免结果组态的同时子集关系，应该接近原始一致性分数，低于 0.5 的条件组合存在显著的不一致[②]。兼顾覆盖度和一致性，参考前人研究，本研究将原始一致性阈值设置为 0.8，辅以 0.65 的 PRI 一致性阈值，以避免结果的同时子集关系[③]。

4）充分组态分析

fsQCA 基于真值表计算三种解，即复杂解、简单解和中间解。复杂解提供应用传统逻辑运算时所有可能的条件组合，简单解是基于简化假设的复杂解的简化版本，并提出了任何解中都不能遗漏的最重要条件，即核心解[④]。对

① Ragin C C. Redesigning Social Inquiry：Fuzzy Sets and Beyond[M]. Chicago：University of Chicago Press，2008.

② Greckhamer T，Furnari S，Fiss P C，et al. Studying configurations with qualitative comparative analysis：Best practices in strategy and organization research[J]. Strategic Organization，2018，16（4）：482-495.

③ Greckhamer T. CEO compensation in relation to worker compensation across countries：The configurational impact of country-level institutions[J]. Strategic Management Journal，2016，37（4）：793-815.

④ Pappas I O，Woodside A G. Fuzzy-set qualitative comparative analysis（fsQCA）：Guidelines for research practice in information systems and marketing[J]. International Journal of Information Management，2021，58：102310.

复杂解和简单解进行反事实分析时获得中间解。结合中间解和简单解可识别组态路径中的核心条件和边缘条件，同时出现在简单解和中间解中的条件被视作核心条件，与结果之间存在很强的因果关系；而只出现在中间解，未出现在简单解中的条件被视作边缘条件，与结果之间的因果关系较弱①。基于理论模型，本研究分别计算高、低水平感知贡献和感知学习的组态路径，结果如表 11.12 和表 11.13 所示。

表 11.12　感知贡献组态分析结果

条件	高感知贡献组态路径						低感知贡献组态路径			
	$H_{pc}1$	$H_{pc}2$	$H_{pc}3$	$H_{pc}4$	$H_{pc}5$	$H_{pc}6$	$L_{pc}1$	$L_{pc}2$	$L_{pc}3$	$L_{pc}4$
数字接入	⊗	⊗	●		⊗	●	⊗		⊗	●
数字技能	⊗		●		●	●	⊗	⊗		⊗
信息意识			●	●	●	⊗		●	●	⊗
社会资本	●	●	●	●	⊗	⊗	⊗	⊗	⊗	⊗
文化资本	●	●		●	●	●	⊗	⊗	⊗	⊗
经济资本		●		●		●	⊗	⊗	⊗	●
原始覆盖度	0.208	0.236	0.384	0.389	0.117	0.104	0.384	0.153	0.165	0.107
唯一覆盖度	0.033	0.011	0.050	0.021	0.024	0.019	0.216	0.013	0.025	0.015
一致性	0.810	0.853	0.886	0.891	0.845	0.858	0.898	0.873	0.865	0.855
解的覆盖度	0.585						0.438			
解的一致性	0.828						0.883			

注：“●”和“⊗”分别表示条件变量的高水平和低水平，空白代表该条件无关紧要，核心条件用较大符号表示，边缘条件用较小符号表示。

表 11.13　感知学习组态分析结果

条件	高感知学习组态路径			低感知学习组态路径									
	$H_{pl}1$	$H_{pl}2$	$H_{pl}3$	$L_{pl}1$	$L_{pl}2$	$L_{pl}3$	$L_{pl}4$	$L_{pl}5$	$L_{pl}6$	$L_{pl}7$	$L_{pl}8$	$L_{pl}9$	$L_{pl}10$
数字接入	●	⊗	●	⊗	⊗	⊗	⊗			⊗		●	●
数字技能	●	●	●	⊗	⊗	⊗	⊗	⊗	⊗		⊗	●	⊗
信息意识	●		●			⊗	⊗	●	⊗	⊗	⊗	⊗	●
社会资本	●	●	●	⊗	⊗		⊗	⊗	⊗	⊗	⊗	⊗	⊗
文化资本	⊗	●			⊗			⊗	●	●	⊗	⊗	●
经济资本		●	●	⊗		⊗		⊗	⊗	⊗	●	⊗	●

① Fiss P C. Building better causal theories：A fuzzy set approach to typologies in organization research[J]. Academy of Management Journal，2011，54（2）：393-420.

续表

条件	高感知学习组态路径			低感知学习组态路径									
	$H_{pl}1$	$H_{pl}2$	$H_{pl}3$	$L_{pl}1$	$L_{pl}2$	$L_{pl}3$	$L_{pl}4$	$L_{pl}5$	$L_{pl}6$	$L_{pl}7$	$L_{pl}8$	$L_{pl}9$	$L_{pl}10$
原始覆盖度	0.143	0.244	0.434	0.379	0.361	0.429	0.396	0.120	0.165	0.177	0.144	0.093	0.096
唯一覆盖度	0.0259	0.055	0.207	0.008	0.004	0.088	0.006	0.007	0.0004	0.012	0.004	0.017	0.016
一致性	0.901	0.885	0.894	0.923	0.939	0.925	0.937	0.881	0.939	0.933	0.942	0.907	0.889
解的覆盖度	0.515			0.600									
解的一致性	0.875			0.882									

注：“●”和“⊗”分别表示条件变量的高水平和低水平，空白代表该条件无关紧要，核心条件用较大符号表示，边缘条件用较小符号表示。

5）稳健性检验

判断 QCA 结果稳健性主要根据两个维度：一是拟合参数差异，即稳健性检验结果的一致性和覆盖度的差异不足以保证有意义且不同的实质性解释；二是集合关系状态，即稳健性检验的结果组态之间具有清晰的子集关系①。前面的研究中使用了 0.8 的原始一致性阈值，鉴于 Ragin②建议将低、中和高原始一致性阈值设为 0.75、0.8 和 0.85，为验证上述结果的稳健性，本书分别将原始一致性阈值调整为 0.85（调高）和 0.75（调低），结果如表 11.14 所示。从表 11.14 中可以看出，不同原始一致性阈值下高感知贡献和低感知贡献组态结果具有子集关系，而高感知学习和低感知学习组态路径无差异，因此本研究结果具有一定稳健性。

表 11.14　稳健性检验结果

结果	一致性阈值		路径数量	解的覆盖度	解的一致性	路径差异
高感知贡献	基准	0.8	6	0.585	0.828	—
	改变一致性阈值	0.85	5	0.513	0.873	路径 3 消失
		0.75	6	0.609	0.803	路径 6 逻辑超集，其余不变
低感知贡献	基准	0.8	4	0.438	0.883	—
	改变一致性阈值	0.85	3	0.413	0.889	路径 3 消失
		0.75	4	0.438	0.882	无变化

① 张明，杜运周. 组织与管理研究中 QCA 方法的应用：定位、策略和方向[J]. 管理学报，2019，16（9）：1312-1323.

② Ragin C C. Redesigning Social Inquiry：Fuzzy Sets and Beyond[M]. Chicago：University of Chicago Press，2008.

续表

结果	一致性阈值		路径数量	解的覆盖度	解的一致性	路径差异
高感知学习	基准	0.8	3	0.515	0.875	—
	改变一致性阈值	0.85	3	0.515	0.875	无变化
		0.75	3	0.515	0.875	无变化
低感知学习	基准	0.8	10	0.600	0.882	—
	改变一致性阈值	0.85	10	0.600	0.882	无变化
		0.75	10	0.600	0.882	无变化

11.2.4　结果讨论

1. 高感知贡献的组态路径分析

表 11.12 展示了导致高感知贡献的条件组态，解的覆盖度为 0.585，说明表中 6 个组态路径解释了近 60%的案例，较好地解释了高感知贡献的前因组合。总体来看，除经济资本外，其他变量均在某些组态中作为核心条件，对感知贡献具有重要影响。而经济资本充当边缘条件，对结果也有一定的作用。从各个组态的解释程度来看，社会资本和文化资本同时作为核心条件（组态 1、组态 2 和组态 4）形成大多数高感知贡献案例，同时组态 3 的解释力度仅次于组态 4，同样也是达到高水平感知贡献的重要途径，而组态 5 和组态 6 的解释力度相对较弱。下面将对这些组态结果进行具体分析。

1）社会资本*文化资本主导型高感知贡献实现路径

组态 1、组态 2 和组态 4 均表明社会资本和文化资本的组合是导致高水平感知贡献的重要前因。

社会资本包括结构资本、关系资本和认知资本①，能够刺激社区成员克服复杂知识共享过程的障碍分享有价值的知识。先前研究证明了交互联结作为一种结构资本将促进社区成员分享知识，这种联结由时间、情感强度和亲密关系以及作为联结特征的互惠关系组成②。类似地，在知识问答社区中，拥有更紧密社交网络的用户交换知识的强度、频率和广度更大，他们所感知到的贡献程度相应会更高。社会交换理论表明，虚拟社区的参与者期望互惠，因为这可以证明他们在分享知识所花费的时间和投入的精力是

① Nahapiet J，Ghoshal S. Social capital，intellectual capital，and the organizational advantage[J]. The Academy of Management Review，1998，23（2）：242-266.

② Chiu C M，Hsu M H，Wang E T G. Understanding knowledge sharing in virtual communities：An integration of social capital and social cognitive theories[J]. Decision Support Systems，2006，42（3）：1872-1888.

合理的。在知识问答社区中，拥有更强关系资本的用户更倾向于贡献自己的知识，一方面他们期待自己积极贡献知识的行为能够使得自身需要知识时他人也乐于提供帮助；另一方面在获得过他人帮助后，他们也想要回馈他人，正如受访者 A-11 表示“我好多知识是在别人的帮助之下获得的，所以我想回馈给别人，做这种知识的传递”。认知资本提供了一种参与者可以相互理解并建立共同愿景的途径，不仅有助于分享知识，还可以提高具有相似经验的成员之间的沟通效率，从而激励用户积极参与知识贡献，并提高共享知识的质量。

文化资本是影响感知贡献的核心条件之一。先前研究已经证明了知识、经验、阅历显著影响虚拟社区用户的知识贡献[①]。在访谈中，受访者 A-15 表示“我需要了解别人问题的相关知识才能去回答，因为自己本身对这个东西不是特别了解，所以回答得不是特别好”。知识问答社区的问题覆盖众多领域，尽管访问社区几乎没有门槛，但贡献知识却有所不同，并非所有用户都有足够的知识生成贡献内容，特别是专业性较强的问题解答需要一定的专业背景，用户或许并不能提供一些见解，即使做出回答也难以保证质量。因此，个体本身的知识会限制用户的贡献意愿和行为，同时影响用户贡献知识的质量。此外，如果没有足够的自我效能感或信心，即使是一个有足够知识的人也可能无法达到预期的结果[②]。在知识问答社区中，用户如果对自身知识足够自信，认为自己能够帮助他人解决问题，就更愿意去贡献；反之，则会出于对提供错误答案的担忧而放弃回答问题。例如，受访者 B-1 表示“我一开始会回答问题，回答的问题经常有错的，别人就会来私信我，我就不回答了”。因此，文化资本既是保证用户贡献质量的重要条件，也影响用户能否做出贡献。

高水平社会资本促进用户自愿在社区中分享知识，在没有其他物质激励的情况下，知识问答社区形成的虚拟社交网络是鼓励用户生成知识的有效因素。社会资本更多地提供用户在知识问答社区贡献的动力，而文化资本则决定了用户是否能够将这种动力实践以生成知识。即使个体拥有足以激励他们的社会资本，缺少文化资本也难以真正贡献知识。而仅有文化资本，用户可能削弱在知识问答社区中贡献的意愿。根据 MOA 模型，动机是产生行为的直接因素，而能力和机会调节这一过程，社会资本是用户贡

① 王其虹. 社会化问答社区优质用户知识共享行为影响因素及仿真研究[D]. 哈尔滨：哈尔滨工业大学，2018.

② Hu J，Huhmann B A，Hyman M R. The relationship between task complexity and information search: The role of self-efficacy[J]. Psychology & Marketing，2007，24（3）：253-270.

献知识的动机，而文化资本决定了这种贡献的质量和数量。

值得注意的是，在知识问答社区情境下，机会的低水平可以通过能力和动机弥补。鉴于社会资本和文化资本的重要作用，在数字接入水平较低、数字技能较弱的情况下，社会资本和文化资本能够弥补这种缺失，以达到良好的感知贡献（组态 1）。即使个体的数字接入条件存在不足，只要能接入社区，良好的文化资本和社会资本也能实现知识问答社区中的贡献。而高水平的社会资本可能使个体能够在数字技能方面寻求到更多的帮助，从而弥补数字技能的薄弱。此外，经济资本能够在一定程度上弥补数字接入水平不足带来的负面影响（组态 2）。良好的经济水平可以用来改善数字接入水平，如购买网络设备、能够承担贡献知识带来的时间和精力成本。在社会资本和文化资本存在的条件下，信息意识也是高感知贡献的边缘条件（组态 3），拥有高水平信息意识的用户更愿意去分享自己的知识，因为他们认识到信息共享的价值，认为贡献知识对于社区发展而言很重要，同时个人也能从贡献行为中获利。

2）数字资本*社会资本主导型高感知贡献实现路径

以数字技能和社会资本为主导，数字接入和信息意识充当边缘条件同样也能达到高水平的感知贡献（组态 3）。数字技能帮助用户高效地在知识问答社区内进行知识交流，同时提升贡献内容形式的多样性和表达的可理解性，如使用图片或者视频来回答、引入数据图表等，因此贡献内容可能会获得更多的点赞、评论等反馈，用户由此认为自己为社区做出了较大的贡献。而社会资本反映用户与他人交流的强度，具有更高社会网络关系的用户往往感受到他们帮助了更多人，也更愿意贡献知识。就边缘条件而言，数字接入是用户做出贡献的外部环境保障，高接入水平意味着个体访问社区受到的时间、金钱、设备、网络等限制更少，因此他们更可能在社区中贡献知识。如上文所说，高水平信息意识的用户更愿意去分享自己的知识。组态 3 实际上是数字资本与社会资本组合提升感知贡献的途径。数字资本保障用户对知识问答社区的使用，使他们能够不受限制或者受限相对较小地在社区中贡献知识，而社会资本则促使他们产生贡献行为。同时，高社会资本意味着用户与他人交流的频率和强度较高，这就要求用户具有高水平的接入条件和数字技能，因此二者的组合对感知贡献有重要作用。

3）数字资本*文化资本主导型高感知贡献实现路径

组态 5 和组态 6 展示了在社会资本水平较低的情况如何实现高水平的感知贡献。前者通过数字技能*信息意识*文化资本的组合实现，后者则通过数字接入*数字技能*文化资本以及边缘条件经济资本实现。二者的数字资本均存在较低水平的部分，但其他两个组成部分都是核心条件，因此数字资本可以在一定程度上弥补社会资本的不足。在组态 5 中，高水平的数字技能*信息意识*文化资本即可实现高水平感知贡献，说明即使数字接入条件较低，用户的数字技能也能保证其顺利地做出贡献；而信息意识则会刺激用户有意识地进行知识贡献，以达到知识共享的目的，同时他们的文化资本累积较多，有能力提供一些知识。在组态 6 中，信息意识较为薄弱的情况下，用户积累的文化资本促进贡献知识的数量，因为他们能够在知识贡献过程中提升自我效能感；而边缘条件经济资本意味着用户可能具有为在线知识付费的经济基础，从而提升自身的文化资本；数字接入和数字技能则提供贡献知识所需要的实践经验，通过这种方式用户同样能够实现高感知贡献。

2. 低感知贡献的组态路径分析

表 11.12 展示导致低感知贡献的条件组态，解的覆盖度为 0.438，说明表中 4 个组态路径解释了超过 40%的案例，较好地解释了低感知贡献的前因组合。从各组态的解释程度来看，低数字接入*低数字技能*低社会资本*低文化资本*低经济资本解释力度最强，是造成低水平感知贡献的主要途径。下面将对组态结果进行具体分析。

1）低数字资本*低社会资本*低文化资本*低经济资本对感知贡献的影响

组态 1 和组态 3 展示了以低数字接入*低社会资本*低文化资本*低经济资本为核心造成低水平感知贡献的组合，其中数字技能充当边缘条件。也就是说，在数字资本中的数字接入条件较低的情况下，无论数字资本的其他两个组成部分条件如何，其与同时处于低水平的社会资本、文化资本、经济资本将共同削弱感知贡献。这可能是由于缺少数字接入条件，用户很难在社区中做出贡献。换句话说，数字接入是用户在知识问答社区进行交互的基础，倘若没有其他高水平资本的弥补，缺少数字接入条件将限制用户贡献行为。数字技能的缺失将进一步加重这种限制（组态 1），信息意识的存在尽管可能在一定程度上促进用户贡献，但丧失数字接入环境仍然无法实现知识的贡献（组态 3）。这也印证了高水平感知贡献前因条件中，社会资本或文化资本可以弥补数字接入水平带来的负面影响，从而实现高水平感知贡献。此外，在数字缺失的情况下，经济资本也缺失，这意味着难以使用经济资本改善数字接入条件，因此用户无法在知识问答社区中做出较多贡献。

组态 2 和组态 3 展示了高信息意识*低社会资本*低文化资本*低经济资

本对感知贡献的影响。在信息意识存在的情况下，缺少其他三种资本同样也会导致低感知贡献。这说明用户即使有信息共享的意识，也会受限于数字技能（组态 2）、数字接入（组态 3）及其他资本。信息意识是用户内在的思想观念，但这种观念转化成行为仍然需要能力以及外部环境的支撑和刺激，如信息处理能力、访问社区的环境、社会资本提供的社交关系、文化资本提供的经验和知识以及经济资本支撑的贡献成本。

综合组态 1、组态 2 和组态 3 来看，缺乏社会资本、文化资本和经济资本的前提下，无论数字资本是否存在都无法实现高水平的感知贡献。也就是说，单独的数字资本并没有办法通过数字经历同时弥补其他三种资本的缺失对感知贡献的负面效应。

2）高数字接入*低数字技能*低信息意识*低社会资本*低文化资本*高经济资本对感知贡献的影响

组态 1 和组态 3 展示了低数字接入条件情况下造成低水平感知贡献的两种组合，而组态 4 表明即使数字接入水平和经济资本较高，数字技能、信息意识以及其他两种资本的不足仍然会导致感知贡献水平的降低。用户拥有足够的数字接入条件，也会由于缺乏社会资本和信息意识带来的动力而不愿贡献内容，同时由于缺乏文化资本和数字技能而无法做出贡献，即动力和能力存在缺失，拥有机会也无法实现目标。这也印证了在数字设备和网络基础设施逐渐普及的今天，数字接入条件已经不再是限制大多数人参与知识贡献的原因。但知识问答社区中的知识贡献数量，特别是高质量的知识贡献依然存在严重不足，一方面是由于知识问答社区用户贡献的动力不足，在社区中贡献知识具有自愿性，而且可能需要花费一定的时间和精力，因此用户需要外部刺激和内部动力来贡献内容；另一方面则是贡献知识依然存在文化背景和数字技能上的门槛，在社区中表达自己的想法已经不是难事，但如何实现清晰、易于理解、有价值的知识贡献仍然是大多数人面临的问题。

3. 高感知学习的组态路径分析

表 11.13 展示了导致高感知学习的条件组态，解的覆盖度为 0.515，说明表 11.13 中 3 个组态路径解释了超过一半的案例，具有较好的解释能力。总体来看，实现高水平感知学习至少必须同时具备高水平的数字技能和社会资本，二者对感知学习具有重要影响，而经济资本在某些情况下也是达到高感知学习的核心条件。从各组态的解释程度来看，数字技能、社会资本和经济资本同时作为核心条件（组态 3）是多数高感知学习案例的充分

条件，解释力度较强，这也证明了三者与高感知学习具有较强的因果关系。此外，数字接入、信息意识和文化资本也有一定作用。下面将对这些组态结果进行具体分析。

1）数字资本*社会资本主导型高感知学习实现路径

组态1、组态2和组态3均包括核心条件数字技能和社会资本，说明二者和感知学习间具有较强的因果关系。先前的研究表明，由于同伴影响经常指导社会行为，受人际关系影响的社区成员具有更强烈的态度和意图来接受知识[①]。同时，虚拟社区中的社会联系强度可能会影响一个人对知识搜索的价值评估[②]，当社区成员与其他成员互动更多时，他将在虚拟社区中获得更多的社会关系，这将有助于获得所需的知识，如拥有较多关注者的成员发布提问能够被更多人看见，获得知识的概率也随之提升。此外，拥有较高社会资本的用户对共同语言的感知更强。共同语言是有效表达和沟通的重要工具，增强了获取信息的能力，有助于评估知识交流的质量，减少对社区中知识的误解。而社区成员对互惠关系的感知会导致他们在遇到问题时更愿意去社区中提问，因为他们认为知识问答社区的成员能互相提供帮助，当自己需要帮助时社区成员同样会贡献自己的知识以提供支持。因此，社会资本的三个维度均对感知学习具有积极作用。而数字技能是用户在知识问答社区庞杂的知识体系中获取所需知识并加以利用的工具。个体对自身知识状态与解决问题所需知识之间的差距需要通过数字技能来弥补。有研究指出，需求编码能力、查询过程控制能力等对网络用户的知识获取有正向影响[③]。社区成员需要使用语言文字明确表达自己的信息需求、总结整理显性知识、将隐性知识显性化表达、依靠一定的信息技术手段实现知识传递、识别知识的关联性和质量，这些能力直接决定知识获取成本的高低[④]。根据感知价值理论，用户对于知识交流效果的感知取决于成本与收益之间的关系，数字技能水平更高的用户往往能够获得更多和更有价值的知识，更高效地将这些知识运用到学习、生活、工作决策中，其感知的学习收益更高、学习效果更好。综上所述，社会资本促使用户选择知识问答社区来寻求知识，并且社会资本更多的用户能在知识问答社区中获得更

---

① Liao S L，Chou E Y. Intention to adopt knowledge through virtual communities：Posters vs lurkers[J]. Online Information Review，2012，36（3）：442-461.

② McLure Wasko M L，Faraj S. Why should I share？Examining social capital and knowledge contribution in electronic networks of practice[J]. MIS Quarterly，2005，29（1）：35-57.

③ 陈则谦. 基于互联网的知识获取行为动力模型及实证分析[J]. 情报杂志，2013，32（4）：149-154.

④ 李宇佳，张向先，张克永. 移动学术虚拟社区知识流转的影响因素研究[J]. 情报杂志，2017，36（1）：187-193.

多的回答或者帮助，而数字技能使用户有能力在知识问答社区中有效获取、加工、评价和利用所需知识，因此二者结合能实现高水平的感知学习。

组态 1 表明在缺少文化资本的情况下，数字资本和社会资本的组合同样能够实现高质量的学习。除了上文所提及的数字技能和社会资本的作用，数字接入提供了利用知识问答社区学习知识的外部环境。受访者 A-15 表示“有的时候你不经常登录问答社区，可能过了很久才看到回复，这种情况下交流的意愿就不是很强了”。问答社区的知识传递依赖用户之间的互动，如受访者 A-12 表示“如果我觉得评论区有一个更详细的补充，我可能会在评论底下再去追评，问评论的人他是怎么去操作的”。数字接入水平影响这种互动的频率和强度，因此良好的数字接入条件影响知识获取的效果。而信息意识则促使用户有意识地在知识问答社区中寻求知识，并且在这一过程中保护自己的隐私信息和遵守规范，从而提升用户在寻求知识过程中的满意度和愉悦度。文化资本对于感知学习的效应主要在于自我效能，用户对自身知识水平较自信时将更多地关注知识本身，他们认为自己能够从复杂的信息中发现所需要的知识，从而更加努力地进行信息搜寻①，同时增强信息获取意愿。数字资本和社会资本足以使用户获得较高水平的学习体验，即使缺少文化资本带来的自我效能，也能使用户在知识问答社区中获得高质量的感知学习。因为数字资本提供的数字技能使用户即使较难通过专业知识判断回答质量，也能通过信息来源、用户特征等其他方式评估信息，从而识别出有助于学习的知识，学习程度也就得以提升。同时，社会资本所提供的信息获取动力能够缓解低文化资本所造成的知识获取意愿的降低。

2）多资本融合型高感知学习实现路径

组态 2 和组态 3 中还包括核心条件经济资本。经济资本在高感知贡献的前因条件中仅作为边缘条件，却与高感知学习具有更强的因果关系，可能是由于知识问答社区迈入知识付费的新阶段。在感知贡献的前因条件中，经济资本提供更多的是数字接入环境，但在感知学习中，为在线知识付费是知识问答社区中获取知识的一条重要途径。受访者 A-14 表示“知乎现在有一些你不开会员就看不到的回答，甚至有的开了会员还要另外付费”；受访者 A-1 表达了知识付费的好处，“有很多签约的或者偏商业化的一些答主，专门去做付费咨询，知识的质量会比较高”。在

① 李枫林，张俊兮. 社会化问答平台中知识采纳影响因素研究[J]. 新世纪图书馆，2018（9）：54-59，81.

知识经济时代，付费是获取高质量、有针对性的知识的一条有效途径，因此经济资本能够为提升学习绩效提供条件。在数字接入条件较低的情况下，数字技能、社会资本、文化资本和经济资本的组合也能实现高感知学习。低数字接入可能会限制知识问答社区中的互动，但高水平社会资本可以减弱这种负面效应，尽管用户可能没有较多时间和较好的接入环境，但其在社区中已经形成的社交关系，使其能够在较低的互动频率下也能获得较多的知识。组态 3 展示了高的数字资本、社会资本和经济资本即可达到高水平的感知学习。其中，社会资本提供在知识问答社区中寻求知识的动机，而高的数字资本和社会资本使用户能够在庞大的社区中快速有效地获得所需知识，而经济资本进一步拓宽了基于社交网络关系形成的知识获取途径。因此，这类用户同时具备了动力、能力和机会，能够很好地获得知识学习的收益。

4. 低感知学习的组态路径分析

表 11.13 展示了导致低感知学习的条件组态，解的覆盖度为 0.600，说明表 11.13 中组态路径解释了大部分案例，具有较好的解释能力。从各组态的解释程度来看，缺失数字接入、数字技能、社会资本和经济资本（组态 1）是多数低感知学习案例的充分条件，解释力度较强。下面将对这些组态结果进行具体分析。

1）低数字技能*低社会资本对感知学习的影响

组态 10 表明在其他条件都存在的情况下，低水平的数字技能和社会资本也会导致感知学习水平较低。这也与在高水平感知学习的前因条件中二者均作为核心条件相符。缺乏数字技能可能导致用户在知识问答社区无法寻求到有价值的信息，或者需要花费较高的时间和精力成本。例如，受访者 A-6 表示“搜索结果可能会混杂了很多跟我的需求完全无关的信息在里边，所以我可能要翻阅很久才能找到我想要的信息”。而不理想的社会资本状态可能会导致用户很难获得足够的回应，受访者 A-9 表示“我提出的问题没什么人回答，甚至邀请别人来回答也没有得到回应”。因此，即使拥有经济资本为在线知识付费、拥有与问题相关的知识背景，用户也难以获得良好的学习体验，只能基于数字技能和信息意识在知识问答社区中搜索是否有类似的问题，但往往很难得到针对性的解答。

组态 1、组态 2、组态 4、组态 5、组态 6 和组态 8 同样同时缺失数字技能和社会资本。其中，组态 1 同时缺乏数字接入和经济资本，这将进一步削弱感知学习，因为用户还丧失了通过频繁交互和知识付费途径改善学习效果的渠道。组态 2 的数字接入和文化资本也处于低水平，较低的自我效能可能使用户丧失在知识问答社区中寻求知识的意愿。组态 4 表明低水平的数字资本和社会资本导致感知学习水平较低，这与低数字技能和低社会资本的影响相似，说明数字资本和社会资本是更重要的限制感知学习的因素。组态分析表明，尽管信息意识能够在一定程度上刺激用户有意识地在知识问答社区中寻求知识，但这种动机依然需要其他因素的支撑以转化为实际行为。组态 6 表明在文化资本存在的情况下，数字技能、信息意识、社会资本和经济资本的低水平依然会导致感知学习不佳，表明文化资本的自我效能并不能弥补其他资本。而组态 8 表明经济资本同样无法弥补其他资本的负面效应。

2）低数字资本*低经济资本对感知学习的影响

组态 3 表明低数字资本和低经济资本也会导致低感知学习。这可能是由于数字接入环境的缺失在一定程度上限制用户访问社区，从而较难寻求知识。而信息意识的缺失使他们也忽略了在社区中寻求知识的价值，低水平数字技能更限制了他们寻求知识的能力，经济资本的不足也使他们无法通过付费咨询得到想要的答案。因此，无论是从寻求知识的动机意识还是寻求知识的能力和经济基础，用户都无法实现高水平的感知学习。

3）低数字资本*低社会资本*低经济资本*高文化资本对感知学习的影响

组态 7 和组态 6 具有一定的相似性，都是在高文化资本的情况下，缺乏部分数字资本、社会资本和经济资本。这表明无论数字技能和数字接入存在与否，其他三种资本和信息意识的缺失依然会产生负面效应。用户拥有寻求知识的能力和环境条件，也会受限于缺少寻求知识的动力和意识。而组态 9 进一步证明了这一点，数字接入和数字技能均处于高水平也无法抵消其他三种资本缺失带来的负面效应。

第 12 章 数字资本视角下知识问答社区知识交流效果的影响因素研究

互联网与 Web 2.0 的快速发展给用户提供了更多交换信息与分享信息的途径。在用户信息需求不断提升的情况下，传统的依赖关键字搜索的信息获取方式已经很难满足用户高效、精准的知识需求，用户期待获得从他人经验中提取的、有针对性的、能解决实际问题的知识服务[①]。用户生成内容、用户知识共享的网络模式以前所未见的规模迅速扩张。其中，比较典型的就是知识问答社区（CKS）。知识问答社区的基本模式是由用户根据自身需求有针对性地提出问题，其他用户回答问题，提出问题的用户从多个答案中选择一个最佳答案，如果提问用户没有选择答案，则将由其他用户投票选择出最佳答案[②]。同时，知识问答社区又提倡开放性，这些问题的答案会作为问题对（一问一答或一问多答）加入问答社区的资源库中，提供给其他有类似疑问的用户，达到知识共享的效果[③]。由于用户的广泛参与，知识问答社区的网站资源快速增长，用户在知识的产生、传播、获取、贡献等方面发挥着关键作用。

诚然，知识问答社区是被我们大家所熟知的，诸如美国的雅虎问答（Yahoo！ Answers），韩国的知识堂（Naver Knowledge iN），国内的百度知道、新浪爱问知识人、腾讯搜搜问问等。这些知识问答社区为用户提供知识共享与人际互动的平台，满足不同用户的兴趣与专业知识方面的需求[④⑤]，

① 蒋楠，王鹏程. 社会化问答服务中用户需求与信息内容的相关性评价研究——以“百度知道”为例[J]. 信息资源管理学报，2012（3）：35-45.

② Kang M，Kim B，Gloor P，et al. Understanding the effect of social networks on user behaviors in community-driven knowledge services[J]. Journal of the American Society for Information Science and Technology，2011，62（6）：1066-1074.

③ Harper F M，Raban D，Rafaeli S，et al. Predictors of answer quality in online Q&A sites[C]. Florence：Proceedings of the SIGCHI Conference on Human Factors in Computing Systems，2008：865-874.

④ Nam K K，Ackerman M S，Adamic L A. Questions in，knowledge in？A study of Naver's question answering community[C]. Boston：Proceedings of the SIGCHI Conference on Human Factors in Computing Systems，2009：779-788.

⑤ Yang J，Wei X. Seeking and offering expertise across categories：A sustainable mechanism works for Baidu Knows[J]. Proceedings of the International AAAI Conference on Web and Social Media，2009，3（1）：162-169.

知识问答社区在人们的日常生活中变得越来越流行与普及。目前百度知道、腾讯搜搜问问等知识问答社区每天新增数万个用户。截至 2019 年 11 月，百度知道已持续为 9 亿用户解决了 5.5 亿个问题，日服务人次超过 4 亿[①]。

我们也需要明白，并不是有了知识问答社区，人们就会来参与贡献和共享知识。用户是否分享他们的观点、经验与知识，取决于他们对知识共享的态度与意愿，进而是其知识共享行为。知识共享行为不会自然发生，共享意愿才是用户进行知识共享的关键，知识共享意愿或动机是行为发生的起点和源泉[②]，因此有必要识别是何种刺激或动机促使用户产生知识共享的意愿。此外，知识问答社区也不可避免地存在着大量的用户不愿意共享自己的知识与资源，即用户只是简单随意地浏览知识问答社区，但却不乐意共享与贡献自己的知识，或用户只是在知识问答社区查询相关话题，而不回答其他用户提出的问题，不与用户进行社区互动。基于此，我们不禁会产生这样的疑问：是什么促使用户愿意参与知识问答社区的互动与共享？是什么促使知识问答社区持续健康发展？这些影响因素的影响程度是否相同？因此，本章聚焦于知识交流中的关键环节，即知识分享，研究用户参与知识问答社区知识共享的影响因素，以期明确用户知识共享参与意愿的影响机制，为刺激虚拟社区持续稳定的知识共享建言献策。

12.1　数字资本视角下知识交流效果影响因素的研究假设

12.1.1　社会资本结构维度与知识共享意愿的关系

社会资本的结构维度主要反映的是个体间通过社会互动获得资源交换的机会，表达人与人之间社会关系的总体结构模式。结构维度关注网络参与者即用户在网络中所处的位置，是由双边互动和多边互动所折射出来的网络结构，互动式结构资本是其形成的基础。知识的传播与共享是一种社会过程，也是人与人之间以互动为基础的一种学习过程。在社会网络环境下，互动关系为知识的集成与交换提供了机会和渠道，社会互动越多，则知识交换的密度、频率以及广度越大，因而成员间的社会互动关系对共享

① 搜狐网. 百度知道平台已累计解决用户提问 5.5 亿[EB/OL].（2019-11-29）[2025-03-24]. https://www.sohu.com/a/357305764_114837.

② Brazelton J，Gorry G A. Creating a knowledge-sharing community：If you build it，will they come？[J]. Communications of the ACM，2003，46（2）：23-25.

知识的意愿与问答质量有积极影响[①]。通过与知识问答社区用户间的互动，知识提问者可以了解用户对知识共享活动的看法，判断他们对知识共享的赞成程度以及给予的评价与奖酬，用户共享知识的得失情况，从而形成对知识愿意进行共享与否的判断。经常进行社会互动还可以促进用户间的相互了解和理解，分享自有的信息与知识，形成共同的观点，以达成对知识共享的意愿。

Tsai 和 Ghoshal[②]认为在特定网络中，用户间非正式的社会互动为知识交换提供了机会，使用户更愿意投入知识创造的活动。孙康和杜荣[③]对影响社交网络知识共享的因素进行了实证研究，他们认为交流互动是用户在社交网络实名社区中进行知识共享的直接驱动力。因此，做出如下假设。

H1：社会互动关系与用户知识共享意愿有正向影响。

12.1.2 社会资本关系维度与知识共享意愿的关系

信任既是发展用户间关系的关键要素[④]，又是构成用户间有效关系的产物[⑤]，同时也是社会资本关系维度的核心。信任一直是影响个体行为的重要因素，决定了人类的社会交换行为。也就是说，当个体产生信任后，他们会更愿意为对方提供信息或资源，从而形成交换行为[⑥]。当人们的关系处于高度信任的情境中，人们一般会愿意参与交换[⑦]。Tsai 和 Ghoshal[②]在研究中发现，信任是团体间关系嵌入的基础，越高程度的信任促使个体越愿意参与到团体互动中来，越愿意做一些交换，知识共

① Chiu C M，Hsu M H，Wang E T G. Understanding knowledge sharing in virtual communities：An integration of social capital and social cognitive theories[J]. Decision Support Systems，2006，42（3）：1872-1888.

② Tsai W，Ghoshal S. Social capital and value creation：The role of intrafirm networks[J]. The Academy of Management Journal，1998，41（4）：464-476.

③ 孙康，杜荣. 实名制虚拟社区知识共享影响因素的实证研究[J]. 情报杂志，2010，29（4）：83-87，92.

④ Grootaert C，van Bastelaer T. The Role of Social Capital in Development：An Empirical Assessment[M]. Cambridge：Cambridge University Press，2002.

⑤ Lewicki R J，McAllister D J，Bies R J. Trust and distrust：New relationships and realities[J]. The Academy of Management Review，1998，23（3）：438-458.

⑥ Garbarino E，Johnson M S. The different roles of satisfaction，trust，and commitment in customer relationships[J]. Journal of Marketing，1999，63（2）：70-87.

⑦ 孙红萍，刘向阳. 个体知识共享意向的社会资本透视[J]. 科学学与科学技术管理，2007（1）：111-114.

享的意愿也会越高。Nonaka[①]也认为信任是帮助组织或团队创造出知识共享环境非常重要的因素。知识共享是知识拥有者之间的交流互动，是一种社会交换行为，其与信任之间的关系受到了人们的关注。信任被认为是促进知识共享的重要因素之一，这也经过了许多学者的研究证实。因此，提出如下假设。

H2a：在知识问答社区中，信任与用户知识共享意愿有正向影响。

信任不仅被认为是社会资本关系维度的核心要素，更是社会资本的本质，没有网络主体间的信任，结构性与认知性社会资本就如同空中楼阁。用户通常与其经常进行交互的人们有着紧密的联系，并且认为他们更倾向于认可自己的行为，而且用户也相信知识共享是值得信赖且可靠的。在知识问答社区中，核心或活跃用户更愿意花费较多的时间来帮助知识需求者，因为活跃用户认为当他们帮助知识需求者时，需求者会认可他们的努力与付出。如果知识问答社区用户对社区成员不信任，那么他是很难对该社区有归属感[②]。因此，提出如下假设。

H2b：在知识问答社区中，信任与认同有正向影响。

认同也是社会资本理论关系维度的一个关键要素，是指个体把自己视为某个团体或组织的一分子的程度[③]。社区成员对知识问答社区的认同感和归属感会加深其对社区认同的强度，同时也会成为影响社区成员参与的重要因素。Ajzen[④]的研究表明，高度的组织认同不仅能够提高个体对知识交流的机会感知，也能促进个体真正合作的频率。相反，如果组织认同明显不高，那么就会阻碍知识的创造与知识的共享。Chiu 等[⑤]的实证研究表明，认同对知识共享的质量有积极影响。有着共同身份的人群更容易有相似的目标、规则与兴趣，因此更愿意共享信息。程业炳[⑥]对社交网络虚拟社区中个体隐性知识共享进行了研究，他认为个体在社交

---

① Nonaka I. A dynamic theory of organizational knowledge creation[J]. Organization Science，1994（1）：14-37.

② 赵玲，鲁耀斌，邓朝华. 基于社会资本理论的虚拟社区感研究[J]. 管理学报，2009，6（9）：1169-1175.

③ 樊彩锋，查先进. 互动问答平台用户贡献意愿影响因素实证研究[J]. 信息资源管理学报，2013（3）：29-38.

④ Ajzen I. The theory of planned behavior[J]. Organizational Behavior and Human Decision Processes，1991，50（2）：179-211.

⑤ Chiu C M，Hsu M H，Wang E T G. Understanding knowledge sharing in virtual communities：An integration of social capital and social cognitive theories[J]. Decision Support Systems，2006，42（3）：1872-1888.

⑥ 程业炳. SNS 虚拟社区个体隐性知识共享研究[J]. 情报科学，2013，31（4）：45-50.

网络虚拟社区中通过主动的知识共享所获得的自我展示机会和自我价值实现，使之可以产生身份认同，从而更愿意在虚拟社区中共享自己的知识，实现自身价值和社区价值的良性循环。社区中的问答关系可以使用户更快地熟悉社区的群体规范，与社区融为一体，更快地建立一种归属感[①]。当用户与其他回答者共同解决同样的问题时，基于分享的兴趣，用户在知识问答社区中更容易有一种亲密感与网络同质感[②]。因此，提出如下假设。

H3：在知识问答社区中，认同与用户知识共享意愿有正向影响。

"礼尚往来"是对互惠较为直接的、通俗的一种表达。知识共享可以视为一种社会交换活动[③]，那么知识问答社区的知识交流与共享也可以视为一种交换活动。社会交换理论认为人类的一切行为或活动受到能够为其带来奖励或报酬的交换活动的支配[④]，而互惠在一定程度上则扮演着"奖励"或"报酬"的角色。虚拟社区中进行知识共享的人们相信互惠[⑤]，即出于将来会得到回报的考虑，人们愿意将知识贡献出来以与他人共享。Bock 等[③]通过实证研究发现人际互惠期望显著正向影响人们的知识共享意愿。因此，提出如下假设。

H4：在知识问答社区中，互惠与用户知识共享意愿有正向影响。

12.1.3 社会资本认知维度与知识共享意愿的关系

共同语言并不仅仅局限于"语言"本身，而是泛指人们日常互动与交流的基础，如缩写、术语等[⑥]。交换双方只有在这些共同的理解工具（如语言、词汇）的基础上，才能更好地进行有意义的知识交换[⑦]。共同语言是知识问答社区用户间相互沟通的基础，社区用户在回答问题时，需要使用双

---

① McLure Wasko M M L，Faraj S. Why should I share? Examining social capital and knowledge contribution in electronic networks of practice[J]. MIS Quarterly，2005，29（1）：35-57.

② McPherson M，Smith-Lovin L，Cook J M. Birds of a feather：Homophily in social networks[J]. Annual Review of Sociology，2001，27：415-444.

③ Bock G W，Zmud R W，Kim Y G，et al. Behavioral intention formation in knowledge sharing：Examining the roles of extrinsic motivators，social-psychological forces，and organizational climate[J]. MIS Quarterly，2005，29（1）：87-111.

④ Kankanhalli A，Tan B C Y，Wei K K. Contributing knowledge to electronic knowledge repositories：An empirical investigation[J]. MIS Quarterly，2005，29（1）：113-143.

⑤ 程业炳. SNS 虚拟社区个体隐性知识共享研究[J]. 情报科学，2013，31（4）：45-50.

⑥ Lesser E L，Storck J. Communities of practice and organizational performance[J]. IBM Systems Journal，2001，40（4）：831-841.

⑦ Nahapiet J，Ghoshal S. Social capital，intellectual capital，and the organizational advantage[J]. The Academy of Management Review，1998，23（2）：242-266.

方都能理解的术语或语言，否则问答就失去了固有的意义。因此，共同语言对知识问答社区用户的知识共享意愿有着重要的影响。有研究表明，共同语言有助于成员更好地理解集体目标，并能促进其以合适的方式开展活动①。Chiu 等②认为共同语言能够促进对虚拟社区中用户合适的行为方式与社区集体目标的共同理解，它能够帮助拥有不同知识的群体共享他们的知识。在激励用户积极参与知识共享活动和提升知识共享质量方面，共同语言发挥着积极的作用。知识问答社区的用户尤其是回答者是以团队的形式组成的（如百度知道的知识团队、新浪爱问知识人的知识团队等）。共同语言有助于加强团队间的沟通，使得个体对于集体目标的认知更加明确，从而增强共享意愿③。因此，提出如下假设。

H5：在知识问答社区中，共同语言与用户知识共享意愿有正向影响。

共同愿景是集体与组织成员间的集体目标与共同期望②。所谓的“物以类聚，人以群分”在某种程度上很好地诠释了共同愿景。知识问答社区的团队基于共同的目的与共同的兴趣爱好而聚集在一起，团队内的成员都在为实现团队的目标而积极贡献自己的力量。因此，共同愿景在知识问答社区中的分量不容小觑。此外，用户在回答对方提出的问题时，这个问题所涉及的范围一定是该用户所熟悉、所感兴趣的，回答者出于丰富他人对该问题认识的愿望而回答问题，此种情况下他们在价值观和目标上达到了统一，形成了另外一种意义上具有共同愿景的“团队”③。

共同愿景是一种共享的价值观与目标，它能够促进组织成员的沟通与协作④。Tsai 和 Ghoshal①认为共同愿景对知识共享的数量有积极的影响，对知识共享的质量却产生负面的影响。李燕华和宋福烨⑤也认为当网络中呈现共同愿景时，网络成员对于如何同其他成员进行互动而产生共同的认识，这有助于推动彼此之间的理解以及想法与主意的交互。有着共同愿景的组

---

① Tsai W，Ghoshal S. Social capital and value creation：The role of intrafirm networks[J]. The Academy of Management Journal，1998，41（4）：464-476.

② Chiu C M，Hsu M H，Wang E T G. Understanding knowledge sharing in virtual communities：An integration of social capital and social cognitive theories[J]. Decision Support Systems，2006，42（3）：1872-1888.

③ 樊彩锋，查先进. 互动问答平台用户贡献意愿影响因素实证研究[J]. 信息资源管理学报，2013（3）：29-38.

④ Prusak L，Cohen D. How to invest in social capital[J]. Harvard Business Review，2001，79（6）：86-93，147.

⑤ 李燕华，宋福烨. 企业外部社会资本对企业间知识转移的影响分析[J]. 统计与决策，2007（21）：179-182.

织成员更有可能成为伙伴，并愿意分享与交换他们所拥有的资源[①]。因此，提出如下假设。

H6：在知识问答社区中，共同愿景与用户知识共享意愿有正向影响。

12.1.4 个人认知维度与知识共享意愿的关系

根据社会认知理论，自我效能即个体对其达成特定目标所需能力的一种认知。有研究表明，自我效能感越强的个体，其行动则会越积极，且有着强烈进取精神的虚拟社区成员会认为他们的贡献或参与是重要的，同时他们也认为努力工作、达到标准、接受挑战是有趣的，他们有着让自己成为专家或得到别人认可的需求[②]。

自我效能对知识贡献与知识共享有正向的影响，那些拥有较强自我效能的个体往往具有更加强烈的知识共享意愿以及知识共享行为[③]。Kankanhalli 等[④]首次将自我效能应用到组织内部知识分享行为研究中。他们研究了自我效能、乐于助人、注重形象、互惠等因素对电子知识库知识共享活动的影响，并且发现自我效能于知识贡献而言是一种内在利益，自我效能对于知识贡献行为具有正向影响。蒋佩真[⑤]构建了影响虚拟社区知识共享意愿与知识共享行为的研究模型，以研究主观规范、态度与自我效能对知识共享意愿的影响。其结果表明，态度、自我效能都会对知识共享意愿产生重要影响，知识共享意愿直接影响共享行为。因此，提出如下假设。

H7a：在知识问答社区中，自我效能与用户知识共享意愿有正向影响。

根据社会认知理论，个体通过对自我行为方式的判断来预测个体行为的结果。因此，自我效能会对结果期望有一定的影响。同样地，在知识问答社区中，用户对自己共享知识能力的评价将会影响其与他人共享知识以及共享哪些知识的意愿，这些决定将会产生不同的结果预期。显然，如果用户具有较高的知识共享自我效能，那么将会提高其对知识共享的结果期望。因此，提出如下假设。

---

① Lesser E L，Storck J. Communities of practice and organizational performance[J]. IBM Systems Journal，2001，40（4）：831-841.

② Tedjamulia S J J，Dean D L，Olsen D R，et al. Motivating content contributions to online communities：Toward a more comprehensive theory[C]. Big Island：Proceedings of the 38th Annual Hawaii International Conference on System Sciences，2005.

③ Lin H F，Lee G G. Perceptions of senior managers toward knowledge sharing behaviour[J]. Management Decision，2004，42（1）：108-125.

④ Kankanhalli A，Tan B C Y，Wei K K. Contributing knowledge to electronic knowledge repositories：An empirical investigation[J]. MIS Quarterly，2005，29（1）：113-143.

⑤ 蒋佩真. 虚拟社群的知识分享：认知与行为间的关系[D]. 嘉义：台湾中正大学，2001.

H7b：在知识问答社区中，自我效能与结果期望有正向影响。

社会交换理论认为，人与人之间所有接触都不以付出和回报这一形式为基础。个人参与社会交换是基于对可能获得的社会报酬（如认可、地位和尊重）的期望[①]。结果期望与奖励机制是相关的[②]，也是影响知识共享的重要因素。结果期望表明，如果知识问答社区的成员相信他们会从知识共享中得到一些外在收益，如金钱奖励、网络等级或经验提升，他们就对知识共享持一种积极态度[③]。此外，知识问答社区的成员也会相信他们能够得到一些内在收益，如自我满足、社会认可或权力地位，因此他们就会乐意共享知识[④]。

当人们认为他们的行为会产生一定的其所关心的结果时，他们被外部动机所驱动，即人们参与某个活动是为了寻找外部的回报。这类动机包括期望互惠的人际关系、外部的奖励等。因此，提出如下假设。

H8：在知识问答社区中，结果期望与用户知识共享意愿有正向影响。

12.2　数字资本视角下知识交流效果影响因素的研究模型

与其他实体的讨论型组织显著不同的是，知识问答社区没有具体奖惩制度来强化社区成员间的信任、交互及互惠。但是，在线知识共享活动离不开成员们的积极参与。知识贡献者若缺乏参与动力则会阻碍知识共享。在此情境下，社会资本就显得非常重要，因为社会网络资源在人与人之间发挥着调节作用，因此有必要分析用户自愿共享知识的意向与积极性。

根据 Tsai 和 Ghoshal 社会资本理论模型，本研究把社会资本分为 3 个维度：结构维度、关系维度、认知维度。结构维度最重要的影响层面是行动者之间的社会交互关系[⑤]。关系维度最关键的因素是信任[⑥⑦]、认同[⑧]与互

---

① Blau P M. Exchange and Power in Social Life[M]. New York：Wiley，1964.

② Bartol K M，Srivastava A. Encouraging knowledge sharing：The role of organizational reward systems[J]. Journal of Leadership & Organizational Studies，2002，9（1）：64-76.

③ Bock G W，Kim Y G. Breaking the myths of rewards：An exploratory study of attitudes about knowledge sharing [J]. Information Resources Management Journal，2002，15（2）：14-21.

④ Kankanhalli A，Tan B C Y，Wei K K. Contributing knowledge to electronic knowledge repositories：An empirical investigation[J]. MIS Quarterly，2005，29（1）：113-143.

⑤ Scott J. Social Network Analysis：A Handbook[M]. London：Sage Publications，1991.

⑥ Cohen D，Prusak L. In Good Company：How Social Capital Makes Organizations Work[M]. Boston：Harvard Business School Press，2001.

⑦ Fukuyama F. Trust：The Social Virtues and the Creation of Prosperity[M]. New York：Free Press，1995.

⑧ Nahapiet J，Ghoshal S. Social capital，intellectual capital，and the organizational advantage[J]. The Academy of Management Review，1998，23（2）：242-266.

惠[①]。而认知维度最重要的因素则是共同语言[①]与共同愿景[②]。除了社会资本，知识贡献者的自我效能与结果期望也是影响知识共享意愿的关键因素。因此，从社会网络环境维度与个人认知维度两个大的层面对影响知识问答社区知识共享意愿的因素进行研究。知识问答社区用户的知识共享意愿理论模型如图 12.1 所示。

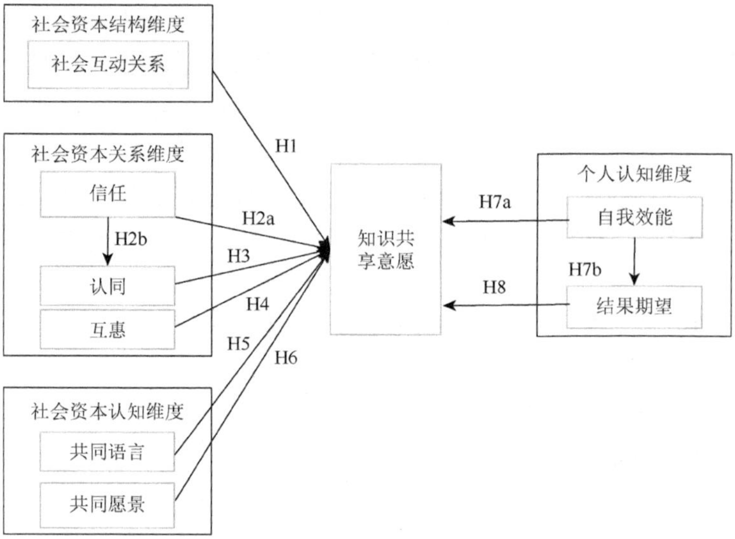

图 12.1　知识问答社区用户的知识共享意愿理论模型

12.3　数字资本视角下知识交流效果影响因素研究的问卷设计与样本收集

基于模型建立的理论基础，针对模型涉及的各项指标，本研究以利克特量表（1＝完全不同意，5＝完全同意）来测量知识问答社区用户的知识共享意愿情况。本书的测量题项均基于已有文献并加以修改和完善。研究模型中涉及的 9 个变量与测量题项及参考文献如表 12.1 所示。

---

① Putnam R D. Bowling Alone：The Collapse and Revival of American Community[M]. New York：Simon & Schuster，2000.

② Tsai W，Ghoshal S. Social capital and value creation：The role of intrafirm networks[J]. The Academy of Management Journal，1998，41（4）：464-476.

表 12.1　变量与测量题项及参考文献

变量	题项名	测量题项	参考文献
社会互动关系	IT1	我与问答社区的其他成员之间建立了密切的联系	Chiu 等①；Renko 等②
	IT2	我花费很多时间与问答社区的其他成员进行互动	
	IT3	我认识问答社区中的很多成员	
信任	TR1	我相信知识问答社区的成员在分享知识时，会遵守社区的规章制度	Chiu 等①；Ridings 等③；Chang 和 Chuang④；Nahapiet 和 Ghoshal⑤
	TR2	我相信知识问答社区的成员在分享知识时不会违背社区的规章制度	
	TR3	我相信知识问答社区的成员在分享知识时会遵守他们曾经作出的承诺	
认同	ID1	我在知识问答社区中有一种归属感	Chiu 等①
	ID2	我对知识问答社区有一种强烈的好感	
	ID3	我与知识问答社区保持紧密的关系	
	ID4	在知识问答社区中共享知识，能够为我赢得别人的认可和赞赏	
互惠	RE1	如果帮助他人有回报，我更乐意帮助知识问答社区的成员解决问题	Chiu 等①；McLure Wasko 和 Faraj⑥
	RE2	我相信如果我有需要，知识问答社区的成员会帮助我	
	RE3	我认为知识问答社区的成员们会互相帮助	
共同语言	SL1	知识问答社区成员间可以相互了解对方的观点	Tsai 和 Ghoshal⑦；Chiu 等①
	SL2	在知识问答社区中，成员们会使用可理解的形式回答别人的问题	

① Chiu C M，Hsu M H，Wang E T G. Understanding knowledge sharing in virtual communities：An integration of social capital and social cognitive theories[J]. Decision Support Systems，2006，42（3）：1872-1888.

② Renko H Y，Autio E，Sapienza H J. Social capital，knowledge acquisition，and knowledge exploitation in young technology-based firms[J]. Strategic Management Journal，2001，22：587-613.

③ Ridings C M，Gefen D，Arinze B. Some antecedents and effects of trust in virtual communities[J]. The Journal of Strategic Information Systems，2002，11：271-295.

④ Chang H H，Chuang S S. Social capital and individual motivations on knowledge sharing：Participant involvement as a moderator[J]. Information & Management，2011，48（1）：9-18.

⑤ Nahapiet J，Ghoshal S. Social capital，intellectual capital，and the organizational advantage[J]. The Academy of Management Review，1998，23（2）：242-266.

⑥ McLure Wasko M，Faraj S. Why should I share？Examining social capital and knowledge contribution in electronic networks of practice[J]. MIS Quarterly，2005，29（1）：35-57.

⑦ Tsai W，Ghoshal S. Social capital and value creation：The role of intrafirm networks[J]. The Academy of Management Journal，1998，41（4）：464-476.

续表

变量	题项名	测量题项	参考文献
共同愿景	SV1	知识问答社区的成员以帮助其他成员解决问题为共同目标	Tsai 和 Ghoshal①；Chiu 等②
	SV2	知识问答社区成员有互相学习的共同目标	
	SV3	在知识问答社区中，成员们都以帮助他人为乐	
自我效能	SE1	我对于自己在知识问答社区分享知识的质量有信心	Tsai 和 Ghoshal①；Compeau 和 Higgins③；Hsu 等④
	SE2	我相信我分享的知识是有价值的	
	SE3	我相信我能准确传达自己的观点	
结果期望	OE1	在知识问答社区分享知识，我能得到一种满足感或成就感	Lin⑤；Compeau 和 Higgins⑥
	OE2	在知识问答社区分享知识，能够给我带来更多的认可与尊重	
	OE3	在知识问答社区分享知识，我能够结交更多的朋友	
知识共享意愿	SI1	我认为在知识问答社区中分享知识与经验是有意义的事情	Chennamaneni⑦
	SI2	我愿意在知识问答社区中分享知识与经验	
	SI3	我愿意邀请朋友参与到知识问答社区的创作与分享中来	

本研究采用问卷调查法搜集数据，应用结构方程模型验证假设和概念模型。在问卷星在线调查平台上发布《知识问答社区用户知识共享意愿研究调查问卷》，共收集 274 份完整问卷。为保证数据的可靠性，将填写时间过短或过长的问卷剔除，共得到 262 份有效问卷，问卷有效率为 95.62%。

① Tsai W，Ghoshal S. Social capital and value creation：The role of intrafirm networks[J]. The Academy of Management Journal，1998，41（4）：464-476.

② Chiu C M，Hsu M H，Wang E T G. Understanding knowledge sharing in virtual communities：An integration of social capital and social cognitive theories[J]. Decision Support Systems，2006，42（3）：1872-1888.

③ Compeau D R，Higgins C A. Computer self-efficacy development of a measure and initial test[J]. MIS Quarterly，1995，19（2）：189-211.

④ Hsu M H，Ju T L，Yen C H，et al. Knowledge sharing behavior in virtual communities：The relationship between trust，self-efficacy，and outcome expectations[J]. International Journal of Human-Computer Studies，2007，65（2）：153-169.

⑤ Lin H F. Effects of extrinsic and intrinsic motivation on employee knowledge sharing intentions[J]. Journal of Information Science，2007，33（2）：135-149

⑥ Compeau D，Higgins C A. Social cognitive theory and individual reactions to computing technology：A longitudinal study[J]. MIS Quarterly，1999，23（2）：145-158.

⑦ Chennamaneni A. Determinants of knowledge sharing behaviors：Developing and testing an integrated theoretical model[D]. Arlington：The University of Texas，2006.

样本基本信息统计如表 12.2 所示。由表 12.2 可知，女性占比 62.21%，男性占比 37.79%，且从年龄分布来看，主要集中在 18～30 岁，占比为 83.97%。79.77%的样本具有大学本科及以上学历，而且使用群体大多是学生与企业工作人员。而从使用问答社区的年限来看，1 年及以下的为 28.63%，1～2 年的为 22.14%，3～4 年的为 30.15%，这样也保证了调查群体对知识问答社区有足够的了解和体验。最经常使用的问答社区主要是百度知道（68.32%）、新浪爱问知识人（12.21%）、腾讯搜搜问问（9.16%）。

表 12.2 样本基本信息统计

人口统计特征	分类	样本数	占比/%
性别	男	99	37.79
	女	163	62.21
年龄	18 岁及以下	2	0.76
	18～24 岁	101	38.55
	25～30 岁	119	45.42
	31～40 岁	20	7.63
	40 岁及以上	20	7.63
受教育程度	高中、中专、技校及以下	12	4.58
	大专	38	14.50
	本科	127	48.47
	硕士及以上	82	31.30
	其他	3	1.15
职业	学生	105	40.08
	教师	30	11.45
	企业工作人员	80	30.53
	机关事业单位工作人员	16	6.11
	其他	31	11.83
使用知识问答社区的年限	1 年及以下	75	28.63
	1～2 年	58	22.14
	3～4 年	79	30.15
	5～6 年	26	9.92
	6 年及以上	24	9.16
最常使用的知识问答社区	百度知道	179	68.32
	腾讯搜搜问问	24	9.16
	新浪爱问知识人	32	12.21
	雅虎问答	4	1.53
	知乎	14	5.34
	其他	9	3.44

12.4 数字资本视角下知识交流效果影响因素研究的数据分析

12.4.1 测量模型检验

1. 信度与效度检验

信度是指测量结果的一致性或稳定性，通常采用克龙巴赫 α 系数来检验①。克龙巴赫 α 系数的值最好在 0.70 以上，0.60 与 0.70 之间是可以接受的，而低于 0.60 则须考虑重新修订或增删测量指标②。本模型中克龙巴赫 α 系数均在 0.8 以上，表明本研究所选取的测量指标具有较好的信度。

效度是对有效性的一种度量，它是指测量结果能否真实反映测量的目标和意图，是对测量质量的一种评价③。效度通常又分为聚合效度和区分效度②。聚合效度是指不同的测度指标变量（观察变量）是否可以用来测量同一潜变量，常用组合信度（CR）与克龙巴赫 α 系数可靠性进行检验。区分效度是指不同潜变量是否存在显著差异。区分效度目前最常使用的是 AVE，它测量的是因子解释的方差与测量误差解释的方差的比率。信度和聚合效度分析结果见表 12.3 和表 12.4。

表 12.3 信度和聚合效度分析结果

变量	题项	因子载荷	克龙巴赫 α 系数	CR	AVE
IT	IT1	0.743	0.841	0.843	0.642
	IT2	0.819			
	IT3	0.838			
TR	TR1	0.856	0.876	0.872	0.695
	TR2	0.822			
	TR3	0.822			
ID	ID1	0.813	0.868	0.870	0.628
	ID2	0.854			
	ID3	0.792			
	ID4	0.702			

① Hatcher L. A Step-By-Step Approach to Using the SAS System for Factor Analysis and Structural Equation Modeling[M]. Cary：SAS Institute，1994.

② Hair J F，Anderson R E，Tatham R L，et al. Multivariate Data Analysis[M]. Boston：Prentice-Hall International，1998.

③ 陈晓萍，徐淑英，樊景立. 组织与管理研究的实证方法[M]. 北京：北京大学出版社，2008.

续表

变量	题项	因子载荷	克龙巴赫 α 系数	CR	AVE
RE	RE1	0.719	0.83	0.837	0.634
	RE2	0.774			
	RE3	0.886			
SL	SL1	0.814	0.814	0.814	0.687
	SL2	0.843			
SV	SV1	0.791	0.823	0.825	0.626
	SV2	0.812			
	SV3	0.74			
SE	SE1	0.80	0.854	0.845	0.646
	SE2	0.821			
	SE3	0.789			
OE	OE1	0.785	0.821	0.823	0.609
	OE2	0.735			
	OE3	0.818			
SI	SI1	0.794	0.844	0.843	0.642
	SI2	0.846			
	SI3	0.762			

表 12.4　区分效度检验结果

	IT	TR	ID	RE	SL	SV	SE	OE	SI
IT	**0.801**								
TR	0.498	**0.833**							
ID	0.254	0.579	**0.792**						
RE	0.217	0.521	0.302	**0.796**					
SL	0.391	0.577	0.334	0.619	**0.829**				
SV	0.401	0.572	0.331	0.547	0.649	**0.791**			
SE	0.447	0.55	0.319	0.565	0.628	0.625	**0.803**		
OE	0.300	0.369	0.214	0.379	0.422	0.419	0.671	**0.780**	
SI	0.284	0.538	0.406	0.52	0.514	0.439	0.604	0.421	**0.801**

注：不加粗的表示相关系数，加粗的表示某一变量 AVE 的平方根，加粗的大于对应列下的所有相关系数，表明区分效度通过检验。

2. 模型拟合评估

评估模型拟合程度的指标被称为拟合度指标，不同的拟合度指标会受到不同影响，如自由度、模型复杂性或拟合方法等，并且每种指标的侧重点不同，所反映的信息也不相同。因此，研究中通常采用一系列不同的指标共同评估模型的拟合程度。模型评估采用 χ^2/df、GFI、AGFI、NFI、RFI、IFI、TLI、CFI、RMSEA 这 9 个拟合度指标。本研究模型拟合结果如表 12.5 所示。χ^2/df 为卡方自由度比，在行为研究中，该值一般介于 1～3 或 1～2。本模型的卡方自由度比为 1.735，表示可以接受假设模型。GFI 与 AGFI 是在卡方的基础上发展出来的，测量假设模型协方差与观察数据协方差矩阵的拟合程度。一般来说，其值介于 0～1，数值越接近 1，模型的契合度越佳。其标准为 0.8 以上①，本模型的 GFI、AGFI 分别为 0.877 和 0.845，因此可以通过检验。NFI、RFI、IFI、TLI、CFI 这些指标的典型应用是基准线模型，将其与假设理论模型相比较，以测量模型的拟合优化度。一般而言，上述 5 个指标的标准均为 0.80 以上②。本模型的这些指标均大于 0.8，表明该模型是可以接受的。RMSEA 是一种不需要基准线模型的绝对指标，其值越小，模型的适配度越佳。一般而言，其数值小于 0.05，表示模型适配度非常好；在 0.05～0.08，表示模型良好，有合理适配③。本模型的 RMSEA 值为 0.053，模型拟合度良好。

综上所述，本模型通过了各个拟合度指标的检验，与样本数据能够很好地契合。

表 12.5 模型拟合结果

项目	df	CMIN	*P*	GFI	AGFI	NFI	RFI	IFI	TLI	CFI	RMSEA
指标值	299	518.903	0.00	0.877	0.845	0.878	0.857	0.944	0.934	0.944	0.053
参照值	1＜CMIN/df＜3		＜0.1	＞0.8	＞0.8	＞0.8	＞0.8	＞0.9	＞0.9	＞0.9	＜0.06
结论	接受		接受	接受	接受	接受	接受	接受	接受	接受	接受

注：df 表示自由度，CMIN 表示差异的宏函数。CMIN/df 的值越接近 0，表示模型拟合度越好。

12.4.2 结构模型检验

本研究采用结构方程模型进行假设检验，使用 AMOS 20.0 软件进行路径系数和显著性计算，结果如表 12.6 所示。为了直观地呈现假设检验结果，绘制各个变量间的路径关系图，如图 12.2 所示。针对本书提出的 10 个假

① Soch H，Sandhu H S. Does customer relationship management activity affect firm performance？[J]. Global Business Review，2008，9（2）：189-206.

② Li M，Guo Y，Huang Y. A study on the factors affecting the use of mobile travel guide systems during travel[C]. Washington，Seattle：The 18th Annual Graduate Education and Graduate Student Research Conference in Hospitality and Tourism，2013：49-54.

③ Browne M W，Cudeck R. Alternative Ways of Assessing Model fit[M]. Newsbury Park：Sage Publications，1993.

设，其中 6 个得到支持，即信任[路径系数（β）$=0.186$，$P<0.05$]、认同（$\beta=0.142$，$P<0.1$）、互惠（$\beta=0.185$，$P<0.05$）、自我效能（$\beta=0.365$，$P<0.001$）与用户的知识共享意愿呈显著正向相关关系，信任（$\beta=0.579$，$P<0.001$）对认同有显著影响，自我效能（$\beta=0.671$，$P<0.001$）对结果期望有正向影响。而社会互动关系（H1）、共同语言（H5）、共同愿景（H6）、结果期望（H8）对知识共享意愿无显著影响。

表 12.6　假设检验结果

假设	标准路径系数	P 值	结论
H1：IT--->SI	−0.091	0.227	拒绝
H2a：TR--->SI	0.186	*	支持
H2b：TR--->ID	0.579	***	支持
H3：ID--->SI	0.142	0.073（+）	支持
H4：RE--->SI	0.185	*	支持
H5：SL--->SI	0.082	0.437	拒绝
H6：SV--->SI	−0.07	0.482	拒绝
H7a：SE--->SI	0.365	***	支持
H7b：SE--->OE	0.671	***	支持
H8：OE--->SI	0.029	0.755	拒绝

*表示显著性水平<0.05，**表示显著性水平<0.01，***表示显著性水平<0.001。+表示趋近显著，原本 $P<0.05$ 才表示具有统计学意义，部分研究将其放宽至 $P<0.1$，此处 P 值为 0.073，标记为趋近于显著。

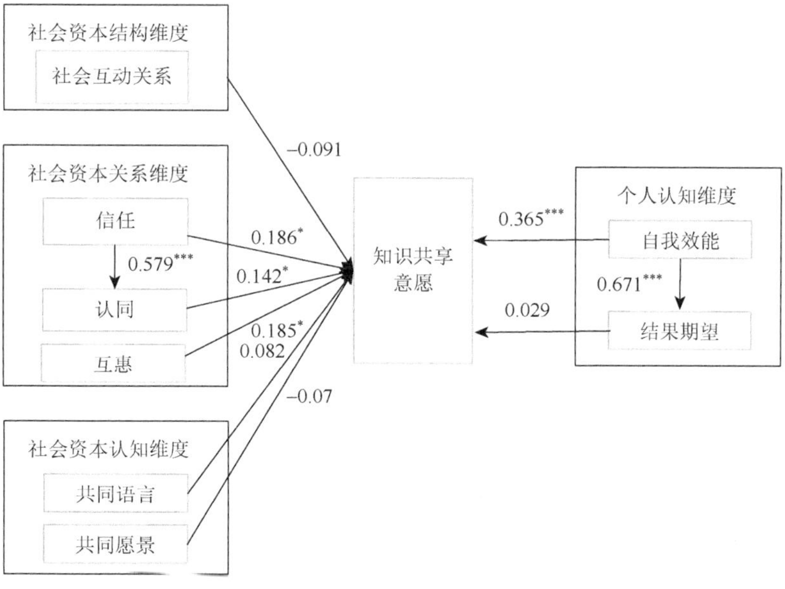

图 12.2　结构方程模型检验结果

12.5 数字资本视角下知识交流效果影响因素研究的结果讨论

12.5.1 社会资本结构维度对知识共享意愿的影响

本研究实证结果表明，社会互动关系（$\beta = -0.091$，$P = 0.227$）对知识共享意愿不存在显著影响，即知识问答社区中用户关系的紧密程度不影响其知识共享意愿。

社会资本的结构维度主要反映的是个体间通过社会互动获得资源交换的机会，表达的人与人之间社会关系的总体结构模式，而社会关系则可以通过个体间关系的紧密程度或互动频率来考察。在知识共享意愿的研究中，社会互动关系与知识共享意愿不存在显著的相关关系。樊彩锋和查先进①从社会资本理论与主观规范的视角对影响互动问答平台的用户贡献意愿进行研究，结果表明：社会互动关系对用户贡献意愿的影响作用不显著，并且互动关系与用户贡献意愿之间的路径系数为负数。Ridings 等②认为虚拟社区缺乏面对面的沟通交流，成员之间的关系是无形且脆弱的，而且个人并不能保证其他成员的行为像自己预期的那样进行，因此会影响社区用户之间难以共享知识，其知识共享意愿也不会那么强烈。

总的来说，在知识问答社区乃至虚拟社区中，首先，互动关系并不是用户知识共享意愿的显著影响因素，表明在知识问答社区中，用户回答问题并不需要依靠这种关系。以百度知道为例，用户使用自己的账号登录“我的知道”后，系统会根据“我”关注的关键词与分类自动推荐问题，或者提问用户会通过私信等方式传递到“我的知道”中，而并不需要从互动关系中获知用户的提问。其次，知识问答社区不同于社交网络等虚拟社区，把社区内好友间的相互关系作为知识共享活动的重要部分。对于知识问答社区来说，用户回答问题更倾向于因为兴趣等而进行的一种单纯的知识共享活动。

---

① 樊彩锋，查先进. 互动问答平台用户贡献意愿影响因素实证研究[J]. 信息资源管理学报，2013（3）：29-38.

② Ridings C M，Gefen D，Arinze B. Some antecedents and effects of trust in virtual communities[J]. The Journal of Strategic Information Systems，2002，11：271-295.

12.5.2　社会资本关系维度对知识共享意愿的影响

1. 信任对知识共享意愿的影响

实证结果表明，信任（$\beta = 0.186$，$P < 0.05$）对知识共享意愿有着显著的正向影响，即用户对知识问答社区的信任程度越高，那么其愿意进行知识共享活动的意愿就越强烈。同时，信任对认同（$\beta = 0.579$，$P < 0.001$）有着显著的正向影响。

学者们也对知识共享与信息之间的关系进行了研究。用户对知识问答社区的信任实际上是对社区成员与社区管理者能力、仁慈、正直与可靠等品质的信任程度。从信任与合作关系来看，当用户基于对知识问答社区管理者的信任，进而对其他成员也表现出可信行为时，这种信任氛围会促使他们产生知识共享的意愿[①]。Anderson 和 Narus[②]认为，当人们通过社会的互动不断地沟通，彼此间会产生吸引力，而这种吸引力引导对问题解决、工作流程等的信息分享，进而促进知识共享的产生。还有学者认为知识共享本身是一种社会交换活动，是知识共享主体之间的互动。当人们的关系处于高度信任的情景中，人们一般更愿意参与社会交换[③]。

综上，信任是知识问答社区取得成功的重要因素，同时也能够促进知识问答社区成员的知识共享程度。用户也相信知识共享是值得信赖且可靠的，这样用户知识共享或贡献的心理顾忌就会大大减少，承担的风险也会降低，用户共享的意愿就会更强。信任越多，知识问答社区成员就越愿意去分享、交换、整合彼此的知识、信息与资源。

2. 认同对知识共享意愿的影响

实证结果表明，认同（$\beta = 0.142$，$P < 0.1$）与知识共享意愿存在着正向相关关系，即用户在知识问答社区的归属感越强，其知识共享意愿也会越强。

认同是用户发自内心喜欢某个知识问答社区，对知识问答社区有一种积极的情感和正面评价。认同既是一个过程，也是一种状态。有研究表明，

---

① 柯江林，石金涛，孙健敏. 团队社会资本的维度开发及结构检验研究[J]. 科学学研究，2007，25（5）：935-940，907.

② Anderson J C，Narus J A. A model of distributor firm and manufacturer firm working partnerships[J]. Journal of Marketing，1990，54（1）：42-58.

③ 孙红萍，刘向阳. 个体知识共享意向的社会资本透视[J] 科学学与科学技术管理，2007（1）：111-114.

认同与用户知识共享意愿存在着相关关系。用户通过互动进行信息交流和情感沟通，建立并提升对知识问答社区的归属感和认同感。例如，McLure Wasko 和 Faraj①认为用户通过回答或提问问题可以更好、更快地熟悉知识问答社区的群体规范，与网站融为一体，形成对社区的归属感，并且认为共享知识是社区用户应有的责任。认同同时也是一个自我分类的过程，在自我归类之后，个体会将自己归于与其相似的群体中，将自己视为其中的一员。例如，McPherson 等②认为当用户与其他成员共同解决同一个问题时，基于分享的乐趣，他们在知识问答社区中更容易有一种网络亲密感与同质感。这种感觉情感依附有助于增强用户对知识共享的积极态度与意愿。

总的来说，当用户在知识问答社区或虚拟社区有一种归属感时，他们会对知识问答社区有着更强的义务感与责任感，并把自己当作这个社区中很重要的一部分，从而会愿意更多地参与到社区活动和建设中来，如积极帮助新成员适应环境，或者愿意为社区提供信息或解答问题，其知识共享意愿也就越来越强烈。

3. 互惠对知识共享意愿的影响

实证结果表明，互惠（$\beta=0.185$，$P<0.05$）与知识共享意愿之间存在显著关系，即当用户认为他们在知识问答社区中提供的信息将来能够获得回报时，会更愿意去共享信息。

人们在提供信息的同时希望将来也能够获得其他人的帮助，互惠是对信息贡献者最明显的回报。从关系维度来看，互惠对于用户知识共享意愿有显著的影响，这与已有文献的结论一致。McLure Wasko 和 Faraj①认为强烈的互惠更能够促使人们在虚拟社区中共享信息，并且那些经常帮助其他人的虚拟社区用户似乎能够更快地获得帮助。

一般来说，个体会认为“我帮助他人，如果我遇到困难，别人会出于互惠也来帮助我”。当个体感知到或者认为他人会对自己的行动予以回馈时，个体实施这一行为的意愿就会随之增强。在知识问答社区中，用户进行贡献和分享，一定程度上是出于“互惠”考虑的，如果考虑到“我下次遇到困难而做出提问时，别人也会积极做出回答”，用户知识共享的意愿就会更加强烈。

---

① McLure Wasko M，Faraj S. Why should I share? Examining social capital and knowledge contribution in electronic networks of practice[J]. MIS Quarterly，2005，29（1）：35-57.

② McPherson M，Smith-Lovin L，Cook J M. Birds of a feather：Homophily in social networks[J]. Annual Review of Sociology，2001，27：415-444.

因此，在知识问答社区乃至虚拟社区中，用户的知识共享意愿更多地受到该社区激励机制的作用，用户做出回答时，更多地考虑自己能从中得到什么。

12.5.3　社会资本认知维度对知识共享意愿的影响

1. 共同语言对知识共享意愿的影响

实证结果表明，共同语言（$\beta = 0.082$，$P = 0.437$）对知识共享意愿不存在显著影响，即知识问答社区用户的知识共享意愿不受社区语言基础的影响。

知识具有区域性，用户在吸收其他领域知识时存在认知受限情况①，如不能很好地理解他人所说的专业术语；对于其他成员描述的问题，不能很快明白。知识也有显性知识与隐性知识之分，隐性知识是存在于人的大脑中的知识，难以用文字、语言和数学公式来精确表达。Nonaka 和 Takeuchi②认为知识要先外化才能转移给其他用户，而其他用户是否了解知识所表达的内容，将会影响到进一步将显性知识内化的程度。因此，若彼此具备某种共同知识或共同语言，就容易对其知识产生兴趣，并能很快理解并进行吸收，这将会提高知识转移的吸收能力。

2. 共同愿景对知识共享意愿的影响

实证结果表明，共同愿景（$\beta = -0.07$，$P = 0.482$）对知识共享意愿不存在显著影响，即知识问答社区中用户的共同目标或价值观对其知识共享意愿并没有显著影响。

在以往相关的研究中，共同愿景与知识共享意愿没有显著影响。罗家德等③从社会资本的结构、关系、认知维度的视角出发，对实践型社区内虚拟社会资本知识共享进行了研究。其结果表明，除认知层面外，关系层面的信任因素与结构层面的联结和网络结构对个人社区的知识共享行为均有显著影响。

共同愿景是用户共同价值观与目标的体现，属于对知识问答社区整体

① Rindfleisch A，Heide J B. Transaction cost analysis：Past，present，and future applications[J]. Journal of Marketing，1997，61（4）：30-54.

② Nonaka I，Takeuchi H. The Knowledge-Creating Company[M]. New York：Oxford University Press，1995.

③ 罗家德，郑孟育，谢智棋. 实践性社群内社会资本对知识分享的影响[J]. 江苏社会科学，2007（3）：131-141.

的看法。首先，知识问答社区的用户在加入团队时，是根据团队的分组来选择的，这在一定程度上体现出团队的共同愿景，但其并不意味着这能促使他们进行知识共享。其次，共同愿景为用户提供了一个“顶层”概念，这有助于用户从社区目标角度理解知识结构，并且只有从整体上认识隐性知识，才能把握其精髓与要领，促进知识共享与整合。

12.5.4 个人认知维度对知识共享意愿的影响

1. 自我效能对知识共享意愿的影响

实证结果表明，自我效能（$\beta=0.365$，$P<0.001$）与知识共享意愿之间存在显著关系。也就是说，知识问答社区用户对自己完成某项任务或行为的能力越自信，其进行知识共享的意愿也就越高。

这与以往研究结论相一致。Cabrera 等[①]在对员工的知识共享影响因素的研究中发现，自我效能与知识共享具有显著相关性，自我效能可以提高合作意愿，同时也能促进知识共享。Lin[②]认为那些相信自己有能力为组织知识共享做出贡献的员工更能表现出分享知识的意愿。张岌秋[③]基于修正后的技术接受模型（TAM）对影响信息获取意愿、信息获取行为、信息共享意愿、信息共享行为的因素进行了实证研究。其结果表明，自我效能对信息共享意愿有显著正向影响。

在知识问答社区中，社区成员要成为一个知识共享者，首先必须对自己有一个全面的判断。也就是说，用户须认为自己有能力去共享知识，这些能力包括：是否能够灵活使用知识问答社区的编辑、修改、删除等各项操作；是否能够将自己的想法通过文字、语言等明确清晰地表达等。其次，必须对自己所提供知识的质量有信心，相信共享的知识是有价值的，相信共享的知识是有一定贡献的。如果自我效能感不足，就难以产生相应的知识共享行为。

由上述分析可知，自我效能是自我评估的一种形式，它涉及的不是技能本身，而是自己对所拥有的技能的自信程度。人们通过与他人分享有价值的信息，对自己的能力会感到更加自信。这种自我效能感能够促使人们与其他人共享信息，知识共享意愿也就越来越强。

此外，社区成员进行知识共享的自我效能感的水平对结果期望也有一

① Cabrera Á, Collins W C, Salgado J F. Determinants of individual engagement in knowledge sharing[J]. The International Journal of Human Resource Management，2006，17（2）：245-264.

② Lin H F. Knowledge sharing and firm innovation capability：An empirical study[J]. International Journal of Manpower，2007，28：315-332.

③ 张岌秋. 虚拟社区的信息获取与信息共享行为研究[D]. 广州：中山大学，2006.

定影响。一般来讲，在采取行动之前，拥有自我效能感的成员会提升结果预期，期待出现有益的结果；而那些缺乏自信者会降低对知识共享结果的结果期望。尚永辉等[①]基于社会认知理论，对影响虚拟社区成员知识共享行为的因素（如社区氛围、互惠、自我效能与结果预期）进行了研究，并提出了相关假设，其结果表明自我效能与结果预期有着显著的正相关关系。

总之，自我效能与结果期望并不存在必然因果关系，个人可能相信某种行为会导致某种结果，但如果怀疑自己执行此种行为的能力，其行为将不受结果期望的影响。

2. 结果期望对知识共享意愿的影响

实证结果表明，结果期望（$\beta = 0.029$，$P = 0.755$）对知识共享意愿不存在显著影响，即知识问答社区中用户对结果的期望与知识共享意愿并没有显著影响，这与已有研究结果相一致。尚永辉等[①]在研究虚拟社区成员知识共享行为影响因素中发现，结果预期与知识共享行为之间没有显著的正向影响。Chiu 等[②]基于社会认知理论与社会资本理论对虚拟社区的知识分享行为的影响因素进行了研究。其研究结果表明，基于社区的结果期望（如促进社区成长等）影响虚拟社区的知识共享；而与个人相关的结果期望（如声誉、加强联系和交往需求等）对社区的知识共享则没有显著影响。这可能是因为在知识问答社区中，用户之间缺乏面对面的沟通交流，彼此间的良好关系很容易被破坏，成员之间并不能保证社区其他成员像自己预期的那样，因此会影响用户的共享意愿。另外，用户在知识问答社区参与知识共享活动时，大多没有考虑共享知识会给自己带来什么好处或利益，而是基于知识本身的价值才愿意参与知识共享的。

---

① 尚永辉，艾时钟，王凤艳. 基于社会认知理论的虚拟社区成员知识共享行为实证研究[J]. 科技进步与对策，2012，29（7）：127-132.

② Chiu C M，Hsu M H，Wang E T G. Understanding knowledge sharing in virtual communities：An integration of social capital and social cognitive theories[J]. Decision Support Systems，2006，42（3）：1872-1888.

第 13 章　学术虚拟社区知识交流效果提升策略

13.1　用户特征相关的知识交流效果提升策略

13.1.1　充分发挥高影响力学者的带动作用

由第 2 章学术虚拟社区用户特征对知识交流效果的影响研究可知，用户影响力特征对知识交流效果具有显著的正向影响作用，表明高影响力学者在学术虚拟社区的知识传播中扮演着关键角色。考虑到高影响力学者对其他用户的资本积累和感知有用性增强具有明显的带动作用，因此学术虚拟社区可定期邀请高影响力学者开展学术讲座或专题研讨会等，以提升社区活跃度和用户的感知学习价值。另外，本书第 8 章学术虚拟社区特征的相关研究表明，对于用户参与有一定限制或门槛的学术虚拟社区，其用户具有更好的感知学习效果。因此，社区可以建立有效的用户筛选机制，通过对学历、职称进行一定程度的限制，留下真正有科研需求和学术能力的用户，从而吸引专业、权威的科研工作者开展有效的知识交流。

13.1.2　刺激用户参与，培养用户习惯

尽管我国科研人员大多有在学术虚拟社区获取知识的需求，但是本书第 2 章用户特征的相关研究表明，平台的用户活跃度和持续使用情况并不乐观。考虑到我国研究人员在学术社交网络中活跃度偏低的原因是未形成利用在线平台进行科研互动的习惯①，因此平台可采用签到打卡及金币、积分、升级等奖励措施增加用户黏性，同时应避免赚取积分的过程烦琐，增强积分性价比。另外，对于社区内互动不积极、不活跃的情况，前人研究表明，将游戏化应用于公众科学项目能够给参与者带来乐趣和归属感，是

---

① 赵杨，李露琪. 国内外学术社交网络研究现状述评与思考[J]. 情报资料工作，2016（6）：41-47.

吸引个体参与的有效方法[①]，因此可设计游戏化的科学任务促进用户参与并增强参与知识交流的乐趣。

13.1.3　推动跨学科学者间的交流与合作

本书第 2 章用户特征对知识交流效果的影响研究表明，不同学科背景用户的知识交流效果显著不同，综合交叉类学科知识交流更有效，这与他们跨类的学科性质有关，且跨学科的用户对于学术虚拟平台有更强烈的需求，故应重点关注交叉类学科科研人员对学术虚拟社区的使用情况和功能需求，可采用个性化推荐策略为用户推荐相关学科的好友或跨学科的研究成果和合作项目，提高不同学科学者的接触概率，构建多样化的科研合作网络。另外，由第 7 章学科水平对学术虚拟社区知识交流效果的影响研究可知，学科水平对用户知识交流效果具有显著的影响作用，因而平台也需关注不同学科水平的用户知识交流的差异化需求，尤其是为隶属于低学科水平组织的用户提供更丰富的学术资源和知识交流支持，促进不同学科水平科研人员的高频交流。

13.1.4　鼓励用户积极参与互动，培养用户的主动交流意识

本书第 2 章用户特征对知识交流效果的影响研究表明，积极参与学术虚拟社区的知识分享和学术交流有助于提高学者自身的学术影响力，且第 6 章信息质量的相关研究表明，用户群体的良性互动有助于提升学术虚拟社区整体的信息质量，因此无论是从提升自身学术影响力还是从提高社区整体信息质量出发，用户都应积极主动地参与到知识交流过程中去。为鼓励用户积极主动地交流知识，平台可以在新手指引阶段为用户讲解知识交流的具体过程和步骤，在用户使用过程中为其推荐感兴趣的话题进行讨论，在用户长时间未进行知识交流时通过小弹窗提醒其知识交流的益处，鼓励其主动参与到知识交流中去。

13.2　用户关系相关的知识交流效果提升策略

13.2.1　开辟专门互助版块，为用户资源互惠提供场所

由第 3 章学术虚拟社区用户关系对知识交流效果的影响研究可知，感知互惠性有助于增强用户间的信任，进而推动知识交流效果的提升。因此，为

① 周鑫雪，汤健，王天梅. 任务特征与游戏化设计对公众科学参与意愿影响的实验研究[J]. 图书情报工作，2018，62（23）：97-105.

了给用户间的互惠行为提供便利进而增强用户的感知互惠性，社区平台有必要设计学术答疑或者学术求助相关功能版块，如可参照小木虫社区设计的“学术交流区”和“文献求助区”或者 CSDN 社区的“问答”版块。在学术答疑版块中，所有用户都可以提出自己的学术疑问或解答他人的学术疑问。在资源共享方面，社区可以成立专门的文献求助版块，用户可以在该版块互相分享学术资源。此外，社区也可以建立一个资源库，将社区中的学术资源收纳整合，以便用户进行学术资源的上传和下载。

13.2.2 完善用户互动功能模块，方便用户交流沟通

由第 3 章学术虚拟社区用户关系对知识交流效果的影响研究可知，感知连接性对用户知识交流效果产生显著的正向影响。另外，第 4 章系统功能的相关研究强调了交互功能在促进知识交流中发挥的关键作用。不同于现实生活中的人际交流，学术虚拟社区用户之间的连接依托社区所提供的交互功能。因此，社区用户之间连接的便利性和深入程度在很大程度上取决于平台能否提供丰富且完善的互动功能。经管之家在用户间建立联系的功能设计包括“加关注”“串个门”“加好友”“发消息”等多种方式，因此今后的社区平台可以为用户之间提供多种建立联系的方式，如加好友、发私信、留言以及关注等；而在用户沟通的功能设计中，小木虫提供了“赞一下”“回复此楼”“关注 TA”“给 TA 发消息”“送 TA 红花”等方式。参考小木虫的设计，社区可以允许用户对话题下的评论进行回复，并提供支持、反对、私信和转发等多种方式，以此提高社区用户之间的连接程度。

13.2.3 细分话题和学科版块，提高用户间感知相似度

由第 3 章用户关系对知识交流效果的影响研究可知，感知相似性对用户间信任产生显著影响，进而影响知识交流效果。学术虚拟社区更类似于综合性的学术社区，即社区中的学科版块不局限于某些特定的学科，这会使得社区用户存在较大的异质性，如专业、学科背景等，而对不同学科进行划分有利于拥有同样学科背景或学术兴趣的用户在某一学科版块下进行知识交流。此外，考虑到学科本身的细分化，即使是同一学科背景的用户，其研究方向也很可能有较大的差异。因此，除了对不同学科进行划分外，社区平台也应该对同一学科进行细致划分，如经管之家中的经济学讨论区将经济学划分为宏观、微观以及公共经济学等 10 多个经济学的细分版块，这样更能对社区用户进行划分，提高交流双方的相似程度，进而提升他们的知识交流效果。

13.3　平台系统功能相关的改进策略

13.3.1　构建多样且易用的导航功能

由第 4 章系统功能对知识交流效果的影响研究可知，导航功能在促进用户学习效果方面发挥着关键作用。然而，许多学术虚拟社区导航功能的设计都存在简单化和局限性的问题，如菜单导航仅将主题菜单简单罗列、无逻辑顺序，并且无法随着页面向下拉动保持不变等。其主要原因在于：没有重视导航功能的重要性，也未能把导航功能作为系统功能的有机组成部分来进行设计[①]。因此，完善导航功能之前需要全面地了解导航系统及其作用。

导航系统可分为全局导航（主导航）、局部导航、辅助导航等多种类型[②]，一般而言，一个网站的导航功能应该由多种类型组合而成。主导航一般是位于网页顶部的菜单导航，根据用户从上到下的浏览习惯，其起着重要的导引作用。主导航的设计应该更像知识组织体系的目录，全面展示社区内所有知识的类别，让用户不用翻转或拉动页面，便能快速了解社区中是否有所需专业领域的知识。而对于知识类目繁多的社区来说，主导航可做成下拉式，既能节省空间，还不影响用户向下浏览页面内容。同时，还可以添加辅助导航，当点击主导航中的某类主题，跳转到对应主题页面，再辅以辅助导航，即展示此主题下的细分类目，这样既可以减轻主导航的承载压力，也方便对知识的精准定位。此外，设计社区的导航地图也是有帮助的，用户可以使用它来查看社区内容的布局和提供的功能[③]。

导航结构可理解为每个页面的内容布局，它决定了知识的条理性和科学性，应该力求清晰明了、简洁直观。在网页的布局设计中，以纵向分割和横向分割页面的方法使用最为广泛。本书研究结果表明，用户更倾向于使用横向分割的导航结构，并且各版块主题纵向占据的页面风格要具有一致性，力求导航结构的简单实用。若要解决由社区内容种类繁多导致页面

---

① 杨树林. 网络教学系统导航功能设计原则及实现手段[J]. 北京印刷学院学报，2003，11（2）：16-21.

② 王慧杰. 基于信息构建的图书馆网站导航系统调查分析——以“985 工程”院校图书馆为例[J]. 农业图书情报学刊，2015，27（5）：94-96.

③ Hudson R，Keasey K，Littler K. Share dealing on the web：A comprehensive review of design specifications across the globe[J]. International Journal of Information Management，2000，20（1）：3-16.

往下滚动内容过长的问题，在内容旁边设置一个“回到顶部”的功能即可解决[①]。与此同时，需注意的是，首页的导航结构应逻辑连贯，版块主题分类要明确，不同版块主题下的细分主题不应存在交叉；主题描述要清晰易懂，与对应的详细页面内容相符；版块主题间的排列形式要尽量简洁清晰，页面布局简单比丰富更方便用户快速定位知识。

导航功能的完善除了保证知识组织的系统性和逻辑性、主题命名的准确性，还应该注重视觉上的艺术感。例如，可以考虑动态性，将文字、色彩和用户的操作动态结合，当鼠标触及某个标题时，标题字体的大小和颜色随机变动，突出显示，给用户塑造视觉上的美感，同时还能提高用户的注意力和使用的舒适度。

13.3.2 提供智能且个性化的知识获取功能

由第 4 章系统功能对知识交流效果的影响研究可知，学术虚拟社区知识获取功能对用户学习效果产生显著的正向影响，且第 10 章组态分析结果表明高水平的知识获取功能是产生高水平感知学习的核心条件，因而学术虚拟社区应当高度关注平台知识获取功能的设计和开发，尤其是检索功能的优化。现实中用户需要的是输入简单的检索词，系统便能返回大量相关结果的高质量检索功能，具体涉及结果的准确度、排序和分类。在庞大的知识库里搜索知识内容，按照相关性或热度排序，将最准确的知识优先反馈给用户，这需要学术虚拟社区优化检索算法和检索系统架构，快速识别需求并匹配知识内容。对于返回的成千上万条结果，结果分类则彰显了人性化的服务理念，检索结果既可以按照博文、帖子、资料、问答等知识的类型分类，也可以按照全文、词条、视频、图片等知识表现形式分类，还可以按照时间跨度分类，具体可依据社区内的知识特征而定，以帮助用户细化知识类别，方便选择满足需求的结果。目前，为了满足用户的检索需求，有些学术虚拟社区引入了第三方搜索引擎。借助成熟的搜索引擎是个不错的选择，一是检索算法成熟，检索的准确程度有一定的保障；二是信息收录范围广，可以在用户需要时扩大检索范围，但是需要注意的是，网站本身和第三方检索功能的融合程度，尤其是面向用户的检索结果页面的友好程度。本书研究结果显示，标题与简介详略得当且描述清晰、结果排列清晰且易于查看会提高友好性，而站内检索的结果页面跳出站内则会降低友好性和用户对检索功能的价值感知。

① 杨腾. 设计好网站导航是网站建设的重要一步[J]. 计算机与网络，2016，42（9）：37.

随着信息技术的高速发展，个性化信息推荐已非常常见。例如，资讯类平台、短视频平台、电商平台等都利用了大数据算法分析用户行为，并据此向用户推荐信息或商品，而学术虚拟社区则较少使用个性化知识推荐功能。本书关注的较有名气的学术虚拟社区中，80%的学术虚拟社区都没有知识推荐功能，20%有面向所有用户的新知识推荐功能。可见，大多数学术虚拟社区一直在扮演着“被动知识服务”的角色，没有充分发挥社区知识的价值。学术虚拟社区需要完善个性化知识推荐功能设计，以帮助用户更好地学习，具体的技术实现可以参考成熟的个性化信息推荐算法。而面向用户的功能展示，则可参照以下两种方式：一是在首页单独设置一个展示栏，时时展示与用户兴趣相关的推荐内容，突出显示社区的个性化服务理念；二是在用户的个人消息页面，分设知识推荐版块，将用户感兴趣的内容发送给用户，这样可以在保留原有页面结构设计的基础上融合新的功能，减少页面布局的改动。同时，个性化知识推荐功能需要识别用户的兴趣迁移，在推荐策略中充分感知用户的兴趣变化[①]，保证推送的时效性和新颖性。

与个性化知识推荐功能类似的还有订阅功能，用户可以根据自身的学习目的、要求和兴趣，有选择地获取知识，增强知识的有用性，提高用户知识学习的效率。依据现有的真正简单聚合（RSS）技术，订阅功能可以分为社区内知识的订阅和跨平台的知识订阅。社区内的知识订阅允许用户选择订阅本社区内知识库所拥有的知识类别，订阅之后，社区将此主题类目下的新知识进行及时推送，不过这需要社区强大的知识分类体系作为基础支撑；跨平台的知识订阅允许用户选择订阅的知识类别，社区将此类别的知识进行跨平台收集和整合，并推送给用户，此时则需要社区具有强大的数据聚集能力和开放的平台合作意识。无论采用哪种形式的订阅功能，都能帮助用户低成本、个性化、及时地获取知识，提高学习效果。

13.3.3　完善分享的基础功能和反馈功能

由第 4 章系统功能对知识交流效果的影响研究可知，知识分享功能是用户知识贡献的决定性要素，且在第 9 章用户知识贡献决策过程相关研究中显示，若系统操作不便、流程烦琐则会妨碍用户的知识贡献，因而学术虚拟社区应改进其与知识分享相关的功能。

---

① 曾子明，金鹏. 基于用户兴趣变化的数字图书馆知识推荐服务研究[J]. 图书馆论坛，2016，36（1）：94-99.

总体来看，学术虚拟社区中知识的表现形式多为插有图片的文本格式，同时不同版块主题中的内容格式也相对统一。因此，对于稳定的内容格式，社区可以提供模板，用户只需直接编辑文字和上传图片，不需要再调整格式；社区还可以提供自动识别用户上传的文件并以正文形式展现的功能。在优化编辑工具方面，可以增设用户惯用的 Word 文档编辑工具。此外，上传附件时数量、大小的要求可适当放宽，增加上传渠道，并依据“方便用户取消操作”的设计原则，增加删除功能。转发功能可以利用知识的二次传播效应，充分发挥知识的价值，因此学术虚拟社区不仅应该允许用户站内转发，还应该提供转发到其他平台的功能。总之，知识分享的基础功能看似微小，却可以提高用户的使用效率、满意度、社会临场感，促进用户对知识贡献价值的感知。

反馈功能也可以说是小功能大作用。依据社会交换理论，虚拟社区中用户的知识分享是基于一种互惠的预期，他们通过判断自己知识分享的时间和精力成本能否获得他人等价的回报来决定是否采取该行动①。反馈功能便是互惠规范的具象表现，一般在学术虚拟社区中以查看数、点赞数、评论数、转发数、收藏数几个小图标和数字展示。而正是这些简单的数字便可以让用户感知到分享文章的价值，了解其他用户对自己知识的认可程度，获得成就感和助人为乐的满足，提高其分享知识的积极性、群体认同以及信任感。因此，学术虚拟社区应该提供完善的反馈功能，将其放置在文章标题之后，随文章一起存储和展示，以充分调动用户分享的积极性，营造良好的社区氛围。

13.3.4 强化现有交互功能，提高用户交互效率

本书第 4 章系统功能相关研究和第 9 章用户知识贡献决策过程相关研究均表明，回帖、留言、发送消息是学术虚拟社区中必不可少的交互功能；第 10 章组态分析结果表明，低水平的交互功能在多条导致低水平感知学习和低水平感知贡献的组态路径中都充当着核心条件的角色。因此，学术虚拟社区应对交互功能给予高度重视。目前学术虚拟社区的交互功能可用性和有用性较差，许多学术虚拟社区的聊天界面存在无法直接发送图片和文件、发送的消息无法删除等问题，聊天功能少且易用性较差；此外，沟通时效性极差，如若遇到紧急问题，在社区中直接使用异步或同步交互功能

① 吴印博，程志超. 虚拟社区中互惠规范对自我效能的影响研究[J]. 科技资讯，2018，16（3）：242-244.

寻求帮助的回复周期较长，因此学术虚拟社区应该强化现有的交互功能。首先，通过使用快捷功能来增加社交联系的机会，提高用户间的交互效率，在具体的内容页面设置两处交互功能的快捷入口：一处在知识提供者简介栏，当知识学习者阅读完文章内容想与知识提供者交流时，便可直接点击头像下的快捷按钮取得联系；另一处设置在评论区，点击每位评论用户的头像便可显示快捷按钮，与评论用户建立联系。其次，完善基本的发送、编辑、撤销、删除等聊天功能，同时支持图片、文件等多类型信息，聊天界面和功能的设计可参照微信、QQ 等主流的即时通信工具。再次，学术虚拟社区需要增加提醒功能，以解决交流的时效性问题，社区可在 APP 端增设交互信息的推送服务，将收到的留言、消息等推送给用户，也可将通知信息以短信的形式发送到用户注册的手机号上，从而提高交互的时效性。

在学术虚拟社区中，从海量知识中找到兴趣或专业领域相同的朋友并展开交流，这对于用户而言并不简单[①]。此时，好友推荐功能则发挥出巨大作用，它不仅可以帮助用户之间建立联系，也能提高知识交流的质量，还能在一定程度上提高交流的时效性。目前已有大量关于好友推荐的研究成果可供参考，主要包括基于位置社交、信任关系、用户交互行为、社交关系、用户兴趣的好友推荐算法研究[②]，但学术虚拟社区需要根据社区定位选择算法策略。首先，学术虚拟社区应该重点开发面向兴趣主题的好友推荐算法，帮助具有相同兴趣或专业的用户建立联系，使交流更具针对性；其次，可在此基础上纳入用户的交互行为、社交关系等维度以提供更精准的推荐；最后，根据兴趣变化及时为用户推荐好友，帮助用户解决知识交流的新需求。

13.3.5　构建全新的个人知识管理功能

第 4 章的研究结果强调了个人知识管理功能对于学术虚拟社区知识交流效果的重要影响作用。随着网络知识的快速增长，在线学习观念深入人心，未来学术虚拟社区的核心竞争力不在于知识的多寡，而在于以用户为中心的服务。对于用户来说，知识学习是一项长期反复的过程，在此过程中，所接触到的信息种类是多种多样的，数量也越来越多，只有经过详细

---

① 齐会敏，刘群，戴大祥. 面向兴趣主题的个性化好友推荐[J]. 计算机工程与科学，2018，40（2）：348-353.

② 张继东，蔡雪. 基于社区划分和用户相似度的好友信息服务推荐研究[J]. 情报理论与实践，2019，42（4）：151-157，165.

的整理、分析、研究和比较，才能有效提炼出对自身有益的知识①。基于此，学术虚拟社区需要转变目标定位，不应只关注用户之间的知识交流过程和社区的整体交流氛围，也应关注到每个用户潜在的知识管理方面的需求和未来的学习痛点，将社区打造成用户的个人网络图书馆。具体的改进方法包括：首先，构建主题分类功能，自动帮助用户将个人知识按照学科分类，或是让用户根据个人喜好自行分类，使得知识更加有序；其次，设计主题地图功能，用于用户构建自己收藏和分享的知识结构，它既能可视化展示用户个人收藏和分享的知识的所有主题类目，与此同时，点击某一主题，也能可视化展示此主题下的所有细分主题，以及曾经收藏和分享的具体文章，帮助用户了解自己知识交流的情况，及其感知自身在知识获取过程中的学习效果和知识分享过程中的贡献效果，并且方便已有知识的再次利用；再次，提供个人知识的搜索功能，允许用户在个人知识管理空间搜索自己的知识，这一功能尤其适用于社区内的活跃用户，帮助其在众多已有知识中快速查找、再次利用；最后，开发撰写笔记、添加注释等功能，让用户边学边记，有利于满足用户的个性化学习需求，提高其学习效果。此外，学术虚拟社区也可参照成熟的个人知识管理系统，构建全新的个人知识管理功能，帮助用户提高知识交流效果。

13.4 平台激励机制相关的改进策略

13.4.1 增强社区互惠氛围，打造良好知识交流环境

由第 5 章学术虚拟社区激励机制对知识贡献效果的影响研究可知，平台激励机制对于用户在知识交流过程中的感知愉悦、感知认同和感知利他均产生影响，进而激发用户的知识贡献意愿。虚拟社区作为用户知识交流的平台，社区环境是进行知识活动的基础。如果一个社区仅有少数几个核心成员交流互动，那么对于普通用户来说，他们会感觉在该社区的交流成本很高，进而降低内心对知识交流的期望程度。相反，如果一个社区平台的大多数用户都很活跃，积极地参加社区的讨论、交流等，那么即使是一位社区新用户也会被较浓厚的社区氛围所感染而自愿地加入交流队伍中。另外，如果大多数社区用户怀着利己的动机来到社区获取他人的知识而很少贡献自己的知识，长此以往，社区中的知识养分便会越来越少，最后导

① 杨宁. 网络时代成人学习者个人知识管理探究[J]. 中国成人教育，2017（24）：20-22.

致社区资源枯竭。因此，建立社区互惠规范，培养社区成员的互惠互助意识是不可或缺的管理内容。具体可考虑以下两个方面。

（1）建立严格的社区互惠规范，维持社区成员的平等交流，降低知识贡献者的成本支出，尽可能地减少社区“搭便车”现象①。学术虚拟社区的知识交流建立在互惠互助的基础上，用户在贡献知识的同时也希望自己未来有知识需求时能够获得帮助。如果社区内“搭便车”的人较多，会让那些知识贡献者感到自己得到回报的机会很小，其知识交流的成本自然也就更高。因此，虚拟社区的管理人员应该建立较为严格的互惠规范，并提高规范的执行力度，要及时提醒社区内“搭便车”的用户，必要时采取一定的惩罚措施。当社区内“搭便车”的现象减少时，社区的互惠规范性便会提高，越来越多的用户主动分享自己的知识资源，同时也能够获取其他用户上传的专业资料。这样他们的感知利得大于感知利失，交流的成本降低，从而促使他们更愿意参与社区的知识交流。

（2）提高社区用户活跃度，增强成员间的互动交流，营造浓厚的交流氛围。成员的互动越频繁，越能够激发社区用户的知识交流意愿，从而提升整个社区的知识交流效果。知识交流的基础是用户间的沟通和互动，如果用户间的沟通和互动很少，那么他们在知识层面的交流不会太多。社区管理人员应该首先保证社区用户间的互动比较活跃，才能拉动成员间的知识交流。在社区建立初期，平台可以着重关注社区核心用户，借助这批核心用户来带动其他普通用户知识交流的积极性；当社区发展比较稳定时，可以积极培养用户知识贡献的意识，而不只是简单地参与社区的讨论。总之，社区要保证较高的活跃度，为用户营造一个浓厚的交流氛围，用户在社区中交流得比较开心，对社区的认同度也会提升，他们会更愿意与他人进行知识交流。

13.4.2　给予用户社区支持，增强用户的社区归属感

由第 5 章激励机制对知识贡献效果的影响研究结果可知，虚拟社区的精神激励越高，用户感知到的利他也就越高，在社区中的愉悦感也会增强，同时对社区的认同程度也有所提升，这些内在的感知促使用户更愿意与其他成员进行知识交流。因此，社区支持作为虚拟社区精神激励的重要组成部分，理应成为社区管理人员重点关注的方面。

---

① 朱光，丰米宁，张薇薇. 激励机制下图书馆信息安全管理的投入意愿研究——基于演化博弈的视角[J]. 数据分析与知识发现，2018，2（6）：13-24.

首先，社区支持是一种满足用户个体心理需求的热情反馈，这种反馈即使不能直接帮助用户解决问题，也能够让用户在情感上得到安慰。根据本书研究结果与讨论可知，在以知识活动为主要目标的虚拟社区中，用户更关注社区的环境因素和成员关系因素，社区成员对用户的支持和理解更能够激发用户知识交流的意愿。因此，社区平台应该更加注重平台的社区支持对用户感知的作用。

社区管理人员可以使用以下方式来激发和鼓励社区成员的社区支持倾向：①平台可以通过设立求助子社区快速地帮助用户获得其他成员的帮助，增设一些表达点赞、支持、认同等情感反馈的功能，方便用户表达对他人的支持和鼓励。②虚拟社区可以根据用户求助问题的难易程度进行等级划分，以便一些紧急的问题能够在有效时间内得到解决，而不是简单地依据时间顺序排列。③虚拟社区平台可以开通一些不同类别的官方求助小助手、关怀小助手等类似于官方微信或者官方微博的官方社区支持账号，这些小助手可以主动地给予需要帮助的用户精神支持和鼓励，并主动、热情地为其推荐一些知识资源或者社区贡献达人。官方小助手的带动对社区成员起到一定的激励作用，从而提高社区支持程度。此外，用户在社区收到积极的反馈、感受到他人关怀的温暖以及收获满满的正能量后，当他们再有问题时，还会愿意回到该社区。他们会在这种带动下渐渐地对社区产生情感依赖，从而提升对社区的归属感。

13.4.3 设置多类型社区荣誉，重视用户社区知识贡献

由第 5 章激励机制相关研究可知，较高的社区精神激励在用户感知的中介作用下，会较大幅度地提升虚拟社区用户知识交流的意愿。社区荣誉奖励是虚拟社区精神激励组成要素中比较重要的激励方式，并且本书研究通过对几大典型虚拟社区进行调研和分析后发现，社区荣誉奖励备受多数虚拟社区的关注[①]。因此，从精神激励角度出发，针对目前社区荣誉奖励制度的一些不足，为虚拟社区的管理提出建议和对策，以期完善社区荣誉奖励制度，增强社区精神激励的作用，从而提升虚拟社区的知识交流效果。

考虑到虚拟社区精神激励的作用效果，基于马斯洛需求层次理论中

---

① Nairo. 社区运营宝典：如何激励社区用户创造有价值的内容[EB/OL].（2015-06-23）[2019-03-18]. https://www.woshipm.com/operate/166242.html.

的社交需求、尊重需求以及自我实现需求[①]三个角度，对社区荣誉的管理提出以下建议和对策：①对于社区用户的社交需求，平台管理人员可以在给予社区荣誉奖励时扩大其影响范围。具体来讲，可以在社区首页、子社区首页等较为明显的地方设置荣誉榜，或者单独设置一个页面展示社区荣誉，让被奖励用户名字被更多社区用户看到，从而创造被奖励用户认识更多其他成员的机会；社区还可以为那些有突出贡献的成员单独建立一个群组或者子社区，类似于购物中的贵宾（VIP）客户，让用户结识更多志同道合、乐于奉献的社区成员。②对于社区用户的尊重需求，虚拟社区平台可以借助大数据分析方法或者人工智能技术，及时地识别出有较多贡献的社区成员，从而给予他们相对应的荣誉奖励，如勋章奖励、社区排名更新等；同时，社区还应分配专门的服务人员，做好积分等级、社区排名等系统的维护工作。③对于社区用户的自我实现需求，虚拟社区在建立社区荣誉时，需要循序渐进，设置不同级别的奖励，不断地激发用户知识贡献的动力，从而使用户在社区荣誉的激励过程中实现能力的提升。

13.5　信息质量治理策略

13.5.1　增强信息管控和审核，净化社区环境

由第 6 章学术虚拟社区信息质量的影响因素和治理研究可得知，平台技术监测是信息质量提升的重要保障，利用先进的信息过滤、筛选等技术能够及时发现并清除低质信息，提高信息质量。因此，社区管理层应设计良好的信息过滤规则，及时发现并控制噪声信息，降低用户劣质信息行为的可能性，如 ResearchGate 平台就设定了用户每天发送消息的次数，限定垃圾信息的传播。此外，充分利用信息技术自动准确地完成信息筛选、过滤和整合。具体而言，应加强算法创新的数据监测技术，研究信息深层的语义关系，并构建符合现实情境的分类预测模型，通过机器学习度量未知数据的特征和结果，智能筛选广告、恶意评论等劣质信息和重复信息等垃圾信息，从而保障社区高质量信息的传播。另外，本书第 8 章社区特征相关研究表明，对于审核机制更为严格的社区，其用户具有更高的感知贡献。因此，学术虚拟社区有必要强化对低质信息的审核，采取先行于管控手段

① 易明，宋景璟，杨斌，等. 网络知识社区用户需求层次研究[J]. 情报科学，2017（2）：22-26.

的各种信息质量审核技术，避免社区中出现广告植入的虚假信息、恶意刷票点赞及冗余信息等，最大限度地发挥信息效用。首先，社区应制定可执行的审核标准，明确什么样的内容是低质且无用的，如在 ResearchGate 中，涉及敏感词和违禁词、触及相关法律法规、违反社区相应条款、与主题无关和可以用搜索工具轻易检索到的内容是不被允许发布的[①]；其次，社区应严格执行审核标准，当社区内容过多、工作量较大时，可采用技术审核为主、人工审核为辅的方式；最后，还应在新用户加入时明确告知其内容审核标准，或在社区公告栏等显眼位置将审核机制的详情告知所有用户，以预先规范用户行为。

13.5.2 关注用户信息能力培养，提升用户信息素养水平

由第 6 章信息质量相关研究可知，用户的情感诉求、用户特质和参与动机直接影响其感知的信息质量。另外，第 9 章用户知识贡献决策相关研究也表明，当用户认为自身知识积累不足或语言表达能力欠佳时，会倾向于不贡献知识。因此，从用户着手更有利于从根源解决学术虚拟社区信息质量不佳的问题。学术社交网络是典型的用户生成内容社区，社区用户既是信息创造的主体，也是知识库的分享者。社区用户的研究素养（如用户信息认知能力、学术写作能力、外部资源的引用等）以及认知层面的情感诉求和参与动机直接影响信息的表达、知识组织和选择，是学术信息质量的直接影响因素。因此，平台应关注用户信息能力的培养和数字资本的累积，针对不同素养水平的用户开展层次化的信息素养培训，或通过举办信息素养大赛、宣发信息技能指导手册等提升用户整体的信息素养。

13.5.3 设计适宜的奖惩机制，促进社区群体良性演化

第 6 章信息质量的影响因素和治理相关研究表明，对提供优质信息的用户给予奖励、对提供劣质信息的用户实行处罚有利于提高平台信息质量。学术社交网络出台的特定管控规则反映了平台服务方的管理能力，用户对公司能力的认知，会形成对该公司的评价，进而影响对该产品质量的评价[②]。有学者在研究中证明，平台对劣质信息的处罚力度越大越有利于提高社会化

---

① 赵杨，李露琪. 国内外学术社交网络研究现状述评与思考[J]. 情报资料工作，2016（6）：41-47.

② Brown T J，Dacin P A. The company and the product：Corporate associations and consumer product responses[J]. Journal of Marketing，1997，61（1）：68-84.

平台的信息质量，对优质信息的奖励越大，越有利于系统的良性演化①。有效的社区奖励措施包含“积分奖励”“账号加速升级”等。具体地，社区可以给予发布优质信息内容的用户一定的积分奖励，若用户发布的内容未能通过审核或遭到其他用户举报，则扣除相应积分。根据用户积分设定成员等级，积分越高，等级越高，等级更高的用户能够体验更多功能或享有一定特权。例如，在小木虫社区中，用户可通过参与问题讨论、上传学术资源等方式来获得社区虚拟金币。金币数决定用户等级，用户级别由高到低分别是神虫浮云、木虫之王、至尊木虫、铁杆木虫、木虫、金虫、银虫、铜虫、铁虫、新虫和无虫，等级越高的用户在社区内能使用的功能越多②。此外，若用户多次发布不实信息和不当内容，则考虑禁用其账户，以此来保障社区内容的整体质量水平。

① 孙晓阳. 社会化媒体信息质量的影响主体博弈及管控策略研究[D]. 镇江：江苏大学，2016.

② 杨楠. 虚拟学术社区用户知识交流模式及效果评价研究[D]. 长春：吉林大学，2018.

附录1　用户关系对知识交流效果的影响研究调查问卷样例

亲爱的朋友：

您好！十分感谢您于百忙之中抽出时间参与本次问卷调查。本问卷旨在探究学术虚拟社区的用户关系对知识交流效果的影响。本问卷采用匿名调查的方式，您的回答我们将严格保密，并且所有数据仅用于学术研究，请您放心作答。问卷答案没有对错之分，请您根据自己的真实感受作答。您的看法和观点对本研究至关重要，务必请您认真作答，感谢您的参与！

在回答本问卷之前，请您明确：学术虚拟社区定义为通过网络技术手段，为有学术兴趣和知识需求的人们提供知识交流和互动的网络空间，诸如 ResearchGate、小木虫和经管之家等。为了避免您过往参与学术虚拟社区经历的干扰，本问卷将学术虚拟社区设定为A社区。

第1部分　情 景 问 题

1. *感知互惠性*

A 社区设有专门的“学术答疑”和“资源求助”版块，当社区用户有学术问题或者资源求助时，即可在上述版块发帖。假设你是小 A，主修专业为经济学，你和其他用户的部分学术交流内容如附图 1.1 所示。

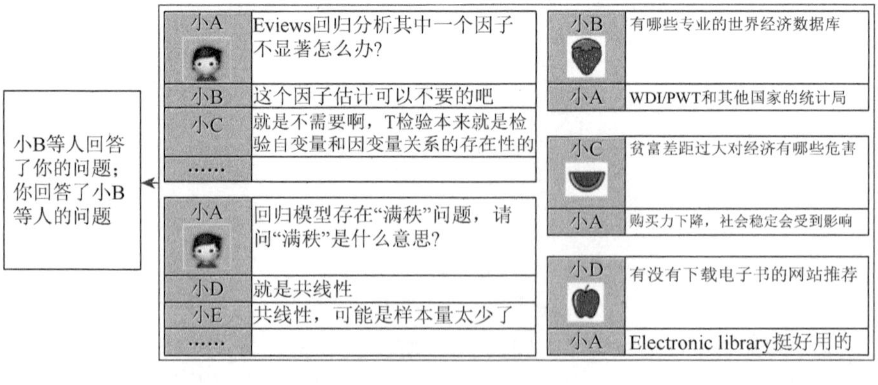

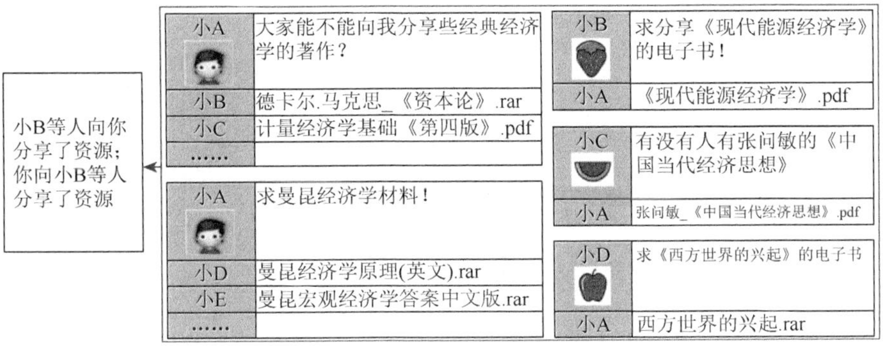

附图 1.1　感知互惠性情景操纵

感知互惠性[矩阵单选题]

项目	非常不同意	不同意	不确定	同意	非常同意
当我回答 A 社区其他用户的学术问题时，我认为今后我的学术疑问也会得到他们的解答					
当我向 A 社区其他用户分享学术资源时，我认为今后他们也会分享我需要的学术资源					
当 A 社区其他用户解答我的学术疑问时，我认为今后我不会回答他们的学术问题					
我感觉 A 社区用户之间能够互相提供学术上的帮助					

2. 感知关系持久性

在某权威学术机构发布的“2019 年学术虚拟社区调查报告”中，A 社区的注册用户数量和平均每月新增用户数量分别约为 2500 万人和 40 万人，其他社区平均为 500 万人和 10 万人，具体数据如附图 1.2 所示。

名称	A社区
类型	学术虚拟社区
注册用户/万人	2500～2600
平均每月新增注册用户/万人	30～50
日活量/人次	200～230

附图 1.2　感知关系持久性情景操纵

感知关系持久性[矩阵单选题]

项目	非常不同意	不同意	不确定	同意	非常同意
根据A社区的注册用户数量，我认为用户之间可以长期相互解答学术疑问					
根据A社区的注册用户数量，我认为用户之间可以长期相互分享学术资源					
根据A社区的新增用户数量，我认为该社区在用户之间相互解答学术疑问上的影响会越来越大					
根据A社区的新增用户数量，我认为该社区在用户之间相互分享学术资源上的影响会越来越大					
根据A社区的注册用户数量，我认为A社区可以长期为用户之间学术交流提供帮助					
根据A社区的新增用户数量，我认为A社区在为用户之间学术交流提供帮助上具有良好的发展前景					
我感觉A社区能够长久地为用户之间的学术交流提供帮助					

3. 感知连接性

当你在浏览A社区时，可以在版块导航功能中选择感兴趣的学术群组或学术话题，如附图1.3所示。

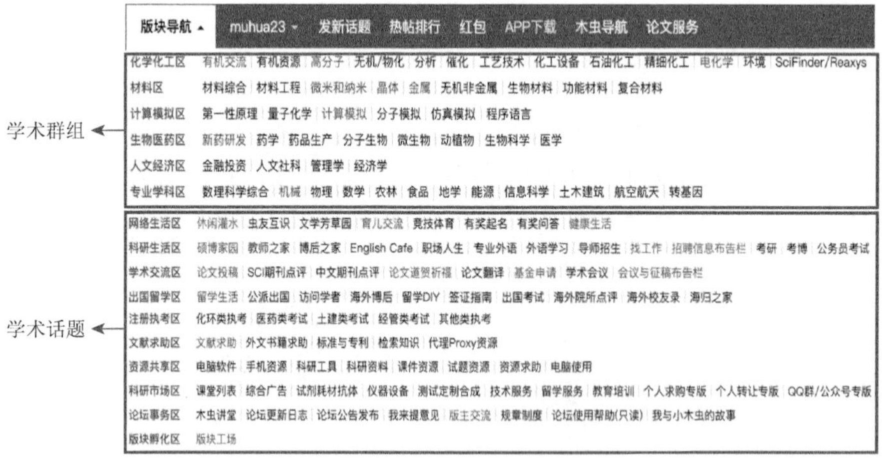

附图1.3 学术群组和学术话题

同时，你可以通过在主版块和子版块对用户或者话题进行搜索，并且可以选择不同的版块或者不同的发帖时间进行搜索，如附图 1.4 所示。

附图 1.4　主版块和子版块搜索

小 B 是 A 社区的用户，当你想与他交流时，A 社区提供了收听、加好友、留言以及打招呼等方式；当你想对他的评论进行回复时，A 社区提供了点赞、回复和私信等功能，如附图 1.5 所示。

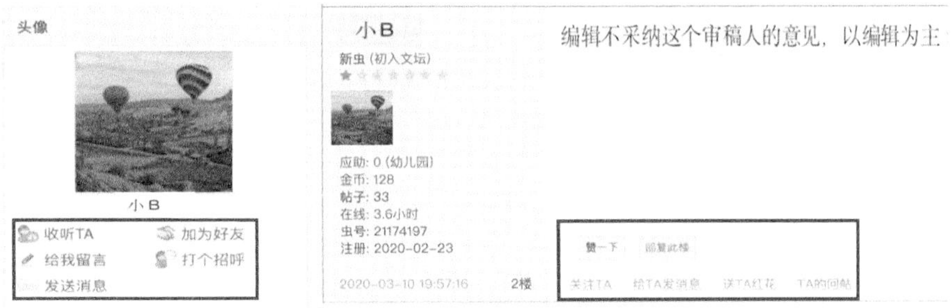

附图 1.5　社区互动功能

同时，A 社区为每个用户提供了 100GB 的资源存储空间和 5MB/s 的上传下载网速，其他社区提供的存储空间和上传下载速度普遍在 10GB 和

1MB/s 左右。此外，A 社区的资源总量超过 23 万个，其他社区平均资源数约为 5 万个，如附图 1.6 所示。

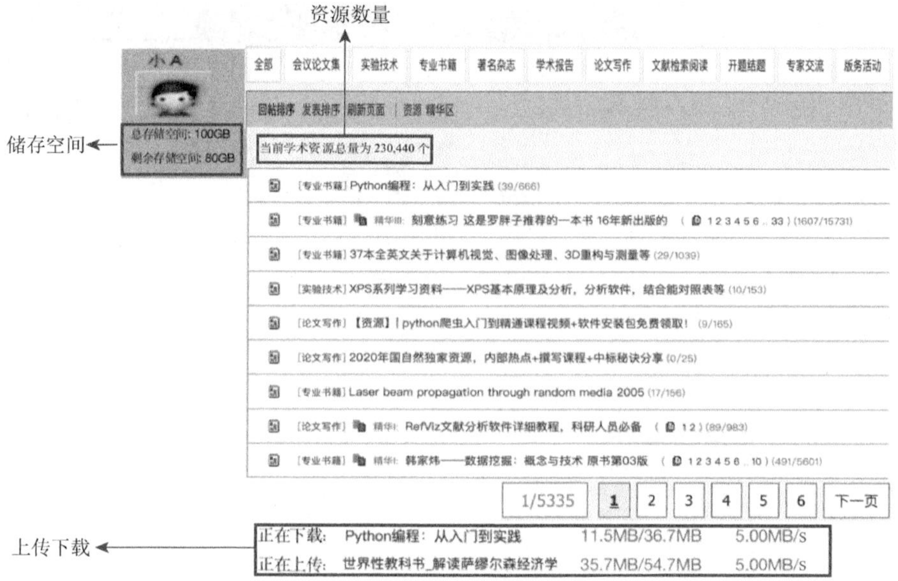

附图 1.6　社区资源

感知连接性[矩阵单选题]

项目	非常不同意	不同意	不确定	同意	非常同意
根据 A 社区提供的学术群组，我能够找到感兴趣的学术版块					
根据 A 社区提供的学术话题，我能够找到感兴趣的学术话题					
根据 A 社区提供的搜索功能，我能够便捷地搜索到学术同行					
根据 A 社区提供的搜索功能，我能够便捷地搜索到感兴趣的学术话题					
根据 A 社区提供的交流工具，我能够方便地与同行之间相互解答学术疑问					
根据 A 社区提供的上传下载网速和存储空间，我能够方便地与学术同行分享学术资源					
根据 A 社区中的学术资源数量，我能够找到自己所需要的学术资源					
我感觉通过 A 社区可以方便地与同行进行学术交流					

4. 感知平等性

A 社区在用户服务条款中有如附图 1.7 所示的规范。

4 使用规则

4.1 为了促成知识交流的良好氛围，本社区的所有服务功能均对社区用户开放，每个用户对诸如发帖、评论以及上传下载资源等所有功能都拥有同样的使用权限。

……

5 知识产权

5.1 本社区中的所有文本、图片、图形、音频和/或视频资料均受版权、商标和/或其他财产所有权法律的保护，为了维护社区用户的利益，社区中的所有学术资源均对每个用户免费开放，资源所有者分享后即可下载使用。

……

附图 1.7　社区规范

感知平等性[矩阵单选题]

项目	非常不同意	不同意	不确定	同意	非常同意
依据 A 社区的规范，我认为 A 社区的每个用户都能够提出自己的学术问题					
依据 A 社区的规范，我认为 A 社区的每个用户都能够对其他用户提出的学术问题进行回复					
依据 A 社区的规范，我认为 A 社区的每个用户都能够分享自己的学术资源					
依据 A 社区的规范，我认为 A 社区的每个用户都能够下载其他用户分享的学术资源					
依据 A 社区的规范，我感觉 A 社区的每个用户都能够使用该社区提供的知识交流服务					

5. 感知相似性

作为经济学专业的学生，你在这学期选修了博弈论的课程，希望能够在 A 社区浏览关于博弈论的学科话题以及下载相应的学术资料。你使用“博弈论”这一关键词在 A 社区的话题区和资源库中进行了搜索，发现了 38759 个博弈论话题数量和 15984 个博弈论学术资源，如附图 1.8 所示。

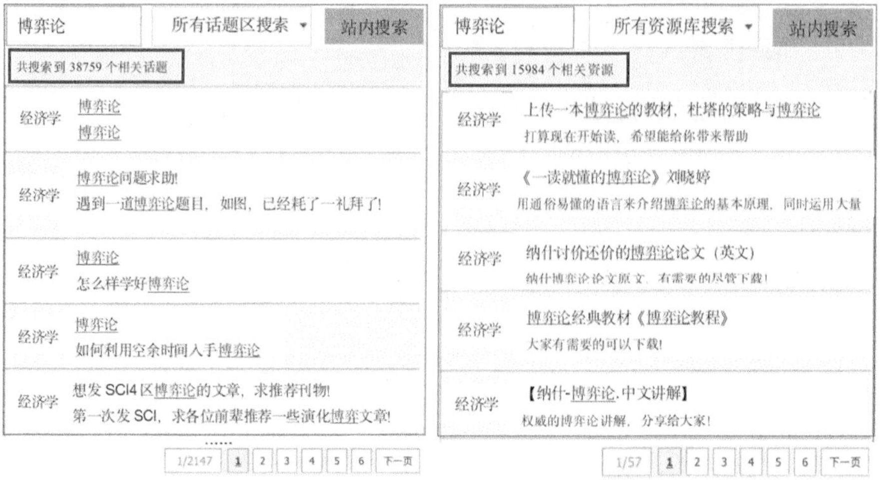

附图 1.8 “博弈论”话题搜索结果

感知相似性[矩阵单选题]

项目	非常不同意	不同意	不确定	同意	非常同意
A 社区里有我感兴趣的学术话题					
A 社区里有我所需要的学术资源					
我感觉 A 社区有我的学术同行					
A 社区里没有我所需要的学术资源					
我感觉 A 社区与我的专业是相关的					

第 2 部分 认知信任与情感信任和知识交流效果

认知信任[矩阵单选题]

项目	非常不同意	不同意	不确定	同意	非常同意
当我在 A 社区提出学术问题时，我相信 A 社区其他用户有能力解答我的问题					
当我向 A 社区求助专业的学术资源时，我相信他们有能力提供这些学术资源					
当我在 A 社区解答其他用户的学术问题时，我相信他们有能力理解我提供的答案					
当我在 A 社区分享专业的学术资源时，我相信他们有能力利用这些学术资源					
A 社区是专业的学术社区，我相信 A 社区用户之间有能力提供彼此需要的学术帮助					

情感信任[矩阵单选题]

项目	非常不同意	不同意	不确定	同意	非常同意
当A社区其他用户有能力解答我的学术问题时，我相信他们会回答我的问题					
当A社区其他用户有优质的学术资源时，我相信他们会在A社区分享这些资源					
当A社区其他用户有能力在学术上帮助别人时，我相信他们会提供帮助					

感知学习[矩阵单选题]

项目	非常不同意	不同意	不确定	同意	非常同意
我认为在A社区我的学术问题得到了专业的解答					
我认为在A社区我获得了我所需要的学术资源					
我认为A社区在学术上给我提供了有价值的帮助					

感知贡献[矩阵单选题]

项目	非常不同意	不同意	不确定	同意	非常同意
我感觉我对A社区其他用户的学术问题给出了专业的解答					
我感觉我向A社区其他用户分享了专业的学术资源					
我感觉在学术上我给A社区其他用户提供了有价值的帮助					

第3部分　个人信息

您的性别[单选题]

○男　　○女

您的年龄[单选题]

○18岁以下　○18～25岁　○26～35岁　○36～45岁　○45岁以上

您正在攻读或已获得的最高学位是[单选题]

○大专及以下　○本科　○硕士　○博士（含在读）

您曾经使用过的学术虚拟社区包括[多选题]

○ResearchGate　○小木虫　○经管之家　○丁香园　○科学网

○知乎　○果壳网　○CSDN　○其他　○未曾使用过

您使用学术虚拟社区的年限[单选题]

○1 年以下　○1～3 年　○3～5 年　○5 年以上

您使用学术虚拟社区的频率[单选题]

○几乎每天使用　○一周 3～5 次　○一周 1 次　○1 个月 3～5 次

○1 个月 1 次　○几乎不使用

附录2　系统功能对知识交流效果的影响研究调查问卷样例

亲爱的朋友：

您好！非常感谢您在百忙之中参加此次问卷调查！本研究旨在调查学术虚拟社区的功能设计对知识交流效果的影响。本问卷不记姓名，您的回答将严格保密，仅供学术研究所用，请您放心如实填写。

在回答本问卷之前，请您明确：学术虚拟社区指的是具有共同专业兴趣和学习需求的人们，利用多种网络技术，进行相互学习、知识交流的虚拟空间。例如，小木虫、科学网、经管之家等均为学术虚拟社区。

几个小提示：

1. 本问卷将学术虚拟社区设定为A社区，其中涉及的文字和图片材料，请您仔细阅读，这样将明显提高您回答问题的效率；

2. 本问卷问题的答案没有对错之分，请以文字材料和图片设定的虚拟情景和您的直观感受作答；

3. 请依次逐题作答，以免遗漏文字材料和问题。

第1部分　情景问题

1. 感知导航功能价值

（1）菜单导航功能如附图2.1所示，菜单导航包括主导航、辅助导航和地图导航。主导航下分四级菜单，点击上级菜单，从属的下级菜单随即展开；辅助导航位于三、四级菜单下的内容页面，可精选主题类别；地图导航全面地展示了整个社区的功能和内容。

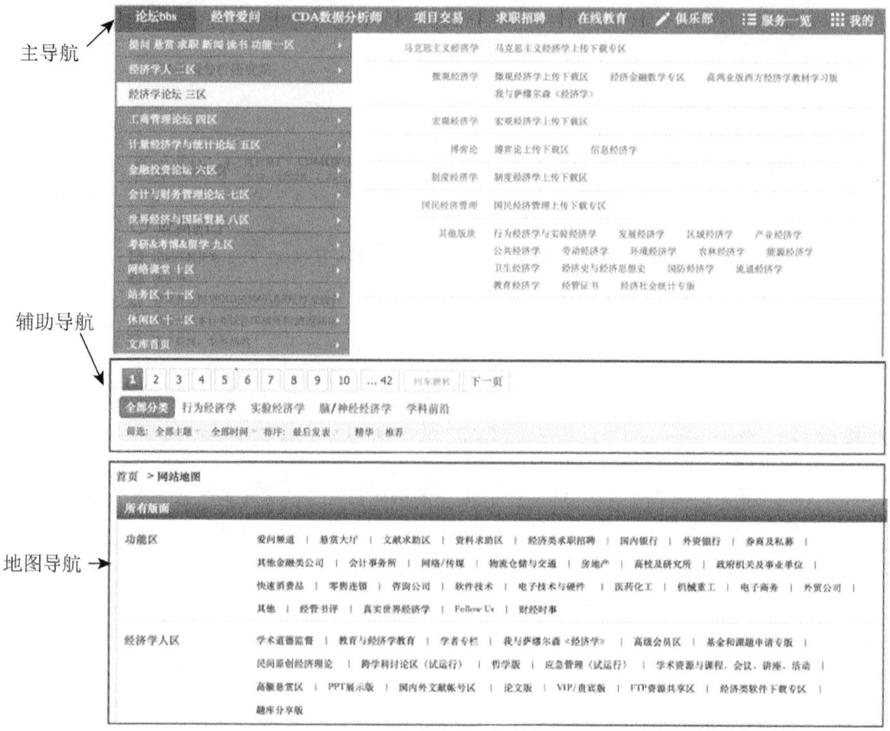

附图 2.1　菜单导航功能

感知菜单导航功能价值[矩阵单选题]

项目	非常不同意	不同意	不确定	同意	非常同意
该菜单导航是容易使用的					
该菜单类目的分类是完整详尽的					
我可以快速定位到所需知识					
总的来说，该菜单导航具有较高的使用价值					

（2）导航结构功能如附图 2.2 所示，版块主题按照主导航中的菜单分类设置，即与主导航中的菜单分类相同，版块主题之间纵向排列，每一版块单独占据一块页面，且版块中每一行排列两个二级主题，主题和注释均用不同的字体呈现。

附图 2.2　导航结构功能

感知导航结构功能价值[矩阵单选题]

项目	非常不同意	不同意	不确定	同意	非常同意
该导航结构的主题描述是清晰的					
有利于我了解 A 社区的知识分类体系					
可以引导我快速找到所需知识					
总的来说，该导航结构具有较高的使用价值					

2. 感知知识获取功能价值

（1）检索功能如附图 2.3 所示，一个页面有三处检索框，分别是位于网页首部的主搜索、位于网页中部的副搜索和位于底部的副搜索，不同的检索框随页面拉动位置展现，同时还支持主题词检索、全文检索、词条检索等多种形式的检索。

附图 2.3　检索功能

您想学习博弈论相关的知识，于是在主搜索框内输入检索词“博弈论”，检索结果如附图 2.4 所示，可按照帖子、附件、文献、问答、用户名的形式分成 5 类，分类别单独展示对应结果，其中相关的帖子就有 1000+（不包括其他类别），帖子可按照回复时间和热度降序排列。

附图 2.4　检索结果

点击附件，跳转到附件结果页（附图 2.5），页面中展示的均是其他用户分享的文件，可直接查看和下载。

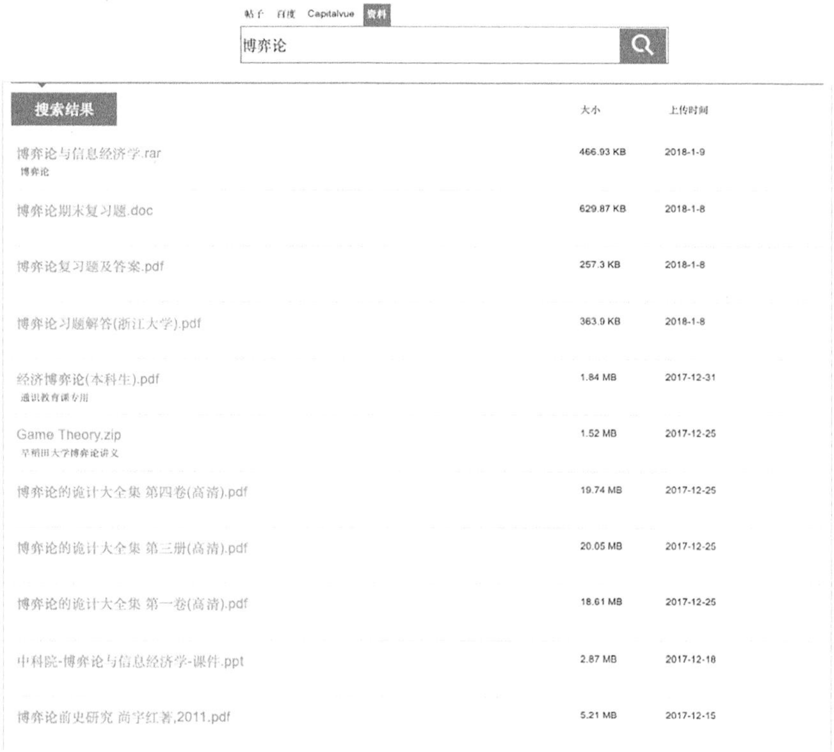

附图 2.5　附件结果

感知检索功能价值[矩阵单选题]

项目	非常不同意	不同意	不确定	同意	非常同意
搜索功能是多样的					
检索结果页面是友好的					
检索结果能满足我的知识需求					
检索结果的排序能满足我的知识需求					
总的来说，该检索功能具有较高的使用价值					

（2）个性化知识推荐功能：由于您在 2019 年 1 月 25 日浏览并搜索了关于博弈论和 SPSS 数据分析相关的知识，于是在第二天，A 社区就根据您的历史行为，向您推荐了相关的文章和帖子。如附图 2.6 所示，左侧一栏是推荐的时间，这些时间恰好是每次您使用该社区的第二天，灰色的字体代表已经查看，黑色的字体代表还未查看；右侧是不同时间内推荐的您未曾阅读过的具体知识，可点击查看、收藏或删除，每次推荐的知识也会根据这些行为的反馈调整，同一文章和帖子不会重复推荐。

附图 2.6 个性化知识推荐功能

感知个性化知识推荐功能价值[矩阵单选题]

项目	非常不同意	不同意	不确定	同意	非常同意
我能及时收到社区发布的与我兴趣相关的内容					
推荐的知识是新颖的					
推荐的知识对我是有帮助的					
总的来说，该个性化知识推荐功能具有较高的使用价值					

3. 感知知识分享功能价值

（1）知识分享的基础功能：附图 2.7 为编辑和附件上传功能，顶部为工具栏，中部为内容模板，格式可直接嵌套，底部有附件上传部分，不仅可以添加多个附件，也可将附件以超链接形式插入原文，还能删除已添加附件；附图 2.8 为转发功能，可支持转发平台 100+，也支持“一键转发”（即同时转发到绑定的多个平台），还支持邮件转发。

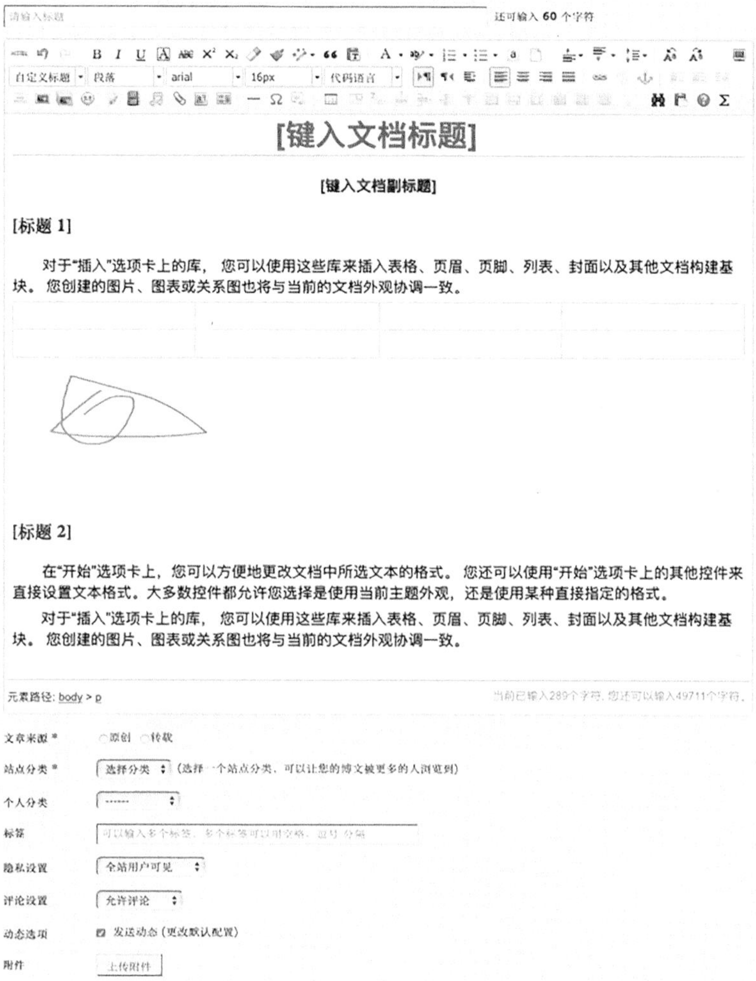

附图 2.7　编辑和附件上传功能

附图 2.8　转发功能

感知知识分享的基础功能价值[矩阵单选题]

项目	非常不同意	不同意	不确定	同意	非常同意
附件上传功能是使用灵活的					
编辑功能的交互是友好的					
转发功能是完善的					
该知识分享的基础功能可以让我非常方便地分享知识					
总的来说，该知识分享的基础功能具有较高的使用价值					

（2）知识分享的反馈功能如附图 2.9 所示，您分享的每篇文章，标题旁都有查看数、回复数、点赞数、收藏数、分享数。

附图 2.9　知识分享的反馈功能

感知知识分享的反馈功能价值[矩阵单选题]

项目	非常不同意	不同意	不确定	同意	非常同意
我能够了解知识的受欢迎程度					
我能够了解他人对我分享的知识的观点					
提高了我在 A 社区中分享知识的积极性					
总的来说，该知识分享的反馈功能具有较高的使用价值					

4. 感知交互功能价值

（1）异步与同步交互功能如附图 2.10 所示，异步交互功能为“加为好友”“给我留言”、“发送邮件”和帖子下的“回帖”；同步交互功能为“发送消息”“语音聊天”“视频聊天”。

您目前有学习博弈论相关知识的需求，便使用这些功能与好友进行交流，在其他社区中平均 3 天才能得到结果反馈，在 A 社区只需 1 天便收到了结果反馈。您的好友通过邮件发给您几本博弈论相关的书籍，您也分享了自己的学习经验和曾经发表过的文章。

附图 2.10　异步与同步交互功能

根据以上材料回答以下哪些异步与同步交互功能是 A 社区提供的[矩阵多选题]

功能	给我留言	发送邮件	发送消息	语音聊天	视频聊天	加为好友	回帖
异步交互功能							
同步交互功能							

您会首先选择哪种功能与其他用户联系[单选题]

○回帖　○给我留言　○发送邮件　○发送消息　○语音聊天　○视频聊天

感知异步与同步交互功能价值[矩阵单选题]

项目	非常不同意	不同意	不确定	同意	非常同意
该异步交互功能的多样性能够满足我的使用需求					
该同步交互功能的多样性能够满足我的使用需求					
交互的时效性是较高的					
A 社区提供的交互功能有利于我获得知识帮助					
A 社区提供的交互功能方便我为他人提供知识帮助					
总的来说，该交互功能具有较高的使用价值					

（2）好友推荐功能如附图 2.11 所示，在“好友”版块，设有“好

友推荐”功能，由于最近您一直在社区内学习博弈论相关的知识，此功能为您推荐了社区内就博弈论相关知识曾发表过许多内容的中高级用户。

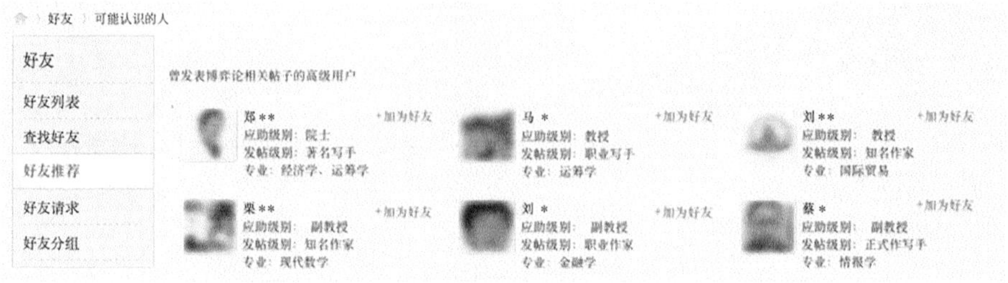

附图 2.11 好友推荐功能

感知好友推荐功能价值[矩阵单选题]

项目	非常不同意	不同意	不确定	同意	非常同意
为我推荐了很多兴趣相同的朋友					
推荐的朋友是可靠的					
我愿意向推荐的好友请教知识					
我愿意向推荐的好友分享有价值的知识					
总的来说，该好友推荐功能具有较高的使用价值					

5. 感知个人知识管理功能价值

在“个人空间”中设有“知识管理”版块，该版块由主题分类和主题地图两个功能组成。

（1）主题分类功能如附图 2.12 所示，社区系统自动将主题按照学科类别进行分类，同时允许用户按照个人习惯自定义主题名称和类别，一旦用户设置完成，系统将不再自动分类，用以全面且系统地展示个人在社区中阅读和分享过的所有主题。

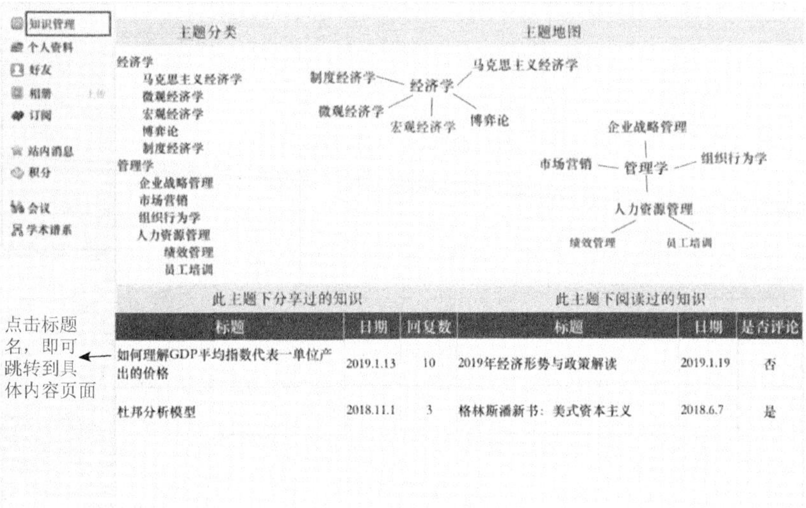

附图 2.12　主题分类功能

感知主题分类功能价值[矩阵单选题]

项目	非常不同意	不同意	不确定	同意	非常同意
该主题分类功能能够使我清晰地了解自己涉猎的知识类别					
该主题分类功能使得已有知识的查找更容易					
该主题分类功能满足我知识分类的需求					
该主题分类功能可以提供个性化服务					
总的来说，该主题分类功能具有较高的使用价值					

（2）主题地图功能如附图 2.12 所示，可以可视化展示每位用户学习过的主题（包括自定义主题），当用户点击主题地图中的某一主题，下方分别呈现用户在此主题下分享过和阅读过的知识，点击标题名即可浏览具体内容。

感知主题地图功能价值[矩阵单选题]

项目	非常不同意	不同意	不确定	同意	非常同意
该主题的展示形式使我清楚地了解自己涉猎的所有主题					
该主题的展示形式方便我查看每个主题下阅读和分享过的具体知识					
该主题的展示形式符合我的知识使用需求					
总的来说，该主题的展示形式具有较高的使用价值					

第 2 部分　知识交流效果

感知学习[矩阵单选题]

项目	非常不同意	不同意	不确定	同意	非常同意
我可以在 A 社区积累知识					
使用 A 社区可以促进我学习					
使用 A 社区我的专业问题能够得到解决					
使用 A 社区我能获得知识上的帮助					
我无法在 A 社区积累知识					
总的来说，在 A 社区我能获得良好的知识学习效果					

感知贡献[矩阵单选题]

项目	非常不同意	不同意	不确定	同意	非常同意
在 A 社区我的知识可以被更多的人了解					
在 A 社区我的知识对他人是有帮助的					
在 A 社区我可以为他人提供学术上的支持					
在 A 社区中我是个有用的人					
总的来说,在 A 社区我能获得良好的知识贡献效果					

第 3 部分　个 人 信 息

（与附录 1 第 3 部分内容类似，略）

附录3　激励机制对知识贡献效果的影响研究调查问卷样例

亲爱的朋友：

感谢您参加此次调查！本问卷不记姓名，答案没有对错之分，调查结果将严格保密，仅供学术研究使用，请您放心填写。

在回答本问卷之前，请您明确：

虚拟社区是一种由互联网用户间互动而产生的一种社会群体形式。学术虚拟社区中的知识贡献通俗来讲就是具有专业知识的用户向其他用户提供专业上的帮助的过程，具体表现为发表评论、分享内容、问答问题等。本研究重点关注以知识活动为主要内容的虚拟社区，如知乎、豆瓣、简书、小木虫、经管之家等社区。

几个小提示：

1. 本问卷为情景式问卷，并将研究对象虚拟为A社区，A社区是一个以知识活动为导向的虚拟社区，用户分享着彼此的知识、经验和见解。请您仔细阅读提供的文字和图片材料作答；

2. 问卷答案没有对错之分，请您基于自身的真实感受作答；

3. 请您依次逐题作答，不要遗漏背景材料和问题。

第1部分　情 景 部 分

请您仔细阅读以下情景材料中关于A社区的激励机制，结合自身真实感受回答情景材料后面的问题。

情景一：物质激励

1. *虚拟货币奖励*

A社区设置了社区金币，用户可通过回答问题、上传资源等方式获得。社区金币可用于求助悬赏和下载资源等。其中，问题求助悬赏初始金币不少于1个，用户可根据问题难易程度以及紧急程度自行调整。

如附图 3.1 和附图 3.2 所示，你在悬赏区看到一名用户的求助（悬赏金为 20 个论坛币），问题正好涉及你的专业领域，于是你在评论区给予了解答。四天后，该用户采纳了你的回答，向你发放了悬赏金（25 个论坛币）。

附图 3.1　问题求助及悬赏金额页面

附图 3.2　问题采纳及悬赏到账页面

2. 金钱奖励

该论坛开设了“大咖讲座”的活动，由活动主办人主讲，其他用户参与听讲和问答，并向活动参与者收取一定的金钱作为入场费。如附图 3.3 和附图 3.4 所示，你根据自己的专业知识，举办了一场面向专业新人的经验分享会，并在活动结束后收到了来自参与者入场费的 90%作为知识贡献的奖励。

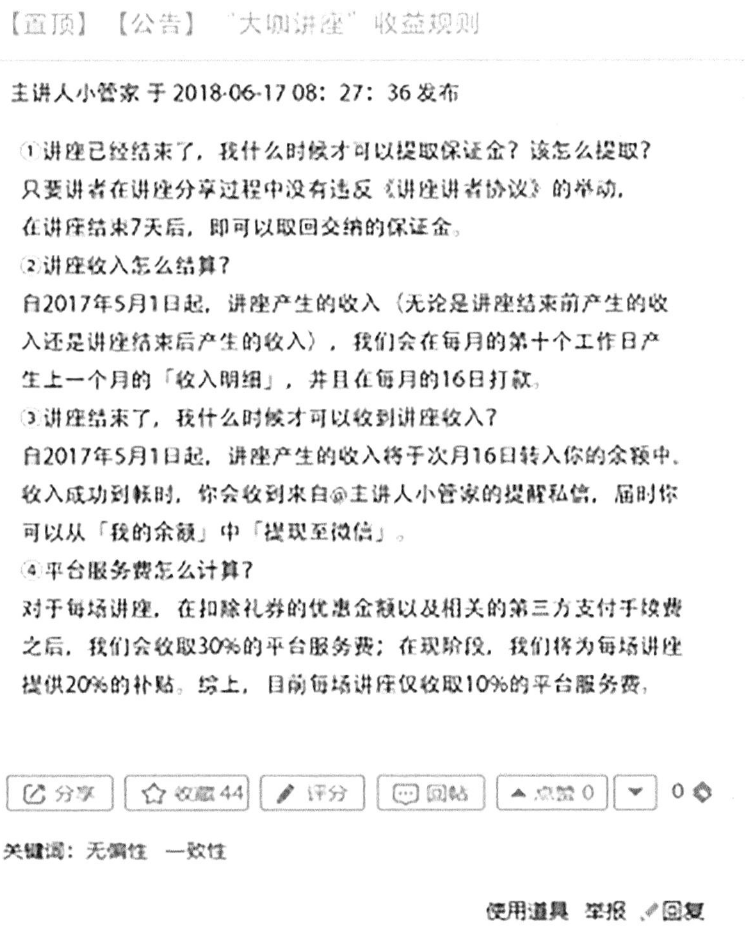
【置顶】【公告】“大咖讲座”收益规则

主讲人小管家 于 2018-06-17 08：27：36 发布

①讲座已经结束了，我什么时候才可以提取保证金？该怎么提取？
只要讲者在讲座分享过程中没有违反《讲座讲者协议》的举动，
在讲座结束7天后，即可以取回交纳的保证金。
②讲座收入怎么结算？
自2017年5月1日起，讲座产生的收入（无论是讲座结束前产生的收入还是讲座结束后产生的收入），我们会在每月的第十个工作日产生上一个月的「收入明细」，并且在每月的16日打款。
③讲座结束了，我什么时候才可以收到讲座收入？
自2017年5月1日起，讲座产生的收入将于次月16日转入你的余额中。收入成功到帐时，你会收到来自@主讲人小管家的提醒私信，届时你可以从「我的余额」中「提现至微信」。
④平台服务费怎么计算？
对于每场讲座，在扣除礼券的优惠金额以及相关的第三方支付手续费之后，我们会收取30%的平台服务费；在现阶段，我们将为每场讲座提供20%的补贴。综上，目前每场讲座仅收取10%的平台服务费。

分享　收藏44　评分　回帖　点赞0　0

关键词：无偏性　一致性

使用道具　举报　回复

附图 3.3　讲座收益规则公告

附图 3.4　讲座结束及奖励发放

1. 基于上述情景回答以下问题[矩阵单选题]

项目	非常不同意	不同意	不确定	同意	非常同意
我在 A 社区得到的虚拟货币奖励很多					
我在 A 社区得到的金钱奖励很多					
A 社区对知识贡献的金钱奖励力度很大					
A 社区对知识贡献的物质奖励很丰厚					

情景二：精神激励

1. 社区认同

如附图 3.5 所示，在用户采纳了你的回答后，论坛管理员认为你的回答十分有价值，因此将你的回复设为“精彩帖子”，并为你增加了“学术水平”“信用等级”“热心指数”的分数。同时，你收获了其他用户的 25 个点赞。

附图 3.5　社区认同奖励

2. 社区荣誉

A 社区中，学术水平较高、热心帮助其他用户、信用水平较高等的用户，可以按规则在勋章中心领取对应等级的勋章。如附图 3.6 所示，你因为经常帮助解决其他用户的问题，领取了“初级热心勋章”。

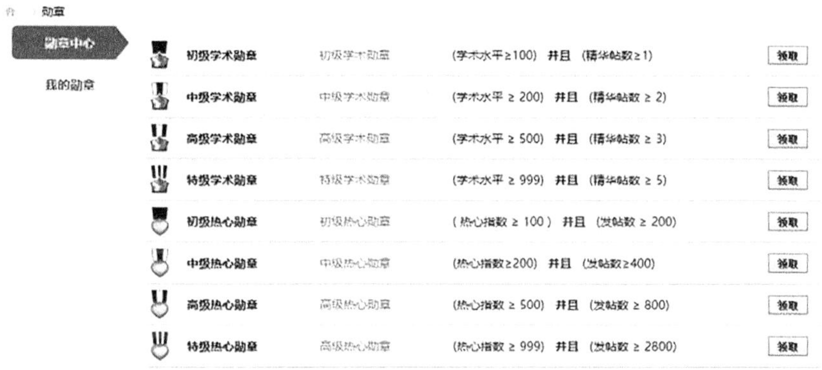

附图 3.6 勋章中心

2. 基于上述情景回答以下问题[矩阵单选题]

项目	非常不同意	不同意	不确定	同意	非常同意
我在 A 社区感受到了他人的称赞					
我在 A 社区的知识贡献得到了尊重					
我在 A 社区的知识贡献得到了认可					
我在精神上得到了很大的鼓励					

情景三：环境激励

1. 互惠规范

如附图 3.7 和附图 3.8 所示，你在 A 社区看到“30 天热门”的版面中列出了近一个月内论坛讨论的热点，每个帖子都有几十到几百的不同回复量。

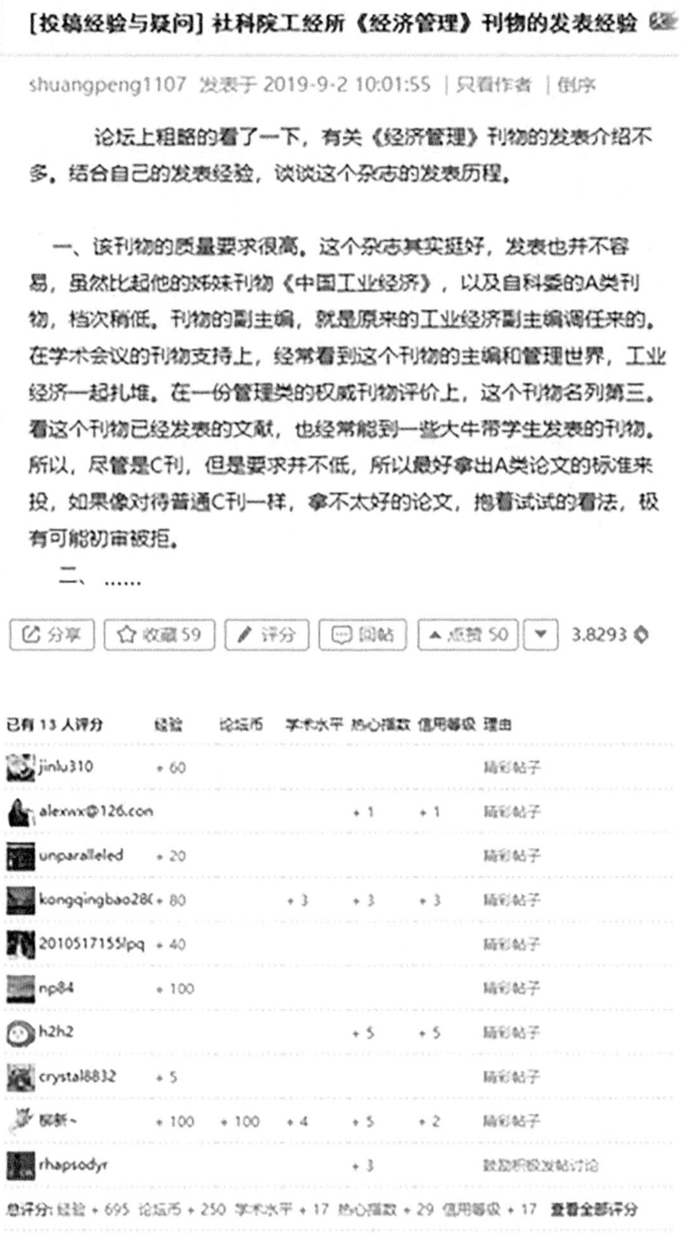

[投稿经验与疑问] 社科院工经所《经济管理》刊物的发表经验

shuangpeng1107 发表于 2019-9-2 10:01:55 | 只看作者 | 倒序

论坛上粗略的看了一下，有关《经济管理》刊物的发表介绍不多。结合自己的发表经验，谈谈这个杂志的发表历程。

一、该刊物的质量要求很高。这个杂志其实挺好，发表也并不容易，虽然比起他的姊妹刊物《中国工业经济》，以及自科委的A类刊物，档次稍低。刊物的副主编，就是原来的工业经济副主编调任来的。在学术会议的刊物支持上，经常看到这个刊物的主编和管理世界，工业经济一起扎堆。在一份管理类的权威刊物评价上，这个刊物名列第三。看这个刊物已经发表的文献，也经常能到一些大牛带学生发表的刊物。所以，尽管是C刊，但是要求并不低，所以最好拿出A类论文的标准来投，如果像对待普通C刊一样，拿不太好的论文，抱着试试的看法，极有可能初审被拒。

二、……

分享 | 收藏 59 | 评分 | 回帖 | 点赞 50 | 3.8293

已有 13 人评分	经验	论坛币	学术水平	热心指数	信用等级	理由
jinlu310	+ 60					精彩帖子
alexwx@126.con				+ 1	+ 1	精彩帖子
unparalleled	+ 20					精彩帖子
kongqingbao28(	+ 80		+ 3	+ 3	+ 3	精彩帖子
2010517155lpq	+ 40					精彩帖子
np84	+ 100					精彩帖子
h2h2				+ 5	+ 5	精彩帖子
crystal8832	+ 5					精彩帖子
探新~	+ 100	+ 100	+ 4	+ 5	+ 2	精彩帖子
rhapsodyr				+ 3		鼓励积极发帖讨论

总评分: 经验 + 695 论坛币 + 250 学术水平 + 17 热心指数 + 29 信用等级 + 17 查看全部评分

附图 3.7 论坛热点

你打开一篇经验分享的帖子，这篇帖子共有 68 个回复、59 次收藏、50 次点赞、13 人为它评分和为作者增加积分，而该帖子的评论也有多人点赞。你查看了其他热门帖子，发现情况相似。

附图 3.8　热门帖子

2. 活跃度

A 社区设有活跃度等级，用户的发帖、回帖、点赞、分享、签到等社区活跃行为能够获得积分，根据积分排名，用户有不同的附件下载次数上限，具体如附图 3.9 所示。

用户行为	活跃度分值变化
奖励他人论坛币	+3
发布帖子	
上传附件	
关注他人	+1
点赞他人	
回帖他人	
分享帖子	
下载附件	+0.5
签到	

活跃度排名	每日下载次数上限
1%～20%	28次
20%～40%	16次
40%～60%	11次
60%～80%	9次
80%～100%	7次

附图 3.9　活跃度赋分规则

3. 基于上述情景回答以下问题[矩阵单选题]

项目	非常不同意	不同意	不确定	同意	非常同意
我觉得 A 社区的用户互动氛围很好					
我觉得用户愿意分享自己的见解					
我觉得用户反馈比较积极					
我觉得该社区的互惠氛围不错					

阅读完以上社区情景后，根据你对在社区进行知识贡献行为的整体感受，回答以下问题。

4. 感知利他[矩阵单选题]

项目	非常不同意	不同意	不确定	同意	非常同意
我觉得在 A 社区上传专业资料会对他人有用					
我觉得在 A 社区的专业性回答会帮助到他人					
我觉得在 A 社区真实详细的经验分享会为他人提供指导					

5. 感知愉悦[矩阵单选题]

项目	非常不同意	不同意	不确定	同意	非常同意
我觉得在 A 社区解决别人的问题求助会很有成就感					
我觉得在 A 社区回答问题获得奖励会很开心					

6. 感知认同[矩阵单选题]

项目	非常不同意	不同意	不确定	同意	非常同意
我会认真遵守 A 社区的互惠规范					
成为 A 社区的一分子，我很开心					
当有人评价 A 社区不错时，我会很开心					
当有人求助专业问题时，我会向他推荐 A 社区					

7. 知识贡献意愿[矩阵单选题]

项目	非常不同意	不同意	不确定	同意	非常同意
我愿意在 A 社区上传专业资料来帮助他人					
当 A 社区成员有我熟悉的专业问题求助时，我愿意提供帮助					
我愿意在 A 社区分享我的经验					

8. 满意度[矩阵单选题]

项目	非常不同意	不同意	不确定	同意	非常同意
我对在 A 社区贡献知识后的物质回报感到满意					
我对在 A 社区贡献知识后被赞同/感谢/认可感到满意					
我对在 A 社区贡献知识后其他用户也积极贡献知识感到满意					
我对在 A 社区贡献知识的经历感到满意					

9. 感知知识贡献效果[矩阵单选题]

项目	非常不同意	不同意	不确定	同意	非常同意
在 A 社区我的知识对他人是有帮助的					
在 A 社区我可以为他人提供专业上的支持					
在 A 社区我的知识可以被更多人了解					
在 A 社区我是个有用的人					
在 A 社区我能获得良好的知识贡献效果					

第 2 部分　个 人 信 息

（与附录 1 第 3 部分内容类似，略）

附录 4　社区特征对知识交流效果的影响研究调查问卷样例

亲爱的朋友：

您好！感谢您在百忙之中参加此次问卷调查！本研究旨在调查不同类型的学术虚拟社区在规范、内容、交互方面的特征对知识交流效果的影响。本问卷将采用匿名调查的方式，并严格保密您的回答，调查结果仅用于学术研究，请您放心作答。

在回答本问卷之前，请您明确以下定义：学术虚拟社区是指具有相同或相似科研需求和学术兴趣的科研工作者，利用网络技术，分享学术资源、交流学术话题的互联网虚拟空间，如小木虫、科学网、ResearchGate等。本问卷中的 A 社区是虚拟研究对象，请您仔细阅读相关文字和图片材料。

本问卷的答案没有对错之分，请根据您的真实感受作答，您的看法和观点对我们的研究至关重要，感谢您的参与！

第 1 部分　情 景 问 题

1. 社区参与限制

A 社区在其注册页面提出了注册要求（附图 4.1），用户需要提交姓名、研究领域、所在机构等真实信息，会有专门人员对信息进行核实，审核通过才能正式加入社区。

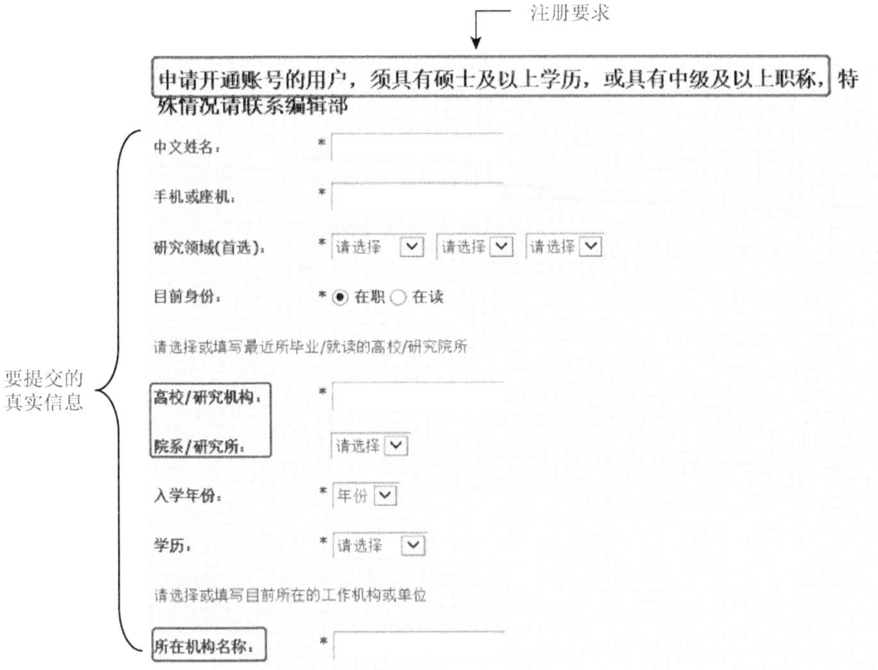

附图 4.1　社区注册要求

请基于以上特征回答下列问题。

项目	非常不同意	不同意	不确定	同意	非常同意
我认为 A 社区对参与用户的身份是有限制的					
我认为 A 社区的参与是有一定门槛的					
我认为 A 社区的注册流程是严格的					
我感觉 A 社区对用户的参与有严格的要求					

2. 审核严格性

在 A 社区中，您在“论文投稿”的话题下发布了关于“学术会议”的内容，第二天收到社区发送的通知称该内容没有通过审核，已被删除。您用从百度随意检索、复制得来的内容回答了用户提出的学术疑问，也被社区删除了。此外，社区还规定您发布的内容不能涉及敏感词和违禁词、不能触及法律法规。

请基于以上特征回答下列问题。

项目	非常不同意	不同意	不确定	同意	非常同意
根据 A 社区对话题无关内容的处理方式，我认为该社区对内容相关性有严格的要求					
根据 A 社区对可轻易检索到的内容的处理方式，我认为该社区对内容质量有严格的要求					
我感觉 A 社区对社区内容进行了严格地把控					

3. 举报便利性

A 社区支持对不当内容的举报，举报按钮位于内容详情页面的右上角，点击举报按钮，在勾选或填写举报原因后即可提交，如附图 4.2 所示。

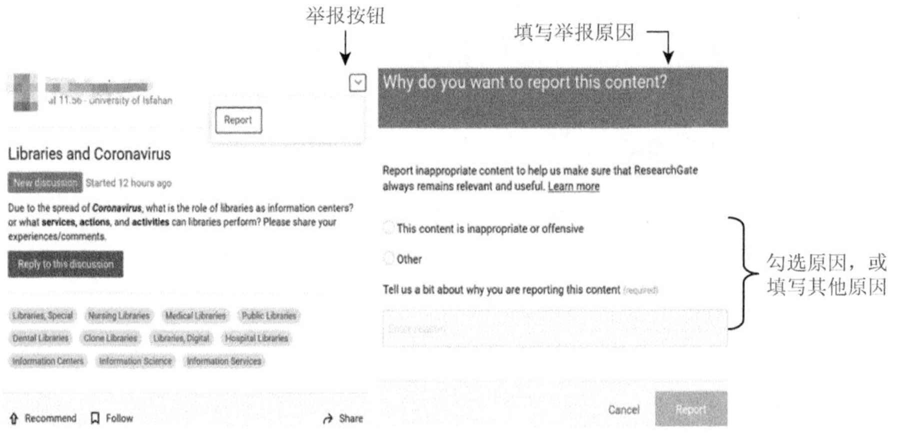

附图 4.2　举报按钮及举报页面

请基于以上特征回答下列问题。

项目	非常不同意	不同意	不确定	同意	非常同意
我认为我可以轻易找到 A 社区的举报按钮					
我认为 A 社区的举报过程不会耗费我太多精力					
我感觉 A 社区的举报功能是容易使用的					

4. 感知可靠性

A 社区用户的个人主页上展示了用户的真实身份信息，包括姓名、研究机构、专业、影响力、研究概况等。您随机找到一位来自南京大学的用户，她的个人主页如附图 4.3 所示，她在社区内共发布了 134 个研究条项，成果引用数是 1818。您还在社区内看到了很多来自清华大学、北京交通大学、哥伦比亚大学等高校的用户。您在社区内浏览“SPSS 软件的使用”这一话题，话题下共有 10 条讨论，其中的 9 条是您觉得有用的内容。

附图 4.3 用户个人主页示例

请基于以上特征回答下列问题。

项目	非常不同意	不同意	不确定	同意	非常同意
我认为 A 社区的用户是值得信赖的					
我认为从 A 社区中获取的学术资源是可靠的					
我认为 A 社区中其他用户对我提出的问题的解答是可靠的					
我感觉 A 社区中的内容有较高的可信度					

5. 感知丰富性

A 社区涵盖了化学化工、材料、人文经济、生物医药、数理综合、信息科学、土木建筑等学科专业门类，并建立了相应的学术群组；涉及论文投稿、出国留学、注册执考、文献求助、学术会议等交流话题；文献求助版块如附图 4.4 所示，一周内有 30000 多篇文献应助成功，您也可以针对想获取的资源向其他用户发起求助。

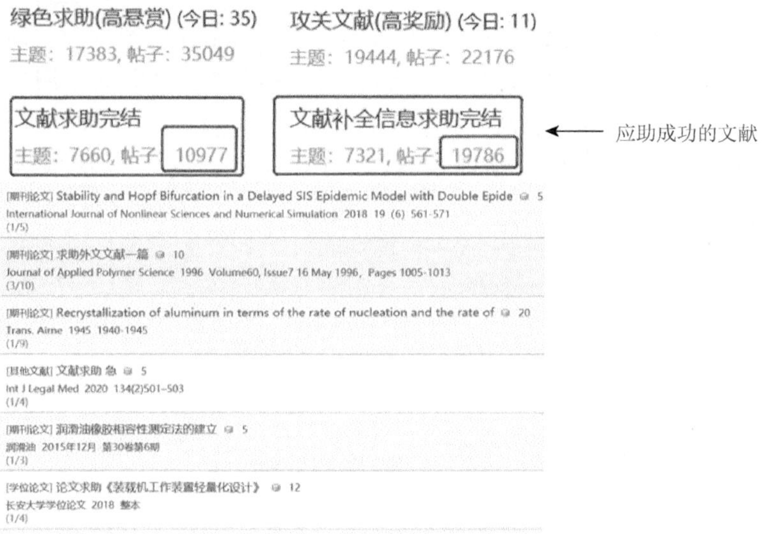

附图 4.4　文献求助版块

请基于以上特征回答下列问题。

项目	非常不同意	不同意	不确定	同意	非常同意
我认为我可以在 A 社区找到我感兴趣的学术群组					
我认为我可以在 A 社区找到我感兴趣的学术话题					
我认为我可以在 A 社区获取我需要的学术资源					
我感觉 A 社区提供的内容可以基本满足我多样化的学术需求					

6. 推送及时性

您加入 A 社区已经一个月了，每天都会收到社区的推送，如附图 4.5 所示。最近您正在学习使用 SPSS 软件，于是在社区中关注了“SPSS 的学习与使用”这个话题，今天您收到了来自 A 社区的消息，是关于该话题的最新讨论。

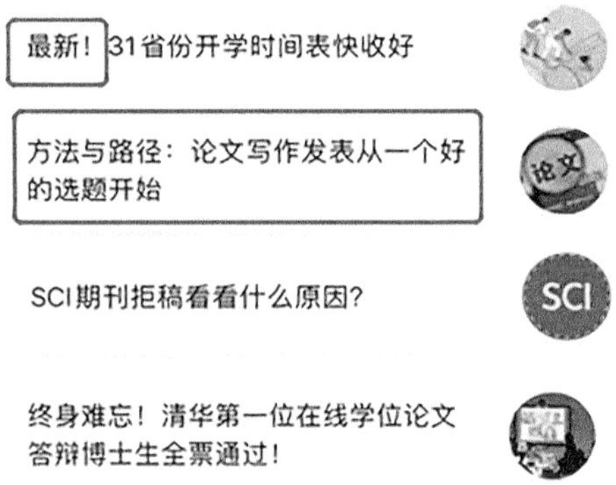

附图 4.5　社区信息推送

请基于以上特征回答下列问题。

项目	非常不同意	不同意	不确定	同意	非常同意
我认为 A 社区会将最新的学术资讯推送给我					
我认为 A 社区会及时将我关注话题的更新推送给我					
我不认为 A 社区会将最新的学术资讯推送给我					
我感觉 A 社区推送给我的内容总是最新的					

7. *感知交互强度*

在 A 社区中，您可以通过添加好友、发送消息、发布内容、发表评论、推荐内容等方式与他人进行交流互动，也可以通过组建研究小组来与同行建立合作关系。如附图 4.6 左边所示，个人主页上详细展示了该成员的社交网络，包括关注与被关注情况、重要合作者等。您发现社区中多数话题的参与情况如附图 4.6 右边所示。您在该社区中发布了一个关于“论文投稿与发表”的问题，在其他社区中提出的类似问题平均能得到 3～4 条回复，在 A 社区中最终得到 14 位用户的解答。

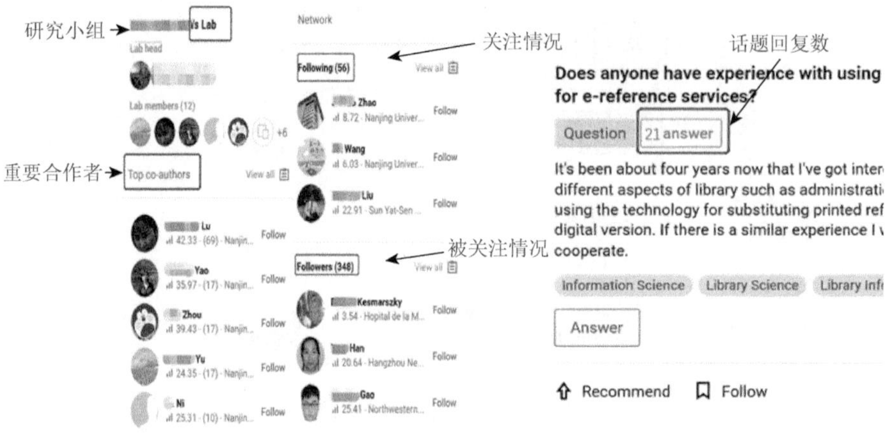

附图 4.6 成员社交网络及话题参与情况

请基于以上特征回答下列问题。

项目	非常不同意	不同意	不确定	同意	非常同意
利用 A 社区提供的交互方式，我认为我可以与同行产生较多互动					
我认为我在 A 社区中发起的互动能得到其他用户的积极回应					
我认为我会积极回应其他用户在 A 社区中发起的互动					
我认为 A 社区可以帮助我与学术同行建立更加密切的联系					
我感觉在 A 社区用户间的交流互动是频繁的					

8. 感知交互实时性

您在 A 社区中给一位学术同行发送了站内消息并关闭了社区页面，5min 后您收到了来自社区的通知，是该同行对您消息的回复。您在社区中回答了“如何进行信度检验”这一问题，关闭页面 3min 后就收到了社区的通知，是发布问题的用户对您做出的回复，在其他社区收到回复的时间平均是 2～3 天。

请基于以上特征回答下列问题。

项目	非常不同意	不同意	不确定	同意	非常同意
我可以通过 A 社区实时与学术同行联系					
我可以通过 A 社区实时与同行讨论学术话题					

续表

项目	非常不同意	不同意	不确定	同意	非常同意
我可以通过 A 社区实时收到同行对学术疑问的解答					
我无法通过 A 社区实时与学术同行联系					
我感觉在 A 社区可以实时与其他用户开展学术交流					

第 2 部分　知识交流效果

1. 感知学习

项目	非常不同意	不同意	不确定	同意	非常同意
我认为在 A 社区我获得了我所需要的学术资源					
我认为在 A 社区我的学术问题得到了专业的解答					
我认为在 A 社区我获取学术信息的效率得到了提高					
我认为 A 社区在学术上给我提供了有价值的帮助					

2. 感知贡献

项目	非常不同意	不同意	不确定	同意	非常同意
我认为我给 A 社区其他用户分享了专业的学术资源					
我认为我对 A 社区其他用户的学术问题给出了专业的解答					
我感觉我给 A 社区其他用户提供了有价值的帮助					

第 3 部分　个 人 信 息

（与附录 1 第 3 部分内容类似，略）

附录 5　用户知识贡献决策过程研究调查问卷样例

亲爱的朋友：

您好！非常感谢您在百忙之中抽出时间参与本次问卷调查。本研究旨在全面了解专业虚拟社区用户知识贡献的决策，您的回答对我们来说非常重要。本问卷调查采取匿名的形式，对于您的回答我们会严格保密，调查结果只用于学术研究，敬请放心作答！

本问卷所述的专业虚拟社区是指聚集具有相似专业背景或学科背景的专业人士、科研人员和其他兴趣用户，以专业或学科知识和相关经历为交流内容，开展交流互动和知识共享活动的虚拟社区。国内典型的专业虚拟社区有经管之家、CSDN、小木虫等。在专业虚拟社区上进行知识贡献是指在社区中分享、传递或表达各种类型的知识（包括专业知识、观点、资料、经历或想法等），主要有以下形式：发布信息、回答问题、上传资料。

问卷见下表，请阅读下列问题描述，思考您在专业虚拟社区进行知识贡献的实际情景，在回答处填写“√”或“×”。

序号	问题描述	回答（√/×）
	回答问题	
P1	你回答问题的最初动机与检索自己想要获取的知识相关？	
P2	浏览过程中，你遇到了感兴趣或与专业领域相关的问题？	
P3	你想要赚取积分以备后用？	
P4	你知道如何回答或者有相关资料？	
P5	你觉得回答问题的积分性价比不高？	
P6	你觉得社区互动氛围较好？	
P7	你想帮助别人或出于互惠心理？	
P8	你发现已经有很多答案或较为优秀的回答？	
P9	你觉得知识积累不足或感到语言表达压力？	
P10	你觉得注册或操作流程太烦琐？	
P11	你觉得回答起来耗费时间精力或没有空闲？	

续表

序号	问题描述	回答（√/×）
发布信息		
P12	你认为自己是一个愿意发布、分享信息或知识的人？	
P13	你整理了一定的心得体验或知识总结？	
P14	你觉得在云端记录或保存东西有一定好处？	
P15	你想要结交同行、与志同道合的人交流？	
P16	你想通过发布专业信息提高自己的专业声誉？	
P17	你觉得知识积累不足或感到语言表达压力？	
P18	你想要赚取积分以备后用？	
P19	你觉得社区互动氛围不积极？	
P20	你觉得发布信息的积分性价比不高？	
P21	你觉得社区现有知识质量不高？	
P22	你觉得使用体验较不符合预期？	
P23	你觉得平常对社区没有必要需求或没有归属感？	
上传资料		
P24	你上传资料的最初动机与获取积分相关？	
P25	你觉得在云端保存东西有一定好处？	
P26	你想通过上传专业资料提高自己的专业声誉？	
P27	你觉得社区互动氛围不积极？	
P28	你觉得上传资料的积分性价比不高？	
P29	你觉得平常对社区没有必要需求或没有归属感？	

再次感谢您的作答！